高等学校电子材料系列教材

电子材料计算

刘仕　施建章　彭仁赐　编著

U0227747

清华大学出版社
北京

内 容 简 介

本书面向高年级本科生和研究生，系统介绍了计算材料学的核心理论与方法。内容涵盖从固体物理的基础知识（如晶体结构、电子能带和声子谱）到量子力学中的近似方法（如变分法和微扰理论），再到哈特里-福克方法与密度泛函理论等第一性原理计算方法。此外，本书还深入探讨了赝势理论及其在固体材料计算中的应用，并结合具体算例，通过上机实验帮助读者掌握结构优化、能带计算等关键技能。同时，本书扩展介绍了分子动力学、相场法等可模拟较大时间和空间尺度的计算方法，以及近年来兴起的机器学习和材料基因组技术。特别是针对铁电材料的多尺度模拟实例，展示了如何整合不同计算方法，实现材料的理性设计与优化。最后，本书提供了若干电子材料相关的典型算例，包括半导体、铁磁、自旋和拓扑材料等，这些算例均可通过开源软件完成。

本书可作为相关专业本科生和研究生的教材，同时也可为从事计算材料学研究的科研人员提供参考。希望通过本书的学习，帮助读者系统掌握计算材料学的基本理论与方法，为从事相关领域研究和开发奠定基础。

图书在版编目（CIP）数据

电子材料计算 / 刘仕，施建章，彭仁赐编著. -- 北京：
清华大学出版社，2025. 2. -- (高等学校电子材料系列教材).
ISBN 978-7-302-67887-8

Ⅰ. TN04

中国国家版本馆 CIP 数据核字第 202539R1M4 号

责任编辑：鲁永芳
封面设计：常雪影
责任校对：欧　洋
责任印制：丛怀宇

出版发行：清华大学出版社
　　　　　网　　址：https://www.tup.com.cn，https://www.wqxuetang.com
　　　　　地　　址：北京清华大学学研大厦 A 座　　　　　邮　　编：100084
　　　　　社 总 机：010-83470000　　　　　　　　　　　邮　　购：010-62786544
　　　　　投稿与读者服务：010-62776969，c-service@tup.tsinghua.edu.cn
　　　　　质量反馈：010-62772015，zhiliang@tup.tsinghua.edu.cn
印 装 者：大厂回族自治县彩虹印刷有限公司
经　　销：全国新华书店
开　　本：185mm×260mm　　　印　　张：17　　　字　　数：391 千字
版　　次：2025 年 2 月第 1 版　　　　　　　印　　次：2025 年 2 月第 1 次印刷
定　　价：79.00 元

产品编号：098838-01

丛书编委会

陈延峰	教授	南京大学
耿 林	教授	哈尔滨工业大学
李金山	教授	西北工业大学
廖庆亮	教授	北京科技大学
林 媛	教授	电子科技大学
林元华	教授	清华大学
刘 仕	教授	西湖大学
刘马良	教授	西安电子科技大学
麦立强	教授	武汉理工大学
单智伟	教授	西安交通大学
孙宝德	教授	上海交通大学
杨 丽	教授	西安电子科技大学
赵 翔	教授	西安交通大学
朱铁军	教授	浙江大学

丛书序

　　电子信息产业是彰显国家现代化、科技进步、经济水平、综合实力与核心竞争力的重要标志。它以前所未有的速度从国家新兴产业、支柱产业发展成为大国崛起乃至世界竞争的制高与抢占产业。以电子、光子及相互作用而实现信息产生、传输、存储、显示、探测及处理的电子材料，是各类电子元器件、电子系统与装备（即电子信息产业）的基础与先导，被列为国家信息化战略发展以及工程科技材料领域的核心基础。培养电子材料特色的高水平材料类应用型及研究型人才，是确保我国电子材料基础与先导能力、支撑电子信息产业崛起甚至世界领先的必然要求，也被国务院学位委员会办公室列为新材料类人才培养的急缺方向。

　　材料学科是于1957年提出，并逐渐形成以研究材料成分、结构、制备、性能与应用的新兴学科。它有三个重要特性：一是"科学"和"工程"结合，既需要基础研究，又需要应用研究；二是多学科交叉，需要和物理、化学、冶金学、计算科学（包括数学）等学科相互融合与交叉；三是发展中的学科，材料的种类繁多、日新月异，其基础理论、关键技术甚至学科基础都不尽相同。我国材料科学起源于金属、陶瓷、高分子等结构材料，科学研究与产业技术相对成熟，材料类人才培养也形成了金属、陶瓷、高分子等三大特色体系，相应的教材也是围绕这三大体系所需的晶体结构、相图、加工、表征、服役等知识体系而建设。

　　利用电子运动效应及其受力、热、光、电、磁等载荷而发生性质改变的电子材料，表现出与金属、无机非、高分子显著不同的几大特性。一是显著依赖物理学科的基础理论与研究方法。电子材料不仅仅需要了解电子运动的电动力学、统计物理、量子力学等基础物理理论，电子装备、系统与元器件的微小化还高度依赖于电子相对论效应、原子层级的电子相互作用等，同时还需要发展电子、原子层级的实验表征方法。二是尤其需要微观结构与宏观性能关联的理论与方法。电子运动尤其是原子层级电子材料中电子的运动，微观上需要掌握只有几个原子层厚度的二维材料的刻画理论与表征方法，宏观上又往往体现在信息的存储、传输、转换等性能，现代电子材料的性能极其依赖微观设计与调控机理，迫切需要微观结构与宏观性能关联的理论与方法。三是电子材料要应用于电子元器件与系统，需要掌握数字电路、模拟电路、集成电路以及电子元器件等相关的原理、理论与方法。因此，现有从金属、无机非、高分子等研究需求出发的材料类教材体系，不能完全适应和满足电子材料的人才培养需求。

　　基于电子材料类人才培养的重要性、迫切性以及现有教材体系的不适应性，我们从电子材料类人才培养的化学、物理、材料科学、表征、计算以及器件知识需求出发，邀请了国内长期从事材料学科人才培养以及电子材料研究的教育工作者，编著了这套面向本科生的电子材料系列教材，包括《电子材料科学基础》《电子材料理论物理导论》《电子材料化学》《电子材料固体力学》《电子材料计算》《电子材料信息科学与技术导论》《电子材料表征技术》等，涵盖了电子材料的基础理论、设计制备、表征方法、服役行为及其器件与系统基础等各个方面，为电子材料类人才培养提供系统、完整的教材体系。同时，这套教材也凝练了电子材料的前沿创新成果，也可成为研究生、科研工作者以及产业界工程技术人才的参考用书，为推动电子材料领域人才培养、科学研究以及产业发展奠定坚实基础。

中国科学院院士、西安电子科技大学教授　郝跃

2024 年 6 月

前　言

　　计算材料学是理论物理、凝聚态物理、量子化学、材料科学与计算机科学交叉而形成的一门新兴学科。计算材料学通过建立描述材料行为的模型和借助计算机越来越强大的计算能力，来模拟和研究材料行为。材料模拟与计算已成为先进纳米材料、电子材料、能源材料、极端环境服役高性能材料等研究和工程中不可或缺的重要方法和工具，也是连接理论研究和实验研究的桥梁。基于"实验—模拟—计算—数据"的系统研究模式旨在减少新材料冗长的开发周期和巨大的成本，已逐渐成为材料科学研究的基本范式。作为一门新兴的交叉学科，计算材料学涉及的内容十分庞杂，对于计算材料方法的理解既需要掌握凝聚态物理和量子力学中的基本概念，也需要对算法和编程有一定的了解。本书面向高年级本科生和研究生，遴选计算材料学中的核心理论和方法，由浅入深、循序渐进地向读者介绍各种计算物理方法的起源、理论基础、公式推导和发展趋势，进而阐明不同计算方法之间的关联性和互补性。本书一方面重视公式推导，另一方面也提供了大量的计算模拟实例，通过具体的案例剖析和上机计算，让学生掌握电子材料模拟的基本思路和方法。

　　第1章重点介绍固体物理中最为基本的概念，包括晶体的结构与对称性、固体中的电子与声子。对于能带理论和晶格动力学的理解是开展计算材料模拟的前提。同时，电子能带和声子谱也是我们研究电子材料时最常计算的物理性质，能帮助我们理解材料的光吸收、电输运、结构稳定性、热输运等关键性能。本章由施建章主笔。

　　第2章介绍量子力学中的近似方法，主要包括绝热近似、变分法和微扰理论。这些内容对于已经学习了量子力学的读者而言并不陌生。变分法是许多计算化学和计算物理方法的基础，对于该方法的理解非常重要，也是学习后续章节的前提。微扰理论则是计算材料线性响应（如压电系数和介电常数）的基本思路。本章由刘仕主笔。

　　第3章关注哈特里-福克方法，这是计算化学的核心方法。本章从最基础的哈特里方法出发，介绍如何近似求解非相互作用的多电子体系的基本思路。哈特里-福克方法则是在哈特里方法的基础上，通过引入满足电子交换反对称性质的斯莱特行列式，求解正则哈特里-福克方程，获得多电子体系薛定谔方程的近似解。后哈特里-福克方法本质上是通过引入更多的斯莱特行列式，构建"更好"的尝试波函数。本章由余旷主笔。

　　第4章介绍密度泛函理论。基于密度泛函理论的第一性原理计算是模拟固体材料的重要方法，应用范围非常广泛。本章通过介绍托马斯-费米模型，引出密度泛函理论的基本思路。霍恩伯格-科恩理论证明了密度泛函理论能够严格求解多电子体系薛定谔方程，因此是本章的重点内容。通过推导科恩-沈吕九(Kohn-Sham)方程并与正则哈特里-福克方程比较，读者可以了解密度泛函理论计算方法的优势。本章也介绍了几个常用密度泛函和模拟固体材料的常用基组。本章由陈默涵主笔。

第5章介绍赝势理论。基于第一性原理计算的赝势的发展极大地促进了针对固体材料的第一性原理计算与模拟，因此对于赝势理论的理解有助于在数值计算方面了解计算物理算法。本章首先介绍了赝势的起源和赝势构造的基本原则，之后着重介绍了三种被广泛应用的赝势，分别为模守恒赝势、超软赝势以及投影缀加平面波方法。本章由杨静主笔。

第6章提供了可以用于第一性原理上机实验的两个算例，均可以通过开源软件完成。通过上机实验，读者一方面可以了解结构优化、势能面构建、能带计算等计算材料模拟所需要掌握的基本技能，同时也能够加深对前几章介绍的核心概念与公式的理解，提高使用和开发计算材料方法的能力。本章由黄佳玮和陈默涵主笔。

从第7章开始，本书将开始介绍能够在较大的时间和空间尺度模拟材料的方法。第7章关注分子动力学方法，既包括基于经典力场的经典分子动力学方法，也讨论了第一性原理分子动力学。本章由谭丹主笔。相关的分子动力学上机实验安排在第8章。第9章介绍了在模拟介观尺度材料微结构演化领域被广泛应用的相场法，详细讨论了相场法中的序参数、总自由能及各种能量项、两类控制方程及其求解推导过程。以铁电相变为实例，介绍了相场模拟在信息功能材料中的应用。本章由彭仁赐主笔。第10章介绍了有限元方法，由刘志远主笔。

第11章介绍了近几年计算材料领域的前沿，包括机器学习和材料基因组，由彭仁赐主笔，吴玉豪、黄瑾参与编写及校对。第12章聚焦多尺度材料模拟，以铁电材料为例，介绍了如何将不同尺度的计算物理方法进行整合，从而实现铁电材料的理性设计与优化。本章由刘仕主笔。最后一章则提供了几类典型电子材料相关的计算实例，包括半导体材料、铁磁材料、自旋材料、拓扑材料等。所有算例和数据处理都可以运用开源软件完成。

计算材料学涉及的内容非常广泛，如何构建一部系统性介绍该领域的教材极具挑战性。受限于学时的限制，要求材料专业的本科生和研究生系统完整地学习凝聚态物理、量子力学和计算机编程等相关课程不具备可行性。因此，本书希望循序渐进地向学生呈现电子材料计算的主要脉络，并将它们与编程语言相结合，为后续学习和科研打下坚实的基础。衷心感谢作者团队中的施建章、彭仁赐、余旷、陈默涵、谭丹、杨静等的贡献。同时感谢胡逸豪、杨雨迪、杨季元、钱庄、喻祺晟、黄佳玮、吴玉豪、黄瑾参与校对。正是他们的辛勤付出才使本书能够完成。诚挚感谢周益春老师的大力支持，感谢西安电子科技大学教材建设基金资助项目。

最后，由于自身学识有限和时间仓促，本书中的相关内容难免有不妥之处，恳请相关专家和读者批评指正。就像电子自洽计算中的迭代过程一样，读者与编写者的互动与迭代可以不断提高本书的质量，让本书真正能够帮助学生学习计算材料学，培养具有深厚材料计算理论基础的电子材料人才，从而有效服务于国家电子材料战略发展。

本书彩图请扫二维码观看。

刘　仕

2024年1月

目 录

第 1 章

固体物理基本概念

1.1　固体物理学概述

固体物理学是研究固体的结构及其组成粒子(原子、离子、电子)之间相互作用与运动规律以阐明其性能与用途的学科。固体按其形态可以简单分成三类：晶体、非晶体和准晶体。理想的晶体是指内在结构完全规则的固体，又叫作完整晶体。而实际晶体中或多或少地存在不规则性，即在规则排列的背景中存在微量不规则的近乎完整的晶体。

固体物理学的研究范围极广，不仅研究完整晶体，也研究杂质和缺陷对金属、半导体、电介质、磁性材料以及其他固体材料性能的影响；不仅深入探索金属、半导体、电介质、磁性物质、发光材料等在一般条件下的各种性质，也深入探究这些材料在强磁场、强辐射、超高压、极低温等特殊条件下的各种现象；不仅发展新材料和新器件，也发展制备材料和器件的新工艺和新理论。固体物理学同时也承担着许多重要的理论课题，例如超导理论、多体理论、非晶态理论、表面理论、催化的微观理论、断裂微观理论、强光与物质相互作用理论等。

随着科学技术的发展，固体物理领域已经形成了金属物理、半导体物理、晶体物理、电介质物理和晶体生长、磁学、固体发光、超导体物理、固态电子学和固态光电子学等十多个分支学科。这些分支学科之间的相互渗透愈益深入，新技术、新方法的综合利用使得新物理现象层出不穷。同时，为了适应高新技术发展的需要，固体物理学的内涵也在迅速发展中。

固体物理学是一门实验性很强的学科。为了阐明所揭示出来的各种物理现象之间的内在本质联系，需要建立和发展关于固体物理的微观理论。

固体每 $1cm^3$ 中包含大约 10^{23} 个原子、电子，而它们之间的相互作用相当复杂。固体的宏观性质就是如此大量粒子之间的相互作用和整体运动的总表现。在研究固体的客观规律时，必须针对某一特殊过程，抓住主要矛盾，突出主要因素来进行分析研究。

(1)根据晶体中原子排列的主要特点，抽象出理想的周期性，建立了晶体动力学理论，随后引入了声子的概念，能够很好地阐明固体的低温比热和中子衍射谱。

(2)从对金属的研究，抽象出电子公有化运动的概念，再用单电子近似的方法建立了能带理论，由此发展了一系列的合金材料，制备出了性能优异的半导体材料和半导体器件，并建立半导体物理学。

(3) 在研究物质的铁磁性时，重点研究了电子与声子的相互作用，阐明了低温磁化强度随温度变化的规律。

(4) 在超导理论研究中也着重研究了电子和声子的相互作用。1957年，巴丁、库柏和施里弗提出并建立了超导电性的微观理论：由于电子和声子的相互作用在电子之间产生间接的吸引力，从而形成库柏电子对，库柏对的凝聚表现为超导电相变。它促进了超导电性的理论和实验研究。在此基础上又发现了超导体中的库柏对以及单粒子的隧道效应和约瑟夫逊效应，为超导体的技术应用开辟了广泛的前景。实际上，自20世纪50年代末期以来，量子场论和量子统计方法的应用，大大促进了固体理论的发展。

在自然科学的理论探索中，科学的抽象和科学的假说是不可或缺的手段。目前，固体物理学已进入了关于固体中元激发、表面状态和非晶态固体的研究，问题更加复杂。因此，晶格动力学和固体电子理论也面临新的挑战。但是，一切固体的宏观性质都是由其微观结构(及其运动)所决定的。所以，研究固体的微观结构、组成及其运动规律仍是研究各种宏观性质的基础。

1.2　晶体的结构与对称性

1.2.1　晶体和非晶体

$$
\text{固体}
\begin{cases}
\text{晶体：长程有序}
\begin{cases}
\text{单晶体} \\
\text{多晶体}
\end{cases} \\
\text{非晶体：长程无序，短程有序} \\
\text{准晶体：有长程取向序，而没有长程的平移对称性}
\end{cases}
$$

晶体是在微米量级范围内，三维空间方向上有序排列的原了所形成的固体，即长程有序。晶体材料(处于晶态的固体材料)一般有规则的外形，如石英、钻石、NaCl、雪花、冰等(图 1.1，图 1.2)。X射线衍射可以得到一系列分立尖锐的峰。在熔化过程中，晶态固体的长程有序解体时对应着一定的熔点。

图 1.1　显微镜下的雪花晶体

图 1.2　天然宝石晶体

　　非晶体是在微米量级范围内，三维空间方向上原子无序排列构成的固体。非晶体中原子排列不具有长程的周期性，但基本保留了原子排列的短程有序，即近邻原子的数目和种类、近邻原子之间的距离 (键长)、近邻原子配置的几何方位 (键角) 都与晶体相近。

　　非晶体又叫作过冷液体，它们在凝结过程中不经过结晶 (即有序化) 的阶段。非晶材料一般没有规则的外形，如普通玻璃、石蜡、沥青、琥珀等。X 射线衍射只能观察到一个宽化的弥散峰，一般没有一个确切的熔解温度。

　　准晶体是近似介于晶体和非晶体之间的一类固体材料，具有长程的取向序，但没有长程的平移对称序，可以用彭罗斯 (Penrose) 拼接图案 (图 1.3) 显示其结构特点。

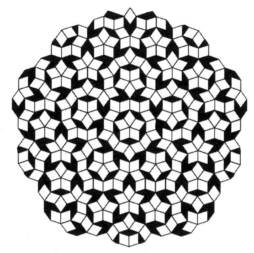

图 1.3　彭罗斯拼接图案 (准晶)

　　晶体具有一系列特殊的性质，包括自限性、解理性、晶面角守恒、各向异性、均匀性、对称性、固定的熔点等。

　　• 自限性：晶体所具有的自发地形成封闭凸多面体的能力称为自限性。

　　• 解理性：晶体沿某些确定方位的晶面劈裂的性质，称为晶体的解理性，这样的晶面称为解理面。

　　• 晶面角守恒：属于同一品种的晶体，两个对应晶面间的夹角恒定不变。例如对于石英晶体，a、b 间夹角总是 $141°47'$，a、c 间夹角总是 $113°08'$，b、c 间夹角总是 $120°00'$。

　　• 各向异性：晶体在不同方向上的物理性质 (如光学、机械、热学等) 表现出不同的特性。

　　• 均匀性：在同一方向上，晶体中任意两对应点的物理性质相同。

　　• 对称性：晶体在某几个特定方向上可以异向同性，这种相同的性质在不同的方向上有规律地重复出现，称为晶体的对称性。

　　• 固定的熔点：给某种晶体加热，当加热到某一特定温度时，晶体开始熔化，且在熔化过程中温度保持不变，直到晶体全部熔化，温度才重新开始上升，即晶体具有固定的熔点。

　　晶体的宏观特性是由晶体内部结构的周期性决定的，即晶体的宏观特性是其微观结构特性的反映 (图 1.4)。

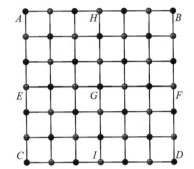

图 1.4　NaCl晶体结构（100）面示意图

(请扫VI页二维码看彩图)

1.2.2　晶体的周期性

一个理想的晶体是由完全相同的结构单元在三维空间周期性重复排列而成的。所有晶体的结构都可以用晶格来描述。这种晶格的每个格点上附有一群原子，这样的一个原子群称为基元。基元在空间周期性重复排列就形成晶体结构。

- 基元: 在晶体中适当选取某些原子作为一个基本结构单元，这个基本结构单元称为基元。基元是晶体结构中最小的重复单元。基元在空间周期性重复排列就形成晶体结构。任何两个基元中相应原子周围的情况是相同的，而每一个基元中不同原子周围情况则不相同。

- 晶格: 晶体的内部结构可以概括为由一些相同的点子在空间有规则地作周期性无限分布，通过这些点作三组不共面的平行直线族，形成一些网格，称为晶格(或者说这些点在三维空间周期性排列形成的骨架称为晶格)(图 1.5)。用矢量 $\boldsymbol{R} = n_1\boldsymbol{a}_1 + n_2\boldsymbol{a}_2 + n_3\boldsymbol{a}_3$ (n_1, n_2, n_3 取整数) 表示任一格点的位置(或者排列)。晶格是晶体结构周期性的数学抽象，忽略了晶体结构的具体内容，只保留了晶体结构的周期性。

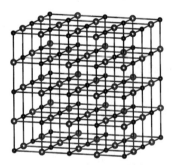

图 1.5　三维晶格示意图

- 格点：晶格中的点代表晶体结构中相同的位置，称为格点。一个格点代表一个基元，它可以代表基元重心的位置，也可以代表基元中任意的原子。

$$\text{晶格 + 基元 = 晶体结构}$$

- 布拉菲晶格、简单晶格和复式晶格：格点的总体称为布拉菲晶格，这种格子的特点是每点周围的情况完全相同。如果晶体由完全相同的一种原子组成，且每个原子周围的情况完全相同，则这种原子所组成的网格称为简单晶格。如果晶体由两种或两种以上原子组成，同种原子各构成格点相同的网格，称为子晶格，它们之间相对位移而形成复式晶格。

- 原胞：在晶格中取一个格点为顶点，以三个不共面的方向上的周期长度为边长形成的平行六面体作为重复单元；这个平行六面体沿三个不同的方向进行周期性平移，就可以充满整个晶格，形成晶体。这个平行六面体即原胞，代表原胞三个边的矢量称为原胞的基本平移矢量，简称基矢。
- 原胞的分类
  - 固体物理学原胞(又称初基原胞)
    * 构造：取一格点为顶点，由此点向近邻的三个格点作三个不共面的矢量，以此三个矢量为边作平行六面体即固体物理学原胞。
    * 特点：格点只在平行六面体的顶角上，面上和内部均无格点，平均每个固体物理学原胞包含1个格点，反映了晶体结构的周期性。
    * 基矢：固体物理学原胞基矢通常用 $\boldsymbol{a}_1, \boldsymbol{a}_2, \boldsymbol{a}_3$ 表示。
    * 体积：$\Omega = \boldsymbol{a}_1 \cdot (\boldsymbol{a}_2 \times \boldsymbol{a}_3)$。
    * 原胞内任一点的位矢：$\boldsymbol{r} = x_1\boldsymbol{a}_1 + x_2\boldsymbol{a}_2 + x_3\boldsymbol{a}_3 (0 \leqslant x_1, x_2, x_3 \leqslant 1)$。
      在任意两个原胞的相对应点上，晶体的物理性质相同(周期平移)：$\Gamma(\boldsymbol{r}) = \Gamma(\boldsymbol{r} + \boldsymbol{R})$。
      其中 $\boldsymbol{R}$ 为某一格点的位矢，$\boldsymbol{R}_l = l_1'\boldsymbol{a}_1 + l_2'\boldsymbol{a}_2 + l_3'\boldsymbol{a}_3$。
  - 结晶学原胞(原胞)
    * 构造：使三个基矢的方向尽可能沿着空间对称轴的方向，它具有明显的对称性和周期性。
    * 特点：结晶学原胞不仅在平行六面体顶角上有格点，面上及内部也可以有格点，其体积是固体物理学原胞体积的整数倍。
    * 基矢：结晶学原胞的基矢一般用 $\boldsymbol{a}, \boldsymbol{b}, \boldsymbol{c}$ 表示。
    * 体积：$v = \boldsymbol{a} \cdot (\boldsymbol{b} \times \boldsymbol{c}) = n\Omega$。
  - 维格纳–塞茨(W-S)原胞
    * 构造：以一个格点为原点，作原点与其他格点连接的中垂面(或中垂线)，由这些中垂面(或中垂线)所围成的最小体积(或面积)即W-S原胞。
    * 特点：它既是晶体的最小周期重复单元(每个原胞只包含1个格点)，其体积与固体物理学原胞体积相同；同时还具有晶体的平移对称性。
- 几种晶格的实例
  - 一维原子链(图1.6，图1.7)

$$\Gamma(x + na) = \Gamma(x) \quad (0 \leqslant x \leqslant a) \tag{1.1}$$

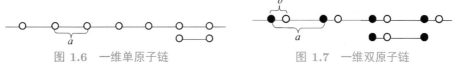

图 1.6　一维单原子链　　　　　图 1.7　一维双原子链

- 二维晶格 (图 1.8)
- 立方晶系
  * 基本特点：$\boldsymbol{a} \perp \boldsymbol{b}, \boldsymbol{b} \perp \boldsymbol{c}, \boldsymbol{c} \perp \boldsymbol{a}, a = b = c$。取 $\boldsymbol{i}, \boldsymbol{j}, \boldsymbol{k}$ 为坐标轴的单位矢量，设晶格常量 (惯用原胞棱边的长度) 为 a，即立方体边长为：$\boldsymbol{a} = a\boldsymbol{i}, \boldsymbol{b} = a\boldsymbol{j}, \boldsymbol{c} = a\boldsymbol{k}$。
  * 惯用原胞的体积：$V = a^3$。
  * 简单立方 (SC)(图 1.9)：每个惯用原胞包含 1 个格点，原胞体积 $\Omega = a^3$。

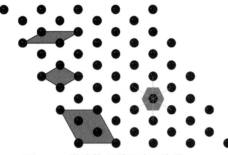

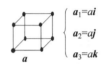

图 1.8　固体物理学原胞示意图　　　　图 1.9　简单立方

  * 体心立方 (BC)：平均每个惯用原胞包含 2 个格点。固体物理学原胞的体积 (图 1.10)$\Omega = \boldsymbol{a}_1 \cdot (\boldsymbol{a}_2 \times \boldsymbol{a}_3) = \dfrac{1}{2}a^3$。

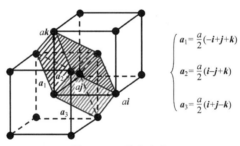

$$\begin{cases} \boldsymbol{a}_1 = \dfrac{a}{2}(-\boldsymbol{i}+\boldsymbol{j}+\boldsymbol{k}) \\ \boldsymbol{a}_2 = \dfrac{a}{2}(\boldsymbol{i}-\boldsymbol{j}+\boldsymbol{k}) \\ \boldsymbol{a}_3 = \dfrac{a}{2}(\boldsymbol{i}+\boldsymbol{j}-\boldsymbol{k}) \end{cases}$$

图 1.10　体心立方
(请扫 VI 页二维码看彩图)

  * 面心立方 (FCC)：平均每个惯用原胞包含 4 个格点 (图 1.11)。固体物理学原胞的体积 $\Omega = \boldsymbol{a}_1 \cdot (\boldsymbol{a}_2 \times \boldsymbol{a}_3) = \dfrac{1}{4}a^3$。

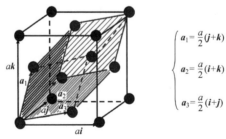

$$\begin{cases} \boldsymbol{a}_1 = \dfrac{a}{2}(\boldsymbol{j}+\boldsymbol{k}) \\ \boldsymbol{a}_2 = \dfrac{a}{2}(\boldsymbol{i}+\boldsymbol{k}) \\ \boldsymbol{a}_3 = \dfrac{a}{2}(\boldsymbol{i}+\boldsymbol{j}) \end{cases}$$

图 1.11　面心立方
(请扫 VI 页二维码看彩图)

• 倒格子：一个晶体结构有两种格子，一个是正格子，另一个为倒格子。这两种格子互为正格子和倒格子。

  – 倒格子定义

$$b_1 = \frac{2\pi}{\Omega}(a_2 \times a_3)$$

$$b_2 = \frac{2\pi}{\Omega}(a_3 \times a_1)$$

$$b_3 = \frac{2\pi}{\Omega}(a_1 \times a_2)$$

其中 a_1, a_2, a_3 是正格子基矢，固体物理学原胞的体积为 $\Omega = a_1 \cdot (a_2 \times a_3)$，与倒格矢 $K_n = h'_1 b_1 + h'_2 b_2 + h'_3 b_3$，$(h'_1, h'_2, h'_3$ 为整数$)$ 所联系的各点的列阵即倒格子 (图 1.12)。

$$|b_1| = 2\pi\frac{|a_2 \times a_3|}{\Omega} = \frac{2\pi}{a_1}, \quad |b_2| = \frac{2\pi}{a_2}, \quad |b_3| = \frac{2\pi}{a_3} \tag{1.2}$$

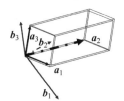

图 1.12　正格子与倒格子
(请扫 VI 页二维码看彩图)

基矢是和正格原胞中一组晶面相对应的，它的方向是该晶面的法线方向，它的大小则为该晶面族面间距倒数的 2π 倍。

  – 倒格子与正格子的关系

  $*$ $a_i \cdot b_j = 2\pi\delta_{ij} = \begin{cases} 2\pi & (i = j) \\ 0 & (i \neq j) \end{cases}$

  $*$ $R_{l'} \cdot K_{h'} = 2\pi\mu$ $(\mu$ 为整数$)$

  $*$ $\Omega' = \dfrac{(2\pi)^3}{\Omega}$（其中 Ω 和 Ω' 分别为正、倒格子原胞的体积）

  $*$ 倒格矢 $K_n = h'_1 b_1 + h'_2 b_2 + h'_3 b_3$ 与正格子中晶面族 $(h_1h_2h_3)$ 正交，且其长度为 $\dfrac{2\pi}{d_{h_1h_2h_3}}$。

1.2.3　晶体的对称性

• 对称性与对称操作的基本概念：对称性是指经过某种操作后，晶体能够与自身重合的特性。对称操作是指使晶体自身重合的操作。对称元素是指对称操作所依赖的几何要素。

• 对称操作与线性变换：经过某一对称操作，把晶体中任一点 $X(x_1, x_2, x_3)$ 变为 $X'(x'_1, x'_2, x'_3)$，可以用线性变换来表示 (图1.13)。

$$X' = AX \tag{1.3}$$

$$\boldsymbol{X} = \begin{pmatrix} x_1 \\ x_2 \\ x_3 \end{pmatrix}, \quad \boldsymbol{X'} = \begin{pmatrix} x'_1 \\ x'_2 \\ x'_3 \end{pmatrix} \tag{1.4}$$

$$\boldsymbol{A} = \begin{pmatrix} a_{11} & a_{12} & a_{13} \\ a_{21} & a_{22} & a_{23} \\ a_{31} & a_{23} & a_{33} \end{pmatrix} \tag{1.5}$$

操作前后，两点间的距离保持不变：O 点和 $\boldsymbol{X}$ 点间距与 O 点和 $\boldsymbol{X'}$ 点间距相等 (图 1.14)。

$$x_1^2 + x_2^2 + x_3^2 = x_1'^2 + x_2'^2 + x_3'^2 \tag{1.6}$$

$$\widetilde{\boldsymbol{X}'}\boldsymbol{X'} = (\widetilde{\boldsymbol{AX}})'\boldsymbol{AX} = \widetilde{\boldsymbol{X}}\widetilde{\boldsymbol{A}}\boldsymbol{AX} = \widetilde{\boldsymbol{X}}\boldsymbol{X} \tag{1.7}$$

$$\widetilde{\boldsymbol{A}}\boldsymbol{A} = \boldsymbol{I} \tag{1.8}$$

$\boldsymbol{I}$ 为单位矩阵，即 $\boldsymbol{I} = \begin{pmatrix} 1 & 0 & 0 \\ 0 & 1 & 0 \\ 0 & 0 & 1 \end{pmatrix}$。或者说 $\boldsymbol{A}$ 为正交矩阵，其矩阵行列式 $|\boldsymbol{A}| = \pm 1$。

- 简单对称操作

  – 旋转对称 (C_n，对称元素为线) 若晶体绕某一固定轴转 $\dfrac{2\pi}{n}$ 以后与自身重合，则此轴称为 n 次 (度) 旋转对称轴。当 OX 绕 Ox_1 转动角度 θ 时，如图 1.14 所示，

$$\boldsymbol{X}(x_1, x_2, x_3) \Rightarrow \boldsymbol{X'}(x'_1, x'_2, x'_3)$$

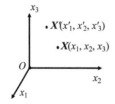

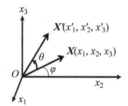

图 1.13　坐标点的线性变换　　　　图 1.14　坐标点的旋转
(请扫 VI 页二维码看彩图)

若 OX 在 Ox_2x_3 平面上投影的长度为 R，则有

$$x'_1 = x_1 \tag{1.9}$$

$$x'_2 = R\cos\theta + \varphi = R\cos\theta\cos\varphi - R\sin\theta\sin\varphi = x_2\cos\theta - x_3\sin\theta \tag{1.10}$$

$$x'_3 = R\sin\theta + \varphi = R\sin\theta\cos\varphi + R\cos\theta\sin\varphi = x_2\sin\theta + x_3\cos\theta \tag{1.11}$$

$$\begin{pmatrix} x_1' \\ x_2' \\ x_3' \end{pmatrix} = \begin{pmatrix} 1 & 0 & 0 \\ 0 & \cos\theta & -\sin\theta \\ 0 & \sin\theta & \cos\theta \end{pmatrix} \begin{pmatrix} x_1 \\ x_2 \\ x_3 \end{pmatrix} \tag{1.12}$$

$$\boldsymbol{A} = \begin{pmatrix} 1 & 0 & 0 \\ 0 & \cos\theta & -\sin\theta \\ 0 & \sin\theta & \cos\theta \end{pmatrix}, \quad |\boldsymbol{A}| = 1 \tag{1.13}$$

因为正五边形沿竖直轴每旋转 $720°$ 恢复原状，但它不能重复排列充满一个平面而不出现空隙。因此晶体的旋转对称轴中不存在 5 次轴，只有 1，2，3，4，6 度旋转对称轴 (图 1.15)。

图 1.15　5 度旋转对称性示意图

－ 中心反映 $(i$，对称元素为点$)$ 取中心为原点，经过中心反映后，图形中任一点由 (x_1, x_2, x_3) 变为 $(-x_1, -x_2, -x_3)$。

$$\begin{pmatrix} x_1' \\ x_2' \\ x_3' \end{pmatrix} = \begin{pmatrix} -x_1 \\ -x_2 \\ -x_3 \end{pmatrix}, \quad \boldsymbol{A} = \begin{pmatrix} -1 & 0 & 0 \\ 0 & -1 & 0 \\ 0 & 0 & -1 \end{pmatrix}, \quad |\boldsymbol{A}| = -1 \tag{1.14}$$

－ 镜像 $(m$，对称素为面$)$ 如以 $x_3 = 0$ 面作为对称面，镜像是将图形的任何一点由 (x_1, x_2, x_3) 变为 $(x_1, x_2, -x_3)$。

$$\begin{pmatrix} x_1' \\ x_2' \\ x_3' \end{pmatrix} = \begin{pmatrix} x_1 \\ x_2 \\ -x_3 \end{pmatrix}, \quad \boldsymbol{A} = \begin{pmatrix} 1 & 0 & 0 \\ 0 & 1 & 0 \\ 0 & 0 & -1 \end{pmatrix}, \quad |\boldsymbol{A}| = -1 \tag{1.15}$$

－ 旋转-反演对称：若晶体绕某一固定轴转 $\dfrac{2\pi}{n}$ 以后，再经过中心反演，晶体与自身重合，则此轴称为 n 次 (度) 旋转-反演对称轴。旋转-反演对称轴只能有 1，2，3，4，6 度轴，分别用 $\bar{1}$，$\bar{2}$，$\bar{3}$，$\bar{4}$，$\bar{6}$ 表示。单旋转-反演对称轴并不都是独立的基本对称元素，如图1.16所示。

注意：正四面体既无 4 度旋转对称轴，也无对称中心！

所有点对称操作都可由这 8 种操作或它们的组合来完成。一个晶体的全部对称操作构成一个群，每个操作都是群的一个元素。对称性不同的晶体属于不同的群。由旋转、中心反演、镜像和旋转-反演点对称操作构成的群，称作点群。

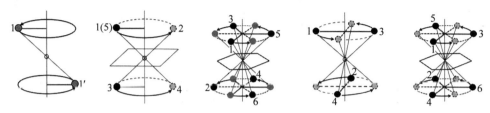

图 1.16   对称-反演示意图

理论证明，所有晶体只有 32 种点群，即只有 32 种不同的点对称操作类型。这种对称性在宏观上表现为晶体外形的对称及物理性质在不同方向上的对称性，所以又称为宏观对称性。

如果考虑平移，还有两种情况，即螺旋轴和滑移反映面。

- n 度螺旋轴：若绕轴旋转 $\dfrac{2\pi}{n}$ 角以后，再沿轴方向平移 $l\dfrac{T}{n}$，晶体能与自身重合，则称此轴为 n 度螺旋轴。其中 T 是轴方向的周期，l 是小于 n 的整数。n 只能取 1，2，3，4，6。

- 滑移反映面：若经过某面进行镜像操作后，再沿平行于该面的某个方向平移 $\dfrac{T}{n}$ 后，晶体能与自身重合，则称此面为滑移反映面。T 是平行方向的周期，n 可取 2 或 4(图1.17)。

点对称操作加上平移操作构成空间群。全部晶体共有 230 种空间群，即有 230 种对称类型。

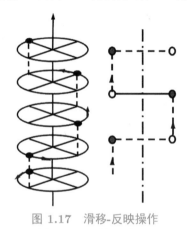

图 1.17   滑移-反映操作
(请扫 VI 页二维码看彩图)

1.2.4   晶系

通常描写晶胞的物理量是三个基矢的长度 (a, b, c) 和基矢之间的夹角 (α, β, γ)，称为晶格常数，可以由 XRD 测定。

根据不同的点对称性，可以将晶体分为 7 大晶系，14 种布拉菲晶格 (图1.18)。

- 立方晶系

$$a = b = c$$

$$\alpha = \beta = \gamma = 90°$$

- 四方晶系

$$a = b \neq c$$
$$\alpha = \beta = \gamma = 90°$$

- 正交晶系

$$a \neq b \neq c$$
$$\alpha = \beta = \gamma = 90°$$

- 三方晶系

$$a = b = c$$
$$\alpha = \beta = \gamma \neq 90° < 120°$$

- 六方晶系

$$a = b \neq c$$
$$\alpha = \beta = 90°, \ \gamma = 120°$$

- 单斜晶系

$$a \neq b \neq c$$
$$\alpha = \gamma = 90° \neq \beta$$

- 三斜晶系

$$a \neq b \neq c$$
$$\alpha \neq \beta \neq \gamma$$

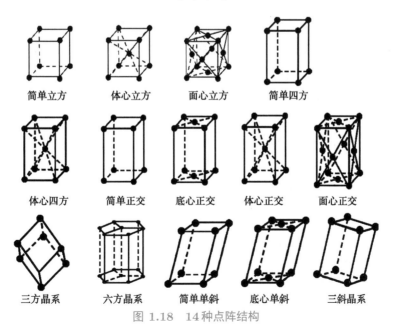

简单立方　　体心立方　　面心立方　　简单四方

体心四方　　简单正交　　底心正交　　体心正交　　面心正交

三方晶系　　六方晶系　　简单单斜　　底心单斜　　三斜晶系

图 1.18 14种点阵结构

1.3 固体中的电子：能带结构

1.3.1 能带理论概述

能带理论是目前研究固体中电子运动的一个主要理论。在 20 世纪 20 年代末和 30 年代初期，量子力学理论逐步建立和完善。能带理论是在用量子力学研究金属电导理论的过程中开始发展起来的。最初的成就在于定性地阐明了晶体中电子运动的普遍性的特点，并合理解释了导体、半导体和绝缘体之间的区别。

$$i\hbar \frac{\partial \Psi(\boldsymbol{r}, t)}{\partial t} = \left[-\frac{\hbar^2}{2m} \nabla^2 + U(\boldsymbol{r}, t) \right] \Psi(\boldsymbol{r}, t) \tag{1.16}$$

能带理论是一个近似的理论。在固体中存在大量的电子，它们的运动是相互关联的，每个电子的运动都要受到其他电子的影响。这种多电子系统想要严格地求解显然是不可能的。能带理论首先是单电子近似的理论，就是把每个电子的运动看成独立的在一个等效势场中的运动。在原子结合成固体的过程中价电子的运动状态发生了很大的变化，而内层电子的变化是比较小的。因此，在大多数情况下，人们最关心的是价电子。可以把原子核和内层电子近似看成一个离子实。这样价电子的等效势场包括离子实的势场、其他价电子的平均势场以及考虑电子波函数反对称性而带来的交换作用。单电子近似最早用于研究多电子原子，又称为哈特里-福克 (Hartree-Fock) 自治场方法。

能带理论的出发点是固体中的电子不再束缚于个别的原子，而是在整个固体内运动，称为共有化电子。在讨论共有化电子的运动状态时，假定原子实处在其平衡位置，而把原子实偏离平衡位置的影响看成微扰。对于理想晶体，原子周期性地排列成晶格，因而等效势场 $V(\boldsymbol{r})$ 也具有周期性。晶体中的电子就是在一个具有晶格周期性的等效势场中运动。

处理单个电子在周期性势场中的运动问题的一般流程如下。

- 第一步简化：绝热近似。考虑到原子实的质量比电子质量要大得多 ($10^3 \sim 10^5$ 倍)，所以原子实的运动要比价电子的运动缓慢得多，因此在研究电子运动的时候，可以忽略原子实的运动，认为原子实是固定在平衡位置上的。从而把问题简化为 n 个价电子在 N 个固定不动的周期排列的原子实的势场中运动，即把多体问题简化为多电子问题。

- 第二步简化：单电子近似。原子实势场中的 n 个电子之间存在相互作用，晶体中的任一电子都可视为处在原子实周期势场和其他 $(n-1)$ 个电子所产生的平均势场中的电子，即利用哈特里-福克自治场方法，把多电子问题简化为单电子问题。

- 第三步简化：平均场近似。认为所有离子势场和其他电子的平均场都是周期性势场。要知道晶体中电子的运动规律，实际就是要求解定态的薛定谔方程：

$$\left[-\frac{\hbar^2}{2m} \nabla^2 + U(\boldsymbol{r}) \right] \phi(\boldsymbol{r}) = E \phi(\boldsymbol{r}) \tag{1.17}$$

其中 $U(\boldsymbol{r}) = U(\boldsymbol{r} + \boldsymbol{R}_n)$，$\boldsymbol{R}_n$ 为正格矢。所以能带论即周期场中的单电子理论。

能带理论取得了相当成功，但也有它的局限性，主要体现在下面几个方面。

- 过渡金属化合物：在一些过渡金属化合物中，价电子的迁移率很小，相应的自由程约与晶格间距相当。此时，就不应把价电子看作整个晶体中所有原子共有的，因此周期性势场的描述就失去了意义。在这种情况下能带理论就不再适用了。

- 非晶态固体：非晶态固体只有短程有序，液态金属也只有短程有序，这两种物质的电子能谱显然不是长程序的周期场作用的结果。
- 电子与电子之间的作用：从多体问题的角度来看，电子之间的相互作用不能简单用平均场代替，存在着某种形式的集体运动；同时，考虑了相互作用的金属中的价电子系统，用电子气就不再能准确地描述了，而必须把它看成量子液体。
- 电子与晶格之间的作用：从电子和晶格相互作用的强弱程度来看，在离子晶体中电子的运动会引起周围晶格的畸变，电子是带着这种畸变一起前进的。这些情况都不能简单看成周期性势场中单电子的运动。

1.3.2 布洛赫定理

1. 布洛赫定理的主要结论

要知道晶体中电子的运动规律，实际就是要求解定态的薛定谔方程：

$$\left[-\frac{\hbar^2}{2m}\nabla^2 + U(\boldsymbol{r})\right]\phi(\boldsymbol{r}) = E\phi(\boldsymbol{r}) \tag{1.18}$$

晶体中的电子波函数是按照晶格周期性进行的调幅平面波，又称为布洛赫 (Bloch) 波，$\Psi(\boldsymbol{r}) = \mathrm{e}^{\mathrm{i}\boldsymbol{k}\cdot\boldsymbol{r}}u_{\boldsymbol{k}}(\boldsymbol{r})$，其中 $u_{\boldsymbol{k}}(\boldsymbol{r}) = u_{\boldsymbol{k}}(\boldsymbol{r}+\boldsymbol{R}_n)$，$\boldsymbol{R}_n$ 为正格矢，且波函数满足 $\Psi(\boldsymbol{r}+\boldsymbol{R}_m) = \mathrm{e}^{\mathrm{i}\boldsymbol{k}\cdot\boldsymbol{R}_m}\Psi(\boldsymbol{r})$。

布洛赫定理有几个重要的结论：

- 电子出现的概率具有正晶格的周期性；
- 布洛赫定理还可以用另一种表示形式：$\psi(\boldsymbol{k}, \boldsymbol{r}+n\boldsymbol{a}) = \mathrm{e}^{\mathrm{i}\boldsymbol{k}\cdot n\boldsymbol{a}}\psi(\boldsymbol{k}, \boldsymbol{r})$；
- 函数 $\Psi(\boldsymbol{k}, \boldsymbol{r})$ 本身并不具有正晶格的周期性。

2. 布洛赫定理的证明

下面以一维晶格为例证明布洛赫定理。由于势能函数 $V(x)$ 具有晶格周期性，适当选取势能零点，可以作如下傅里叶级数展开：

$$V(x) = \sum_{n=-\infty}^{\infty} V_n \mathrm{e}^{\mathrm{i}\frac{2\pi}{a}nx} \tag{1.19}$$

其中，

$$V_n = \frac{1}{a}\int_0^a V(x)\mathrm{e}^{-\mathrm{i}\frac{2\pi}{a}nx}\mathrm{d}x \tag{1.20}$$

因此

$$V_0 = \frac{1}{a}\int_0^a V(x)\mathrm{d}x = \overline{V(x)} = \text{const.} = 0 \tag{1.21}$$

所以

$$V(x) = \sum_{n\neq 0} V_n\mathrm{e}^{\mathrm{i}\frac{2\pi}{a}nx} = \sum_{n\neq 0} V_n\mathrm{e}^{\mathrm{i}\boldsymbol{G}_n x} \tag{1.22}$$

将待求的波函数 $\Psi(\boldsymbol{r})$ 向平面波 $\mathrm{e}^{\mathrm{i}\boldsymbol{k}x}$ 展开,

$$\Psi(\boldsymbol{k},x) = \sum_{\boldsymbol{k}'} C(\boldsymbol{k}')\mathrm{e}^{\mathrm{i}\boldsymbol{k}'x} \tag{1.23}$$

求和是对所有满足玻恩-卡曼边界条件的波矢 $\boldsymbol{k}'$ 进行的。将式 (1.21) 和式 (1.22) 代入薛定谔方程, 得

$$\sum_{\boldsymbol{k}'} \frac{\hbar^2}{2m}\boldsymbol{k}'^2 C(\boldsymbol{k}')\mathrm{e}^{\mathrm{i}\boldsymbol{k}'x} + \sum_{n\neq 0}\sum_{\boldsymbol{k}'} V_n C(\boldsymbol{k}')\mathrm{c}^{\mathrm{i}(\boldsymbol{k}'+\boldsymbol{G}_n)x} - E\sum_{\boldsymbol{k}'} C(\boldsymbol{k}')\mathrm{e}^{\mathrm{i}\boldsymbol{k}'x} \tag{1.24}$$

将此式两边左乘 $\mathrm{e}^{-\mathrm{i}\boldsymbol{k}'x}$, 然后对整个晶体进行积分。并利用

$$\int_L \mathrm{e}^{\mathrm{i}(\boldsymbol{k}'-\boldsymbol{k})x}\mathrm{d}x = L\delta_{\boldsymbol{k}'\boldsymbol{k}} \tag{1.25}$$

和

$$\int_L \mathrm{e}^{\mathrm{i}(\boldsymbol{k}'+\boldsymbol{G}_n-\boldsymbol{k})x}\mathrm{d}x = L\delta_{\boldsymbol{k}'+\boldsymbol{G}_n,\boldsymbol{k}} \tag{1.26}$$

得到

$$\sum_{\boldsymbol{k}'} \left(\frac{\hbar^2\boldsymbol{k}'^2}{2m} - E\right) C(\boldsymbol{k}')L\delta_{\boldsymbol{k}'\boldsymbol{k}} + \sum_{n\neq 0}\sum_{\boldsymbol{k}'} V_n C(\boldsymbol{k}-\boldsymbol{G}_n)L\delta_{\boldsymbol{k}'+\boldsymbol{G}_n,\boldsymbol{k}} = 0 \tag{1.27}$$

再利用 δ 函数的性质, 得

$$\left(\frac{\hbar^2\boldsymbol{k}'^2}{2m} - E\right) C(\boldsymbol{k}) + \sum_{n\neq 0} V_n C(\boldsymbol{k}-\boldsymbol{G}_n) = 0 \tag{1.28}$$

该方程实际上是动量表象中的薛定谔方程, 称作中心方程。方程组 (1.27) 说明, 与 $\boldsymbol{k}$ 态系数 $C(\boldsymbol{k})$ 的值有关的态是与 $\boldsymbol{k}$ 态相差任意倒格矢 $\boldsymbol{G}_n$ 的态的系数 $C(\boldsymbol{k}-\boldsymbol{G}_n)$, 与 $\boldsymbol{k}$ 相差不是一个倒格矢的态不进入方程 (1.27), 这也就是说 $\boldsymbol{k}$ 态与相差不是一个倒格矢的态之间无耦合, 该结论也应适用于波函数 $\psi(\boldsymbol{k},x)$。

因此波函数应当可写成

$$\Psi(\boldsymbol{k},x) = C(\boldsymbol{k})\mathrm{e}^{\mathrm{i}\boldsymbol{k}x} + \sum_{\boldsymbol{G}_n\neq 0} C(\boldsymbol{k}-\boldsymbol{G}_n)\mathrm{e}^{\mathrm{i}(\boldsymbol{k}-\boldsymbol{G}_n)x}$$

$$= \sum_{\boldsymbol{G}_n} C(\boldsymbol{k}-\boldsymbol{G}_n)\mathrm{e}^{\mathrm{i}(\boldsymbol{k}-\boldsymbol{G}_n)x} = \mathrm{e}^{\mathrm{i}\boldsymbol{k}x}\sum_{\boldsymbol{G}_n} C(\boldsymbol{k}-\boldsymbol{G}_n)\mathrm{e}^{-\mathrm{i}\boldsymbol{G}_nx} \tag{1.29}$$

与布洛赫定理比较

$$\Psi(\boldsymbol{k},x) = u(\boldsymbol{k},x)\mathrm{e}^{\mathrm{i}\boldsymbol{k}x} \tag{1.30}$$

需证明

$$u(\boldsymbol{k},x) = \sum_{\boldsymbol{G}_n} C(\boldsymbol{k}-\boldsymbol{G}_n)\mathrm{e}^{-\mathrm{i}\boldsymbol{G}_nx} = u(\boldsymbol{k},x+na) \tag{1.31}$$

由于 $\boldsymbol{G}_h\cdot\boldsymbol{R}_n = 2\pi n$, 在一维情况下 $R_n = na, \boldsymbol{G}_nna = 2\pi m, \exp(-\mathrm{i}\boldsymbol{G}_nna) = 1$, 易得

$$u(\boldsymbol{k},x) = \sum_{\boldsymbol{G}_n} C(\boldsymbol{k}-\boldsymbol{G}_n)\mathrm{e}^{-\mathrm{i}\boldsymbol{G}_nx}\mathrm{e}^{-\mathrm{i}\boldsymbol{G}_nna}$$

$$= \sum_{\boldsymbol{G}_n} C(\boldsymbol{k} - \boldsymbol{G}_n) \mathrm{e}^{-\mathrm{i}\boldsymbol{G}_n(x+na)}$$

$$= u(\boldsymbol{k}, x + na) \tag{1.32}$$

于是布洛赫定理得证。

3. 布洛赫定理的一些重要推论

- $\boldsymbol{k}$ 态和 $\boldsymbol{k}+\boldsymbol{G}_n$ 态是相同的状态，也就是说 $\Psi(\boldsymbol{k}+\boldsymbol{G}_n,\boldsymbol{r}) = \Psi(\boldsymbol{k},\boldsymbol{r})$, $E(\boldsymbol{k}+\boldsymbol{G}_n,\boldsymbol{r}) = E(\boldsymbol{k},\boldsymbol{r})$。
- $E(\boldsymbol{k}) = E(-\boldsymbol{k})$，即能带具有 $\boldsymbol{k}=0$ 的中心反演对称性。
- $E(\boldsymbol{k})$ 具有与正晶格相同的对称性。

1.3.3 能态密度

由布洛赫波所应满足的周期性边界条件，波矢 $\boldsymbol{k}$ 在空间分布是均匀的，允许的波矢为 $\boldsymbol{k} = \sum\limits_{i=1}^{3} \dfrac{l_i}{N_i} b_i$。

每个 $\boldsymbol{k}$ 点在 $\boldsymbol{k}$ 空间平均占有的体积为

$$\frac{b_1}{N_1} \cdot \left(\frac{b_2}{N_2} \times \frac{b_3}{N_3}\right) = \frac{\Omega^*}{N} = \frac{(2\pi)^2}{N\Omega} = \frac{(2\pi)^3}{V_c} \tag{1.33}$$

也即在 $\boldsymbol{k}$ 空间内，$\boldsymbol{k}$ 点的密度为 $\dfrac{V_c}{(2\pi)^3}$。

对给定体积的晶体，单位能量间隔的电子状态数即能态密度

$$D(E) = \lim_{\Delta E \to 0} \frac{\Delta Z}{\Delta E} = \frac{\mathrm{d}Z}{\mathrm{d}E} \tag{1.34}$$

在 $\boldsymbol{k}$ 空间，对某一能带 n，每一个 $\boldsymbol{k}$ 点对应此能带一个能量 E_n；反之，对于一个给定的能量 E_n，可以对应波矢空间一系列的 $\boldsymbol{k}$ 点，这些能量相等的 $\boldsymbol{k}$ 点形成一个曲面，称为等能面。

下面考虑 $E \to E + \mathrm{d}E$ 这两个等能面之间的电子状态数 (考虑自旋应乘上 2)。

在 $\boldsymbol{k}$ 空间等能面 E 和 $E + \mathrm{d}E$ 之间，第 n 个能带所对应的简波矢 $\boldsymbol{k}$ 数目为

$$\mathrm{d}Z'(E_n) = \frac{V_c}{(2\pi)^3} \int_E^{E+\mathrm{d}E} \mathrm{d}\tau_{\boldsymbol{k}} \tag{1.35}$$

将 $\boldsymbol{k}$ 空间的体元 $\mathrm{d}\tau_{\boldsymbol{k}}$ 表示成 $\mathrm{d}\tau_{\boldsymbol{k}} = \mathrm{d}S_E \cdot \mathrm{d}\boldsymbol{k}_\perp$。

由于 $\mathrm{d}E = |\nabla_{\boldsymbol{k}} E_n(\boldsymbol{k})| \cdot \mathrm{d}\boldsymbol{k}_\perp$，故有

$$\mathrm{d}Z'(E_n) = \frac{V_c}{(2\pi)^3} \int \frac{\mathrm{d}S_E}{|\nabla_{\boldsymbol{k}} E|} \mathrm{d}E \tag{1.36}$$

考虑到电子的自旋态，则 $E \to E + \mathrm{d}E$ 之间，第 n 个能带所对应的状态数应为

$$\mathrm{d}Z(E_n) = \frac{2V_c}{(2\pi)^3} \int \frac{\mathrm{d}S_E}{|\nabla_{\boldsymbol{k}} E|} \mathrm{d}E$$

$$= D(E_n)\mathrm{d}E \tag{1.37}$$

其中 $D(E_n)$ 是第 n 个能带对 $E \to E + \mathrm{d}E$ 能量区间所贡献的状态密度。

如果能带之间没有交叠，则 $D(E_n)$ 就是总的状态密度；如果有交叠，应对所有交叠带求和，即一般应写成 $D(E) = \sum\limits_{n} D(E_n)$。

因此，只要由实验测出 $E_n(\boldsymbol{k})$-$\boldsymbol{k}$ 关系 (或称能带结构)，就可求得状态密度 $D(E_n)$。在 $\boldsymbol{k}$ 空间，$|\nabla_{\boldsymbol{k}} E|$ 小，等能面间距大，从而对密度贡献大。反过来，若由实验测得 $D(E_n)$，也可推测出能带结构 $E_n(\boldsymbol{k})$。

下面以自由电子为例求其态密度函数。

在 $\boldsymbol{k}$ 空间，自由电子的等能面

$$k_x^2 + k_y^2 + k_z^2 = \frac{2mE}{\hbar^2} \tag{1.38}$$

对应于一定的电子能量 E，波矢的半径为

$$|\boldsymbol{k}| = \sqrt{\frac{2mE}{\hbar^2}} \tag{1.39}$$

$\boldsymbol{k}$ 空间中，在半径为 $|\boldsymbol{k}|$ 的球体积内的电子态数目，应等于球的体积乘以 $\boldsymbol{k}$ 空间单位区域内的电子态数 $\dfrac{2V_c}{8\pi^3}$，即

$$Z(E) = \frac{4}{3}\pi \boldsymbol{k}^3 \times \frac{V_c}{4\pi^3} = \frac{V_c}{3\pi^2}\left(\frac{2mE}{\hbar^2}\right)^{\frac{3}{2}} \tag{1.40}$$

于是自由电子的态密度函数 $D(E_n)$ 为

$$D(E_n) = \frac{\mathrm{d}Z(E)}{\mathrm{d}E} = \frac{V}{2\pi^2 E}\left(\frac{2mE}{\hbar^2}\right)^{\frac{3}{2}} \tag{1.41}$$

1.3.4　近自由电子模型

1. 定态非简并微扰

由量子力学定态非简并微扰理论可知，定态薛定谔方程

$$\hat{H}\Psi_i = E_i\Psi_i \tag{1.42}$$

的解是

$$E(\boldsymbol{k}) = E^{(0)}(\boldsymbol{k}) + E^{(1)}(\boldsymbol{k}) + E^{(2)}(\boldsymbol{k}) + \cdots \tag{1.43}$$

$$\Psi(\boldsymbol{k}, \boldsymbol{r}) = \Psi^{(0)}(\boldsymbol{k}, \boldsymbol{r}) + \Psi^{(1)}(\boldsymbol{k}, \boldsymbol{r}) + \cdots \tag{1.44}$$

零级近似解就是自由电子的解：

$$\Psi^{(0)}(\boldsymbol{k}, \boldsymbol{r}) = V^{-\frac{1}{2}}\mathrm{e}^{\mathrm{i}\boldsymbol{k}\cdot\boldsymbol{r}} \tag{1.45}$$

$$E^{(0)} = \frac{\hbar^2 \boldsymbol{k}^2}{2m} \tag{1.46}$$

由量子力学理论可知，一级修正和二级修正分别为

$$E^{(1)} = H_{\boldsymbol{k}\boldsymbol{k}'} = \int \Psi^{(0)*}(\boldsymbol{k}, \boldsymbol{r})V(\boldsymbol{r})\Psi^{(0)}(\boldsymbol{k}, \boldsymbol{r})\mathrm{d}\tau_r = 0 \tag{1.47}$$

$$E^{(2)} = \sum_{\mathbf{k}' \neq \mathbf{k}} \frac{|H_{\mathbf{k}\mathbf{k}'}|^2}{E^{(0)}(\mathbf{k}) - E^{(0)}(\mathbf{k}')} \tag{1.48}$$

其中微扰矩阵元

$$
\begin{aligned}
H_{\mathbf{k}\mathbf{k}'} &= \int \Psi^{(0)*}(\mathbf{k}, \mathbf{r}) V(\mathbf{r}) \Psi^{(0)}(\mathbf{k}, \mathbf{r}) \mathrm{d}\tau_r \\
&= \frac{1}{V_c} \sum_{\mathbf{G}_h \neq 0} V_{\mathbf{G}_h} \int \mathrm{e}^{\mathrm{i}[\mathbf{k}' - (\mathbf{k} - \mathbf{G}_h)] \cdot \mathbf{r}} \mathrm{d}\tau_r
\end{aligned} \tag{1.49}
$$

由平面波的正交归一性，变为

$$H_{\mathbf{k}\mathbf{k}'} = \sum_{\mathbf{G}_h \neq 0} V_{\mathbf{G}_h} \delta_{\mathbf{k}', \mathbf{k} - \mathbf{G}_h} \tag{1.50}$$

$$E^{(2)}(\mathbf{k}) = \sum_{\mathbf{k} \neq \mathbf{k}'} \sum_{\mathbf{G}_h \neq 0} \frac{|V_{\mathbf{G}_h}|^2 \delta_{\mathbf{k}', \mathbf{k} - \mathbf{G}_h}}{E^{(0)}(\mathbf{k}) - E^{(0)}(\mathbf{k}')} \tag{1.51}$$

交换求和次序

$$H_{\mathbf{k}\mathbf{k}'} = \sum_{\mathbf{G}_h \neq 0} \frac{|V_{\mathbf{G}_h}|^2}{E^{(0)}(\mathbf{k}) - E^{(0)}(\mathbf{k} - \mathbf{G}_h)} \tag{1.52}$$

所以

$$
\begin{aligned}
E(\mathbf{k}) &= E^{(0)}(\mathbf{k}) + E^{(2)}(\mathbf{k}) \\
&= \frac{\hbar^2 \mathbf{k}^2}{2m} + \sum_{\mathbf{G}_h \neq 0} \frac{2m|V_{\mathbf{G}_h}|^2}{\hbar^2(\mathbf{k}^2 - |\mathbf{k} - \mathbf{G}_h|^2)}
\end{aligned} \tag{1.53}
$$

$$\Psi^{(1)}(\mathbf{k}, \mathbf{r}) = \sum_{\mathbf{k} \neq \mathbf{k}'} \frac{H_{\mathbf{k}\mathbf{k}'}}{E^{(0)}(\mathbf{k}) - E^{(0)}(\mathbf{k}')} \Psi^{(0)}(\mathbf{k}', \mathbf{r}) \tag{1.54}$$

其中，

$$
\begin{aligned}
H_{\mathbf{k}\mathbf{k}'} &= \frac{1}{V_c} \sum_{\mathbf{G}_h \neq 0} V_{\mathbf{G}_h} \int \mathrm{e}^{\mathrm{i}[\mathbf{k}' - (\mathbf{k} - \mathbf{G}_h)] \cdot \mathbf{r}} \mathrm{d}\tau_r \\
&= \sum_{\mathbf{G}_h \neq 0} V_{\mathbf{G}_h} \delta_{\mathbf{k}', \mathbf{k} + \mathbf{G}_h}
\end{aligned} \tag{1.55}
$$

$$
\begin{aligned}
\Psi(\mathbf{k}, \mathbf{r}) &= \Psi^{(0)}(\mathbf{k}, \mathbf{r}) + \Psi^{(1)}(\mathbf{k}, \mathbf{r}) \\
&= V_c^{-\frac{1}{2}} \left[\mathrm{e}^{\mathrm{i}\mathbf{k}\cdot\mathbf{r}} + \sum_{\mathbf{G}_h \neq 0} \frac{V_c^{\frac{1}{2}} 2m V_{\mathbf{G}_h}}{\hbar^2(\mathbf{k}^2 - |\mathbf{k} + \mathbf{G}_h|^2)} \mathrm{e}^{\mathrm{i}(\mathbf{k} + \mathbf{G}_h)\cdot\mathbf{r}} \right] \\
&= V_c^{-\frac{1}{2}} \left[\mathrm{e}^{\mathrm{i}\mathbf{k}\cdot\mathbf{r}} + \sum_{\mathbf{G}_h \neq 0} \frac{V_c^{\frac{1}{2}} 2m V_{-\mathbf{G}_h}}{\hbar^2(\mathbf{k}^2 - |\mathbf{k} - \mathbf{G}_h|^2)} \mathrm{e}^{\mathrm{i}(\mathbf{k} - \mathbf{G}_h)\cdot\mathbf{r}} \right]
\end{aligned} \tag{1.56}
$$

可见，晶体中的波函数 $\Psi(\mathbf{k}, \mathbf{r})$ 由两部分组成，一部分是原来波矢为 $\mathbf{k}$ 的平面波，另一部分是波矢为 $\mathbf{k} + \mathbf{G}_h$ 的散射波的叠加。周期势场 $V(\mathbf{r})$ 较弱时，它的展开系数 $V_{\mathbf{G}_h}$ 也较小；当 $\mathbf{k}^2$ 与 $(\mathbf{k} + \mathbf{G}_h)^2$ 相差较大时，散射波较弱。

2. 定态简并微扰

由式 (1.56) 看到，当满足 $E^{(0)}(\boldsymbol{k}) = E^{(0)}(\boldsymbol{k}')$，$\boldsymbol{k}' = \boldsymbol{k} + \boldsymbol{G}_h$ 时修正项很大，应该用定态简并微扰理论。例如当 $\boldsymbol{k} = \dfrac{n\pi}{a}, \boldsymbol{k}' = -\dfrac{n\pi}{a}, \boldsymbol{k} - \boldsymbol{k}' = \dfrac{n\pi}{a} + \dfrac{n\pi}{a} = n\dfrac{2\pi}{a} = \boldsymbol{G}_h$ 且 $E^{(0)}(\boldsymbol{k}) = E^{(0)}(\boldsymbol{k}')$，因此两个状态简并。由量子力学简并微扰理论，

$$\begin{aligned}
\Psi^{(0)}(\boldsymbol{k},\boldsymbol{r}) &= A\Psi^{(0)}(\boldsymbol{k},\boldsymbol{r}) + B\Psi^{(0)}(\boldsymbol{k}',\boldsymbol{r}) \\
&= AV_c^{-\frac{1}{2}}\mathrm{e}^{\mathrm{i}\boldsymbol{k}\boldsymbol{r}} + BV_c^{-\frac{1}{2}}\mathrm{e}^{\mathrm{i}\boldsymbol{k}'\cdot\boldsymbol{r}}
\end{aligned} \tag{1.57}$$

代入薛定谔方程

$$\begin{aligned}
\hat{H}\Psi^{(0)}(\boldsymbol{k},\boldsymbol{r}) &= [\hat{H}^{(0)} + V(\boldsymbol{r})]\Psi^{(0)}(\boldsymbol{k},\boldsymbol{r}) \\
&= E(\boldsymbol{k})\Psi^{(0)}(\boldsymbol{k},\boldsymbol{r})
\end{aligned} \tag{1.58}$$

考虑一维情况，注意到

$$\hat{H}^{(0)}\Psi^{(0)}(\boldsymbol{k},\boldsymbol{r}) = E^{(0)}(\boldsymbol{k})\Psi^{(0)}(\boldsymbol{k},\boldsymbol{r}) \tag{1.59}$$

$$V(x) = \sum_{\boldsymbol{G}_n \neq 0} V_n \mathrm{e}^{\mathrm{i}\boldsymbol{G}_n x} = \sum_{n \neq 0} V_n \mathrm{e}^{\mathrm{i}\frac{2\pi}{a}nx} \tag{1.60}$$

得

$$A[E^{(0)}(\boldsymbol{k}) - E(\boldsymbol{k})] + V(x)\mathrm{e}^{\mathrm{i}\boldsymbol{k}x} + B[E^{(0)}(\boldsymbol{k}) - E(\boldsymbol{k})] + V(x)\mathrm{e}^{\mathrm{i}\boldsymbol{k}'x} \tag{1.61}$$

等式两边乘 $\mathrm{e}^{-\mathrm{i}\boldsymbol{k}x}$，并对整个晶体积分，注意到 $E^{(0)}(\boldsymbol{k})$，$E(\boldsymbol{k})$ 不是 x 的函数，并利用

$$\int_L \mathrm{e}^{\mathrm{i}(\boldsymbol{k}'-\boldsymbol{k})x}\mathrm{d}x = L\delta_{\boldsymbol{k}'\boldsymbol{k}} \tag{1.62}$$

和

$$V_n = \frac{1}{L}\int_0^L V(x)\mathrm{e}^{-\mathrm{i}\frac{2\pi}{a}nx}\mathrm{d}x \tag{1.63}$$

$$\int \Psi^{(0)*}(\boldsymbol{k},x)V(x)\Psi^{(0)}(\boldsymbol{k},x)\mathrm{d}x = \overline{V(x)} = 0 \tag{1.64}$$

注意到 $V_n^* = V_{-n}$，得

$$[E(\boldsymbol{k}) - E^{(0)}(\boldsymbol{k})]A - BV_n = 0 \tag{1.65}$$

$$-V_n^* A + [E(\boldsymbol{k}) - E^{(0)}(\boldsymbol{k})]B = 0 \tag{1.66}$$

A 和 B 有非零解的条件是

$$\begin{vmatrix} E(\boldsymbol{k}) - E^{(0)}(\boldsymbol{k}) & -V_n \\ -V_n^* & E(\boldsymbol{k}) - E^{(0)}(\boldsymbol{k}) \end{vmatrix} = 0 \tag{1.67}$$

可解得

$$E_n(\boldsymbol{k}) = E^{(0)}(\boldsymbol{k}) \pm |V_n| \tag{1.68}$$

能量差为 $2|V_n|$，则原来能量相等的两个态的能量不再相等，简并消除，出现禁带。所以说，禁带的出现是周期性势场作用的结果 (图1.19)。

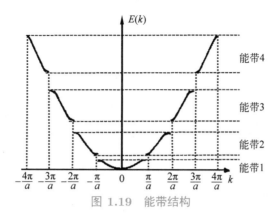

图 1.19　能带结构

3. 能隙产生的物理解释

将 $E(\mathbf{k})$ 的解代入式 (1.65) 和式 (1.66) 可确定 A 和 B，从而得到波函数的表示式。以一维晶体为例，第一布里渊区的边界是 $\mathbf{k} = \dfrac{\pi}{a}, \mathbf{k}' = -\dfrac{\pi}{a}$，有

$$\Psi(\frac{\pi}{a}, x) = l^{-\frac{1}{2}} A e^{i\frac{\pi}{a}x} + L^{-\frac{1}{2}} B e^{-i\frac{\pi}{a}x} \tag{1.69}$$

将

$$E(\frac{\pi}{a}) = \frac{\hbar^2 \pi^2}{2ma^2} \pm |V_1| \tag{1.70}$$

代入，得到

$$\pm |V_1| A + V_1 B = 0, \quad 得 \frac{A}{B} = \frac{V_1}{\pm |V_1|} \tag{1.71}$$

$$V_{-1} A + |V_1| B = 0, \quad 得 \frac{A}{B} = \frac{\pm |V_1|}{V_{-1}} \tag{1.72}$$

因为 $V(x)$ 是势函数，在各向同性的晶体中，选取合适的坐标系，可使 $V(x) = V(-x)$

$$V(x) = \sum_{n \neq 0} V_n e^{i\frac{2\pi}{a}nx} = V^*(x) = \sum_{n \neq 0} V_n^* e^{i\frac{2\pi}{a}nx} \tag{1.73}$$

同时，

$$V(x) = V(-x) = \sum_{n \neq 0} V_n e^{-i\frac{2\pi}{a}nx} \tag{1.74}$$

所以 $V_n = V_n^*$，而前面已得 $V_n^* = V_{-n}$，所以 $\dfrac{A}{B} = \pm 1$。因而 $\Psi(\dfrac{\pi}{a}, x)$ 有两个解，对应两个能带：

$$\Psi_+^{(0)}(\frac{\pi}{a}, x) = L^{-\frac{1}{2}} A(e^{i\pi\frac{x}{a}} + e^{-i\pi\frac{x}{a}}) = 2L^{-\frac{1}{2}} A \cos\left(\frac{\pi x}{a}\right) \tag{1.75}$$

$$\Psi_-^{(0)}(\frac{\pi}{a}, x) = L^{-\frac{1}{2}} A(e^{i\pi\frac{x}{a}} - e^{-i\pi\frac{x}{a}}) = i2L^{-\frac{1}{2}} A \sin\left(\frac{\pi x}{a}\right) \tag{1.76}$$

电子云分布：

$$\rho_{+} = |\Psi_{+}^{(0)}|^2 = 4L^{-1}A^2\cos^2\left(\frac{\pi x}{a}\right) \tag{1.77}$$

$$\rho_{-} = |\Psi_{-}^{(0)}|^2 = 4L^{-1}A^2\sin^2\left(\frac{\pi x}{a}\right) \tag{1.78}$$

图1.20给出了这两种电子云的分布。由图1.20可知，$\Psi_{-}^{(0)}\left(\frac{\pi}{u},x\right)$ 的势能比 $\Psi_{+}^{(0)}\left(\frac{\pi}{a},x\right)$ 的势能高。这就是在布里渊区边界上能量产生不连续跳跃的原因。势能之差 = 能隙 = $2|V_n|$。

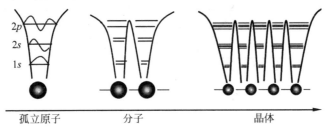

图 1.20 能带形成的解释
(请扫 VI 页二维码看彩图)

4. 近自由电子的状态密度

对自由电子

$$D(E) = \frac{\mathrm{d}Z(E)}{\mathrm{d}E} = \frac{V}{2\pi^2 E}\left(\frac{2mE}{\hbar^2}\right)^{\frac{3}{2}} \tag{1.79}$$

对晶体中的电子

$$D(E_n) = \frac{2V_c}{(2\pi)^3}\int\frac{\mathrm{d}S_E}{|\nabla_{\boldsymbol{k}}E_n|} \tag{1.80}$$

以二维正方晶格为例：当波矢 $\boldsymbol{k}$ 到达布里渊区边界时，出现禁带，宽度为 $2|V_n|$。当波矢远离布里渊区边界时，电子能量基本仍为自由电子的表示式，从远离到接近布里渊区边界的过程中，修正项逐渐增大，但其变化应是连续的。

1.3.5 紧束缚模型

对于绝缘体，其电子紧紧地束缚在原子核周围，主要受到该原子势场的作用，而其他原子(格点)势场的作用可以看作微扰。由于各原子核对电子的束缚作用特别强，晶体中的电子状态和孤立原子的电子状态差别不是特别明显。在这种情况下，计算晶体的能带时，其零阶近似取为孤立原子的电子，周期势场仍作为微扰，这就是紧束缚模型。

其微扰矩阵元为

$$H_{\boldsymbol{k}\boldsymbol{k}'} = \int\Psi^{(0)^*}(\boldsymbol{k},\boldsymbol{r})V(\boldsymbol{r})\Psi^{(0)}(\boldsymbol{k},\boldsymbol{r})\mathrm{d}\tau_r \tag{1.81}$$

困难：$\Psi^{(0)}(\boldsymbol{k},\boldsymbol{r})$ 为孤立原子中电子的波函数，而除了氢原子中的电子波函数已知，其他孤立原子中电子的波函数我们并不知道。

思路：将晶体中电子的波函数近似看成原子轨道波函数的线性组合。采用通过孤立原子的电子波函数的线性组合构成晶体电子波函数的方法，常称为原子轨道线性组合法

(LCAO)。

孤立原子的定态薛定谔方程可写成

$$\left[\frac{-\hbar^2}{2m}\nabla^2 + V^{at}(\boldsymbol{r}-\boldsymbol{R}_n)\right]\phi^{at}(\boldsymbol{r}-\boldsymbol{R}_n) = E^{at}\phi^{at}(\boldsymbol{r}-\boldsymbol{R}_n) \tag{1.82}$$

式中，上标 at 表示对孤立原子而言，$\phi^{at}(\boldsymbol{r}-\boldsymbol{R}_n)$ 是位于 $\boldsymbol{R}_n$ 处的孤立原子在 $\boldsymbol{r}$ 处产生的波函数；$V^{at}(\boldsymbol{r}-\boldsymbol{R}_n)$ 是位于 $\boldsymbol{R}_n$ 处的孤立原子在 $\boldsymbol{r}$ 处产生的势能函数。

为了简单和明确起见，下面研究由孤立原子 s 能级形成的 s 能带。选 N 个孤立原子波函数的线性组合作为晶体中单电子薛定谔方程的试解：

$$\Psi_s(\boldsymbol{k},\boldsymbol{r}) = N^{-\frac{1}{2}}\sum_{\boldsymbol{R}_n} \mathrm{e}^{\mathrm{i}\boldsymbol{k}\cdot\boldsymbol{R}_n}\phi_s^{at}(\boldsymbol{r}-\boldsymbol{R}_n)$$

$$= \mathrm{e}^{\mathrm{i}\boldsymbol{k}\boldsymbol{r}} \times N^{-\frac{1}{2}}\mathrm{e}^{\mathrm{i}\boldsymbol{k}\cdot(\boldsymbol{r}-\boldsymbol{R}_n)}\phi_s^{at}(\boldsymbol{r}-\boldsymbol{R}_n) \tag{1.83}$$

$$U(\boldsymbol{k},\boldsymbol{r}) = N^{-\frac{1}{2}}\mathrm{e}^{\mathrm{i}\boldsymbol{k}\cdot(\boldsymbol{r}-\boldsymbol{R}_n)}\phi_s^{at}(\boldsymbol{r}-\boldsymbol{R}_n) \tag{1.84}$$

$$U(\boldsymbol{k},\boldsymbol{r}+\boldsymbol{R}_m) = N^{-\frac{1}{2}}\mathrm{e}^{\mathrm{i}\boldsymbol{k}\cdot(\boldsymbol{r}+\boldsymbol{R}_m-\boldsymbol{R}_n)}\phi_s^{at}(\boldsymbol{r}+\boldsymbol{R}_m-\boldsymbol{R}_n) \tag{1.85}$$

式中，$\boldsymbol{R}_m$ 为某一正格矢，求和是对所有允许的原子位矢求和。

设 $\boldsymbol{R}_p = \boldsymbol{R}_n - \boldsymbol{R}_m$，式 (1.85) 成为

$$U(\boldsymbol{k},\boldsymbol{r}+\boldsymbol{R}_m) = N^{-\frac{1}{2}}\mathrm{e}^{\mathrm{i}\boldsymbol{k}\cdot(\boldsymbol{r}+\boldsymbol{R}_p)}\phi_s^{at}(\boldsymbol{r}+\boldsymbol{R}_p) \tag{1.86}$$

求和仍是对所有允许的原子位矢求和。所以，式 (1.83) 满足布洛赫定理。

将式 (1.83) 代入单电子薛定谔方程：

$$\left[-\frac{\hbar^2}{2m}\nabla^2 + V(\boldsymbol{r})\right]\Psi_s(\boldsymbol{k},\boldsymbol{r}) = E_s(\boldsymbol{k})\Psi(\boldsymbol{k},\boldsymbol{r}) \tag{1.87}$$

再用 $\phi_s^{at^*}(\boldsymbol{r})$ 乘方程两边，并对整个晶体积分。注意到方程 (1.82)，得到

$$\sum_{\boldsymbol{R}_n}\mathrm{e}^{\mathrm{i}\boldsymbol{k}\cdot\boldsymbol{R}_n}\int \phi_s^{at^*}(\boldsymbol{r})[V(\boldsymbol{r})-V^{at}(\boldsymbol{r}-\boldsymbol{R}_n)]\phi_s^{at}(\boldsymbol{r}-\boldsymbol{R}_n)\mathrm{d}\tau_r$$

$$= [E(s)-E_s^{at}]\sum_{\boldsymbol{R}_n}\mathrm{e}^{\mathrm{i}\boldsymbol{k}\cdot\boldsymbol{R}_n}\int \phi_s^{at^*}(\boldsymbol{r})\phi_s^{at}(\boldsymbol{r}-\boldsymbol{R}_n)\mathrm{d}\tau_r \tag{1.88}$$

将 $\boldsymbol{R}_n = 0$ 的项单独提出来，方程左侧为

$$\int \phi_s^{at^*}(\boldsymbol{r})[V(\boldsymbol{r})-V^{at}(\boldsymbol{r})]\phi_s^{at}(\boldsymbol{r})\mathrm{d}\tau_r +$$

$$\sum_{\boldsymbol{R}_n\neq 0}\mathrm{e}^{\mathrm{i}\boldsymbol{k}\cdot\boldsymbol{R}_n}\int \phi_s^{at^*}(\boldsymbol{r})[V(\boldsymbol{r})-$$

$$V^{at}(\boldsymbol{r}-\boldsymbol{R}_n)]\phi_s^{at}(\boldsymbol{r}-\boldsymbol{R}_n)\mathrm{d}\tau_r \tag{1.89}$$

注意：$V^{at}(\boldsymbol{r})$ 是 $\boldsymbol{R}_n = 0$ 处，即坐标原点处的孤立原子在 $\boldsymbol{r}$ 处产生的电子势能函数；$V(\boldsymbol{r})$ 是晶体中所有原子在 $\boldsymbol{r}$ 处产生的电子势能函数。

$$\Lambda = -\int \phi_s^{at^*}(\boldsymbol{r})[V(\boldsymbol{r})-V^{at}(\boldsymbol{r})]\phi_s^{at}(\boldsymbol{r})\mathrm{d}\tau_r$$

$$= -\overline{[V(\boldsymbol{r})-V^{at}(\boldsymbol{r})]} \tag{1.90}$$

$$B(\boldsymbol{R}_n) = -\int \phi_s^{at^*}(\boldsymbol{r})[V(\boldsymbol{r}) - V^{at}(\boldsymbol{r} - \boldsymbol{R}_n)]\phi_s^{at}(\boldsymbol{r} - \boldsymbol{R}_n)\mathrm{d}\tau_r \tag{1.91}$$

则式 (1.89) 为

$$-A - \sum_{\boldsymbol{R}_n \neq 0} B(\boldsymbol{R}_n)\mathrm{e}^{\mathrm{i}\boldsymbol{k}\cdot\boldsymbol{R}_n} \tag{1.92}$$

设

$$C = \int \phi_s^{at^*}(\boldsymbol{r})\phi_s^{at}(\boldsymbol{r} - \boldsymbol{R}_n)\mathrm{d}\tau_r \tag{1.93}$$

当 $\boldsymbol{R}_n = 0$ 时，$C(\boldsymbol{R}_n) = 1$；当 $\boldsymbol{R}_n \neq 0$ 时，$C(\boldsymbol{R}_n) = 0$。

即相差 $\boldsymbol{R}_n$ 的孤立原子的电子云不交叠，无相互作用，则 C 的物理意义可理解为电子交叠概率的积分。与此对比可知，A、B 的意义可理解为电子云"加权" $[V(\boldsymbol{r}) - V^{at}]$ 交叠积分，也携带着电子云交叠的信息。

式 (1.89) 为

$$E_s(\boldsymbol{k}) - E_s^{at} \tag{1.94}$$

$$E_s(\boldsymbol{k}) = E_s^{at} - A - \sum_{\boldsymbol{R}_n \neq 0} B(\boldsymbol{R}_n)\mathrm{e}^{\mathrm{i}\boldsymbol{k}\cdot\boldsymbol{R}_n} \tag{1.95}$$

正是由于孤立原子的电子波函数随离核的距离增加而很快下降，所以式 (1.95) 常常只需考虑最近邻的情况。同时考虑到 s 态波函数 $\phi_s^{at}(\boldsymbol{r})$，以及 $V(\boldsymbol{r})$ 和 $V^{at}(\boldsymbol{r} - \boldsymbol{R}_n)$ 的球对称性，近邻交叠积分 $B(\boldsymbol{R}_n)$ 实际上与方向无关，即与 $\boldsymbol{R}_n$ 无关。

将它提到求和号外，于是有

$$E_s(\boldsymbol{k}) = E_s^{at} - A - \sum_{\boldsymbol{R}_n \neq 0}^{最近邻} B(\boldsymbol{R}_n)\mathrm{e}^{\mathrm{i}\boldsymbol{k}\cdot\boldsymbol{R}_n} \tag{1.96}$$

其中 $\boldsymbol{R}_n$ 为最近邻的原子位矢。对 s 带电子云球对称，对近邻原子的 A、B 均为常数。

1.3.6 原子能级与能带的关系

一个原子能级对应一个能带，不同的原子能级对应不同的能带。当原子形成固体后，会形成一系列的能带 (图1.21)。

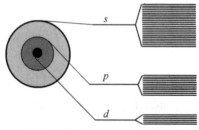

图 1.21 能级与能带的关系
(请扫 VI 页二维码看彩图)

能量较低的能级对应内层电子，其轨道较小，原子之间内层电子的波函数相互重叠较少，对应的能带较窄。能量较高的能级对应外层电子，其轨道较大，原子之间外层电子的波函数相互重叠较多，对应的能带较宽。

在简单情况下，原子能级和能带之间有简单的对应关系，如 ns 带、np 带、nd 带等；但由于 p 态是三重简并的，对应的能带发生相互交叠；d 态等也有类似的能带交叠 (图1.22)。

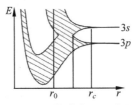

图 1.22　轨道杂化示意图

在紧束缚模型中，只考虑了相同原子态之间的相互作用，不计不同原子态之间的作用。

对于内层电子，能级和能带有一一对应的关系；对于外层电子，能级和能带的对应关系较为复杂。一般的处理方法如下：

- 主要由几个能量相近的原子态相互组合形成能带；
- 略去其他较多原子态的影响。

例如在讨论分析同一主量子数中的 s 态和 p 态之间的相互作用时，会略去其他主量子数原子态的影响。先将各原子态组成布洛赫函数和，再将能带中的电子态写成布洛赫函数的线性组合，最后代入薛定谔方程求解组合系数和能量本征值。单电子的能级由于周期性势场的影响而形成一系列准连续的能带，N 个电子填充这些能带中最低的 N 个状态。

如果电子占据了一个能带中所有的状态，就称该能带为满带。没有任何电子占据 (填充) 的能带称为空带。一个能带中还有状态没有被电子占满，即不满带；或说最下面的一个空带称为导带。导带以下的第一个满带，或者最上面的一个满带称为价带。两个能带之间不允许存在的能级宽度称为禁带，或带隙 (图1.23)。

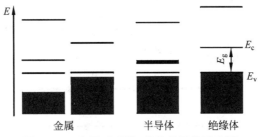

图 1.23　金属-半导体-绝缘体能带示意图

1.4　固体中的声子：晶格动力学

实际晶体中的原子在平衡位置永不停歇地作振动。对晶格振动的研究，最早是从晶体的热学性质开始的。热容量是热运动在宏观性质上最直接的表现。

杜隆-珀蒂经验规律表明，一摩尔固体有 N 个原子，有 $3N$ 个振动自由度，按能量均分定律，每个自由度的平均热能为k_B。因此，摩尔热容量$3Nk_B = 3R$，将固体的热容量和原子的振动联系起来。实验表明，在较低的温度下，热容量随着温度的降低而不断下降。

晶格振动是研究固体宏观性质和微观过程的重要基础。它与晶体的热学性质、电学性质、光学性质、超导电性、磁性、结构相变有密切关系。晶格振动在晶体中形成了各种模式的波。在简谐近似下，系统的哈密顿量为相互独立的简谐振动的哈密顿量之和。这些模式是相互独立的，模式所取的能量值是分立的，可以用一系列独立的简谐振子来描述这些独立而又分立的振动模式。这些谐振子的能量量子即声子。晶格振动的总体就可看作声子的系综。

在简谐近似下，晶体中存在$3NS$个独立的简谐格波，晶体中任一原子的实际振动状态由这$3NS$个简谐格波共同决定。那么，晶格振动的系统能量是否可表示成$3NS$个独立谐振子能量之和？

1.4.1 晶格振动和谐振子

1. 系统能量的普遍表示

在一维单原子链(图1.24)中，平衡时距原点为na的原子，t时刻的绝对位移是q，所有可能的N个值的特解的线性叠加：

$$
\begin{aligned}
U_n(t) &= \sum_q A_q \mathrm{e}^{\mathrm{i}(qna-\omega t)} \\
&= \sum_q A_q(t)\mathrm{e}^{\mathrm{i}qna}
\end{aligned}
\tag{1.97}
$$

式中，$A_q(t) = A_q\mathrm{e}^{-\mathrm{i}\omega t}$。按经典力学，系统的总能量为动能和势能之和：

$$
\begin{aligned}
E &= T + W \\
&= \frac{1}{2}\sum_n mU_n^2 + \frac{\beta}{2}(U_{n+1} - U_n)^2
\end{aligned}
\tag{1.98}
$$

该表示式中有$(U_{n+1} \times U_n)$的交叉项存在，对建立物理模型和数学处理都带来困难。因此，我们用坐标变换的方法消去上式中的交叉项。

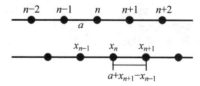

图 1.24 一维单原子链的振动

2. 坐标变换(变量置换)

设

$$
U_n(t) = \frac{1}{\sqrt{Nm}}\sum_q Q_q(t)\mathrm{e}^{\mathrm{i}qna}
\tag{1.99}
$$

式中 $Q_q(t)$ 称为简正坐标，容易证明：

$$\begin{cases} \sum_n \mathrm{e}^{\mathrm{i}(q-q')na} = N\delta_{q,q'} \\ \sum_q \mathrm{e}^{\mathrm{i}(n-n')qa} = N\delta_{n,n'} \end{cases} \tag{1.100}$$

$q = q'$ 时，显然成立；$q \neq q'$ 时，为对比级数求和，亦可证。由式 (1.99) 和式 (1.100) 可得式 (1.101) 和式 (1.102)：

$$U_n^*(t) = \frac{1}{\sqrt{Nm}} \sum_q Q_q^*(t)\mathrm{e}^{-\mathrm{i}qna} \tag{1.101}$$

$$\begin{cases} Q_q(t) = \sqrt{\frac{m}{N}} \sum_n U_n(t)\mathrm{e}^{-\mathrm{i}qna} \\ Q_q^*(t) = \sqrt{\frac{m}{N}} \sum_n U_n^*(t)\mathrm{e}^{\mathrm{i}qna} \end{cases} \tag{1.102}$$

$$U_n(t) = \sum_q A_q \mathrm{e}^{\mathrm{i}(qna-\omega t)} \tag{1.103}$$

3. 系统能量的重新表示

由式 (1.99) ~ 式 (1.102) 可得系统势能

$$W = \frac{1}{2}\sum_q \omega_q^2 Q_q Q_q^* = \frac{1}{2}\sum_q \omega_q^2 |Q_q|^2 \tag{1.104}$$

式中，$\omega_q^2 = \frac{4\beta}{m}\sin^2\frac{qa}{2}$，不再含交叉项。类似地，系统的动能也可写为

$$T = \frac{1}{2}\sum_n m\dot{U}_n^2 = \frac{1}{2}\sum_q |\dot{Q}_q|^2 \tag{1.105}$$

于是系统总能量可写成不含交叉项的标准式：

$$E = \frac{1}{2}\sum_q \left(|\dot{Q}_q|^2 + \omega_q^2|Q_q|^2\right) = \sum_q E_q \tag{1.106}$$

所以式 (1.106) 相当于 $m=1$，$k=\omega_q^2$ 的以 Q_q 为自变量的谐振子能量。可见由 N 个原子组成的一维晶体，其晶格振动能量可看成 N 个谐振子的能量之和。

1.4.2 能量量子和声子

1. 能量量子

把上述经典谐振子的能量用量子力学的结果来表示。量子力学告诉我们，频率为 ω 的谐振子，其能量为

$$E_n = \left(\frac{1}{2}+n\right)\hbar\omega, \quad n=0,1,2,\cdots \tag{1.107}$$

这表明谐振子处于不连续的能量状态。当 $n = 0$ 时,它处于基态, $E_0 = \frac{1}{2}\hbar\omega$,称为零点振动能。相邻状态的能量差为 $\hbar\omega$,是谐振子的能量量子,称为声子,正如人们把电磁辐射的能量量子称为光子一样。$3NS$ 个格波与 $3NS$ 个量子谐振子一一对应,因此式(1.107)也是一个频率为 ω 的格波的能量。用该格波所具有的能量为 $\hbar\omega_i(q)$ 的声子数 n 来表征频率为 $\omega_i(q)$ 的格波被激发的程度。声子是一种准粒子,不具有通常意义下的动量,常把 $\hbar q$ 称为声子的准动量。

2. 平均声子数

既然各个格波可能具有不同的声子数,那么在一定温度的热平衡态,一个格波的平均声子数有多少呢?若求出该温度下格波的平均能量 E 即可得到。由于声子间相互作用很弱,除了碰撞外,可不考虑它们之间的相互作用,故可把声子视为近似独立的子系,这时玻色-爱因斯坦统计与经典的玻尔兹曼统计是一致的。利用玻尔兹曼统计,在温度 T 时频率为 ω 的若干个格波的平均能量为

$$\overline{E_\omega} = \frac{\sum\limits_{n=0}^{\infty} \left(n + \frac{1}{2}\right)\hbar\omega \exp\left[-\left(n + \frac{1}{2}\right)\hbar\omega\Big/ K_B T\right]}{\sum\limits_{n=0}^{\infty} \exp\left[-\left(n + \frac{1}{2}\right)\hbar\omega\Big/ K_B T\right]}$$

$$= \frac{1}{2}\hbar\omega + K_B T^2 \frac{\partial}{\partial T}\left[\ln \sum\limits_{n=0}^{\infty} \exp\left(-\frac{n\hbar\omega}{K_B T}\right)\right] \tag{1.108}$$

利用等比级数求和公式求导、整理,可得

$$\overline{E_\omega} = \left[\frac{1}{2} + \frac{1}{\exp\left(\hbar/K_B T\right) - 1}\right]\hbar\omega$$

$$= \left(\frac{1}{2} + \overline{n}\right)\hbar\omega \tag{1.109}$$

其中,

$$\overline{n}(\omega, T) = \frac{1}{\exp\left(\dfrac{\hbar\omega}{K_B T}\right) - 1} \tag{1.110}$$

即频率为 ω 的格波温度为 T 时的平均声子数。当 $\hbar\omega = K_B T$ 时, $\overline{n} \approx 0.6$。定性地讲,此格波已激发;以此为界,温度为 T 时,只有 $\hbar\omega \leqslant K_B T$ 的格波才能被激发。

1.4.3 晶体的比热

1. 概述

定容比热的定义为单位质量的物质在定容过程中,温度升高一度时,系统内能的增量,即

$$C_V = \lim_{\Delta T \to 0} \left(\frac{\Delta U}{\Delta T}\right)_V = \left(\frac{\partial U}{\partial T}\right)_V \tag{1.111}$$

晶体的运动能量包括晶格振动能量 U_l 和电子运动能量 U_e。这两种运动能量对比热的

贡献分别以C_{V1}(晶格比热)和C_{Ve}(电子比热)表示。除极低温下金属中的电子比热相对较大外，通常$C_{V1} \gg C_{Ve}$，所以此处我们仅讨论晶格比热$C_{V1} = C_{Ve} = C$。晶格振动能量为$3NS$个量子谐振子能量之和为

$$U = \sum_{i=1}^{3NS} \overline{E_i}$$
$$= \sum_{i=1}^{3NS} \left(\frac{1}{2} + \overline{n}\right)\hbar\omega_i \tag{1.112}$$

由格波态密度函数$g(\omega)$定义，上式也可写成为

$$U = \int_0^{\omega_{\mathrm{m}}} g(\omega)\overline{E}(\omega, T)\mathrm{d}\omega \tag{1.113}$$

其中ω_{m}为截止频率，且有$\int_0^{\omega_{\mathrm{m}}} g(\omega)\mathrm{d}\omega = 3NS$，则定容比热为

$$C_V = \left(\frac{\partial U}{\partial T}\right)_V = \frac{\partial}{\partial T}\int_0^{\omega_{\mathrm{m}}} g(\omega)\overline{E}(\omega, T)\mathrm{d}\omega \tag{1.114}$$

把式$(1.104) \sim$式(1.104)代入上式，得到

$$C_V = \int_0^{\omega_{\mathrm{m}}} K_{\mathrm{B}}\left(\frac{\hbar\omega}{K_{\mathrm{B}}T}\right)^2 \frac{\mathrm{e}^{\hbar\omega/K_{\mathrm{B}}T}}{(\mathrm{e}^{\hbar\omega/K_{\mathrm{B}}T} - 1)^2} g(\omega)\mathrm{d}\omega \tag{1.115}$$

可见，问题的关键和难点是求出格波的态密度：

$$g(\omega) = \sum_{i=1}^{3s} g_i(\omega) = \sum_{i=1}^{3s} \frac{V}{(2\pi)^3} \int_\omega \frac{\mathrm{d}S_\omega}{|\nabla_q \omega_i(q)|} \tag{1.116}$$

2. 爱因斯坦模型

假定晶体中所有原子都以相同频率独立振动，则$3NS$个原子组成的晶体振动内能$U(T)$为

$$U(T) = 3NS\overline{E}(\omega, T)$$
$$= 3NS\left(\frac{1}{2} + \frac{1}{\mathrm{e}^{\hbar\omega/K_{\mathrm{B}}T} - 1}\right)\hbar\omega \tag{1.117}$$

则比热C_V为

$$C_V = \left(\frac{\partial U}{\partial T}\right)_V = 3NSK_{\mathrm{B}}\left(\frac{\hbar\omega}{K_{\mathrm{B}}T}\right)^2 \frac{\mathrm{e}^{\hbar\omega/K_{\mathrm{B}}T}}{(\mathrm{e}^{\hbar\omega/K_{\mathrm{B}}T} - 1)^2} \tag{1.118}$$

式中的频率ω是个待定的量。为了确定ω，引入爱因斯坦温度θ_{E}，定义

$$\hbar\omega = \hbar\omega_{\mathrm{E}} = K_{\mathrm{B}}\theta_{\mathrm{E}} \tag{1.119}$$

则比热C_V成为θ_{E}和温度T的函数

$$C_V = 3NSK_{\mathrm{B}}\left(\frac{\theta_{\mathrm{E}}}{T}\right)^2 \frac{\mathrm{e}^{\theta_{\mathrm{E}}/T}}{(\mathrm{e}^{\theta_{\mathrm{E}}/T} - 1)^2} \tag{1.120}$$

在C_V显著变化的温度范围内，使比热的理论曲线尽可能好地与实验曲线拟合，从而确定爱因斯坦温度θ_{E}。对于大多数固体，θ_{E}在$100 \sim 300\mathrm{K}$。

3. 德拜 (Debye) 模型

把晶体视为各向同性的连续弹性媒质。设晶体是 N 个初基元胞组成的三维单式格子 $(s = 1)$，仅有3支声学格波。并设它们的波速都相同。因而三支格波的色散关系均是线性的，等能面为球面。

$$\omega = v_p q \tag{1.121}$$

$$\omega(q) = \frac{\mathrm{d}\omega}{\mathrm{d}q} = v_p \tag{1.122}$$

由格波态密度公式可得

$$\begin{aligned}
g(\omega) &= \sum_{i=1}^{3s} g_i(\omega) = \sum_{i=1}^{3s} \frac{V}{(2\pi)^3} \int_\omega \frac{\mathrm{d}S_\omega}{|\nabla_q \omega_i(q)|} \\
&= 3 \frac{V}{(2\pi)^3} \frac{4\pi q^2}{v_p} \\
&= \frac{3V}{2\pi^2 v_p^3} \omega^2
\end{aligned} \tag{1.123}$$

代入式 (1.118) 得

$$C_V = \frac{3V}{2\pi^2 v_p^3} int_0^{\omega_m} K_b \omega^2 \left(\frac{\hbar\omega}{K_B T} \right)^2 \frac{\mathrm{e}^{\hbar\omega/K_B T}}{(\mathrm{e}^{\hbar\omega/K_B T} - 1)^2} \mathrm{d}\omega \tag{1.124}$$

式中截止频率 ω_m 又称为德拜频率，记为 ω_D，它由格波总数等于 $3N$ 来确定：

$$\int_0^{\omega_D} g(\omega) \mathrm{d}\omega = \frac{3V}{2\pi^2 v_p^3} \int_0^{\omega_D} \omega^2 \mathrm{d}\omega = 3N \tag{1.125}$$

求得

$$\omega_D^3 = \frac{6\pi^2 N v_p}{V} \tag{1.126}$$

引入德拜温度 θ_D

$$\hbar\omega_D = K_B \theta_D \tag{1.127}$$

作变量代换

$$x = \frac{\hbar\omega}{K_B T}, \ \mathrm{d}\omega = \frac{K_B T}{\hbar} \mathrm{d}x \tag{1.128}$$

式 (1.124) 可改写成

$$\begin{aligned}
C_V &= \frac{3V}{2\pi^2 v_p^3} \int_0^{\theta_D/T} \frac{K_B^4 T^3}{\hbar^2} x^4 \frac{\mathrm{e}^x}{(\mathrm{e}^x - 1)^2} \mathrm{d}x \\
&= 9N K_B \frac{T^3}{\theta_D^3} \int_0^{\theta_D/T} \frac{x^4 \mathrm{e}^x}{(\mathrm{e}^x - 1)^2} \mathrm{d}x
\end{aligned} \tag{1.129}$$

德拜温度 θ_D 往往由实验确定。在不同的温度下使 C_V 的理论值与实验值相符，从而确定 θ_D。

4. 实验和理论的比较

- 高温实验定律：杜隆-珀蒂定律对确定的材料，高温下的比热为常数，摩尔热容为 $3R$(R 为气体普适常数)。

– 与爱因斯坦模型比较: 高温时 $\frac{\theta_E}{T} \ll 1$, 当 $x \ll 1$ 时, $e^x \approx 1+x$, 则式 (1.120) 中

$$\frac{e^{\theta_E/T}}{(e^{\theta_E/T}-1)^2} \approx \frac{1+\theta_E/T}{(\theta_E/T)^2} \approx \left(\frac{T}{\theta_E}\right)^2 \tag{1.130}$$

式 (1.120) 成为 $C_V = 3NSK_B$。若所考察的晶体为 1mol 同元素的物质, 则 $NS = N_0(N_0$ 为阿伏伽德罗常数$)$, $C_V = 3N_0K_B = 3R$, 即与杜隆-珀蒂定律符合。

– 与德拜模型比较: 类似以上处理, 式 (1.129) 中的积分

$$\int_0^{\theta_D/T} \frac{x^4 e^x}{(e^x-1)^2}dx \approx \int_0^{\theta_D/T} \frac{x^4(1+x)}{x^2}dx \approx \int_0^{\theta_D/T} x^2 dx \tag{1.131}$$

所以式 (1.129) 成为 $C_V = 9NK_B\left(\frac{T}{\theta_D}\right)^3 \frac{1}{3}\left(\frac{\theta_D}{T}\right)^3 = 3NK_B$。若所考察的晶体为 1mol 物质, 则 $N = N_0$, $C_V = 3N_0K_B = 3R$, 也与杜隆-珀蒂定律符合。

这与经典理论的分析是一致的。两种模型都假定全部格波均已充分激发, 尽管两个模型对格波频率及其分布作了不同的假设, 但在高温下各模型都趋于经典极限。在经典物理中, 已有简谐波的能量与简谐振子的能量相等的结论, 而每个简谐振子满足能量按自由度均分定理, 每个自由度都有相同的平均动能 $=1/2 \times K_B T(=$ 平均势能$)$, 则每个谐振子的能量等于 $K_B T$。

- 低温实验定律: 德拜定律低温下的固体比热与 T^3 成正比。

– 与爱因斯坦模型比较: 低温时 $\frac{\theta_E}{T} \gg 1$, $e^{\theta_E/T} \gg 1$, 式 (1.120) 即成为

$$C_V = 3N_S K_B \left(\frac{\theta_E}{T}\right)^2 e^{-\theta_E/T} \tag{1.132}$$

$T \to 0$ 时, C_V 以指数形式很快趋于零。$T \to 0$ 时, $C_V \to 0$ 是当年长期困扰物理界的疑难问题, 所以爱因斯坦理论对这个问题的解决是量子论的一次胜利。但爱因斯坦模型求出的 C_V 随温度的下降速度比 T^3 规律要快, 可见爱因斯坦模型在定量上并不适用于低温情况。

– 与德拜模型比较: 低温下 $\theta_D/T \gg 1$, 所以式 (1.129) 中的积分上限可近似取为无穷大, 则积分成为

$$\int_0^{\theta_D/T} \frac{x^4 e^x}{(e^x-1)^2}dx = \int_0^\infty \frac{x^4 e^x}{(e^x-1)^2}dx = \frac{4\pi^4}{15} \tag{1.133}$$

$$C_V = 9NK_B\left(\frac{T}{\theta_D}\right)^3 \frac{4\pi^4}{15} = \frac{12\pi^4}{5}NK_B\left(\frac{T}{\theta_D}\right)^3 \tag{1.134}$$

即 $C_V \propto T^3$, 与德拜实验定律相符。

一般认为, 只有 $\omega_i \leqslant (K_B T/\hbar)$ 的那些格波在温度 T 时才激发, 只有这些已激发的格波才对比热有实际贡献; 而 $\omega_i > (K_B T/\hbar)$ 的格波被 "冻结", 对比热无贡献。

在爱因斯坦模型中, 假设晶格中所有原子均以相同频率独立地振动, 即无论在什么温度下所有格波都可激发, 显然与实际不符, 这就是低温下爱因斯坦模型定量上与实验不符的原因。

德拜模型考虑了格波的频率分布，把晶体当作弹性连续介质来处理。低温情况下，温度越低，能被激发的格波频率也越低，对应的波长便越长；而波长越长，把晶体视为连续弹性介质的近似程度越好。即温度越低，德拜模型越接近实际情况。实际上，$C_V \propto T^3$ 的规律对不同晶体只适用于 $T < \left(\dfrac{1}{30} \sim \dfrac{1}{12} \right) \theta_{\mathrm{D}}$，也就是绝对温度几度以下的极低温度范围。由上所述可知，高温下两种模型都是正确的，但相对而言，爱因斯坦模型要更简单、更方便些，因此在高温下多用爱因斯坦模型，低温下则应用德拜模型。

第 2 章

量子力学基本概念与方法

2.1 薛定谔方程

2.1.1 波函数与薛定谔方程的引入

正如在经典力学中，我们用物体的位置 r 和速度 v 来描述一个物体；在量子力学中，我们用波函数 $\Psi(r,t)$ 来描述微观粒子。而正如宏观物体的运动满足牛顿第二定律，波函数满足的"运动"方程即薛定谔方程

$$\hat{H}\Psi = \mathrm{i}\hbar\frac{\partial \Psi}{\partial t} \tag{2.1}$$

其中，i 是虚数单位；$\hbar$ 是约化普朗克常数；$\hat{H}$ 是微观粒子的哈密顿量算符，其形式通常可表示为动能项和势能项相加，即

$$\hat{H} = -\frac{\hbar^2}{2m}\nabla^2 + V \tag{2.2}$$

薛定谔方程主要是受到了物质波概念的启发。德布罗意提出不仅仅是光子，其他微观粒子如原子和电子，也应该具有波粒二象性。德拜则提出，如果是波，它的波动方程是什么？这一问题的答案就在 1926 年 1 月 27 日薛定谔发表的名为"量子化特征值问题"的论文里，而这也代表了波动量子力学的诞生。为了清晰地说明薛定谔方程即描述物质波的波动方程，这里采用一种简化的方法来导出薛定谔方程。值得注意的是，薛定谔方程本质上是量子力学的一个基本假设，是薛定谔通过对实验现象的分析得出的，最终也要通过实验来验证其正确性，并不能从其他更基本的规律导出。

先考虑一个具有确定动量 p 的自由粒子。其能量表达式为

$$E = \frac{p^2}{2m} \tag{2.3}$$

根据德布罗意的物质波理论，物质波的角频率 ω 以及波矢 k 可以写为

$$\omega = E/\hbar, \quad k = p/\hbar \tag{2.4}$$

构造自由粒子的波函数为

$$\Psi(r,t) = (2\pi\hbar)^{-3/2}\mathrm{e}^{\mathrm{i}(p\cdot r - Et)/\hbar} \tag{2.5}$$

接下来，波函数对时间 t 求导可得

$$\frac{\partial \Psi}{\partial t} = -\frac{\mathrm{i}}{\hbar} E (2\pi\hbar)^{-3/2} \mathrm{e}^{\frac{\mathrm{i}}{\hbar}(\boldsymbol{p}\cdot\boldsymbol{r}-Et)} = -\frac{\mathrm{i}}{\hbar} E\Psi, \quad \text{即} \ E\Psi = \mathrm{i}\hbar\frac{\partial}{\partial t}\Psi \tag{2.6}$$

另外，波函数对坐标 $\boldsymbol{r}$ 求二次偏微分可得

$$-\frac{\hbar^2}{2m}\nabla^2\Psi = \frac{\boldsymbol{p}^2}{2m}\Psi = E\Psi \tag{2.7}$$

比较方程 (2.6) 与方程 (2.7)，我们得到了一个描述自由粒子物质波的波动方程，也即自由粒子的薛定谔方程：

$$\mathrm{i}\hbar\frac{\partial}{\partial t}\Psi = -\frac{\hbar^2}{2m}\nabla^2\Psi \tag{2.8}$$

事实上，受上述推导过程的启发，有如下关系：

- 能量算符 $\hat{E} \to \mathrm{i}\hbar\dfrac{\partial}{\partial t}$；
- 动量算符 $\hat{\boldsymbol{p}} \to -\mathrm{i}\hbar\nabla$；
- 哈密顿算符 $\hat{H} \to -\dfrac{\hbar^2}{2m}\nabla^2 + V(\boldsymbol{r})$。

从而可以将自由粒子的薛定谔方程推广到一般形式：

$$\mathrm{i}\hbar\frac{\partial}{\partial t}\Psi(\boldsymbol{r},t) = \left[-\frac{\hbar^2}{2m}\nabla^2 + V(\boldsymbol{r},t)\right]\Psi(\boldsymbol{r},t) \tag{2.9}$$

不同于存在可观测实体的机械波，波函数的本质是什么？这一问题自量子力学建立之初，就引起过无数讨论。而最为广泛接受的解释是玻恩提出的统计诠释：波函数模的平方，即 $|\Psi(\boldsymbol{r},t)|^2$，等于 t 时刻在 $\boldsymbol{r}$ 处发现粒子的概率。从这一诠释可以自然地得到波函数的几个性质：

- 归一性：在全空间中发现粒子的概率为 1，即 $\int |\Psi(\boldsymbol{r},t)|^2 \, \mathrm{d}\boldsymbol{r} = 1$；
- 有界性：为了保证上述积分可积，波函数在空间中只能取有限值，且 $\boldsymbol{r} \to \infty$ 时，$\Psi(\boldsymbol{r},t) \to 0$；
- 单值性：粒子在空间某处出现的概率是唯一的。

2.1.2 定态薛定谔方程

波函数 $\Psi(\boldsymbol{r},t)$ 的演化规律可以通过求解含时薛定谔方程获得。对于在一般性势场 $V(\boldsymbol{r},t)$ 中运动的微观粒子，求解含时薛定谔方程通常需要依赖数值方法。这里仅讨论一个特殊情况，即势场 V 只与 $\boldsymbol{r}$ 有关，而与时间 t 无关。这样做的好处是波函数将可以写成变量分离的形式：

$$\Psi(\boldsymbol{r},t) = \psi(\boldsymbol{r})f(t) \tag{2.10}$$

分离变量后的薛定谔方程为

$$\mathrm{i}\hbar\psi\frac{\mathrm{d}f}{\mathrm{d}t} = -\frac{\hbar^2}{2m}\nabla^2\psi f + V\psi f \tag{2.11}$$

两边同除以 ψf，有

$$\mathrm{i}\hbar\frac{1}{f}\frac{\mathrm{d}f}{\mathrm{d}t} = -\frac{\hbar^2}{2m}\frac{1}{\psi}\nabla^2\psi + V \tag{2.12}$$

这样，左边将只是 t 的函数，而右边仅是 $\boldsymbol{r}$ 的函数。方程成立的条件是两边均等于一个常数，记这个常数为 E。对于 f，可得

$$i\hbar\frac{\mathrm{d}f}{\mathrm{d}t}=Ef \tag{2.13}$$

这个微分方程的解为 $f\sim\mathrm{e}^{-\mathrm{i}Et/\hbar}$。对于 ψ，可得

$$-\frac{\hbar^2}{2m}\nabla^2\psi+V\psi=E\psi \tag{2.14}$$

方程 (2.14) 即定态薛定谔方程。因此，$\varPsi=\psi\mathrm{e}^{-\mathrm{i}Et/\hbar}$，也即波函数与时间有关，但是

$$|\varPsi(\boldsymbol{r},t)|^2=\psi^*\mathrm{e}^{\mathrm{i}Et/\hbar}\psi\mathrm{e}^{-\mathrm{i}Et/\hbar}=|\psi(\boldsymbol{r})|^2 \tag{2.15}$$

这是定态薛定谔方程的重要性质，即波函数的概率分布与时间无关。

定态薛定谔方程是一个典型的本征值问题，其本征值按大小排列为 $E_0<E_1<E_2\cdots$，其中最低能量值 E_0 称为基态能量，其他能量称为激发态能量。这些本征值对应的本征函数簇构成定态薛定谔方程的解集：ψ_0，ψ_1，ψ_2，$\cdots$。基于线性微分方程的性质，一般解的形式为

$$\psi(\boldsymbol{r})=\sum_{n=1}^{\infty}c_n\psi_n(\boldsymbol{r}) \tag{2.16}$$

即粒子的波函数总可以写成本征态波函数的叠加形式，此即态叠加原理。本征态波函数具有如下性质：

- 正交性。属于两个不同本征值的本征函数是正交的，它们满足如下关系：

$$\int\psi_n^*\psi_m\mathrm{d}\boldsymbol{r}=0 \tag{2.17}$$

证明如下。

由于 ψ_n 和 ψ_m 均为 $\hat{H}$ 的本征函数，根据定义可得

$$\hat{H}\psi_n=E_n\psi_n \tag{2.18}$$

$$\hat{H}\psi_m=E_m\psi_m \tag{2.19}$$

方程 (2.18) 取复共轭，且考虑到哈密顿量算符 $\hat{H}$ 的本征值是实数，可得 $\hat{H}\psi_n^*=E_n\psi_n^*$。方程 (2.19) 左乘 ψ_n^* 并积分有

$$\int\hat{H}\psi_n^*\psi_m\mathrm{d}\boldsymbol{r}=E_m\int\psi_n^*\psi_m\mathrm{d}\boldsymbol{r} \tag{2.20}$$

即

$$\begin{cases}E_n\int\psi_n^*\psi_m\mathrm{d}\boldsymbol{r}=E_m\int\psi_n^*\psi_m\mathrm{d}\boldsymbol{r}\\(E_n-E_m)\int\psi_n^*\psi_m\mathrm{d}\boldsymbol{r}=0\end{cases} \tag{2.21}$$

要使上述方程成立，必须有 $\int\psi_n^*\psi_m\mathrm{d}\boldsymbol{r}=0$，正交性得证。

- 归一性。定态薛定谔方程的解不一定是归一的，但是考虑到本征函数乘以任意一个常数同样也是定态薛定谔方程的解，那么总可以将其取成归一化的形式，即 $\int\psi_n^*\psi_n\mathrm{d}\boldsymbol{r}=1$。

- 完备性。任意一个函数 F，总可以表示成本征函数簇的线性组合，即

$$F(\boldsymbol{r}) = \sum_{n=0}^{\infty} c_n \psi_n(\boldsymbol{r}) \tag{2.22}$$

事实上，对式 (2.22) 左乘 ψ_n^* 并积分，并运用本征函数簇的正交归一性易得 c_n 的表达式，为

$$c_n = \int \psi_n^*(\boldsymbol{r}) F(\boldsymbol{r}) \mathrm{d}\boldsymbol{r} \tag{2.23}$$

2.1.3 多粒子体系的薛定谔方程与对称性

上节讨论了对于单个粒子的薛定谔方程的形式以及解的性质。那么，在实际情况下，对于一个有着 M 个原子 (具有电荷 $Z_I e$ 和质量 m_I, $I = 1, 2, \cdots, M$) 和 N 个电子 (具有电荷 e 和质量 m_e) 的体系，该如何求解其波函数? 多粒子体系的哈密顿量算符为

$$\hat{H} = \hat{T}_I + \hat{T}_e + \hat{V} \tag{2.24}$$

其中原子核和电子的动能算符表示为

$$\hat{T}_I = -\frac{1}{2} \sum_{I=1}^{M} \frac{1}{m_I} \Delta_I \tag{2.25}$$

$$\hat{T}_e = -\frac{1}{2} \sum_{i=1}^{N} \frac{1}{m_e} \Delta_i \tag{2.26}$$

其中拉普拉斯算子为

$$\Delta_I = \frac{\partial^2}{\partial X_I^2} + \frac{\partial^2}{\partial Y_I^2} + \frac{\partial^2}{\partial Z_I^2}$$

$$\Delta_i = \frac{\partial^2}{\partial x_i^2} + \frac{\partial^2}{\partial y_i^2} + \frac{\partial^2}{\partial z_i^2}$$

并且 X, Y, Z 和 x, y, z 分别代表原子核和电子的笛卡儿坐标，下文中分别以 $\boldsymbol{R}_I = (X_I, Y_I, Z_I)$ 和 $\boldsymbol{r}_i = (x_i, y_i, z_i)$ 来表示。算符 $\hat{V}$ 对应于所有粒子的静电相互作用（原子核与原子核、电子与电子、原子核与电子）：

$$\hat{V} = \sum_{I=1}^{M} \sum_{J>I}^{M} \frac{Z_I Z_J e^2}{|\boldsymbol{R}_I - \boldsymbol{R}_J|} - \sum_{I=1}^{M} \sum_{i=1}^{N} \frac{Z_I e^2}{|\boldsymbol{r}_i - \boldsymbol{R}_I|} + \sum_{i=1}^{N} \sum_{j>i}^{N} \frac{e^2}{|\boldsymbol{r}_i - \boldsymbol{r}_j|} \tag{2.27}$$

对于实际的固体材料，其薛定谔方程是极为复杂的。如果一个体系拥有 10^{23} 量级的粒子，它的薛定谔方程的复杂度是无法在现有计算资源下进行求解的。这迫使我们寻找简化问题的方法。在介绍近似处理方法前，我们先对哈密顿量进行对称性分析，这同样可以给出一些有用的信息。

- 平移不变性。令平移算符 $\hat{\mathcal{T}}$ 的作用是将函数 $f(\boldsymbol{r})$ 在空间中平移一个矢量 $\boldsymbol{T}$，由于 $\hat{\mathcal{T}} f(\boldsymbol{r}) = f\left(\hat{\mathcal{T}}^{-1} \boldsymbol{r}\right) = f(\boldsymbol{r} - \boldsymbol{T})$，可见 $\hat{\mathcal{T}}$ 的作用也可理解为将坐标系平移一个负矢量 $-\boldsymbol{T}$。变换 $\boldsymbol{r}' = \boldsymbol{r} + \boldsymbol{T}$ 不改变哈密顿量。这对势能项 $\hat{V}$ 而言是显而易见的，因为平移 $\boldsymbol{T}$ 不改变粒

子间的距离。同时由于

$$\frac{\partial}{\partial x'} = \sum_{\sigma=x,y,z} \frac{\partial \sigma}{\partial x'} \frac{\partial}{\partial \sigma} = \frac{\partial x}{\partial x'} \frac{\partial}{\partial x} = \frac{\partial}{\partial x}$$

且所有动能项（方程 (2.25) 和方程 (2.26)）都是由上述形式的算符所组成，平移变换也不改变动能项。因此，哈密顿量对于坐标系的任意平移变换都是不变的。

- 旋转不变性。哈密顿量对于坐标系围绕任意固定轴的旋转是不变的。任一旋转均可由正交变换矩阵 U 来表示。由于所有粒子都经历同一旋转，新的坐标为 $r' = \hat{U}r = Ur$。与平移变换类似，旋转变换同样不改变粒子之间的距离，势能项不会改变。下面证明与动能项直接相关的拉普拉斯算子也是旋转不变的。

$$\begin{aligned}
\Delta &= \sum_{k=1}^{3} \frac{\partial^2}{\partial x_k^2} = \sum_{k=1}^{3} \frac{\partial}{\partial x_k} \frac{\partial}{\partial x_k} = \sum_{k=1}^{3} \left(\sum_{i=1}^{3} \frac{\partial}{\partial x'_i} \frac{\partial x'_i}{\partial x_k} \right) \left(\sum_{i=1}^{3} \frac{\partial}{\partial x'_i} \frac{\partial x'_i}{\partial x_k} \right) \\
&= \sum_{i=1}^{3} \sum_{j=1}^{3} \sum_{k=1}^{3} \left(\frac{\partial}{\partial x'_i} \frac{\partial x'_i}{\partial x_k} \right) \left(\frac{\partial}{\partial x'_j} \frac{\partial x'_j}{\partial x_k} \right) \\
&= \sum_{i=1}^{3} \sum_{j=1}^{3} \sum_{k=1}^{3} \left(\frac{\partial}{\partial x'_i} U_{ik} \right) \left(\frac{\partial}{\partial x'_j} U_{jk} \right) = \sum_{i=1}^{3} \sum_{j=1}^{3} \sum_{k=1}^{3} \left(\frac{\partial}{\partial x'_i} U_{ik} \right) \left(\frac{\partial}{\partial x'_j} U^{\dagger}_{kj} \right) \\
&= \sum_{i=1}^{3} \sum_{j=1}^{3} \left(\frac{\partial}{\partial x'_i} \right) \left(\frac{\partial}{\partial x'_j} \right) \sum_{k=1}^{3} U_{ik} U^{\dagger}_{kj} \\
&= \sum_{i=1}^{3} \sum_{j=1}^{3} \left(\frac{\partial}{\partial x'_i} \right) \left(\frac{\partial}{\partial x'_j} \right) \delta_{ij} = \sum_{k=1}^{3} \frac{\partial^2}{\partial (x'_k)^2}
\end{aligned}$$

因此，哈密顿量对于任何旋转是不变的。这意味着哈密顿量和角动量平方 $\hat{J}^2$ 以及分量 $\hat{J}_z$ 对易，实验上表现为可以同时测量能量、角动量平方及其分量：

$$\hat{J}^2 \Psi(\boldsymbol{r}, \boldsymbol{R}) = J(J+1)\hbar^2 \Psi(\boldsymbol{r}, \boldsymbol{R}) \tag{2.28}$$

$$\hat{J}_z \Psi(\boldsymbol{r}, \boldsymbol{R}) = M_J \hbar \Psi(\boldsymbol{r}, \boldsymbol{R}) \tag{2.29}$$

其中，$J = 0, 1, 2, \cdots$，且 $M_J = -J, -J+1, \cdots, +J$。值得指出的是，任意旋转可以视为绕 x, y, z 轴的旋转"基元"的乘积。例如，绕 y 轴旋转 θ 角度对应于矩阵

$$\begin{pmatrix} \cos\theta & 0 & -\sin\theta \\ 0 & 1 & 0 \\ \sin\theta & 0 & \cos\theta \end{pmatrix}$$

这些矩阵的构成非常简单，只包含正弦、余弦、0 或 1。很容易验证这个矩阵是正交的，即 $\boldsymbol{U}^{\mathrm{T}} = \boldsymbol{U}^{-1}$。两个正交矩阵的乘积仍为正交矩阵，因此任何旋转都可由正交矩阵表示。

- 全同粒子交换不变性。这意味着如果我们交换两个全同粒子的下标，将得到相同的哈密顿量。玻色子的波函数关于交换操作是对称的，而费米子则是反对称的。
- 总自旋守恒。在一个孤立系统中，总角动量 $\boldsymbol{J}$ 是守恒的。然而，$\boldsymbol{J} = \boldsymbol{L} + \boldsymbol{S}$，其中

L 和 S 分别代表轨道角动量和自旋角动量。自旋角动量 S，即所有粒子自旋之和，并不守恒。但是如果哈密顿量是非相对论的，即不包含任何自旋变量，那么总自旋平方算符以及总自旋分量算符（通常是 z 分量）与哈密顿量是对易的。因此，在非相对论情况下，可以同时测量总能量 E、总自旋 S^2 和其中一个分量 S_z。

2.2 绝热近似

仅有对称性分析是不够的，还需要更大胆的近似处理方法来求解薛定谔方程。绝热近似 (adiabatic approximation)，也称为玻恩-奥本海默近似 (Born-Oppenheimer approximation)，是一种被广泛运用的近似方法。用量子力学的方法处理分子等多粒子体系时，由于体系自由度过多，直接求解薛定谔方程是十分困难的。物理学家奥本海默与其导师玻恩在 1927 年共同提出了绝热近似。由于原子核的质量一般要比电子高 3~4 个数量级，在同样的相互作用下，电子的速度要远高于原子核的速度。因此在每个短时刻 Δt 内，可以将原子核视为静止的，而电子则在由原子核产生的静势场中运动，同时原子核受到电子整体的平均作用力，这样就可以实现原子核与电子的变量分离，从而将求解多粒子体系的总的波函数 $\Psi(\boldsymbol{r}, \boldsymbol{R})$ 拆分为分别求解电子波函数与原子核波函数两个相对简单的步骤。在绝热近似下，可以将 $\Psi(\boldsymbol{r}, \boldsymbol{R})$ 写作电子波函数与原子核波函数的乘积：

$$\Psi(\boldsymbol{r}, \boldsymbol{R}) = \chi_I(\boldsymbol{R})\psi_e(\boldsymbol{r}, \boldsymbol{R})$$

其中 $\chi_I(\boldsymbol{R})$ 代表原子核波函数，$\psi_e(\boldsymbol{r}, \boldsymbol{R})$ 代表给定原子核位置 $\{\boldsymbol{R}\}$ 时的电子波函数。根据薛定谔方程，有

$$\hat{H}\Psi(\boldsymbol{r}, \boldsymbol{R}) = E\Psi(\boldsymbol{r}, \boldsymbol{R}) \tag{2.30}$$

代入多粒子体系的哈密顿量，有

$$[T_e(\boldsymbol{r}) + T_I(\boldsymbol{R}) + V_{ee}(\boldsymbol{r}) + V_{II}(\boldsymbol{R}) + V_{Ie}(\boldsymbol{r}, \boldsymbol{R})]\chi_I(\boldsymbol{R})\psi_e(\boldsymbol{r}, \boldsymbol{R})$$
$$= E\chi_I(\boldsymbol{R})\psi_e(\boldsymbol{r}, \boldsymbol{R}) \tag{2.31}$$

其中，T_e 是电子动能项，T_I 是原子核动能项，V_{ee} 是电子-电子相互作用项，V_{II} 是原子核-原子核相互作用项，V_{Ie} 是原子核-电子相互作用项。整理式 (2.31) 可得

$$[T_e(\boldsymbol{r}) + V_{ee}(\boldsymbol{r}) + V_{Ie}(\boldsymbol{r}, \boldsymbol{R})]\chi_I(\boldsymbol{R})\psi_e(\boldsymbol{r}, \boldsymbol{R}) + [T_I(\boldsymbol{R}) + V_{II}(\boldsymbol{R})]\chi_I(\boldsymbol{R})\psi_e(\boldsymbol{r}, \boldsymbol{R})$$
$$= E\chi_I(\boldsymbol{R})\psi_e(\boldsymbol{r}, \boldsymbol{R}) \tag{2.32}$$

考虑电子部分的薛定谔方程，

$$[T_e + V_{ee}(\boldsymbol{r}) + V_{Ie}]\psi_e(\boldsymbol{r}, \boldsymbol{R}) = E_e\psi_e(\boldsymbol{r}, \boldsymbol{R}) \tag{2.33}$$

式 (2.32) 左边第一项可写作

$$[T_e(\boldsymbol{r}) + V_{ee}(\boldsymbol{r}) + V_{Ie}(\boldsymbol{r}, \boldsymbol{R})]\chi_I(\boldsymbol{R})\psi_e(\boldsymbol{r}, \boldsymbol{R})$$
$$= E_e\chi_I(\boldsymbol{R})\psi_e(\boldsymbol{r}, \boldsymbol{R}) \tag{2.34}$$

考虑式 (2.32) 左边第二项，

$$[T_{\mathrm{I}}(\boldsymbol{R}) + V_{\mathrm{II}}(\boldsymbol{R})]\chi_{\mathrm{I}}(\boldsymbol{R})\psi_{\mathrm{e}}(\boldsymbol{r}, \boldsymbol{R})$$

$$=\Big[-\frac{\hbar^2}{2M}\sum\frac{\partial^2}{\partial \boldsymbol{R}^2} + V_{\mathrm{II}} \Big]\chi_{\mathrm{I}}(\boldsymbol{R})\psi_{\mathrm{e}}(\boldsymbol{r}, \boldsymbol{R})$$

$$=-\frac{\hbar^2}{2M}\sum\Big(\frac{\partial^2\chi_{\mathrm{I}}}{\partial \boldsymbol{R}^2}\psi_{\mathrm{e}} + 2\frac{\partial\chi_{\mathrm{I}}}{\partial \boldsymbol{R}}\frac{\partial\psi_{\mathrm{e}}}{\partial \boldsymbol{R}} + \chi_{\mathrm{I}}\frac{\partial^2\psi_{\mathrm{e}}}{\partial \boldsymbol{R}^2}\Big) + V_{\mathrm{II}}\chi_{\mathrm{I}}(\boldsymbol{R})\psi_{\mathrm{e}}(\boldsymbol{r}, \boldsymbol{R}) \quad (2.35)$$

将式 (2.34) 和式 (2.35) 代回式 (2.32)，可得

$$E\chi_{\mathrm{I}}(\boldsymbol{R})\psi_{\mathrm{e}}(\boldsymbol{r}, \boldsymbol{R}) =\psi_{\mathrm{e}}(\boldsymbol{r}, \boldsymbol{R})\Big(-\frac{\hbar^2}{2M}\sum\frac{\partial^2}{\partial \boldsymbol{R}^2} + V_{\mathrm{II}} + E_{\mathrm{e}} \Big)\chi_{\mathrm{I}}(\boldsymbol{R}) -$$

$$\frac{\hbar^2}{2M}\sum\Big(2\frac{\partial\chi_{\mathrm{I}}}{\partial \boldsymbol{R}}\frac{\partial\psi_{\mathrm{e}}}{\partial \boldsymbol{R}} + \chi_{\mathrm{I}}\frac{\partial^2\psi_{\mathrm{e}}}{\partial \boldsymbol{R}^2}\Big) \quad (2.36)$$

如果式 (2.36) 右边的第二项可以忽略，那么原子核波函数将满足

$$E\chi_{\mathrm{I}}(\boldsymbol{R}) = \Big(-\frac{\hbar^2}{2M}\sum\frac{\partial^2}{\partial \boldsymbol{R}^2} + V_{\mathrm{II}} + E_{\mathrm{e}} \Big)\chi_{\mathrm{I}}(\boldsymbol{R}) \quad (2.37)$$

式 (2.37) 是仅依赖原子核坐标 $\{\boldsymbol{R}\}$ 的薛定谔方程，其中 E_{e} 则提供了互相排斥的原子核之间的 "黏合" 作用。对于像分子这样的多粒子体系，电子可以看作将带正电的原子核束缚在一起的 "胶水"。

2.3　量子力学近似方法：变分法

2.3.1　变分原理

对于一个随意给定的波函数 Ψ，如果它满足下述两个条件：

- Ψ 与薛定谔方程的解依赖同样的坐标；
- Ψ 满足归一化条件。

原则上可以计算依赖于该波函数的物理量 ε，比如 ε 可以代表哈密顿量算符对于 Ψ 的期望值：

$$\varepsilon[\Psi] = \frac{\langle\Psi|\hat{H}|\Psi\rangle}{\langle\Psi|\Psi\rangle} \quad (2.38)$$

那么依据变分原理，有如下两个重要的结论：

- $\varepsilon \geqslant E_0$，即哈密顿量算符对于 Ψ 的期望值大于该哈密顿量的基态能量 E_0；
- 当 $\varepsilon = E_0$ 时，Ψ 即基态波函数 Ψ_0。

利用变分原理，可以在薛定谔方程难以严格求解时，给出一个基态能量的上界。下面利用拉格朗日乘数法（Lagrange multiplier）证明变分原理。

证明：对于给定的泛函，

$$\varepsilon[\Psi] = \langle\Psi|\hat{H}|\Psi\rangle \quad (2.39)$$

需找到使该泛函最小化的 Ψ，同时满足归一化条件：

$$\langle\Psi|\Psi\rangle - 1 = 0 \quad (2.40)$$

这是一个寻找条件极值的问题。基于拉格朗日乘数法可定义目标泛函（又称辅助泛函）$G[\Psi]$ 为

$$G[\Psi] = \varepsilon[\Psi] - E(\langle\Psi|\Psi\rangle - 1) \tag{2.41}$$

若改变 Ψ^* 使 $\Psi^* \to \Psi^* + \delta\Psi^*$（也即变分），那么目标泛函的相应改变量为

$$G[\Psi^* + \delta\Psi^*] - G[\Psi^*] = \delta G = \langle\delta\Psi|\hat{H}|\Psi\rangle - E\langle\delta\Psi|\Psi\rangle$$
$$= \langle\delta\Psi|(\hat{H} - E)|\Psi\rangle \tag{2.42}$$

假设目标泛函在 Ψ_{opt} 取极值，由于在极值处 $\delta G = 0$ 对任意的 $\delta\Psi^*$ 均成立，那么易得

$$(\hat{H} - E)\Psi_{\text{opt}} = 0 \tag{2.43}$$

也就是说使目标泛函取极值的函数 Ψ_{opt} 也是薛定谔方程的解，且本征能量为拉格朗日算子 E。

进一步，式 (2.43) 两边左乘 Ψ_{opt}^* 并积分：

$$\langle\Psi_{\text{opt}}|\hat{H}|\Psi_{\text{opt}}\rangle - E\langle\Psi_{\text{opt}}|\Psi_{\text{opt}}\rangle = 0 \tag{2.44}$$

参考式 (2.38) 可得

$$E = \varepsilon\left[\frac{1}{\sqrt{\langle\Psi_{\text{opt}}|\Psi_{\text{opt}}\rangle}}\Psi_{\text{opt}}\right] \tag{2.45}$$

这表明 $\varepsilon[\Psi]$ 的条件极小值即 $E = \min(E_0, E_1, E_2, \cdots) = E_0$，也即哈密顿量的基态能量。显然，对于任何其他的 Ψ，$\varepsilon \geqslant E_0$。

上述证明过程表明，可以运用变分原理来近似基态波函数。那么一个值得思考的问题是，变分原理是否适用于激发态。如果对于一个量子态，变分函数 Ψ 与所有比这个量子态能量低的本征态都正交，那么变分原理仍然适用，仍可以用于近似该（激发）量子态。如果该条件不满足，那么变分原理将不再成立。

另外也应该强调的是，并不是所有薛定谔方程的数学解都是有物理意义的。对于全同粒子而言，只有满足特定的交换对称性的波函数才有物理意义。这一点对于运用变分原理非常重要。也就是说，完全有可能构造一个不满足交换对称性的变分函数，获得比真正的基态能量更低的能量，但这样一个数学解并无任何具体的物理意义。

2.3.2 变分参数与变分法

变分原理乍看令人费解，在式 (2.38) 中插入任意一个波函数 Ψ，通过积分，也即计算 $\langle\Psi|\hat{H}|\Psi\rangle$，就能够获得 $\varepsilon[\Psi]$ 与 $\hat{H}$ 所对应的基态能量 E_0 的关系，哪怕 Ψ 与 $\hat{H}$ 所描述的体系没有任何关系。这一点实际上也是可以理解的。尽管 Ψ 可具有任意形式，但是积分中所涉及的哈密顿量算符 $\hat{H}$ 却包含了该体系的关键信息。对于分子体系而言，基于哈密顿量算符的具体形式，完全可以解析出构成该分子的原子类别及位置等信息。

变分法是基于变分原理近似求解薛定谔方程的方法。首先，引入试探波函数 $\Psi = \Psi(\boldsymbol{r}; \boldsymbol{c})$，其中 $\boldsymbol{c} = (c_0, c_1, c_2, \cdots, c_P)$ 是变分参数。通过调节变分参数，可以改变试探波函数的形状。由于式 (2.38) 是对 $\boldsymbol{r}$ 积分，因此 ε 仅依赖于 $\boldsymbol{c}$：

$$\varepsilon\left(c_0, c_1, c_2, \cdots, c_P\right) \equiv \varepsilon(\boldsymbol{c}) = \frac{\left\langle \Psi(\boldsymbol{r}; \boldsymbol{c}) \left| \hat{H} \right| \Psi(\boldsymbol{r}; \boldsymbol{c}) \right\rangle}{\langle \Psi(\boldsymbol{r}; \boldsymbol{c}) | \Psi(\boldsymbol{r}; \boldsymbol{c}) \rangle} \tag{2.46}$$

依据变分原理，问题转变为找到函数 $\varepsilon(c_0, c_1, c_2, \cdots, c_P)$ 的最小值。一般而言，寻找全局最小值并不简单。但是如果极值点的数量比较少，或者 $\boldsymbol{c}$ 是线性的，那么我们可以根据极值条件：

$$\frac{\partial \varepsilon\left(c_0, c_1, c_2, \cdots, c_P\right)}{\partial c_i} = 0, \quad i = 0, 1, 2, \cdots, P \tag{2.47}$$

来获得最优的变分参数 $\boldsymbol{c}_{\mathrm{opt}}$。也就说 $\Psi(\boldsymbol{r}; \boldsymbol{c}_{\mathrm{opt}})$ 和相应的 $\varepsilon(\boldsymbol{c}_{\mathrm{opt}})$ 是基态波函数和基态能量的最优近似。

下面通过变分法来近似求解原子核电荷为 Z 的类氢原子的薛定谔方程。首先，考虑到原子的对称性，可以构建已满足归一化条件的尝试波函数 $\Phi = \sqrt{\frac{c^3}{\pi}} \exp(-cr)$，其中 c 为变分参数。那么，根据式 (2.38) 易得 $\varepsilon(c) = \frac{1}{2}c^2 - Zc$，然后依据极值条件式 (2.47) 可得 $c_{\mathrm{opt}} = Z$。在这个简单的例子中，我们实际上恰好利用变分法获得了严格解。

2.3.3 里茨线性变分法

里茨 (Ritz) 变分法是一种特殊的变分法，其尝试波函数 Ψ 是一个已知基组的 $\{\psi_i\}$ 的线性组合：

$$\Phi = \sum_{i=0}^{P} c_i \psi_i \tag{2.48}$$

其中 c_i 即变分参数。根据式 (2.38) 可得

$$\varepsilon = \frac{\left\langle \sum\limits_{i=0}^{P} c_i \psi_i \mid \hat{H} \sum\limits_{i=0}^{P} c_i \psi_i \right\rangle}{\left\langle \sum\limits_{i=0}^{P} c_i \psi_i \mid \sum\limits_{i=0}^{P} c_i \psi_i \right\rangle} = \frac{\sum\limits_{i=0}^{P} \sum\limits_{j=0}^{P} c_i^* c_j H_{ij}}{\sum\limits_{i=0}^{P} \sum\limits_{j=0}^{P} c_i^* c_j S_{ij}} = \frac{A}{B} \tag{2.49}$$

由于基矢 $\{\psi_i\}$ 不一定正交，因此引入重叠矩阵 $\boldsymbol{S}$，其矩阵元为

$$\langle \psi_i \mid \psi_j \rangle = S_{ij} \tag{2.50}$$

哈密顿算符在该基组的矩阵元 H_{ij} 为

$$H_{ij} = \left\langle \psi_i \mid \hat{H} \mid \psi_j \right\rangle \tag{2.51}$$

对于一个给定的基组和 $\hat{H}$，S 和 H 都是已知的（仅需一次计算），能量 ε 仅与 $\{c_i, c_i^*\}$ 有关。由于 c_i 可以通过 c_i^* 获得，在利用式 (2.47) 最小化 ε 时，可仅将 $\{c_i^*\}$ 视为变量：

$$\begin{aligned} 0 = \frac{\partial \varepsilon}{\partial c_k^*} &= \frac{\left(\sum\limits_{j=0}^{P} c_j H_{kj}\right) B - A \left(\sum\limits_{j=0}^{P} c_j S_{kj}\right)}{B^2} \\ &= \frac{\left(\sum\limits_{j=0}^{P} c_j H_{kj}\right)}{B} - \frac{A}{B} \frac{\left(\sum\limits_{j=0}^{P} c_j S_{kj}\right)}{B} = \frac{\left(\sum\limits_{j=0}^{P} c_j \left(H_{kj} - \varepsilon S_{kj}\right)\right)}{B} \end{aligned} \tag{2.52}$$

最终获得久期方程：

$$\left[\sum_{j=0}^{P} c_j \left(H_{kj} - \varepsilon S_{kj}\right)\right] = 0, \quad k = 0, 1, \cdots, P \tag{2.53}$$

对于式 (2.53) 这样的一组线性方程，$\{c_i\}$ 存在非平庸解的条件是久期行列式为零：

$$\det\left(H_{kj} - \varepsilon S_{kj}\right) = 0 \tag{2.54}$$

由于行列式的秩等于 $P+1$，最终可获得 $P+1$ 个 ε_i 满足式 (2.54)。将 ε_i 按能量从低到高排序，那么 ε_0 即基态能量 E_0 的近似，而 ε_1、ε_2、ε_3 等即激发态能量 E_1、E_2、E_3 等的近似。将 ε_i 代回式 (2.53) 即可获得相应的一组 $\{c_i\}$，也即该能级的最优近似波函数。

2.4 量子力学近似方法：微扰理论

2.4.1 非简并情况微扰论

假定一个体系的哈密顿算符 $\hat{H}_0$ 对应的定态薛定谔方程可以精确求解，其本征能量（E_n^0）和本征态（Ψ_n^0）是已知的，

$$\hat{H}^0 \Psi_n^0 = E_n^0 \Psi^0 \tag{2.55}$$

本征态 Ψ_n^0 满足正交归一性：

$$\langle \Psi_n^0 | \Psi_m^0 \rangle = \delta_{nm} \tag{2.56}$$

若对哈密顿算符作微扰（一般是改变势能项）获得新的哈密顿算符 $\hat{H}$，其新的本征态与本征值满足薛定谔方程：

$$\hat{H} \Psi_n = E_n \Psi_n \tag{2.57}$$

如果 $\hat{H}$ 无法精确求解，那如何获得 E^0 和 Ψ^0 呢？微扰论则可以基于 $\hat{H}_0$ 的精确解得到 $\hat{H}$ 的近似解。首先可以将哈密顿量 $\hat{H}$ 表示为

$$\hat{H} = \hat{H}^0 + \lambda \hat{H}' \tag{2.58}$$

这里 $\hat{H}'$ 相较于 $\hat{H}^0$ 很小，称为微扰算符。同时 λ 起到一个标记的作用，之后可以根据 λ 的级数将哈密顿量、本征态与本征能量归类。假设 Ψ_n 和 E_n 均可展开为 λ 的多项式：

$$\Psi_n = \Psi_n^0 + \lambda \Psi_n^1 + \lambda^2 \Psi_n^2 + \cdots \tag{2.59}$$

$$E_n = E_n^0 + \lambda E_n^1 + \lambda^2 E_n^2 + \cdots \tag{2.60}$$

式中的 Ψ_n^1 为波函数 Ψ_n 的一阶修正而 E_n^1 为能量 E_n 的一阶修正。以此类推，Ψ_n^2 和 E_n^2 为二阶修正。将多项式 (2.59) 和式 (2.60) 代入薛定谔方程 (2.57)，可以得到

$$(\hat{H}^0 + \lambda \hat{H}')[\Psi_n^0 + \lambda \Psi_n^1 + \lambda^2 \Psi_n^2 + \cdots]$$

$$= (E_n^0 + \lambda E_n^1 + \lambda^2 E_n^2 + \dots)(\Psi_n^0 + \lambda \Psi_n^1 + \lambda^2 \Psi_n^2 + \cdots) \tag{2.61}$$

整理后得到

$$\hat{H}^0\Psi_n^0 + \lambda(\hat{H}^0\Psi_n^1 + \hat{H}'\Psi_n^0) + \lambda^2(\hat{H}^0\Psi_n^2 + \hat{H}'\Psi_n^1) + \cdots$$

$$= E_n^0\Psi_n^0 + \lambda(E_n^0\Psi_n^1 + E_n^1\Psi_n^0) + \lambda^2(E_n^0\Psi_n^2 + E_n^1\Psi_n^1 + E_n^2\Psi_n^0) + \cdots \tag{2.62}$$

由于薛定谔方程 (2.57) 对于任何满足 $0 < \lambda < 1$ 的 λ 都应成立，那么式 (2.62) 两边相同次幂项的系数必须相等，也即

- λ 的零次项有

$$\hat{H}^0\Psi_n^0 = E_n^0\Psi_n^0 \tag{2.63}$$

- λ 的一次项有

$$\hat{H}^0\Psi_n^1 + \hat{H}'\Psi_n^0 = E_n^0\Psi_n^1 + E_n^1\Psi_n^0 \tag{2.64}$$

- λ 的二次项有

$$\hat{H}^0\Psi_n^2 + \hat{H}'\Psi_n^1 = E_n^0\Psi_n^2 + E_n^1\Psi_n^1 + E_n^2\Psi_n^0 \tag{2.65}$$

- λ 的高次项依此类推。

1. 一次项

在等式 (2.64) 的两边同时乘以一个左矢 $\langle\Psi_n^0|$，可得

$$\langle\Psi_n^0|\hat{H}'|\Psi_n^1\rangle + \langle\Psi_n^0|\hat{H}'|\Psi_n^0\rangle = E_n^0\langle\Psi_n^0|\Psi_n^1\rangle + E_n^1\langle\Psi_n^0|\Psi_n^0\rangle \tag{2.66}$$

利用 $\hat{H}^0$ 厄米性，上式左边第一项为

$$\langle\Psi_n^0|\hat{H}^0|\Psi_n^1\rangle = E_n^0\langle\Psi_n^0|\Psi_n^1\rangle \tag{2.67}$$

由于本征态 Ψ_n^0 满足正交归一性，可得能量的一阶微扰为

$$E_n^1 = \langle\Psi_n^0|\hat{H}'|\Psi_n^0\rangle \tag{2.68}$$

上式表明能量的一阶修正是微扰算符在无微扰态下的期望值。得到 E_n^1 后，代入式 (2.64) 可以求得本征态的一阶修正：

$$(\hat{H}^0 - E_n^0)\Psi_n^1 = -(\hat{H}' - E_n^1)\Psi_n^0 \tag{2.69}$$

假设零微扰本征态 $\{\Psi_n^0\}$ 构成一个完备基，将 Ψ_n^1 在该完备基中展开：

$$\Psi_n^1 = \sum_{m\neq n} c_m^{(n)}\Psi_m^0 \tag{2.70}$$

若能解得所有系数 $\{c_m^{(n)}\}$，则可获得微扰本征态的一阶修正。将式 (2.70) 代入式 (2.69)，可得

$$\sum_{m\neq n}(E_m^0 - E_n^0)c_m^{(n)}\Psi_m^0 = -(\hat{H}' - E_n^1)\Psi_n^0 \tag{2.71}$$

在上式的两边同时左乘 $\langle\Psi_l^0|$，则有

$$\sum_{m\neq n}(E_m^0 - E_n^0)c_m^{(n)}\langle\Psi_l^0|\Psi_m^0\rangle = -\langle\Psi_l^0|\hat{H}'|\Psi_n^0\rangle + E_n^1\langle\Psi_l^0|\Psi_n^0\rangle \tag{2.72}$$

若 $l = n$，利用 $|\Psi_l^0\rangle$ 和 $|\Psi_m^0\rangle$ 正交，式 (2.72) 左边为零，即获得式 (2.68)。若 $l \neq n$，式 (2.72) 左边对 m 的求和中只有在 $m = l$ 时不为零，可得

$$(E_l^0 - E_n^0)c_l^{(n)} = -\langle \Psi_l^0 | \hat{H}' | \Psi_n^0 \rangle \tag{2.73}$$

系数 $c_l^{(n)}$ 可表示为

$$c_l^{(n)} = -\frac{\langle \Psi_l^0 | \hat{H}' | \Psi_n^0 \rangle}{(E_l^0 - E_n^0)} \tag{2.74}$$

则波函数的一阶修正可写作

$$\Psi_n^1 = \sum_{m \neq n} \frac{\langle \Psi_m^0 | \hat{H}' | \Psi_n^0 \rangle}{(E_n^0 - E_m^0)} \Psi_m^0 \tag{2.75}$$

由于 $m \neq n$，且假设不存在能量相等的未微扰简并态，上式分母不会为零。但是如果存在未微扰简并态，则需要用到简并微扰论。

2. 二次项

与处理一次项的方法类似，在式 (2.64) 两边乘以一个左矢：

$$\langle \Psi_n^0 | \hat{H}^0 | \Psi_n^2 \rangle + \langle \Psi_n^0 | \hat{H}' | \Psi_n^1 \rangle = E_n^0 \langle \Psi_n^0 | \Psi_n^2 \rangle + E_n^1 \langle \Psi_n^0 | \Psi_n^1 \rangle + E_n^2 \langle \Psi_n^0 | \Psi_n^0 \rangle \tag{2.76}$$

同样利用 $\hat{H}^0$ 厄米性，

$$\langle \Psi_n^0 | \hat{H}^0 | \Psi_n^2 \rangle = E_n^0 \langle \Psi_n^0 | \Psi_n^2 \rangle \tag{2.77}$$

由于 $\langle \Psi_n^0 | \Psi_n^0 \rangle = 1$，整理式 (2.76) 可得能量的二阶修正表达式：

$$E_n^2 = \langle \Psi_n^0 | \hat{H}' | \Psi_n^1 \rangle - E_n^1 \langle \Psi_n^0 | \Psi_n^1 \rangle \tag{2.78}$$

将 Ψ_n^1 的表达式 (2.70) 代入上式，并注意到

$$\langle \Psi_n^0 | \Psi_n^1 \rangle = \sum_{m \neq n} c_m^{(n)} \langle \Psi_n^0 | \Psi_m^0 \rangle = 0 \tag{2.79}$$

最终获得能量二阶修正为

$$\begin{aligned} E_n^2 &= \langle \Psi_n^0 | \hat{H}' | \Psi_n^1 \rangle = \sum_{m \neq n} c_m^{(n)} \langle \Psi_n^0 | \hat{H}' | \Psi_m^0 \rangle = \sum_{m \neq n} \frac{\langle \Psi_m^0 | \hat{H}' | \Psi_n^0 \rangle \langle \Psi_n^0 | \hat{H}' | \Psi_m^0 \rangle}{E_n^0 - E_m^0} \\ &= \sum_{m \neq n} \frac{\left| \langle \Psi_m^0 | \hat{H}' | \Psi_n^0 \rangle \right|^2}{E_n^0 - E_m^0} \end{aligned} \tag{2.80}$$

2.4.2 简并微扰理论

如果零微扰态 Ψ_a^0 和 Ψ_b^0 是简并态，具有相同的能量，那么上面介绍的微扰理论就不再适用。比如，波函数一阶修正项 (式 (2.75)) 的分母 $E_a - E_b$ 为零，导致不收敛。下面以二重简并为例，介绍简并微扰理论。若 Ψ_a^0 和 Ψ_b^0 两个态具有相同的能量且满足正交归一性，则有

$$\hat{H}^0 \Psi_a^0 = E^0 \Psi_a^0 \tag{2.81}$$

$$\hat{H}^0 \Psi_b^0 = E^0 \Psi_b^0 \tag{2.82}$$

$$\langle \Psi_a^0 | \Psi_b^0 \rangle = 0 \tag{2.83}$$

显然这两个态的线性组合仍为本征态，且本征能量还是 E^0：

$$\Psi^0 = \alpha \Psi_a^0 + \beta \Psi_b^0 \tag{2.84}$$

$$\hat{H}^0 \Psi^0 = E^0 \Psi^0 \tag{2.85}$$

与非简并微扰类似，哈密顿算符仍表示为 $H = \hat{H}^0 + \lambda \hat{H}'$，相应的本征能量和本征态均写作 λ 的多项式展开：

$$E = E^0 + \lambda E^1 + \lambda^2 E^2 + \cdots \tag{2.86}$$

$$\Psi = \Psi^0 + \lambda \Psi^1 + \lambda^2 \Psi^2 + \cdots \tag{2.87}$$

同样将 E 和 Ψ 代入薛定谔方程，并使等式两边 λ 同次幂项的系数相等，可得

$$\hat{H}^0 \Psi^0 + \lambda (\hat{H}' \Psi^0 + \hat{H}^0 \Psi^1) + \cdots = E^0 \Psi^0 + \lambda (E^1 \Psi^0 + E^0 \Psi^1) + \cdots \tag{2.88}$$

一阶项为

$$\hat{H}' \Psi^0 + \hat{H}^0 \Psi^1 = E^1 \Psi^0 + E^0 \Psi^1 \tag{2.89}$$

等式 (2.89) 两边同时乘以一个左矢 $\langle \Psi_a^0 |$：

$$\langle \Psi_a^0 | \hat{H}' | \Psi^0 \rangle + \langle \Psi_a^0 | \hat{H}^0 | \Psi^1 \rangle = E^1 \langle \Psi_a^0 | \Psi^0 \rangle + E^0 \langle \Psi_a^0 | \Psi^1 \rangle \tag{2.90}$$

由于 $\hat{H}^0$ 是埃尔米特矩阵，上式左边的第二项和右边的第二项相等，消去相等项并代入式 (2.84) 后可得

$$\alpha \langle \Psi_a^0 | \hat{H}' | \Psi_a^0 \rangle + \beta \langle \Psi_a^0 | \hat{H}' | \Psi_b^0 \rangle = \alpha E^1 \tag{2.91}$$

令 $W_{ij} = \langle \Psi_a^0 | \hat{H}' | \Psi_b^0 \rangle, (i, j = a, b)$，则有

$$\alpha W_{aa} + \beta W_{ab} = \alpha E^1 \tag{2.92}$$

同理，等式 (2.89) 两边同时乘以一个左矢 Ψ_b^0 最终可得

$$\alpha W_{ba} + \beta W_{bb} = \beta E^1 \tag{2.93}$$

一般而言，W 是已知的，是微扰算符 $\hat{H}'$ 以 $\{\Psi_a^0, \Psi_b^0\}$ 为基组的矩阵元。在等式 (2.93) 的两边同时乘以 W_{ab}，可得

$$\alpha W_{ba} W_{ab} = \beta W_{ab} (E^1 - W_{bb}) \tag{2.94}$$

利用式 (2.92) 可得 $\beta W_{ab} = \alpha (E^1 - W_{aa})$，并代入上式：

$$\alpha W_{ba} W_{ab} = \alpha (E^1 - W_{aa})(E^1 - W_{bb}) \tag{2.95}$$

若 α 不为零，上式两边约去 α 并展开：

$$(E^1)^2 - E^1 (W_{aa} + W_{bb}) + (W_{aa} W_{bb} + W_{ab} W_{ba}) = 0 \tag{2.96}$$

式 (2.96) 是关于 E^1 的一元二次方程。运用求根式并且注意到 $W_{ab} = W_{ba}^*$，可得一阶能量修正的两个解：

$$E_{\pm}^1 = \frac{1}{2}\left(W_{aa} + W_{bb} \pm \sqrt{(W_{aa} - W_{bb})^2 + 4|W_{ab}|^2}\right) \tag{2.97}$$

下面讨论两个特殊情况：

- 若 α 为零，则 $\beta = 1$。由式 (2.92) 可知 $W_{ab} = 0$，而根据式 (2.92) 可得 $W_{bb} = E^1$。将 $W_{ab} = 0$ 代入一阶能量修正的通式 (2.97) 也会获得相同的结论，即 $E_-^1 = W_{bb} = \left\langle \Psi_b^0 \middle| \hat{H}' \middle| \Psi_b^0 \right\rangle$。
- 若 β 为零，则 $\alpha = 1$。同理可得 $E_+^1 = W_{aa} = \left\langle \Psi_a^0 \middle| \hat{H}' \middle| \Psi_a^0 \right\rangle$。
- 在这两个特殊情况，能量的一阶修正恰恰是非简并微扰论的结果。

2.4.3 含时微扰理论

目前为止，我们都是在求解定态薛定谔方程，这一类问题涉及的势能项没有时间依赖，即 $V(\boldsymbol{r}, t) = V(\boldsymbol{r})$，相应的薛定谔方程的解为

$$\Psi(\boldsymbol{r}, t) = \Psi(\boldsymbol{r})e^{-iEt/\hbar} \tag{2.98}$$

波函数 $\Psi(\boldsymbol{r})$ 满足定态薛定谔方程：

$$H\Psi = E\Psi \tag{2.99}$$

若我们希望研究量子动力学现象 (如量子跃迁等)，则需要加入含时的势能项。当含时项相对于非含时项是小量时，则可以考虑利用微扰法来计算微扰对能量和波函数的修正。本节将以二能级系统为例，讲解含时微扰理论。

1. 二能级系统

首先假设一个体系仅有两个态 Ψ_a 和 Ψ_b（注意与上文中的二重简并态区分），它们是该体系的零微扰哈密顿算符 $\hat{H}^0$ 的本征态：

$$H\Psi_a = E\Psi_a \tag{2.100}$$

$$H\Psi_b = E\Psi_b \tag{2.101}$$

且这两个态满足正交归一性：

$$\langle \Psi_a | \Psi_b \rangle = \delta_{ab} \tag{2.102}$$

在此假设 $E_b - E_a \geqslant 0$。因此，该体系在 $t = 0$ 时的任意一个量子态都可以表示为这两个本征态的线性叠加：

$$\Psi(0) = c_a\Psi_a + c_b\Psi_b \tag{2.103}$$

在没有微扰时，体系在时间 t 的量子态为

$$\Psi(t) = c_a\Psi_a e^{-iE_a t/\hbar} + c_b\Psi_b e^{-iE_b t/\hbar} \tag{2.104}$$

$|c_a|^2$ 是体系在时刻 t 处于 Ψ_a 的概率，也可以理解为体系能量为 E_a 的概率。显然 $\Psi(t)$ 同样满足归一化条件，因此

$$|c_a|^2 + |c_b|^2 = 1 \tag{2.105}$$

2. 微扰系统

由于二能级体系中 Ψ_a 和 Ψ_b 构成完备基, 那么当引入含时微扰 $\hat{H}'(t)$ 后的含时波函数 $\Psi(t)$ 依然可以写成 Ψ_a 和 Ψ_b 的线性叠加:

$$\Psi(t) = c_a(t)\Psi_a e^{-iE_n t/\hbar} + c_b(t)\Psi_b e^{-iE_n t/\hbar} \tag{2.106}$$

上式与式 (2.104) 的本质区别在于 $c_a(t)$ 和 $c_b(t)$ 现在具有时间依赖。接下来的主要任务是通过求解含时薛定谔方程来获得 $c_a(t)$ 和 $c_b(t)$。

$$H\Psi = i\hbar \frac{\partial \Psi}{\partial t} \tag{2.107}$$

其中,

$$H = \hat{H}^0 + \hat{H}'(t) \tag{2.108}$$

将式 (2.106) 代入含时薛定谔方程:

$$c_a[\hat{H}^0 \Psi_a]e^{-iE_a t/\hbar} + c_b[\hat{H}^0 \Psi_b]e^{-iE_b t/\hbar} + c_a[\hat{H}'\Psi_a]e^{-iE_a t/\hbar} + c_b[\hat{H}'\Psi_b]e^{-iE_b t/\hbar} \tag{2.109}$$

$$= i\hbar[\dot{c}_a \Psi_a e^{-iE_a t/\hbar} + \dot{c}_b \Psi_b e^{-iE_b t/\hbar} + \tag{2.110}$$

$$c_a \Psi_a (-\frac{iE_a}{\hbar})e^{-iE_a t/\hbar} + c_b \Psi_b (-\frac{iE_b}{\hbar})e^{-iE_b t/\hbar}] \tag{2.111}$$

式 (2.109) 首两项与式 (2.111) 两项相等, 消去后可得

$$c_a[\hat{H}'\Psi_a]e^{-iE_a t/\hbar} + c_b[\hat{H}'\Psi_b]e^{-iE_b t/\hbar} = i\hbar[\dot{c}_a \Psi_a e^{-iE_a t/\hbar} + \dot{c}_b \Psi_b e^{-iE_b t/\hbar}] \tag{2.112}$$

上式两边同时左乘 Ψ_a, 并且利用 $\langle \Psi_a | \Psi_b \rangle = 0$, 可得

$$c_a \langle \Psi_a | \hat{H}' | \Psi_a \rangle e^{-iE_a t/\hbar} + c_b \langle \Psi_a | \hat{H}' | \Psi_b \rangle e^{-iE_b t/\hbar} = i\hbar \dot{c}_a e^{-iE_a t/\hbar} \tag{2.113}$$

方便起见引入

$$\hat{H}'_{ij} \equiv \langle \Psi_i | \hat{H}' | \Psi_j \rangle \tag{2.114}$$

且利用厄米性, 有 $\hat{H}'_{ij} = (\hat{H}'_{ij})^*$。在式 (2.113) 两边同时乘上 $-(i/\hbar)e^{iE_a t/\hbar}$, 可以将 $\dot{c}_a$ 分离出来:

$$\dot{c}_a = -\frac{i}{\hbar}[c_a \hat{H}'_{aa} + c_b \hat{H}'_{ab} e^{i(E_a - E_b)t/\hbar}] \tag{2.115}$$

利用类似的思路, 也可将 $\dot{c}_b$ 分离出来:

$$\dot{c}_b = -\frac{i}{\hbar}[c_b \hat{H}'_{bb} + c_a \hat{H}'_{ba} e^{i(E_b - E_a)t/\hbar}] \tag{2.116}$$

如果微扰算符 $\hat{H}'$ 对角元为 0, 则有

$$\hat{H}'_{aa} = \hat{H}'_{bb} = 0 \tag{2.117}$$

那么 $\dot{c}_a$ 和 $\dot{c}_b$ 的表达式可简化为

$$\dot{c}_a = -\frac{i}{\hbar} c_b \hat{H}'_{ab} e^{i\omega_0 t} \tag{2.118}$$

$$\dot{c}_b = -\frac{i}{\hbar} c_a \hat{H}'_{ba} e^{i\omega_0 t} \tag{2.119}$$

其中,

$$\omega_0 \equiv \frac{E_b - E_a}{\hbar} \tag{2.120}$$

3. 含时微扰理论

在上一小节中,尽管 $\hat{H}'$ 被称为微扰算符,但实质上并未讨论其大小。也就是说式 (2.118) 和式 (2.119) 是严格求解的,并未引入任何近似。如果 $\hat{H}'$ 是一个小量,可以得到式 (2.118) 和式 (2.119) 的近似解。方便起见,假设体系一开始处于低能级,也即

$$c_a(0) = 1, \quad c_b(0) = 0 \tag{2.121}$$

- 零阶修正:如果是没有微扰的情况,体系会永远处于初始态。

$$c_a^0(t) = 1, \quad c_b^0(t) = 0 \tag{2.122}$$

- 一阶修正:将式 (2.122) 代入式 (2.118) 和式 (2.119),则获得一阶修正。

$$\frac{\mathrm{d}c_a^{(1)}}{\mathrm{d}t} = 0 \Rightarrow c_a^{(1)}(t) = 1$$

$$\frac{\mathrm{d}c_b^{(1)}}{\mathrm{d}t} = -\frac{\mathrm{i}}{\hbar}\hat{H}'_{ba}\mathrm{e}^{\mathrm{i}\omega_0 t} \Rightarrow$$

$$c_b^{(1)} = -\frac{\mathrm{i}}{\hbar}\int_0^t \hat{H}'_{ba}(t')\mathrm{e}^{\mathrm{i}\omega_0 t'}\mathrm{d}t' \tag{2.123}$$

- 二阶修正:将一阶修正项再代回式 (2.118) 和式 (2.119) 即可获得二阶修正。

$$\frac{\mathrm{d}c_b^{(2)}}{\mathrm{d}t} = -\frac{\mathrm{i}}{\hbar}\hat{H}'_{ab}\mathrm{e}^{-\mathrm{i}\omega_0 t}\left(-\frac{\mathrm{i}}{\hbar}\right)\int_0^t \hat{H}'_{ba}(t')\mathrm{e}^{\mathrm{i}\omega_0 t'}\mathrm{d}t' \Rightarrow$$

$$c_a^{(2)}(t) = 1 - \frac{1}{\hbar^2}\int_0^t \hat{H}'_{ab}(t')\mathrm{e}^{-\mathrm{i}\omega_0 t'}\left[\int_0^{t'} \hat{H}'_{ba}(t'')\mathrm{e}^{\mathrm{i}\omega_0 t''}\mathrm{d}t''\right]\mathrm{d}t' \tag{2.124}$$

$$c_b^{(2)}(t) = c_b^{(1)}(t) \tag{2.125}$$

以此类推,原则上总是可以将 n 阶修正代回式 (2.118) 和式 (2.119),从而获得 $n+1$ 阶修正。也可以观察到,零阶修正不包含微扰算符,一阶修正包含一个 $\hat{H}'$ 因子,二阶修正包含两个 $\hat{H}'$ 因子,那么 n 阶修正也将包含 n 个 $\hat{H}'$ 因子。

4. 周期性含时微扰

如果体系受到一个周期性含时微扰:

$$\hat{H}'(\boldsymbol{r}, t) = V(\boldsymbol{r})\cos(\omega t) \tag{2.126}$$

其中 ω 称为驱动频率,且 $V > 0$。代入式 (2.114) 可得

$$\hat{H}'_{ab} = V_{ab}\cos(\omega t) \tag{2.127}$$

其中,

$$V_{ab} \equiv \langle \Psi_a | V | \Psi_b \rangle \tag{2.128}$$

那么相应的一阶修正由式 (2.123) 得

$$c_b(t) \cong -\frac{\mathrm{i}}{\hbar}\int_0^t \cos(\omega t')\mathrm{e}^{\mathrm{i}\omega_0 t'}\mathrm{d}t' = -\frac{\mathrm{i}V_{ab}}{2\hbar}\int_0^t [\mathrm{e}^{\mathrm{i}(\omega_0+\omega)t'} + \mathrm{e}^{\mathrm{i}(\omega_0-\omega)t'}]\mathrm{d}t'$$

$$= -\frac{V_{ab}}{2\hbar}\left[\frac{\mathrm{e}^{\mathrm{i}(\omega_0+\omega)t}-1}{\omega_0+\omega} + \frac{\mathrm{e}^{\mathrm{i}(\omega_0-\omega)t}-1}{\omega_0-\omega}\right] \tag{2.129}$$

这个严格解过于复杂，在驱动频率 ω 与跃迁频率 ω_0 比较接近时有 $\omega_0 + \omega \gg |\omega_0 - \omega|$，上式即可简化为

$$c_b(t) \cong -\frac{V_{ab}}{2\hbar}\frac{\mathrm{e}^{\mathrm{i}(\omega_0-\omega)t/2}}{\omega_0-\omega}[\mathrm{e}^{\mathrm{i}(\omega_0-\omega)t/2} - \mathrm{e}^{-\mathrm{i}(\omega_0-\omega)t/2}]$$

$$= -\mathrm{i}\frac{V_{ab}}{\hbar}\frac{\sin[(\omega_0-\omega)t/2]}{\omega_0-\omega}\mathrm{e}^{\mathrm{i}(\omega_0-\omega)t/2} \tag{2.130}$$

由此可得到转移概率 (transition probability) 为

$$P_{a\to b}(t) = |c_b(t)|^2 \cong \frac{|V_{ab}|^2}{\hbar^2}\frac{\sin^2[(\omega_0-\omega)t/2]}{(\omega_0-\omega)^2} \tag{2.131}$$

不难发现，转移概率随时间也呈现出正弦振荡。并且当 $\omega = \omega_0$ 时，转移概率最大，此即"共振转移"。

2.5 线性响应理论

2.5.1 斯特恩海默方程

线性响应理论本质上是一阶微扰理论的拓展，但呈现出不同的数学形式。本节将推导线性响应理论的基本框架。首先考虑量子态 $|n(\lambda)\rangle$，满足如下薛定谔方程：

$$\hat{H}(\lambda)|n(\lambda)\rangle = E_n(\lambda)|n(\lambda)\rangle \tag{2.132}$$

其中 $\hat{H}(\lambda)$ 随参数 λ 的变化是平滑的。在下面的推导中，为方便起见，不再特意写明 $\hat{H}(\lambda)$ 对参数 λ 的依赖。薛定谔方程简写为

$$(E_n - \hat{H})|n(\lambda)\rangle = 0 \tag{2.133}$$

将式 (2.133) 对 λ 作一阶导，$\partial_\lambda = \mathrm{d}/\mathrm{d}\lambda$，并只保留一阶项：

$$(E_n - \hat{H})|\partial_\lambda n\rangle = \partial_\lambda(H - E_n)|n\rangle \tag{2.134}$$

其中 $\partial_\lambda H$ 表示微扰，在本章微扰理论一节中用 $\hat{H}'$ 表示。在式 (2.134) 两边同时左乘 $\langle n|$，式 (2.134) 左边由于 $\hat{H}$ 的厄米性为零，可得

$$\partial_\lambda E_n = \langle n|(\partial_\lambda \hat{H})|n\rangle \tag{2.135}$$

将式 (2.135) 重新代入式 (2.134)，等式右边变为

$$(1 - |n\rangle\langle n|)(\partial_\lambda \hat{H})|n\rangle \tag{2.136}$$

将式 (2.134) 重新整理可得

$$(E_n - \hat{H})|\partial_\lambda n\rangle = (1 - |n\rangle\langle n|)(\partial_\lambda \hat{H})|n\rangle = \mathcal{Q}_n(\partial_\lambda H)|n\rangle \tag{2.137}$$

其中，

$$\mathcal{Q}_n = 1 - |n\rangle\langle n| = 1 - \mathcal{P}_n = \sum_{m \neq n} |m\rangle\langle m| \tag{2.138}$$

也就说 $\mathcal{Q}_n$ 为一投影算符，是投影算符 $\mathcal{P}_n = |n\rangle\langle n|$ 的补运算。算符 $\mathcal{Q}_n$ 将量子态投影到不是本征态 $|n\rangle$ 的所有其他本征态 $|m\rangle$。

方程 (2.137) 也被称作斯特恩海默方程（Sternheimer equation），是一个非齐次的线性方程，其通解为

$$|\partial_\lambda n\rangle = -\mathrm{i}A_n|n\rangle + \sum_{m \neq n} \frac{|m\rangle\langle m|}{E_n - E_m}(\partial_\lambda \hat{H})|n\rangle \tag{2.139}$$

其中 A_n 是任意的实数。此通解的正确性可以通过将其代回式 (2.137) 进行验证。此外，对式 (2.139) 两边同时左乘一个任意的本征态 $\langle l|$，并利用正交性 $\langle l|n\rangle = 0$，即可得到实系数 A_n 的表达式：

$$A_n(\lambda) = \mathrm{i}\langle n|\partial_\lambda n\rangle \tag{2.140}$$

这个系数就是"贝里联络"(Berry connection)。

观察式 (2.139) 可以发现，如果哈密顿量 $\hat{H}$ 不依赖于参数 λ，那么很容易得到

$$|n(\lambda)\rangle = \mathrm{e}^{\mathrm{i}\int A_n(\lambda)\mathrm{d}\lambda}|n_0\rangle \tag{2.141}$$

也就是说，物理态 (physical state) 并不随着参数 λ 变化，但是其相位是 λ 的函数。由于相位的改变并不改变物理态，在后面的推导中可以不考虑仅与相位有关的项。将投影算符 $\mathcal{Q}_n$ 作用到式 (2.139) 可自然地消去与 A_n 有关的项：

$$\mathcal{Q}_n|n(\lambda)\rangle = \sum_{m \neq n} \frac{|m\rangle\langle m|}{E_n - E_m}(\partial_\lambda H)|n\rangle \tag{2.142}$$

为进一步化简，可以引入算符

$$\mathcal{T}_n = \sum_{m \neq n} \frac{|m\rangle\langle m|}{E_n - E_m} \tag{2.143}$$

非常容易证明算符 $\mathcal{T}_n$ 有如下的性质：

$$\mathcal{Q}_n\mathcal{T}_n = \mathcal{T}_n\mathcal{Q}_n = \mathcal{T}_n \tag{2.144}$$

由此便获得了斯特恩海默方程的简练表达式：

$$\mathcal{Q}_n|\partial_\lambda n\rangle = \mathcal{T}_n(\partial_\lambda H)|n\rangle \tag{2.145}$$

2.5.2 厄米算符期望值微扰修正

在线性响应理论中，一般会关注厄米算符 $\mathcal{O}$ 的期望值随着微扰的变化，即

$$\begin{aligned}\partial_\lambda\langle\mathcal{O}\rangle_n &= \partial_\lambda\langle n|\mathcal{O}|n\rangle\\&= \langle\partial_\lambda n|\mathcal{O}|n\rangle + \langle n|\mathcal{O}|\partial_\lambda n\rangle\\&= 2\mathrm{Re}\langle n|\mathcal{O}|\partial_\lambda n\rangle\\&= 2\mathrm{Re}\langle n|\mathcal{O}\mathcal{Q}_n|\partial_\lambda n\rangle\end{aligned}$$

最后一行的推导利用了在式 (2.139) 右边第一项是纯虚数的性质。通过将式 (2.145) 与上式结合起来，可以得到

$$\partial_\lambda \langle \mathcal{O} \rangle_n = 2\mathrm{Re}\langle n|\mathcal{O}\mathcal{T}_n(\partial_\lambda H)|n\rangle \tag{2.146}$$

在处理独立粒子近似下的多电子体系时，表达式

$$\partial_\lambda \langle \mathcal{O} \rangle = 2\mathrm{Re}\sum_n^{\mathrm{occ}}\langle n|\mathcal{O}\mathcal{Q}_n|\partial_\lambda n\rangle \tag{2.147}$$

中占据态的贡献可以简化为

$$\partial_\lambda \langle \mathcal{O} \rangle = 2\mathrm{Re}\sum_n^{\mathrm{occ}}\langle n|\mathcal{O}\mathcal{Q}|\partial_\lambda n\rangle \tag{2.148}$$

其中 $\mathcal{Q}_n$ 被替换为

$$\mathcal{Q} = \sum_m^{\mathrm{unocc}} |m\rangle\langle m| = 1 - \sum_n^{\mathrm{occ}} |n\rangle\langle n| \tag{2.149}$$

也就是对未占据态的投影。式 (2.149) 可以通过证明式 (2.147) 与式 (2.148) 的等价来验证

$$\begin{aligned}
2\mathrm{Re}\sum_n^{\mathrm{occ}}\langle n|\mathcal{O}(\mathcal{Q}_n - \mathcal{Q})|\partial_\lambda n\rangle &= 2\mathrm{Re}\sum_{n\neq n'}^{\mathrm{occ}}\langle n|\mathcal{O}|n'\rangle\langle n'|\partial_\lambda n\rangle \\
&= \sum_{n\neq n'}\left(\langle n|\mathcal{O}|n'\rangle\langle n'|\partial_\lambda n\rangle + \langle n'|\mathcal{O}|n\rangle\langle \partial_\lambda n|n'\rangle\right) \\
&= \sum_{n\neq n'}\left(\langle n|\mathcal{O}|n'\rangle\langle n'|\partial_\lambda n\rangle - \langle n'|\mathcal{O}|n\rangle\langle n|\partial_\lambda n'\rangle\right) \\
&= 0
\end{aligned} \tag{2.150}$$

推导中第二行利用了

$$2\mathrm{Re}(z) = z + z^* \tag{2.151}$$

第三行来自于

$$\partial_\lambda \langle n'|n\rangle = \partial_\lambda \delta_{nn'} = 0 \tag{2.152}$$

最后一行是将傀指标（dummy index）n 与 n' 互换。由此可以看出，如果微扰项只导致占据态之间的幺正变换，那对于 $\langle \mathcal{O} \rangle$ 的一阶修正为零。只有当微扰造成了占据态 $|n\rangle$ 与非占据态 $|m\rangle$ 的关联时，才会导致 $\langle \mathcal{O} \rangle$ 发生变化。因此在运用线性响应理论时，并不需要计算 $\mathcal{Q}_n|\partial_\lambda n\rangle$，仅需计算 $\mathcal{Q}|\partial_\lambda n\rangle$ 就足够了。为方便起见，可以引入算符

$$\mathcal{T} = \sum_m^{\mathrm{unocc}} \frac{|m\rangle\langle m|}{E_n - E_m} \tag{2.153}$$

于是有

$$\mathcal{Q}|\partial_\lambda n\rangle = \mathcal{T}(\partial_\lambda H)|n\rangle \tag{2.154}$$

这个表达式就是波函数的一阶微扰。

虽然 $\mathcal{Q}$ 能够通过有限求和 $\mathcal{Q} = 1 - \sum_n^{\mathrm{occ}} |n\rangle\langle n|$ 来表示，但是 $\mathcal{T}$ 不能写成类似的形式，原

则上仍然要对所有非占据态求和，这在某些时候是非常麻烦的。在实际应用中，只能截取有限项进行求和，这样计算过程会比较繁琐且需仔细地进行收敛性检验。而另一种方法则是利用改写后的斯特恩海默方程 (2.137)，$(E_n - \hat{H})|\partial_\lambda n\rangle = \mathcal{Q}(\partial_\lambda H)|n\rangle$，运用迭代算法直接对每一个占据态 $|n\rangle$ 进行求解。将求得的 $|\partial_\lambda n\rangle$ 代入式 (2.148)，便获得了算符 $\mathcal{O}$ 期望值的线性响应。

如果需要考虑两个微扰，即 $A = \partial\hat{H}/\partial\lambda_A$ 和 $B = \partial\hat{H}/\partial\lambda_B$，那么基于式 (2.148) 和式 (2.154) 可以得到

$$\frac{\partial^2 E}{\partial\lambda_A\partial\lambda_B} = \frac{\partial\langle A\rangle}{\partial\lambda_B} = \frac{\partial\langle B\rangle}{\partial\lambda_A} = \sum_n^{\text{occ}} 2\text{Re}\langle n|A\mathcal{T}B|n\rangle \tag{2.155}$$

如果 λ_A 和 λ_B 分别代表分子中两个不同原子的位移，式 (2.155) 就代表与这两种位移相关的力常数矩阵 (force constant matrix)，是计算分子振动频率需要的物理量。式 (2.155) 在代入算符 $\mathcal{T}$ 后可以写作

$$\frac{\partial^2 E}{\partial\lambda_A\partial\lambda_B} = \sum_n^{\text{occ}}\sum_m^{\text{unocc}} \frac{\langle n|A|m\rangle\langle m|B|n\rangle}{E_n - E_m} + \text{c.c.} \tag{2.156}$$

其中的 c.c. 表示复共轭项。对于 $A = B$ 的情况，上式的分子变为 $|\langle n|A|m\rangle|^2$，式 (2.156) 就是标准的二阶微扰理论的结果。在实际计算中，对无限多未占据态的求和可以通过将 $\mathcal{T}B|n\rangle$ 替换为 $\mathcal{Q}|\frac{\partial n}{\partial\lambda_B}\rangle$ 或者将 $\langle n|A\mathcal{T}$ 替换为 $\langle\frac{\partial n}{\partial\lambda_A}|\mathcal{Q}$ 来实现。值得一提的是，基于线性响应理论的计算方法在很多第一性原理计算软件中均已实现，例如 Abinit 和 Quantum Espresso。

2.6 拓展提高

2.6.1 拓展阅读

本章主要介绍了量子力学中最为基本的概念与方法，是理解计算物理方法的基础。由于涉及的内容都是量子力学领域非常成熟的内容，因此主要参考了下列专著的相关章节。

- GRIFFITHS D J, SCHROETER D F. Introduction to quantum mechanics[M]. 3rd ed. Cambridge: Cambridge University Press, 2018.
- PIELA L. Ideas of quantum chemistry[M]. 3rd ed. London: Elsevier Science, 2020.
- VANDERBILT D. Berry phases in electronic structure theory[M]. Cambridge: Cambridge University Press, 2018.

2.6.2 算法编程

考虑一个粒子，处于一个一维无限深势阱

$$V(x) = \begin{cases} \infty, & |x| \geqslant a \\ 0, & |x| < a \end{cases}$$

作为最简单的量子力学模型，一维无限深势阱所对应的薛定谔方程可以严格求解。这里则是运用线性变分法来获得近似解。方便起见，令 $a=1$ 并且使用自然单位制 $\hbar^2/2m=1$。我们将采用如下基组：

$$\psi_n(x) = x^n(x-1)(x+1),\ n=0,1,2,\cdots$$

问题1：请计算重叠矩阵元

$$S_{mn} = \langle\psi_n|\psi_m\rangle = \int_{-1}^{1}\psi_n^*(x)\psi_m(x)\mathrm{d}x$$

问题2：请计算哈密顿矩阵元

$$H_{mn} = \langle\psi_n|p^2|\psi_m\rangle$$

问题3：编写一个计算程序，求解相关的久期方程，并研究近似本征值的精度与基矢数量 n 的关系。

第 3 章

哈特里-福克方法

3.1 理论准备

本章我们将使用量子力学的基本方法考察原子体系的基本行为。众所周知，原子体系由电子和原子核构成，因此我们需要正确计算原子核和电子的相互作用，并对其运动状态进行预测。基于量子力学的基本理论，整个体系的运动状态可以由体系波函数描述。而原子系统的本征波函数，则由以下定态薛定谔方程决定：

$$\hat{H}_{\text{tot}}\Psi(r, R) = E\Psi(r, R) \tag{3.1}$$

其中，$\hat{H}_{\text{tot}}$ 是系统总体哈密顿量，原子系统波函数 $\Psi(r, R)$ 是所有原子核坐标 R 和所有电子坐标 r 的函数。显然，对于一般的多原子系统，这是一个高维微分方程，其精确求解十分困难。通常，研究该方程的第一步是将原子核与电子的自由度进行分离，这就是著名的玻恩-奥本海默近似(Born-Oppenheimer approximation)。

3.1.1 玻恩-奥本海默近似

第 3 章我们已经提到了玻恩-奥本海默近似，该近似最核心的依据是电子质量远远小于原子核质量：电子质量约为 9.11×10^{-31}kg，质子质量约为 1.67×10^{-27}kg，两者相差近三个数量级。因此电子围绕原子核的运动，类似于苍蝇围绕奶牛的运动：在快速飞舞的苍蝇眼中，奶牛的缓慢动作是几乎可以忽略的。同样，电子的运动速度远快于原子核，在我们考虑电子的运动状态时，原子核的运动同样是几乎可以忽略的。这也意味着，当我们考察电子时，可以将原子核近似处理成静止不动的背景电荷，单独考虑电子在固定背景电荷下的定态薛定谔方程：

$$\hat{H}(R)\Psi(r; R) = E(R)\Psi(r; R) \tag{3.2}$$

在此特别注意，与方程 (3.1) 不同，方程 (3.2) 中的原子核位置 R 是作为固定参数出现的，而不是方程变量！

方程 (3.2) 纯粹是电子坐标 r 的方程，其哈密顿量也仅为电子哈密顿量：

$$\hat{H}(R) = -\frac{1}{2}\nabla_r^2 + V_{\text{ne}}(r; R) + V_{\text{nn}}(R) + V_{\text{ee}}(r) \tag{3.3}$$

其中，$V_{\text{ne}}(\boldsymbol{r};\boldsymbol{R})$、$V_{\text{nn}}(\boldsymbol{R})$、$V_{\text{ee}}(\boldsymbol{r})$ 分别为原子核-电子、原子核-原子核、电子-电子相互作用：

$$\begin{cases} V_{\text{ne}}(\boldsymbol{r};\boldsymbol{R}) = \sum_{I,i} \dfrac{Z_I}{|\boldsymbol{R}_I - \boldsymbol{r}_i|} \\[2mm] V_{\text{nn}}(\boldsymbol{R}) = \sum_{I \neq J} \dfrac{Z_I Z_J}{|\boldsymbol{R}_I - \boldsymbol{R}_J|} \\[2mm] V_{\text{ee}}(\boldsymbol{r}) = \sum_{i \neq j} \dfrac{1}{|\boldsymbol{r}_i - \boldsymbol{r}_j|} \end{cases} \tag{3.4}$$

该哈密顿量与方程 (3.1) 中哈密顿量的最大区别，是缺少原子核动能算符 $\hat{T}_{\boldsymbol{R}} = -\frac{1}{2}\nabla^2_{\boldsymbol{R}}$ (也即我们定义：$\hat{H} = \hat{H}_{\text{tot}} - \hat{T}_{\boldsymbol{R}}$)，在物理上，这意味着我们完全忽略了原子核的运动。玻恩-奥本海默近似所蕴含的另外一层假设，是忽略原子核和电子运动的耦合。也就是说，因为电子运动速度足够快，不管原子核运动到什么位置，电子总能"瞬时"跟上原子核的变化，并"瞬时"找到电子能量的基态。这也就意味着，原子核的运动，不能对电子态进行激发：原子核的能量与电子的能量在某种意义上是隔绝的。因此玻恩-奥本海默近似也常常被称为绝热近似，而对玻恩-奥本海默近似的破坏，也被称为非绝热效应。值得注意的是，尽管玻恩-奥本海默近似对于绝大多数重原子而言都非常可靠，但对于质量较轻的原子 (比如氢原子)，非绝热效应是一个前沿研究中经常需要关注的效应。尤其是研究氢原子转移的化学反应或电子能级差较小的激发态过程时，对非绝热效应的计算都相当普遍。对于非绝热近似的进一步探讨不在本书的介绍范围内。本章我们总认为玻恩-奥本海默近似成立。从这里开始，我们将 $\boldsymbol{R}$ 作为方程的内禀参数而不显式写出：

$$\hat{H}\Psi(\boldsymbol{r}) = E\Psi(\boldsymbol{r}) \tag{3.5}$$

我们将聚焦于该电子定态薛定谔方程的求解，这也是现代理论计算化学中电子结构理论这一领域的核心问题。但在我们开始尝试求解电子结构之前，还需要申明一些电子的基本性质。后面我们将看到，电子的这些基本性质将对其波函数的数学结构带来深刻的影响。

在继续讨论电子波函数之前，在此先对非绝热耦合做一定程度的拓展，对此无兴趣的读者可以直接阅读下一节，不影响后续讨论。假定我们在特定的 $\boldsymbol{R}$ 处求解电子薛定谔方程，可以得到 $\hat{H}(\boldsymbol{R})$ 算符的一组本征解：$\{\Psi_i(\boldsymbol{r};\boldsymbol{R})\}$，其本征能量为 $V_i(\boldsymbol{R})$，$i = 0,1,2,\cdots$。对于一个给定的 $\boldsymbol{R}$，这组本征解构成了定义在 $\boldsymbol{r}$ 上的任意波函数的正交完备基 (但是请特别注意，在不同的 $\boldsymbol{R}'$ 下，$\Psi_i(\boldsymbol{r};\boldsymbol{R})$ 和 $\Psi_j(\boldsymbol{r};\boldsymbol{R}')$ 并不正交)。那么，可以将整体波函数 $\Phi(\boldsymbol{r},\boldsymbol{R})$ 视为定义在 $\boldsymbol{r}$ 上的函数，并用 $\{\Psi_i(\boldsymbol{r};\boldsymbol{R})\}$ 进行展开。其展开系数 $\Theta_i(\boldsymbol{R})$ 同样依赖于参数 $\boldsymbol{R}$：

$$\Phi(\boldsymbol{r},\boldsymbol{R}) = \sum_i \Theta_i(\boldsymbol{R})\Psi_i(\boldsymbol{r};\boldsymbol{R}) \tag{3.6}$$

这一展开具有鲜明的物理意义。比如，如果仅保留方程 (3.6) 的其中一项，也就是假定

$$\Phi(\boldsymbol{r},\boldsymbol{R}) = \Theta(\boldsymbol{R})\Psi_i(\boldsymbol{r};\boldsymbol{R}) \tag{3.7}$$

考虑 $\hat{H}_{\text{tot}}$ 对其的作用：

$$\left(-\frac{1}{2}\nabla^2_{\boldsymbol{R}} + \hat{H}\right)\Theta(\boldsymbol{R})\Psi_i(\boldsymbol{r};\boldsymbol{R}) = \left[-\frac{1}{2}\nabla^2_{\boldsymbol{R}} + V_i(\boldsymbol{R})\right]\Theta(\boldsymbol{R})\Psi_i(\boldsymbol{r};\boldsymbol{R}) \tag{3.8}$$

注意到方程 (3.8) 右侧的哈密顿量数学结构，这实际上相当于原子核在电子势能面 $V_i(\boldsymbol{R})$ 上运动的薛定谔方程。这符合玻恩-奥本海默近似图像：电子停留在确定的电子态上，而原子核在该电子态的势能面上作绝热运动。但是，当我们保留方程 (3.6) 中两项 (如基态和第一激发态)，并考虑这两项之间的耦合时，可以发现两项间的非绝热耦合完全由原子核动能算符主导：

$$\langle 0| \hat{H}_{\text{tot}} |1\rangle = \langle \Theta_0(\boldsymbol{R})\Psi_0(\boldsymbol{r};\boldsymbol{R})| \hat{T}_{\boldsymbol{R}} + \hat{H}(\boldsymbol{R}) |\Theta_1(\boldsymbol{R})\Psi_1(\boldsymbol{r};\boldsymbol{R})\rangle$$

$$= \langle \Theta_0(\boldsymbol{R})\Psi_0(\boldsymbol{r};\boldsymbol{R})| \hat{T}_{\boldsymbol{R}} |\Theta_1(\boldsymbol{R})\Psi_1(\boldsymbol{r};\boldsymbol{R})\rangle$$

$$= -\frac{1}{2} \langle \Theta_0(\boldsymbol{R})\Psi_0(\boldsymbol{r};\boldsymbol{R})| \nabla_{\boldsymbol{R}}^2 |\Theta_1(\boldsymbol{R})\Psi_1(\boldsymbol{r};\boldsymbol{R})\rangle \tag{3.9}$$

对该公式的进一步分析可以得到：非绝热耦合的大小与

$$\langle \Psi_0(\boldsymbol{r};\boldsymbol{R})| \nabla_{\boldsymbol{R}}^2 |\Psi_1(\boldsymbol{r};\boldsymbol{R})\rangle \tag{3.10}$$

和

$$\langle \Psi_0(\boldsymbol{r};\boldsymbol{R})| \nabla_{\boldsymbol{R}} |\Psi_1(\boldsymbol{r};\boldsymbol{R})\rangle \tag{3.11}$$

的大小正相关。也即，与电子本征波函数随原子核位置变化的剧烈程度正相关。多数分子在其基态结构下电子波函数的形状和性质较为固定，因此非绝热效应较小。但对于某些特殊的结构，尤其是不同电子态势能面出现交错的情况下，电子本征波函数在交错点附近发生剧烈变化，则其中非绝热耦合作用可能较强。

3.1.2　电子自旋

在之前的介绍中，我们假定电子状态可以由其空间波函数 $\Psi(\boldsymbol{r})$ 完全决定，而忽略了电子的自旋自由度。在实验上，我们可以观测到电子的固有磁矩，这说明电子自身带有角动量。这种角动量的来源并不是电子围绕原子核的空间旋转，而是电子的内禀性质。在量子力学发展早期，这种内禀角动量被认为是由电子本身的自转引起的，因此称为电子的自旋角动量。当然，从现代观点看，这种图像并不准确，但在数学上，自旋角动量的算符结构确实与描述空间旋转运动的算符结构相似，因此自旋这一名称一直得以保留。关于角动量算符的代数结构我们在这里暂不详细探讨，对此有好奇心的读者推荐去阅读量子力学课本 (如 Sakurai 的《现代量子力学》) 中角动量的相关章节。在此，我们仅给出关于电子自旋的一些相关结论。

我们已知电子为自旋 $\frac{1}{2}$ 的体系，也就是说，电子在自旋自由度上有两个本征态，可以标记为 $m = \frac{1}{2}$ (自旋向上) 与 $m = -\frac{1}{2}$ (自旋向下) 两个态。我们也将其分别记为 $|\alpha\rangle$ 态与 $|\beta\rangle$ 态，两者构成电子自旋自由度上的正交归一完备基：

$$\begin{cases} \langle \alpha \mid \alpha \rangle = \langle \beta \mid \beta \rangle = 1 \\ \langle \alpha \mid \beta \rangle = 0 \end{cases} \tag{3.12}$$

电子自旋的任意状态 (如自旋向左或自旋向右) 都可以通过 $|\alpha\rangle$ 与 $|\beta\rangle$ 的线性组合得到 (有兴趣的读者可以进一步阅读泡利矩阵相关知识)。考虑单电子情景，在非相对论、无磁场时，

电子哈密顿量仅与空间坐标相关，而与自旋状态无关。因此，当我们求解其能量时，其自旋波函数与空间波函数是解耦的。其完整的波函数可以写成空间部分与自旋部分的简单乘积：

$$\chi = \varphi(r)|\alpha\rangle \tag{3.13}$$

这种单电子空间波函数 (也称为空间轨道) 与自旋态的直接乘积，有时也称为一个自旋轨道。此外，根据电子自旋的方向，我们也常常将自旋轨道记为如下形式：

$$\begin{cases} \varphi = \varphi(r)\alpha \\ \bar{\varphi} = \varphi(r)\beta \end{cases} \tag{3.14}$$

这种记号因为采用了和空间轨道相同的字母，因此可能造成一定程度的混淆，在此我们特别提醒读者在下面章节的阅读中注意区分空间轨道和自旋轨道。因为空间部分矩阵元的计算常常写成对空间坐标积分 (而非狄拉克符号) 的形式，为实现记号的统一，我们引入一个虚拟的自旋坐标 ω。这使我们在形式上可以采用积分去描述自旋态的正交归一性：

$$\langle \alpha \mid \beta \rangle = \int d\omega \cdot \alpha^*(\omega)\beta(\omega) = \delta_{\alpha,\beta} \tag{3.15}$$

那么，电子的完整波函数将同时是空间坐标 r 和自旋坐标 ω 的函数，我们将两者归并，记为电子的完整坐标 x：

$$x = (\boldsymbol{r}, \omega)$$
$$\chi(x) = \varphi(\boldsymbol{r})\alpha(\omega) \tag{3.16}$$

对于多电子情形，有

$$\Psi = \Psi(\boldsymbol{x}) = \Psi(x_1, x_2, \cdots, x_n) \tag{3.17}$$

相应的薛定谔方程为

$$\hat{H}\Psi(\boldsymbol{x}) = E\Psi(\boldsymbol{x}) \tag{3.18}$$

本节我们仍然假定电子哈密顿量式 (3.3) 只和电子空间坐标 r 有关，而与自旋坐标无关。

3.1.3　全同性原理与泡利不相容

在处理多电子体系时，还需要考虑微观粒子的全同性：电子与电子之间完全相同，无法区分。微观粒子的全同性要求当我们任意交换两个电子的坐标，不应该产生新的量子态。否则，我们就可以通过区分新旧两个量子态区分被交换的电子。这一性质给全同粒子的多体波函数提出了严格的对称性要求：

$$\Psi(x_1, \cdots, x_i, \cdots, x_j, \cdots, x_n) = \pm\Psi(x_1, \cdots, x_j, \cdots, x_i, \cdots, x_n) \tag{3.19}$$

对于玻色子 (如声子、光子)，波函数对于交换操作是对称的 (上式中取正号)；而对于费米子 (如电子)，则为反对称 (上式中取负号)。本节我们只处理电子这一费米子系统，因此对任意 i, j，有交换反对称性：

$$\Psi(x_1, \cdots, x_i, \cdots, x_j, \cdots, x_n) = -\Psi(x_1, \cdots, x_j, \cdots, x_i, \cdots, x_n) \tag{3.20}$$

考虑 $x_i = x_j = x$ 的特殊情形，根据式 (3.20)，立刻有

$$\Psi(x_1, \cdots, x, \cdots, x, \cdots, x_n) = -\Psi(x_1, \cdots, x, \cdots, x, \cdots, x_n) = 0 \tag{3.21}$$

也就是说，任意两个电子不能占据相同的坐标 x，费米子的这一特点就是著名的泡利不相容原理。这里我们再次提醒读者，x 是自旋空间坐标，只有两个电子自旋相同时，才会在空间波函数上受到泡利不相容的限制。在后续章节的讨论中我们将再次提到这一点。

3.2　哈特里方法

尽管玻恩-奥本海默近似极大地简化了原子系统的定态薛定谔方程，但方程 (3.18) 的求解仍然是极为困难的。这种困难来自以下几个方面：

- 方程的维度高：即使对于一个简单的、包含 18 个电子的水分子，方程 (3.18) 仍然是一个令人敬畏的 54 维偏微分方程；

- 不能进行简单的变量分离：在哈密顿量式 (3.3) 中，包含了电子-电子相互作用项

$$V_{ee}(\boldsymbol{r}) = \sum_{i \neq j} \frac{1}{|\boldsymbol{r}_i - \boldsymbol{r}_j|} \tag{3.22}$$

这一项将不同电子的坐标耦合在一起，无法做简单的变量分离；

- 波函数必须满足交换反对称性，这给方程的求解带来了额外的限制。

3.2.1　单电子体系的一般解法

当我们面临一个较为困难的问题时，先从简单可解的特殊情况入手总是大有裨益的。我们不妨先考虑单电子的情形：

$$\hat{h}(r)\psi(x) = \varepsilon \psi(x) \tag{3.23}$$

对于此类线性方程，一般的数值做法是采用一组已知的函数 (即所谓"基函数"或"基组") 对目标函数进行线性展开，并求展开系数。假设我们使用的基函数 $\{\phi_\mu\}, \mu = 1, 2, \cdots, K$ 是正交归一的：

$$\langle \phi_\mu \mid \phi_\nu \rangle = \delta_{\mu\nu} \tag{3.24}$$

则 $\psi(x)$ 的线性展开可以写为

$$\psi = \sum_\nu c_\nu \phi_\nu \tag{3.25}$$

代入方程 (3.23)，并用 $\langle \phi_\mu|$ 投影，得到

$$\sum_\nu \langle \phi_\mu \left| \hat{h} \right| \phi_\nu \rangle c_\nu = \varepsilon \sum_\nu c_\nu \delta_{\mu\nu} = \varepsilon c_\mu \tag{3.26}$$

如果定义算符 $\hat{h}$ 在基函数 $\{\phi_\mu\}$ 上的矩阵表示为 $\boldsymbol{h}_{\mu\nu} = \langle \phi_\mu \left| \hat{h} \right| \phi_\nu \rangle$，且波函数 ψ 在相同基组下的表示为列向量 $\boldsymbol{c}$。则不意外地，式 (3.23) 在该基组下被展开为标准的矩阵特征值方程，可以采用标准的矩阵对角化算法进行求解：

$$\boldsymbol{h}\boldsymbol{c} = \varepsilon \boldsymbol{c} \tag{3.27}$$

事实上，对于任意厄米算符的特征值问题，在选定基组下进行展开，都可以得到相应的矩阵特征值方程，并利用线性代数方法予以解决。

3.2.2 非相互作用多电子体系

在厘清单电子体系的求解方法后，原则上我们可以利用单电子基函数 $\{\phi_i\}$ 去构建相应的多电子基函数：

$$\begin{cases} \nu = (i, j, k, \cdots) \\ \tilde{\phi}_\nu = \phi_i(x_1)\phi_j(x_2)\phi_k(x_3)\cdots \end{cases} \tag{3.28}$$

然后利用这些多电子基组对多体目标波函数进行直接展开，得到相应的矩阵本征方程：

$$\Psi(x_1, x_2, \cdots) = \sum_\nu c_\nu \tilde{\phi}_\nu \tag{3.29}$$

然而，这一做法的问题是，多体基函数 $\tilde{\phi}_\nu$ 的数量随体系维度成指数上升：如果单电子基函数的个数为 K，总电子数为 N，则方程 (3.29) 的维度为 K^N。类似的指数行为将在电子结构的精确求解中反复出现，导致无法承担的计算成本，被称为量子体系的"维度灾难"。虽然暂时不能严格处理量子多体问题，但观察发现，如果 $V_{ee}(\boldsymbol{r})$ 项不存在，仅考虑在原子核势场下无相互作用的电子气，则总哈密顿量可以写为单电子哈密顿量的简单加和（$V_{nn}(\boldsymbol{R})$ 是由原子核位置决定的能量常数，并不影响电子波函数，故此略去）：

$$\hat{H} = \sum_i \hat{h}(\boldsymbol{r}_i) \tag{3.30}$$

$$\hat{h}(\boldsymbol{r}) = -\frac{1}{2}\nabla^2 + \sum_I \frac{Z_I}{|\boldsymbol{R}_I - \boldsymbol{r}|} \tag{3.31}$$

如果我们采用 3.2.1 节中所述方法，解出单电子哈密顿量 $\hat{h}(\boldsymbol{r})$ 的本征函数：

$$\hat{h}(\boldsymbol{r})\chi_i(x) = \varepsilon_i \chi_i(x), \quad i = 0, 1, 2, \cdots, K-1 \tag{3.32}$$

那么，容易验证从这些本征函数中任意挑出 N 个，并进行简单乘积，就可以得到非相互作用多体哈密顿量 $\hat{H}$ 的本征函数：

$$\Psi_\nu = \chi_{k_1}(x_1)\chi_{k_2}(x_2)\cdots\chi_{k_N}(x_N) \tag{3.33}$$

$$\hat{H}\Psi_\nu = (\varepsilon_{k_1} + \varepsilon_{k_2} + \cdots + \varepsilon_{k_N})\Psi_\nu \tag{3.34}$$

其中，

$$\nu = (k_1, k_2, \cdots, k_N) \tag{3.35}$$

是 N 个 $[0, K-1]$ 间自然数的任意组合。在物理上，这也并不意外，非相互作用体系中电子与电子相互独立，每个电子占据一个自旋轨道，则体系整体波函数即所有被占据自旋轨道的乘积，而体系总能量等于单电子能量的简单加和。

3.2.3 哈特里近似

如式 (3.33) 所示的函数形式，被称为单电子轨道的哈特里乘积 (Hartree product)，或多体波函数的哈特里拟设 (ansatz)。所谓拟设，在此可以理解为对未知多体波函数数学形式的一种假想构造。在多体波函数数学形式不清楚时，我们可以从某一特定拟设出发，然后遵循变分法的原理，对拟设中的参数进行优化。从3.2.2节可知，哈特里拟设在无相互作用体系中是精确的。哈特里方法在此基础上更进一步，假定在有相互作用体系中，精确的波函数仍然可用哈特里拟设去近似，而组成哈特里乘积的单电子轨道可以被优化，使总能量达到最低。当然，敏锐的读者可能已经注意到，在一般情况下：

$$\chi_1(x_1)\chi_2(x_2) \neq -\chi_1(x_2)\chi_2(x_1) \tag{3.36}$$

因此哈特里拟设并不满足泡利不相容的反对称性要求。哈特里方法本身也被证明不能准确描述分子的结构。但是，在此对哈特里乘积的能量表达式做一番探究仍然是有益的。为简化叙述，我们考虑两电子体系，使用精确哈密顿量计算其哈特里乘积的能量：

$$
\begin{aligned}
E_{\text{Hartree}} &= \langle \chi_1(x_1)\chi_2(x_2)| \hat{H} |\chi_1(x_1)\chi_2(x_2)\rangle \\
&= \left\langle \chi_1(x_1)\chi_2(x_2) \left| \hat{h}(\boldsymbol{r}_1) + \hat{h}(\boldsymbol{r}_1) + \frac{1}{r_{12}} \right| \chi_1(x_1)\chi_2(x_2) \right\rangle \\
&= \langle \chi_1|\hat{h}|\chi_1\rangle + \langle \chi_2|\hat{h}|\chi_2\rangle + \left\langle \chi_1(x_1)\chi_2(x_2) \left| \frac{1}{r_{12}} \right| \chi_1(x_1)\chi_2(x_2) \right\rangle \\
&= \varepsilon_1 + \varepsilon_2 + J_{12}
\end{aligned}
\tag{3.37}
$$

其中，前两项为 χ_1 和 χ_2 两个轨道的单电子能量，这与无相互作用体系相同，第三项为

$$
\begin{aligned}
J_{12} &= \int \mathrm{d}\boldsymbol{r}_1 \mathrm{d}\boldsymbol{r}_2 \mathrm{d}\omega_1 \mathrm{d}\omega_2 \cdot \frac{\chi_1^*(x_1)\chi_2^*(x_2)\chi_1(x_1)\chi_2(x_2)}{r_{12}} \\
&= \int \mathrm{d}\boldsymbol{r}_1 \mathrm{d}\boldsymbol{r}_2 \cdot \frac{\varphi_1^*(\boldsymbol{r}_1)\varphi_2^*(\boldsymbol{r}_2)\varphi_1(\boldsymbol{r}_1)\varphi_2(\boldsymbol{r}_2)}{r_{12}} \\
&= \int \mathrm{d}\boldsymbol{r}_1 \mathrm{d}\boldsymbol{r}_2 \cdot \frac{\rho_1(\boldsymbol{r}_1)\rho_2(\boldsymbol{r}_2)}{r_{12}}
\end{aligned}
\tag{3.38}
$$

注意此处，我们假定 $\chi_i(x) = \varphi_i(\boldsymbol{r})\alpha_i(\omega)$，并且利用自旋波函数的归一性：

$$
\begin{aligned}
&\int \mathrm{d}\omega_1 \chi_1^*(x_1)\chi_1(x_1) \\
&= \varphi_1^*(\boldsymbol{r}_1)\varphi_1(\boldsymbol{r}_1) \int \mathrm{d}\omega_1 \alpha_1^*(\omega_1)\alpha_1(\omega_1) \\
&= \varphi_1^*(\boldsymbol{r}_1)\varphi_1(\boldsymbol{r}_1) = \rho_1(\boldsymbol{r}_1)
\end{aligned}
\tag{3.39}
$$

式 (3.38) 中 J_{12} 具有经典的库仑相互作用形式，恰好是 χ_1 和 χ_2 两个轨道的电子云之间的静电相互作用。与无相互作用体系能量相比，哈特里拟设在精确哈密顿量下的能量多出一项电子间静电作用并不奇怪。但是，我们在此稍微强调一下 J_{12} 的数学形式：考虑空间中的两个电子，对其空间分布最完整的描述是其联合分布密度函数 $\rho(\boldsymbol{r}_1, \boldsymbol{r}_2)$。其静电相互作用的一般表达式应该为

$$E_{\text{elec}} = \int \mathrm{d}\boldsymbol{r}_1 \mathrm{d}\boldsymbol{r}_2 \frac{\rho(\boldsymbol{r}_1, \boldsymbol{r}_2)}{r_{12}} \tag{3.40}$$

与式 (3.38) 对比，只有在两电子的分布相互独立时，才有

$$\rho_H(\boldsymbol{r}_1, \boldsymbol{r}_2) = \rho_1(\boldsymbol{r}_1)\rho_2(\boldsymbol{r}_2) \tag{3.41}$$

式 (3.41) 在无相互作用体系中是严格的，但在有相互作用体系中是一个较大的近似：这也是哈特里方法的核心近似。事实上，在有相互作用时，电子之间可以互相感受到对方的静

电斥力, 当1电子在 $\boldsymbol{r}_1$ 时, 2电子为避免与1电子的静电排斥会倾向于远离 $\boldsymbol{r}_1$。这样, 2电子的边缘分布 $\rho(\boldsymbol{r}_2|\boldsymbol{r}_1) = \dfrac{\rho(\boldsymbol{r}_1, \boldsymbol{r}_2)}{\rho_1(\boldsymbol{r}_1)}$ 将依赖于1电子的坐标 $\boldsymbol{r}_1$。也就是说, 两个相互作用的电子在空间分布上应具有关联(correlation)效应。哈特里方法因为采用无相互作用电子的拟设, 完全忽略了电子分布的关联效应。

3.3　哈特里-福克方法

3.3.1　斯莱特行列式

在哈特里方法的讨论中, 已经提到哈特里乘积一般来说并不满足交换反对称性。但可以在哈特里乘积的基础上, 对其进行反对称化。以两电子体系举例:

$$\Psi(x_1, x_2) = \frac{1}{\sqrt{2}}\left[\chi_1(x_1)\chi_2(x_2) - \chi_1(x_2)\chi_2(x_1)\right] \tag{3.42}$$

可以看到, 这一波函数的构造是将一个哈特里乘积中的电子坐标 (x_1, x_2) 进行轮换排列, 然后线性组合得到。很容易验证:

$$\Psi(x_1, x_2) = -\Psi(x_2, x_1) \tag{3.43}$$

所以, 此构造符合泡利不相容的反对称要求, 同时可以验证反对称化后的波函数仍然是无相互作用体系的精确解。这种对电子坐标进行排列, 并根据逆序数赋予正负号的代数结构, 恰好与行列式相同, 因此我们可以将其写成行列式的形式:

$$\Psi(x_1, x_2) = \frac{1}{\sqrt{2}} \begin{vmatrix} \chi_1(x_1) & \chi_2(x_1) \\ \chi_1(x_2) & \chi_2(x_2) \end{vmatrix} \tag{3.44}$$

更一般地, 对于多电子体系, 我们有(为方便起见, 常用电子指标 i 代替 x_i):

$$\Psi(1, 2, \cdots, N) = \frac{1}{\sqrt{N!}} \begin{vmatrix} \chi_1(1) & \chi_2(1) & \cdots & \chi_N(1) \\ \chi_1(2) & \chi_2(2) & \cdots & \chi_N(2) \\ \vdots & \vdots & \ddots & \vdots \\ \chi_1(N) & \chi_2(N) & \cdots & \chi_N(N) \end{vmatrix} \tag{3.45}$$

这就是著名的斯莱特行列式, 也是哈特里-福克(HF)方法的波函数拟设。在此行列式中, 每一行的电子指标相同, 每一列的轨道指标相同。如果我们任意交换两个电子的坐标, 相当于交换两行的位置, 所得行列式的值恰为原行列式的负数。因此斯莱特行列式的构造完全符合费米子的反对称性。可以认为, 斯莱特行列式是无相互作用费米子理想气体的精确多体波函数。

可以注意到, 如果构成行列式的自旋轨道线性相关, 则矩阵(3.45)不满秩, 其行列式为0, 不构成合法的多体波函数。我们一般要求构成斯莱特行列式的单电子自旋轨道正交归一, 否则可以通过施密特正交化等手段将其正交化和归一化。行列式展开后的每一项均为一个电子指标重新排列后的哈特里乘积:

$$\Psi(1,2,\cdots,N) = \frac{1}{\sqrt{N!}} \sum_{\nu=\{k_1,k_2,\cdots,k_N\}} (-1)^{p_\nu} \chi_1(k_1)\chi_2(k_2)\cdots\chi_N(k_N) \tag{3.46}$$

其中 $(k_1,k_2,\cdots,k_N)$ 为 $(1,2,\cdots,N)$ 的一个排列，p_ν 是该排列的逆序数。如果构成行列式的所有自旋轨道互相正交，则每一个哈特里乘积项也都互相正交。电子指标的排列方式有 $N!$ 种，因此斯莱特行列式有 $N!$ 项，其归一化因子为 $\frac{1}{\sqrt{N!}}$ 。

我们也常采用如图3.1所示的电子占据组态图直观地表示斯莱特行列式。我们只需要将组态图中有电子占据的自旋轨道写在每一列上，然后在每一行上加上相同的电子坐标，即可得到相应的斯莱特行列式。注意在斯莱特行列式中包含电子指标的全排列，不存在1电子占据 φ_1、2电子占据 φ_1 这样的图像，而是 N 个电子同时占据 N 个轨道。N 个电子不可区分，所以此占据图中的电子没有标号。

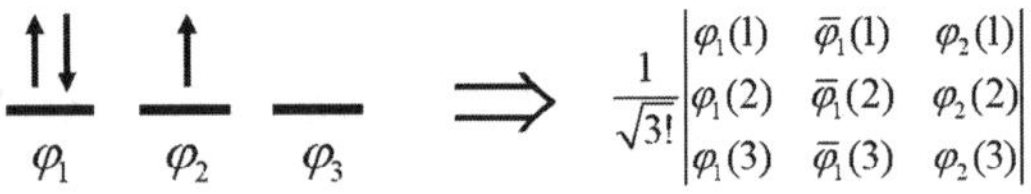

$$\underset{\varphi_1}{\uparrow\downarrow} \quad \underset{\varphi_2}{\uparrow} \quad \underset{\varphi_3}{-} \quad \Rightarrow \quad \frac{1}{\sqrt{3!}} \begin{vmatrix} \varphi_1(1) & \bar{\varphi}_1(1) & \varphi_2(1) \\ \varphi_1(2) & \bar{\varphi}_1(2) & \varphi_2(2) \\ \varphi_1(3) & \bar{\varphi}_1(3) & \varphi_2(3) \end{vmatrix}$$

图 3.1　电子占据组态图与斯莱特行列式的对应

此外，考虑到电子指标的写法是固定的，我们也常略去电子指标，仅使用轨道的排列来表示斯莱特行列式：

$$|\chi_1\chi_2\cdots\chi_N\rangle = \frac{1}{\sqrt{N!}} \begin{vmatrix} \chi_1(1) & \chi_2(1) & \cdots & \chi_N(1) \\ \chi_1(2) & \chi_2(2) & \cdots & \chi_N(2) \\ \vdots & \vdots & \ddots & \vdots \\ \chi_1(N) & \chi_2(N) & \cdots & \chi_N(N) \end{vmatrix} \tag{3.47}$$

斯莱特行列式同时具有正交性：也就是说，当电子占据态不同时，两个行列式之间是正交的。不妨考虑单个轨道不同的情形：

$$s = \langle \chi_0\chi_2\cdots\chi_N \mid \chi_1\chi_2\cdots\chi_N \rangle \tag{3.48}$$

可以将其展开：

$$s = \sum_{\substack{\mu=(k_1,k_2,\cdots,k_N) \\ \nu=(l_1,l_2,\cdots,l_N)}} (-1)^{p_\mu+p_\nu} \int \mathrm{d}x_1\cdots\mathrm{d}x_N \cdot \left[\chi_{k_1}^*(1)\chi_{l_1}(1)\right]\left[\chi_{k_2}^*(2)\chi_{l_2}(2)\right]\cdots \tag{3.49}$$

$$\left[\chi_{k_N}^*(N)\chi_{l_N}(N)\right]$$

其中 $(k_1,k_2,\cdots k_N)$ 和 $(l_1,l_2,\cdots l_N)$ 分别为 $(0,2,3,\cdots,N)$ 和 $(1,2,\cdots,N)$ 的排列。

式 (3.49) 内每一项中，都必然包含形如

$$\int \mathrm{d}x_i \cdot \chi_0^*(i)\chi_l(i) \tag{3.50}$$

的部分，其中 $l \in (1,2,\cdots,N)$。考虑到单电子轨道正交性 $\langle \chi_0 \mid \chi_i \rangle = 0 \; \forall i \in (1,2,\cdots,N)$，式 (3.49) 中的每一项均为0，因此 $|\chi_0\chi_2\cdots\chi_N\rangle$ 和 $|\chi_1\chi_2\cdots\chi_N\rangle$ 正交。对于更多不同轨道的情形，其证明也是显然的。

斯莱特行列式的正交归一性，使得我们可以采用其作为多体基组，去展开任意的反对

称多体波函数。从图3.1的图像出发，给定一组自旋轨道和电子数目，可以画出所有可能的占据组态并得出相应的行列式。而体系真实的波函数可以展开成这些行列式的线性组合(图3.2)，这种展开被称为组态相互作用(configuration interaction, CI)展开，而参与展开的单电子轨道的集合也被称为CI的活性空间(active space)。当活性空间足够大时，CI所表达的波函数是精确的。许多后HF(post HF)方法都或多或少地基于CI展开，关于这些方法我们暂时留待后续章节再做进一步探讨。在此，我们仅指出CI展开是式(3.49)中多体基函数在交换反对称条件下的自然延伸，正如HF方法是哈特里方法的自然延伸。那么我们在3.2.2节中所提到的维度灾难在CI中依然存在：可能的占据组态数随活性空间和电子数的增长而指数增长，这就是完整CI(full CI, FCI)的维度灾难。

在接下来的几节中，我们暂时回到采用单行列式拟设的HF方法，考察其能量的数学形式。

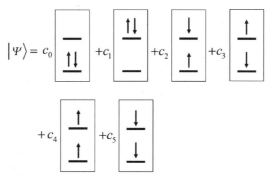

图 3.2　两电子两轨道体系的CI展开示意图

3.3.2　交换效应和交换能

以两电子体系为例，我们可以考察反对称化对电子空间分布的影响。考虑两个自旋相同的电子对，其反对称化的波函数为

$$\Psi(x_1, x_2) = \frac{1}{\sqrt{2}} \left[\varphi_1(\boldsymbol{r}_1)\varphi_2(\boldsymbol{r}_2) - \varphi_1(\boldsymbol{r}_2)\varphi_2(\boldsymbol{r}_1)\right] \alpha(\omega_1)\alpha(\omega_2) \tag{3.51}$$

其空间部分给出了两个电子的联合密度分布：

$$\begin{aligned}
\rho_{\mathrm{HF}}(\boldsymbol{r}_1, \boldsymbol{r}_2) =& \frac{1}{2}|\varphi_1(\boldsymbol{r}_1)\varphi_2(\boldsymbol{r}_2) - \varphi_1(\boldsymbol{r}_2)\varphi_2(\boldsymbol{r}_1)|^2 \\
=& \frac{1}{2}\left[\rho_1(\boldsymbol{r}_1)\rho_2(\boldsymbol{r}_2) + \rho_2(\boldsymbol{r}_1)\rho_1(\boldsymbol{r}_2)\right] - \\
& \frac{1}{2}\left[\rho_{12}(\boldsymbol{r}_1)\rho_{12}^*(\boldsymbol{r}_2) + \rho_{12}^*(\boldsymbol{r}_1)\rho_{12}(\boldsymbol{r}_2)\right]
\end{aligned} \tag{3.52}$$

其中，

$$\begin{cases} \rho_1(\boldsymbol{r}) = \varphi_1^*(\boldsymbol{r})\varphi_1(\boldsymbol{r}) \\ \rho_2(\boldsymbol{r}) = \varphi_2^*(\boldsymbol{r})\varphi_2(\boldsymbol{r}) \\ \rho_{12}(\boldsymbol{r}) = \varphi_1^*(\boldsymbol{r})\varphi_2(\boldsymbol{r}) \end{cases} \tag{3.53}$$

这一分布与哈特里方法给出的联合分布(方程(3.41))有显著不同：在哈特里方法中，当$\boldsymbol{r}_1 = \boldsymbol{r}_2$时，联合密度分布$\rho_{\mathrm{H}}(\boldsymbol{r}_1, \boldsymbol{r}_2) = \rho_1(\boldsymbol{r})\rho_2(\boldsymbol{r}) \neq 0$，但式(3.52)给出的联合密度分布为0(读

者可自行验证)。如3.1.3节所述,这表明当1电子处于位置 r 时,2电子因为泡利不相容的原因,必须远离 r:这相当于在1电子周围,2电子的分布存在一个孔洞,这个孔洞称为交换孔 (exchange hole)。交换孔的存在使1电子和2电子的空间分布出现了关联。请注意,这种因为微观粒子全同性限制引起的关联与我们在3.2.3节中提到的因为静电排斥引起的关联有区别。前者在经典图像下没有类比,完全是全同粒子交换反对称的效应,因此称为交换效应。为了更清晰地看到交换效应的影响,我们可以简单计算 $\rho_{HF}(r_1, r_2)$ 的静电能并与 $\rho_H(r_1, r_2)$ 的静电能相比较:

$$
\begin{aligned}
E &= \int \mathrm{d}r_1 \mathrm{d}r_2 \frac{\rho_{HF}(r_1, r_2)}{r_{12}} \\
&= \frac{1}{2} \int \mathrm{d}r_1 \mathrm{d}r_2 \frac{\rho_1(r_1)\rho_2(r_2) + \rho_2(r_1)\rho_1(r_2)}{r_{12}} - \\
&\quad \frac{1}{2} \int \mathrm{d}r_1 \mathrm{d}r_2 \frac{\rho_{12}(r_1)\rho_{12}^*(r_2) + \rho_{12}^*(r_1)\rho_{12}(r_2)}{r_{12}}
\end{aligned}
\tag{3.54}
$$

注意到 r_1 和 r_2 之间的交换对称性,有

$$
\begin{aligned}
E &= \int \mathrm{d}r_1 \mathrm{d}r_2 \left[\frac{\rho_1(r_1)\rho_2(r_2)}{r_{12}} - \frac{\varphi_1^*(r_1)\varphi_2^*(r_2)\varphi_1(r_2)\varphi_2(r_1)}{r_{12}} \right] \\
&= J_{12} - K_{12}
\end{aligned}
\tag{3.55}
$$

可以看到,与经典的库仑作用 J_{12} 相比,HF波函数的能量改变了 K_{12}:

$$
K_{12} = \int \mathrm{d}r_1 \mathrm{d}r_2 \frac{\varphi_1^*(r_1)\varphi_2^*(r_2)\varphi_1(r_2)\varphi_2(r_1)}{r_{12}}
\tag{3.56}
$$

可以证明 K_{12} 总是为正,因此斯莱特行列式的能量较相应的哈特里乘积的能量总是更低。这种能量下降的根本原因是交换效应将两个电子的空间分布隔开,从而降低了电子之间的静电排斥。K_{12} 也被定义为电子对之间的交换能。在此我们特别提醒读者注意 J_{12} 和 K_{12} 在数学形式上的区别:与 J_{12} 相比,K_{12} 在电子坐标上进行了交换。

3.3.3 斯莱特行列式的能量

现在我们可以考察由一组自旋轨道 $\{\chi_i\}$ 组成的斯莱特行列式的总能量表达。还是以两电子体系为例:

$$
\begin{aligned}
E_{HF} &= \langle \chi_1 \chi_2 | \hat{h}(1) + \hat{h}(2) + \frac{1}{r_{12}} | \chi_1 \chi_2 \rangle \\
&= \langle \chi_1 \chi_2 | \hat{h}(1) + \hat{h}(2) | \chi_1 \chi_2 \rangle + \langle \chi_1 \chi_2 | \frac{1}{r_{12}} | \chi_1 \chi_2 \rangle \\
&= E_1 + E_2
\end{aligned}
\tag{3.57}
$$

这里总能量分为单电子部分 (E_1) 和双电子部分 (E_2),将左右两侧的斯莱特行列式展开,不难验证其中单电子部分为

$$
\begin{aligned}
E_1 &= \langle \chi_1 | \hat{h}(r) | \chi_1 \rangle + \langle \chi_2 | \hat{h}(r) | \chi_2 \rangle \\
&= \langle \varphi_1 | \hat{h}(r) | \varphi_1 \rangle + \langle \varphi_2 | \hat{h}(r) | \varphi_2 \rangle \\
&= h_{11} + h_{22}
\end{aligned}
\tag{3.58}
$$

同时，遵循3.3.2节的推导方法(但注意保留波函数的自旋部分)，可以得出双电子部分能量为

$$
\begin{aligned}
E_2 &= \int \mathrm{d}1\mathrm{d}2 \left[\frac{\chi_1^*(1)\chi_2^*(2)\chi_1(1)\chi_2(2)}{r_{12}} - \frac{\chi_1^*(1)\chi_2^*(2)\chi_1(2)\chi_2(1)}{r_{12}} \right] \\
&= J_{12} - K_{12}
\end{aligned}
\tag{3.59}
$$

注意，与3.3.2节相比，这里不假设 χ_1 和 χ_2 有相同的自旋，因此式 (3.59) 是两个自旋轨道间相互作用的一般形式。当两者自旋相同时，波函数的自旋部分可以被分离积分，则式 (3.59) 退化为式 (3.55) 所示空间积分形式。但当 χ_1 和 χ_2 自旋不同时 (如 $\chi_1 = \varphi_1\alpha$，$\chi_2 = \varphi_2\beta$)，静电积分 J_{12} 仍然保持不变：

$$
\begin{aligned}
J_{12} &= \int \mathrm{d}\boldsymbol{r}_1\mathrm{d}\boldsymbol{r}_2 \frac{\varphi_1^*(\boldsymbol{r}_1)\varphi_2^*(\boldsymbol{r}_2)\varphi_1(\boldsymbol{r}_1)\varphi_2(\boldsymbol{r}_2)}{r_{12}} \cdot \int \mathrm{d}\omega_1\mathrm{d}\omega_2 \alpha^*(\omega_1)\beta^*(\omega_2)\alpha(\omega_1)\beta(\omega_2) \\
&= \int \mathrm{d}\boldsymbol{r}_1\mathrm{d}\boldsymbol{r}_2 \frac{\varphi_1^*(\boldsymbol{r}_1)\varphi_2^*(\boldsymbol{r}_2)\varphi_1(\boldsymbol{r}_1)\varphi_2(\boldsymbol{r}_2)}{r_{12}} \cdot \int \mathrm{d}\omega_1 \alpha^*(\omega_1)\alpha(\omega_1) \int \mathrm{d}\omega_2 \beta^*(\omega_2)\beta(\omega_2) \\
&= \int \mathrm{d}\boldsymbol{r}_1\mathrm{d}\boldsymbol{r}_2 \frac{\varphi_1^*(\boldsymbol{r}_1)\varphi_2^*(\boldsymbol{r}_2)\varphi_1(\boldsymbol{r}_1)\varphi_2(\boldsymbol{r}_2)}{r_{12}}
\end{aligned}
\tag{3.60}
$$

但交换积分 K_{12} 会归零：

$$
\begin{aligned}
K_{12} &= \int \mathrm{d}\boldsymbol{r}_1\mathrm{d}\boldsymbol{r}_2 \frac{\varphi_1^*(\boldsymbol{r}_1)\varphi_2^*(\boldsymbol{r}_2)\varphi_1(\boldsymbol{r}_2)\varphi_2(\boldsymbol{r}_1)}{r_{12}} \cdot \int \mathrm{d}\omega_1\mathrm{d}\omega_2 \alpha^*(\omega_1)\beta^*(\omega_2)\alpha(\omega_2)\beta(\omega_1) \\
&= \int \mathrm{d}\boldsymbol{r}_1\mathrm{d}\boldsymbol{r}_2 \frac{\varphi_1^*(\boldsymbol{r}_1)\varphi_2^*(\boldsymbol{r}_2)\varphi_1(\boldsymbol{r}_2)\varphi_2(\boldsymbol{r}_1)}{r_{12}} \cdot \int \mathrm{d}\omega_1 \alpha^*(\omega_1)\beta(\omega_1) \int \mathrm{d}\omega_2 \beta^*(\omega_2)\alpha(\omega_2) \\
&= 0
\end{aligned}
\tag{3.61}
$$

因此，我们说库仑作用会发生在所有电子对之间，但交换作用仅仅发生在相同自旋的电子对之间。在物理图像上，如果两电子自旋相反，则其波函数反对称化主要发生在其自旋部分，而对其空间部分没有影响。空间波函数部分不存在交换孔，自然也不存在交换能。这一点，在两电子的空间波函数相同时表现得尤其明显：

$$
\begin{aligned}
|\varphi\bar{\varphi}\rangle &= \frac{1}{\sqrt{2}} \left[\varphi(\boldsymbol{r}_1)\alpha(\omega_1)\varphi(\boldsymbol{r}_2)\beta(\omega_2) - \varphi(\boldsymbol{r}_2)\alpha(\omega_2)\varphi(\boldsymbol{r}_1)\beta(\omega_1) \right] \\
&= \frac{1}{\sqrt{2}} \varphi(\boldsymbol{r}_1)\varphi(\boldsymbol{r}_2) \left[\alpha(\omega_1)\beta(\omega_2) - \alpha(\omega_2)\beta(\omega_1) \right]
\end{aligned}
\tag{3.62}
$$

可以看到在此情形下，其波函数的空间部分与哈特里乘积完全相同，因此不存在交换能。

与两电子体系类似，在多电子情形下，行列式的能量为

$$
\begin{aligned}
E_{\mathrm{HF}} &= \langle \chi_1\chi_2\cdots\chi_N | \hat{H} | \chi_1\chi_2\cdots\chi_N \rangle \\
&= \sum_{i=1}^{N} \langle \chi_i | \hat{h} | \chi_i \rangle + \sum_{i<j}^{N} (J_{ij} - K_{ij})
\end{aligned}
\tag{3.63}
$$

式 (3.63) 的证明仅需将左右两侧的行列式展开，并利用单电子轨道的正交性即可，其过程琐碎但并不困难，在此不加赘述。形如式 (3.58) 和式 (3.59) 所示积分分别称为单电子积分和双电子积分，这些积分将经常出现，但其数学形式较为冗长。为方便起见我们引入一些常用记号，尤其是对于双电子积分，分别定义：

$$\begin{cases} \langle ij \mid kl \rangle = \int \mathrm{d}1\mathrm{d}2 \chi_i^*(1)\chi_j^*(2)r_{12}^{-1}\chi_k(1)\chi_l(2) \\ [ij|kl] = \int \mathrm{d}1\mathrm{d}2 \chi_i^*(1)\chi_j(1)r_{12}^{-1}\chi_k^*(2)\chi_l(2) = \langle ik \mid jl \rangle \\ (ij|kl) = \int \mathrm{d}\boldsymbol{r}_1\mathrm{d}\boldsymbol{r}_2 \varphi_i^*(\boldsymbol{r})\varphi_j(\boldsymbol{r})r_{12}^{-1}\varphi_k^*(\boldsymbol{r}_2)\varphi_l(\boldsymbol{r}_2) \end{cases} \quad (3.64)$$

其中，采用 $\langle \cdots \rangle$ 的称为物理学记号 (physicist notation)，可以简单理解为左右两侧均为一个哈特里乘积波函数。而采用 $[\cdots]$ 的称为化学记号 (chemist notation)，可以简单记忆为左侧为 1 电子的 (跃迁) 密度，右侧为 2 电子的 (跃迁) 密度。而采用 $(\cdots)$ 的记号记忆规则与化学记号类似，但仅针对空间波函数。使用此记号，库仑积分和交换积分可以分别写为

$$\begin{cases} J_{ij} = \langle ij \mid ij \rangle = [ii|jj] = (ii|jj) \\ K_{ij} = \langle ij \mid ji \rangle = [ij|ji] \end{cases} \quad (3.65)$$

而两个自旋轨道间的相互作用定义为

$$J_{ij} - K_{ij} = \langle ij||ij \rangle$$
$$= \langle ij \mid ij \rangle - \langle ij \mid ji \rangle \quad (3.66)$$

对于单电子积分的记号，我们简单定义为

$$\begin{cases} \langle i| \hat{h} |j \rangle = [i|\hat{h}|j] = \int \mathrm{d}x \cdot \chi_i^*(x)\hat{h}(\boldsymbol{r})\chi_j(x) \\ (i|\hat{h}|j) = \int \mathrm{d}\boldsymbol{r} \cdot \varphi_i^*(\boldsymbol{r})\hat{h}(\boldsymbol{r})\varphi_j(\boldsymbol{r}) \end{cases} \quad (3.67)$$

那么，在此种记号下，单个斯莱特行列式的能量为

$$\begin{aligned} E_{\mathrm{HF}} &= \sum_{i=1}^{N} \langle i| \hat{h} |i \rangle - \sum_{i<j}^{N} [\langle ij \mid ij \rangle - \langle ij \mid ji \rangle] \\ &= \sum_{i=1}^{N} \langle i| \hat{h} |i \rangle - \sum_{i<j}^{N} \langle ij||ij \rangle \\ &= \sum_{i=1}^{N} \langle i| \hat{h} |i \rangle - \frac{1}{2}\sum_{i,j}^{N} \langle ij||ij \rangle \end{aligned} \quad (3.68)$$

我们提醒读者注意，式 (3.68) 的最后一行中，将 $\sum_{i<j}$ 替换为 $\frac{1}{2}\sum_{i,j}$，目的是获得更为对称的求和形式。

这一对称求和形式对于库仑作用的简化尤其有利：

$$\begin{aligned} J &= \frac{1}{2}\sum_{i,j}^{N} J_{ij} = \frac{1}{2}\sum_{i,j}^{N} \int \mathrm{d}\boldsymbol{r}_1\mathrm{d}\boldsymbol{r}_2 \frac{\varphi_i^*(\boldsymbol{r}_1)\varphi_i(\boldsymbol{r}_1)\varphi_j^*(\boldsymbol{r}_2)\varphi_j(\boldsymbol{r}_2)}{r_{12}} \\ &= \frac{1}{2}\int \mathrm{d}\boldsymbol{r}_1\mathrm{d}\boldsymbol{r}_2 \frac{\left[\sum_i \rho_i(\boldsymbol{r}_1)\right]\left[\sum_j \rho_j(\boldsymbol{r}_2)\right]}{r_{12}} \\ &= \frac{1}{2}\int \mathrm{d}\boldsymbol{r}_1\mathrm{d}\boldsymbol{r}_2 \frac{\rho(\boldsymbol{r}_1)\rho(\boldsymbol{r}_2)}{r_{12}} \end{aligned} \quad (3.69)$$

也就是说，为计算体系的库仑相互作用，我们并不需要知道每个轨道的电子密度 ($\rho_i = \varphi_i^*(\boldsymbol{r})\varphi_i(\boldsymbol{r})$)，而仅需要知道总电子密度 $\rho = \sum_i \rho_i$ 即可，因此问题的维度被大幅削减。事实上，这也是密度泛函理论 (density functional theory, DFT) 中对库仑作用的计算方法。

而这一替换可以成立，主要依赖于两点：

- $\langle ij||ij \rangle$ 具有轮换对称性，不难验证：

$$\langle ij||ij \rangle = \langle ji||ji \rangle \tag{3.70}$$

- 对角项 $\langle ii||ii \rangle$ 为 0：

$$\langle ii||ii \rangle = \langle ii \mid ii \rangle - \langle ii \mid ii \rangle = 0 \tag{3.71}$$

其中，第二点非常重要：$\langle ii||ii \rangle$ 代表自相互作用 (self-interaction)，也即一个电子与自身的相互作用。在物理上，这种相互作用当然是不存在的，理应为 0。在 HF 中，一个电子与自身的库仑相互作用恰好等于交换相互作用，两者消去，与真实物理相符，因此加上无妨。但在一般密度泛函理论计算中，因为对库仑自相互作用的处理依然是严格的 (式 (3.69))，但对交换作用的处理则使用了近似的交换泛函，因此两者的消去不再严格成立，从而引发诸多误差。这一误差被称为 DFT 中的自相互作用误差 (self-interaction error, SIE)，是 DFT 误差的主要来源之一。

3.3.4 基组简介

在明确斯莱特行列式的能量表达式之后，我们还需要求出组成行列式的单电子自旋轨道 $\{\chi_i\}$。一个最简单的做法是，采用单电子算符 $\hat{h}$ 的本征函数作为单电子轨道去构造行列式。但在有相互作用的情况下，这并不是最佳做法 (不过该做法确实可以作为 HF 方法的初猜)。HF 方法的做法是，利用变分原理，直接最小化行列式能量 E_{HF}。在数值上，与 3.2.1 节中的做法类似，我们需要将单电子轨道 $\{\chi_i\}$ 展开成一组基函数 $\{\phi_\mu\}$ 的线性组合：

$$\chi_i = \sum_\mu c_{i\mu} \phi_\mu \tag{3.72}$$

然后优化组合系数 $c_{i\mu}$。为了做 HF 计算，首先需要提前确定一组足够完备的基函数。在开始介绍 HF 方程之前，本节将先对基函数的选取做简单介绍。

从数值算法的稳定性考虑，我们希望 $\{\phi_\mu\}$ 是正交归一的：$\langle \phi_\mu \mid \phi_\nu \rangle$。一个正交归一基组的例子是周期性边界条件下的平面波基组：

$$\phi_{\boldsymbol{k}} = \mathrm{e}^{\mathrm{i}\boldsymbol{k}\cdot\boldsymbol{r}} \tag{3.73}$$

在平面波基组下，方程 (3.72) 所示线性展开实际上等价于对单电子轨道作离散傅里叶变换。此外，对平面波基组可以通过提高截断能 (也就是增加 k 点数量) 的方法系统性地提升基组数量。且在截断能趋于无穷时，平面波基组能在保证正交性的同时趋于完备。由于这些优点，平面波基组在周期性体系的计算中应用广泛。然而，平面波基组依然存在一些问题：一个突出的问题是，原子核尤其是重原子核附近波函数形状尖锐 (图 3.3)，这种函数用傅里叶展开表示效率较低。因此在平面波计算中常需要采用伪势 (pseudo potential) 等方法平滑原子核附近波函数的形状。而对于量子化学中的全电子计算，我们常采用的是局域原子轨道的线性组合 (linear combination of atomic orbitals, LCAO) 来表达单电子轨道。

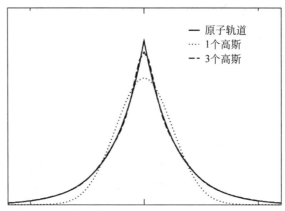

图 3.3　原子核附近原子轨道尖端 (cusp) 形状，以及高斯函数拟合示意图
(请扫 VI 页二维码看彩图)

　　LCAO 的主要思想，是利用原子轨道 (atomic orbital, AO) 的线性组合去表示分子轨道 (molecular orbital, MO)，然后利用 MO 作为单电子自旋轨道组成多体波函数 (斯莱特行列式)。比较理想的单电子基组是气态单原子的 AO。单原子的 AO 可以分为径向和角度两部分：

$$\phi_\mu(\boldsymbol{r}) = Y_l^m(\hat{r})R(r) \tag{3.74}$$

其中，$\hat{r} = \dfrac{\boldsymbol{r}}{r} = (\hat{x}, \hat{y}, \hat{z})$ 代表角度方向，r 代表径向距离。角度部分依据每个 AO 的角动量，分为 s, p, d, f 等壳层，其数学形式有两种：球谐函数类型与笛卡儿函数类型。两种类型在同一壳层内函数数量不相等，所张开的空间也并不完全等价：例如 d 壳层的笛卡儿函数 $(x^2, y^2, z^2, xy, yz, zx)$ 所张开的函数空间实际上等价于 s, d 两个壳层的球谐函数所张开的函数空间 (考虑到 $r^2 = x^2 + y^2 + z^2$)。因此，不同类型的基组计算结果存在差别，用户在选择基组时应明确所用基组的角度函数类型。对于径向部分，原子 AO 本身具有斯莱特函数的解析形式 (Slater type orbitals, STO)：

$$R(r) = Nr^{n-1}\mathrm{e}^{-\zeta r} \tag{3.75}$$

　　原则上我们可以直接采用 STO 作为基组，但该函数的单电子和双电子积分计算并不方便，因此一般我们会使用更容易计算的高斯函数 (Gaussian type orbital, GTO) 的线性组合去拟合 STO。然后使用拟合好的函数作为分子计算的 AO 基组：

$$\begin{cases} R_{\mathrm{GTO}}(r) & \approx \displaystyle\sum_{i=1}^n c_i g(\boldsymbol{r}; \alpha_i) \\ g(\boldsymbol{r}; \alpha) & = \exp\left(-\alpha|\boldsymbol{r} - \boldsymbol{R}_I|^2\right) \end{cases} \tag{3.76}$$

每一个这样的预先拟合好的高斯函数线性组合 R_{GTO} 称为一个收缩 (contraction) 函数，而组成收缩函数的高斯函数 $g(\boldsymbol{r})$ 则称为一个原始 (primitive) 高斯。在指定基组时，只需要指定每个原始高斯的指数 α_i 及其对应的收缩系数 c_i，即可完全确定该基函数的径向部分。我们继而指定该基函数的角动量壳层和角度函数类型，就可以完全确定该基函数。在实际使用的基组中，为增加基组的灵活性，每个原子 AO 常对应多个径向收缩函数：如果每个 AO 对应 2 个收缩函数，则该基组称为 double-zeta 基组，如果对应 3 个收缩函数，则称为 triple-zeta 基组，以此类推。以最小的 STO-3G 基组为例：这是一个 single-zeta 基组，也即每个 AO 仅对应 1 个收缩函数，而该收缩函数由 3 个原始高斯收缩而成，因此被命名为 "3G"。而最简单的波普 (Pople) 型风格的 double-zeta 基组为 3-21G，这里 Pople 型风格的记号含义如下：从左至右，3 表示每个核电子轨道由一个 3G 收缩函数代表，21 表示每个价电子轨道由两个收缩函数代表，其中第一个由 2 个高斯收缩而成，第二个由 1 个高斯收缩而成。在实际使用的基组中，还经常需要额外添加高角动量的"极化"基组和指数更小的"弥散"基组。GTO 基组的构建是较为专业化的研究领域，现存 GTO 基组的数量较多，对其特点和命名方式的讨论较为琐碎，我们在此不加以深入。有兴趣的读者可以在科研中慢慢积累挑选基组的经验。

GTO 基组最大的优点是：高斯函数的单电子和双电子积分可以解析计算，计算速度较快，所以 GTO 一直是量子化学领域的主流基组形式。但 GTO 基组同样带来了较多问题：

- GTO 基组不正交，也就是说我们在将波函数展开为 GTO 基函数时，必须考虑基函数间的重叠积分：

$$S_{\mu\nu} = \langle \phi_\mu \mid \phi_\nu \rangle \tag{3.77}$$

后面我们将看到，这增加了 HF 方程的复杂性。该问题也是所有局域 AO 基组的共同问题。

- 缺少系统性逼近完备基组 (complete basis set, CBS) 的可靠方式。与平面波基组中增加截断能就可以逼近 CBS 极限不同，GTO 基组逼近 CBS 的方式要复杂得多，其完备性不能被单一变量控制。而且，与第 1 点相关，当 GTO 基组数量较多时，还容易出现线性相关性，引起较大的数值问题。因此，不少量子化学软件在进入计算前都需要检查 GTO 基组重叠矩阵 $\boldsymbol{S}$ 的最小特征值。如果 $\boldsymbol{S}$ 矩阵的最小特征值接近 0(例如，小于 10^{-5})，则判定该基组存在准线性相关性，需要对基组做额外处理。

- 基组位置与原子位置相关，这一点同样也是所有局域 AO 基组的共同特点。局域 AO 基函数的位置完全由系统内原子的位置决定，这主要造成两个问题：一是不同原子数量的体系基组数量不平衡，这一点在计算分子间相互作用时 (需要计算二体和单体分子的能量差) 会造成较大误差，该误差称为基组叠加误差 (basis set superposition error, BSSE)；二是在考虑原子位置的移动时，基组位置的相应移动会造成能量变化，这种效应会引起额外的受力，称为普莱 (Pulay) 力。关于 BSSE 和普莱力的深入探讨不在本章的讨论范围内，但我们希望读者能简单理解这两种效应的物理原因。

- 尽管便于计算，高斯函数本身的形状和真实 AO 的形状存在区别 (图3.3)，这会引起一定误差。误差来源于短距和长距两个方面：在短距，高斯函数在 $r = 0$ 处是连续、平滑的，这与真实波函数在原子核附近一阶导不连续的行为并不一致；在长距，高斯函数衰减过快 (e^{-r^2} 衰减，而非真实的 e^{-r} 衰减)，这对于分子间弱相互作用 (尤其是范德瓦耳斯作用) 的计算会造成误差。因此高精度的分子间相互作用计算经常需要在分子之间放置额外的 GTO

基组，或采用高度弥散的GTO基组。采用多个原始高斯拟合的收缩函数可以部分解决这些问题(图3.3)，但在实际使用时误差依然存在，读者在工作中应加以注意。

在本章接下来的讨论中，我们将假定使用GTO基组，而非平面波基组。

3.3.5 正则哈特里-福克方程

在上面的章节中我们明确了斯莱特行列式的能量表达式，并介绍了AO基组的相关知识。接下来，我们将构成斯莱特行列式的单电子MO轨道展开为AO基组的线性组合，并采用变分法进行优化，以推导出HF方程。在开始推导之前，先在数学上明确定义我们的任务：

对于一组基函数 $\{\phi_\mu\}, \mu = 1, 2, \cdots, K$，求出一组最优的轨道组合系数 $c_{a\mu}$，以及相应的MO轨道：

$$\chi_a = \sum_\mu c_{a\mu} \phi_\mu \tag{3.78}$$

使能量：

$$E_{\mathrm{HF}} = \sum_{a=1}^{N} \langle a| \hat{h} |a\rangle - \frac{1}{2} \sum_{a,b=1}^{N} [\langle ab \mid ab\rangle - \langle ab \mid ba\rangle]$$

$$= \sum_{a=1}^{N} \langle a| \hat{h} |a\rangle - \frac{1}{2} \sum_{a,b=1}^{N} ([aa|bb] - [ab|ba]) \tag{3.79}$$

达到最低。同时，还需要注意维持 χ_a 的正交归一性，因此对 E_{HF} 的优化还需满足下列限制条件：

$$\langle \chi_a \mid \chi_b \rangle = \delta_{ab} \tag{3.80}$$

注意，与式(3.68)相比，在式(3.79)中将轨道指标从 i, j 替换为 a, b，目的在于强调我们在优化基态行列式。从这里开始，用 $a, b, c, \cdots$ 代指基态占据轨道，用 $r, s, t, \cdots$ 代指基态下的空轨道，或称虚拟轨道(virtual orbitals)。相应地，轨道 $a, b, c, \cdots$ 张开的单电子波函数空间称为占据空间，$r, s, t, \cdots$ 张开的空间称为虚拟空间。回到HF方法上，我们需要在正交归一的限制性条件下去优化 $\{\chi_a\}$。采用拉格朗日乘子法，对任意一对轨道 a, b 定义拉格朗日乘子 ε_{ba} 以及以下目标函数：

$$L = \sum_{a=1}^{N} \langle a| \hat{h} |a\rangle + \frac{1}{2} \sum_{a,b=1}^{N} ([aa|bb] - [ab|ba]) - \sum_{a,b} \varepsilon_{ba} (\langle a \mid b\rangle - \delta_{ab}) \tag{3.81}$$

考虑该目标函数对轨道变化的变分，假定 $\{\chi_a\}$ 发生任意小变化 $\delta\chi_a$：

$$\{\chi_a\} \to \{\chi_a + \delta\chi_a\} \tag{3.82}$$

在此变化下，L 的变化为

$$\delta L = \sum_a \int \mathrm{d}x_1 \cdot \delta\chi_a^*(1) \left[\hat{h}(1)\chi_a(1) + \sum_b \int \mathrm{d}x_2 \chi_b^*(2)\chi_b(2) r_{12}^{-1} \chi_a(1) - \right.$$

$$\sum_b \int dx_2 \chi_b^*(2)\chi_a(2)r_{12}^{-1}\chi_b(1) - \sum_b \varepsilon_{ba}\chi_b(1)\bigg] + \text{c.c.}$$

$$= 2\text{Re}\bigg\{\sum_a \int dx_1 \cdot \delta\chi_a^*(1)\bigg[\hat{h}(1)\chi_a(1) + \sum_b \int dx_2\chi_b^*(2)\chi_b(2)r_{12}^{-1}\chi_a(1) -$$

$$\sum_b \int dx_2\chi_b^*(2)\chi_a(2)r_{12}^{-1}\chi_b(1) - \sum_b \varepsilon_{ba}\chi_b(1)\bigg]\bigg\}$$

$$= 0 \tag{3.83}$$

其中 c.c. 表示第一项的复共轭。考虑到 $\delta\chi_a$ 的取值是任意的,可以通过取 $\delta\chi_a$ 为纯实或纯虚函数提取其后括号内表达式的实部或虚部,那么从 $\delta L=0$ 可以直接推出 $[\cdots]$ 括号内实部和虚部均为0:

$$\hat{h}(1)\chi_a(1) + \sum_b \int dx_2\chi_b^*(2)\chi_b(2)r_{12}^{-1}\chi_a(1) -$$

$$\sum_b \int dx_2\chi_b^*(2)\chi_a(2)r_{12}^{-1}\chi_b(1) - \sum_b \varepsilon_{ba}\chi_b(1)$$

$$= 0 \tag{3.84}$$

我们定义以下单电子库仑和交换算符:

$$\hat{J}_b(1) = \int dx_2\chi_b^*(2)r_{12}^{-1}\chi_b(2) \tag{3.85}$$

$$\hat{K}_b(1) = \int dx_2\chi_b^*(2)r_{12}^{-1}P_{12}\chi_b(2) \tag{3.86}$$

注意交换算符 $\hat{P}_{12}$ 的作用是交换1电子和2电子的指标。$\hat{J}_b(1)$ 和 $\hat{K}_b(1)$ 算符分别代表 b 轨道对 a 轨道的库仑和交换作用。读者可以自行验证 a,b 两轨道之间的库仑和交换能可以写成如下直观的单电子积分形式:

$$J_{ab} = \langle\chi_a|\,\hat{J}_b\,|\chi_a\rangle \tag{3.87}$$

$$K_{ab} = \langle\chi_a|\,\hat{K}_b\,|\chi_a\rangle \tag{3.88}$$

那么,式 (3.84) 可以写成一个非常紧凑的单电子方程:

$$\left(\hat{h}(1) + \sum_b \left[\hat{J}_b(1) - \hat{K}_b(1)\right]\right)\chi_a = \sum_b \varepsilon_{ba}\chi_b \tag{3.89}$$

我们可以定义 HF 势和福克算符:

$$\hat{v}_{\text{HF}}(1) = \sum_b \left[\hat{J}_b(1) - \hat{K}_b(1)\right] \tag{3.90}$$

$$\hat{f}(1) = \hat{h}(1) + \sum_b \left[\hat{J}_b(1) - \hat{K}_b(1)\right]$$

$$= \hat{h}(1) + \hat{v}_{\text{HF}}(1) \tag{3.91}$$

容易验证 $\hat{f}(1)$ 是一个单电子厄米算符。那么由方程 (3.89) 有

$$\hat{f}(1)\chi_a = \sum_b \varepsilon_{ba}\chi_b \tag{3.92}$$

该方程很像一个标准的单电子特征值方程 (如方程 (3.23))，但仍然存在两个关键区别：一是方程右侧是一个关于 b 的求和，而非 $\varepsilon_a\chi_a$；二是方程右侧的算符内包括 $\hat{J}_b$ 和 $\hat{K}_b$，而这两个算符与方程的解 $\{\chi_b\}$ 相关。这里先处理第一个问题。

方程 (3.92) 右侧出现 $\sum\limits_b$ 的根本原因，是斯莱特行列式与组成其的分子轨道 $\{\chi_a\}$ 之间并不是一一对应关系。假定 $\Psi = |\chi_1\chi_2\cdots\chi_N\rangle$，可以考虑任意一个幺正矩阵 $U(U^{\mathrm{T}}U = I)$，使用该矩阵对 $\{\chi_a\}$ 旋转得到另一组轨道 $\{\chi_a'\}$。我们将行列式 Ψ 所对应的矩阵记为 $\boldsymbol{\chi}$：

$$\boldsymbol{\chi} = \begin{bmatrix} \chi_1 & \chi_2 & \cdots & \chi_N \end{bmatrix} \tag{3.93}$$

$$\Psi = |\boldsymbol{\chi}| \tag{3.94}$$

有

$$\begin{aligned} \boldsymbol{\chi}' &= \begin{bmatrix} \chi_1' & \chi_2' & \cdots & \chi_N' \end{bmatrix} \\ &= \begin{bmatrix} \chi_1 & \chi_2 & \cdots & \chi_N \end{bmatrix} \boldsymbol{U} \\ &= \boldsymbol{\chi}\boldsymbol{U} \end{aligned} \tag{3.95}$$

然后对两侧同时取行列式，得到

$$\begin{aligned} \Psi' &= |\boldsymbol{\chi}'| = |\boldsymbol{\chi}\boldsymbol{U}| \\ &= |\boldsymbol{\chi}| \cdot |\boldsymbol{U}| \\ &= \Psi \mathrm{e}^{\mathrm{i}\phi} \end{aligned} \tag{3.96}$$

可以看到，经过旋转之后的分子轨道构成的行列式 Ψ' 与原行列式 Ψ 仅差一个相因子，在物理上完全相同，其能量也相等。因此 E_{HF} 最小化这一优化目标，虽然可以确定 Ψ，但不能确定 $\{\chi_a\}$。可以看出，单电子自旋轨道 $\{\chi_a\}$ 本身并不具备很强的物理意义，所有被幺正旋转联系起来的 $\{\chi_a\}$ 在物理上都是等价的，因此考虑引入一个额外条件，以确定唯一的 $\{\chi_a\}$。

我们先考虑将方程 (3.89) 投影在 $\langle\chi_b|$ 上，利用条件 $\langle\chi_a\,|\,\chi_b\rangle = \delta_{ab}$，得到

$$\varepsilon_{ba} = \langle\chi_b|\,\hat{f}\,|\chi_a\rangle \tag{3.97}$$

容易验证：

$$\begin{aligned} \varepsilon_{ba} &= \langle\chi_b|\,\hat{f}\,|\chi_a\rangle \\ &= \langle\chi_a|\,\hat{f}\,|\chi_b\rangle^* \\ &= \varepsilon_{ab}^* \end{aligned} \tag{3.98}$$

因此，由 ε_{ba} 组成的矩阵 $\boldsymbol{E}$ 是一个厄米矩阵：$\boldsymbol{E} = \boldsymbol{E}^\dagger$，而任意一个厄米矩阵都可以用幺正矩阵对角化，不妨设

$$\boldsymbol{E} = \boldsymbol{U}\varepsilon\boldsymbol{U}^\dagger \tag{3.99}$$

其中 ε 为 $\{\varepsilon_a\}$ 组成的对角矩阵。考虑方程 (3.92)，写成矩阵形式：

$$\hat{f}\boldsymbol{\chi} = \boldsymbol{\chi}\boldsymbol{E}$$
$$\Rightarrow \hat{f}\boldsymbol{\chi} = \boldsymbol{\chi}\boldsymbol{U}\varepsilon\boldsymbol{U}^{\dagger}$$
$$\Rightarrow \hat{f}\boldsymbol{\chi}\boldsymbol{U} = \boldsymbol{\chi}\boldsymbol{U}\varepsilon \tag{3.100}$$

因此，对于方程 (3.92) 的任何解 $\boldsymbol{\chi}$，都可以找到唯一的幺正旋转 $\boldsymbol{\chi}' = \boldsymbol{\chi}\boldsymbol{U}$，使其满足的方程为

$$\hat{f}\boldsymbol{\chi}' = \boldsymbol{\chi}'\varepsilon \tag{3.101}$$

也即

$$\hat{f}(1)\boldsymbol{\chi}_a = \varepsilon_a\boldsymbol{\chi}_a \tag{3.102}$$

方程 (3.102) 被称为正则 HF 方程，满足该方程的轨道 χ_a 被称为正则 HF 轨道。对比方程 (3.92) 和方程 (3.102)，可以看出只有正则 HF 轨道才能定义本征轨道能量。但是，这并不意味着正则轨道在物理上具有多少特殊性：如前所述，对满占分子轨道的任意幺正旋转实际上都不会改变多体波函数，也不会改变体系总能量。事实上，工作中我们经常需要对正则轨道进行旋转以得到定域分子轨道，非正则定域分子轨道在低标度后 HF 方法、量子镶嵌方法的发展中均有较多应用。

在我们进入更加技术化的探讨之前，不妨对 HF 方程 (3.102) 和多体薛定谔方程 (3.5) 间的联系和区别做简单讨论。两者都具有本征方程的数学形式，但方程 (3.5) 是多体方程：其算符是多体哈密顿算符，其解也是多体波函数 Ψ；而 HF 方程是单体方程：福克算符 $\hat{f}$ 在形式上是单体算符，其解是单电子自旋轨道 χ_a。因此，HF 方程的维数远低于多体薛定谔方程。多体薛定谔方程可以划归为 HF 方程的根本原因是我们做了非关联假设：也即假定多体波函数中除了交换反对称引起的交换效应，不存在其他关联效应。也就是说，我们采用了非相互作用电子气的波函数去逼近真实波函数。但是和真正的完全非相互作用体系 (如式 (3.32) 所描述的体系) 不同，HF 方程中的福克算符 $\hat{f}$ 包含了其他轨道对单电子的平均场作用 (由 $\hat{v}_{HF} = \hat{J} - \hat{K}$ 描述)。$\hat{v}_{HF}$ 实际上是一种施加在无相互作用电子气上，用于近似电子间相互作用的单粒子有效场。因此 HF 是一种典型的平均场方法：我们需要通过求解方程 (3.102) 得到轨道 χ_a，然后用 χ_a 构造新的有效场 $\hat{v}_{HF}$，继而求解下一轮的 χ_a 直至完全收敛。这一过程就是自相容场 (self-consistent field, SCF) 计算的基本逻辑。

3.3.6 RHF 与 UHF

方程 (3.102) 是自旋轨道方程，在将该方程展开为矩阵形式之前，我们先简单讨论其自旋部分与空间部分的关系，并简要介绍 RHF 方法与 UHF 方法的区别。

RHF 方法，全称为限制性 HF(restricted HF) 方法，其基本假设为 α 电子的空间波函数与 β 电子的空间波函数完全相同，如图3.4(a) 所示。而 UHF 方法，也即非限制性 HF(unrestricted HF) 方法则对空间部分无限制，如图3.4(b) 所示。在此我们提醒读者，由于自旋轨道正交性的要求，RHF 中所有空间轨道都是两两正交的 ($\langle\varphi_1 \mid \varphi_2\rangle = 0$)；但在 UHF

中，α 电子的空间轨道和 β 电子的空间轨道间则不必正交 (也即 $\langle \varphi_1 \mid \varphi_3 \rangle \neq 0$)。

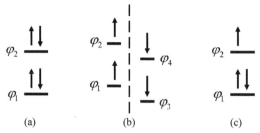

图 3.4　RHF 与 UHF 示意图
(a) RHF；(b) UHF；(c) ROHF

RHF 方法一般用于描述闭壳层体系：所谓闭壳层体系，是指体系中 α 电子和 β 电子两两配对，体系整体不存在自旋极化。多数有机分子的真实基态均为闭壳层结构，在这些体系中 RHF 和 UHF 计算是等价的。与之相对，在开壳层体系 (如自由基、过渡金属等) 中，因为有更高的优化自由度，UHF 的能量会低于 RHF 能量，UHF 给出的波函数也更接近于真实波函数。一些常用量子化学软件通过电子数的奇偶性进行自动判断：偶数电子时默认选择 RHF 方法，奇数电子时默认选择 UHF 方法。在此我们强调这种标准并不是绝对的，偶数电子体系也可能表现出自旋极化的特点，比如开壳层过渡金属或双自由基体系。而对于奇数电子体系或开壳层体系，我们也可以做 RHF 计算 (图3.4(c))，此种 RHF 计算也称为限制性开壳层 HF(restricted open shell HF, ROHF) 计算。

之所以将 RHF 和 UHF 分开讨论，是因为在 RHF 假设下，我们可以将方程 (3.102) 进一步简化为纯粹的空间方程，从而将方程维数削减一半。RHF 方程的具体形式为

$$\hat{f}(1)\varphi_a = \varepsilon_a \varphi_a \tag{3.103}$$

$$\hat{f}(1) = \hat{h}(1) + \sum_{b=1}^{N/2} \left[2\hat{J}_b(1) - \hat{K}_b(1) \right] \tag{3.104}$$

$$\hat{J}_b(1) = \int \mathrm{d}x_2 \varphi_b^*(2) r_{12}^{-1} \varphi_b(2) \tag{3.105}$$

$$\hat{K}_b(1) = \int \mathrm{d}x_2 \varphi_b^*(2) r_{12}^{-1} P_{12} \varphi_b(2) \tag{3.106}$$

和3.3.5节一般形式的 HF 方程对比，我们注意到以下不同：

(1) 所有自旋轨道的自旋部分均被分离，RHF 中所有方程和算符均定义在空间波函数上；

(2) 方程 (3.104) 中的求和包括 $N/2$ 个空间轨道，而非 N 个自旋轨道。

(3) 空间福克算符中，$\hat{J}_b$ 前有系数 2，代表每个 b 空间轨道上有两个电子，因此该空间轨道对 a 轨道上电子的库仑作用是单个电子库仑作用的两倍。而交换算符 $\hat{K}_b$ 前系数仍为1，代表 b 轨道上的两个电子中，仅有一个电子与当前考虑的电子自旋相同，因此仅有一份交换作用。

与 RHF 相对应，在 UHF 中，需要考虑两个自旋通道，因此需要求解两组空间轨道本

征方程，两组方程间通过福克算符耦合。所以一般而言 RHF 方法的计算速度高于 UHF 方法。在后续章节中，为简化讨论，我们将在 RHF 的框架下 (式 (3.103) ~ 式 (3.106)) 进行进一步推导。

3.3.7 RHF 方程的矩阵形式

按 3.2.1 节所述思路，为求解方程 (3.103)，我们需要将其在特定基组下展开为矩阵形式。本章将使用 3.3.4 节所介绍的不正交的局域 AO 基组。将方程 (3.78) 代入方程 (3.103)，得到

$$\sum_\mu \hat{f}(1)c_{\mu a}\phi_\mu = \sum_\mu \varepsilon_a c_{\mu a}\phi_\mu \tag{3.107}$$

投影到 $\langle\phi_\nu|$ 上，得到

$$\sum_\mu \langle\phi_\nu|\,\hat{f}(1)\,|\phi_\mu\rangle\, c_{\mu a} = \sum_\mu \varepsilon_a S_{\nu\mu}c_{\mu a} \tag{3.108}$$

写成矩阵形式：

$$\boldsymbol{FC} = \boldsymbol{SC}\varepsilon \tag{3.109}$$

其中福克矩阵 $\boldsymbol{F}$ 为

$$F_{\mu\nu} = \langle\phi_\mu|\,\hat{f}(1)\,|\phi_\nu\rangle \tag{3.110}$$

而 $\boldsymbol{C} = c_{\mu i}$ 为轨道系数矩阵，其矩阵元是轨道 i 中基组 μ 的组合系数。这里再次用 i 而非 a 作为轨道指标，因为基组数量为 K 时，方程 (3.108) 可以解出 K 个本征轨道，其中只有能量最低的 $N/2$ 个轨道为占据轨道，而剩余 $K-N/2$ 个为虚拟轨道 (注意，在真实计算中一般 $K \gg N/2$)。福克算符 $\hat{f}$ 仅和前 $N/2$ 个占据轨道相关，但方程 (3.109) 本身可以得到本征虚拟轨道，这些虚拟轨道对 HF 基态能量没有贡献，是求解 HF 方程的 "副产品"，但在后 HF 方法中会有较大作用。

因为基组非正交的原因，矩阵方程 (3.109) 中包含重叠矩阵 $\boldsymbol{S}$，这并不是标准的特征方程形式。我们需要借助勒夫丁 (Löwdin) 正交化，将其划归为标准的特征方程。对于正定矩阵 $\boldsymbol{S}$(对于一组线性不相关基组 $\{\phi_\mu\}$，其重叠矩阵 $\boldsymbol{S}$ 总是正定的，读者可以自行证明)，可以定义矩阵 $\boldsymbol{X}$ 及其逆矩阵：

$$\boldsymbol{X} = \boldsymbol{S}^{-1/2}$$
$$\boldsymbol{X}^{-1} = \boldsymbol{S}^{1/2} \tag{3.111}$$

采用 $\boldsymbol{X}^{-1}$ 对 $\boldsymbol{C}$ 进行线性变换得到正交化基组下的系数矩阵 $\boldsymbol{C}'$：

$$\boldsymbol{C}' = \boldsymbol{X}^{-1}\boldsymbol{C} = \boldsymbol{S}^{1/2}\boldsymbol{C}$$
$$\boldsymbol{C} = \boldsymbol{X}\boldsymbol{C}' \tag{3.112}$$

将方程 (3.109) 变形为 $\boldsymbol{C}'$ 的方程：

$$\boldsymbol{FC} = \boldsymbol{SC}\varepsilon$$
$$\Rightarrow \boldsymbol{FXC}' = \boldsymbol{SXC}'\varepsilon$$

$$\Rightarrow \boldsymbol{X}^{-1}\boldsymbol{F}\boldsymbol{X}\boldsymbol{C}' = \boldsymbol{X}^{-1}\boldsymbol{S}\boldsymbol{X}\boldsymbol{C}'\varepsilon$$

$$\Rightarrow \left(\boldsymbol{X}^{-1}\boldsymbol{F}\boldsymbol{X}\right)\boldsymbol{C}' = \boldsymbol{C}'\varepsilon \tag{3.113}$$

定义:

$$\boldsymbol{F}' = \boldsymbol{X}^{-1}\boldsymbol{F}\boldsymbol{X} \tag{3.114}$$

得到本征方程:

$$\boldsymbol{F}\boldsymbol{C}' - \boldsymbol{C}'\varepsilon \tag{3.115}$$

对于一个已知的福克矩阵 $\boldsymbol{F}$, 可以通过方程 (3.114) 计算 $\boldsymbol{F}'$, 将其对角化得到 $\boldsymbol{C}'$ 以及轨道能量 ε_a, 然后利用等式 (3.112) 求得系数矩阵 (也就是 MO 轨道 $\boldsymbol{C}$。接下来, 我们可以计算体系的 HF 总能量。对 RHF 而言, 有

$$E_{\mathrm{HF}} = 2\sum_{a=1}^{N/2}(a|\hat{h}|a) - \sum_{a,b}^{N/2}[2(aa|bb) - (ab|ba)] \tag{3.116}$$

同时, 根据方程 (3.103) ∼ 方程 (3.106) 有

$$\varepsilon_a = \langle a|\,\hat{f}\,|a\rangle$$

$$= (a|\hat{h}|a) + \sum_{b=1}^{N/2}[2(aa|bb) - (ab|ba)] \tag{3.117}$$

那么, 利用 ε_a 可以容易得出 E_{HF} 的计算公式:

$$E_{\mathrm{HF}} = \sum_a^{N/2}(h_{aa} + \varepsilon_a) \tag{3.118}$$

这里, 我们特别提醒读者注意, 总能量并不等于所有电子轨道能量的求和 (注意每个空间轨道上有两个电子):

$$E_{\mathrm{HF}} \neq 2\sum_{a=1}^{N/2}\varepsilon_a \tag{3.119}$$

如果将式 (3.117) 代入式 (3.119) 并与式 (3.116) 比较, 可以看到轨道能量求和可以给出正确的单电子能量, 但电子间相互作用被高估了一倍。这是因为轨道能量中包含其他电子对该轨道上电子的完整相互作用, 因此电子对 i,j 间的相互作用, 在计算 i 电子的轨道能和 j 电子的轨道能时被重复计算了两次。所以我们只能使用式 (3.118) 而非式 (3.119) 计算体系总能量。

3.3.8 密度矩阵与福克矩阵的计算

3.3.7 节介绍了 HF 方程的矩阵形式, 当我们已知福克矩阵 $\boldsymbol{F}$ 时, 可以通过本征方程 (3.115) 求解 $\boldsymbol{C}'$, 进而得到分子轨道 $\boldsymbol{C}$ 和体系能量 E_{HF}。同时, 如 3.3.5 节末尾所述, 自洽场计算的另外一环, 是当我们有系数矩阵 $\boldsymbol{C}$ 时, 反过来构造福克矩阵 $\boldsymbol{F}$。这一过程需要借助一个重要的中间变量——单电子密度矩阵 $\boldsymbol{P}$。考虑到密度矩阵 $\boldsymbol{P}$ 的重要物理意义, 我们先对其做一个简单介绍, 因为篇幅限制, 不做推导, 直接给出密度矩阵的定义和一些重要性质。对

于任意的多体波函数，实空间坐标下单电子密度矩阵的定义为

$$\rho(x, x') = N \int dx_2 dx_3 \cdots dx_N \cdot \Phi^*(x, x_2, \cdots, x_N)\Phi^*(x', x_2, \cdots, x_N) \tag{3.120}$$

我们可以比较其与电子密度 $\rho(x)$ 的关系。可以看出，密度矩阵的对角元恰为电子分布密度：$\rho(x) = \rho(x, x)$，因此密度矩阵完整地包含了电子密度信息。同时，$\rho(x)$ 是所有轨道密度的加和，因此 $\rho(x)$ 实际上丢失了单电子轨道的信息，而 $\rho(x, x')$ 则完整保留了这些信息。事实上，如果我们以正则 MO 轨道 χ_i 作为基组将 $\rho(x, x')$ 展开成矩阵形式 $\boldsymbol{P}$，其矩阵元 $P_{\mu\nu}$ 为 $\rho(x, x')$ 的展开系数：

$$\rho(x, x') = \sum_{ij} P_{ij} \chi_i^*(x) \chi_j(x') \tag{3.121}$$

那么得到的密度矩阵恰好是以轨道占据数 o_i 为对角元的对角矩阵 $(P_{ij} = o_i \delta_{ij})$，而在其他基组下 $\rho(x, x')$ 的矩阵表示 $\boldsymbol{P}$ 实际上是该对角矩阵的相似变换。因此，我们可以在任意基组下得到 $\rho(x, x')$ 的矩阵表示，而该矩阵的特征向量和特征值实际上代表着该体系的正则 MO 及其相应的占据数。对于整数占据的波函数而言 (比如 HF 方法的波函数)，因为其特征值均为 1 或 0(也即自旋轨道占据数均为 1 或 0)，那么很自然地，密度矩阵满足如下幂等性 (idempotence)：

$$\boldsymbol{P}^2 = \boldsymbol{P} \tag{3.122}$$

在本章考虑的非相对论性理论下，式 (3.121) 中自旋轨道密度矩阵 $\rho(x, x')$ 不包含 α 和 β 的交叉项，因此 $\boldsymbol{P}$ 中 α 部分和 β 部分是分块对角的，可以分别定义 $\boldsymbol{P}^\alpha$ 和 $\boldsymbol{P}^\beta$。两部分分别满足幂等性 (式 (3.122))。在 RHF 中，我们还经常将自旋自由度通过求和削减，求出空间轨道的密度矩阵：

$$\boldsymbol{P} = \boldsymbol{P}^\alpha + \boldsymbol{P}^\beta \tag{3.123}$$

则 RHF 中，该空间轨道密度矩阵的特征值应该为 0 或 2，则其幂等性由以下公式描述：

$$\boldsymbol{P}^2 = 2\boldsymbol{P} \tag{3.124}$$

对于后 HF 方法得出的多体波函数，其密度矩阵并无幂等性。但在泡利不相容的限制下，后 HF 方法所得密度矩阵的特征值也必须在 $0 \sim 1$。

密度矩阵维数远低于多体波函数，但包含了完整的 MO 和占据数信息，因此密度矩阵是对电子结构的一个重要刻画方式，在 HF 算法和其他高阶理论 (如量子镶嵌理论) 中都扮演着重要角色。

在 RHF 方法中，因为波函数的简单结构，我们并不需要从式 (3.120) 和式 (3.121) 出发计算 AO 基组下的 $\boldsymbol{P}$ 矩阵，而可以采用如下方法，从轨道组合系数进行计算：

$$P_{\mu\nu} = \sum_{a=1}^{N/2} 2c_{\mu a}^* c_{\nu a} = \sum_{i=1}^{K} o_i c_{\mu i}^* c_{\nu i} \tag{3.125}$$

其中 o_i 是每个分子轨道的占据电子数。写成矩阵形式，有

$$\boldsymbol{P} = \boldsymbol{C} \boldsymbol{O} \boldsymbol{C}^\dagger \tag{3.126}$$

其中 O 为由占据数 o_i 构成的对角矩阵。

由 $\boldsymbol{P}$ 出发，可以进一步构造福克矩 (式 (3.110))：

$$
\begin{aligned}
\hat{f} &= \hat{h} + \sum_a \left(2\hat{J}_a - \hat{K}_a \right) \\
&= \hat{h} + \sum_a \int \mathrm{d}2 \cdot \varphi_a^*(2) r_{12}^{-1}(2 - \hat{P}_{12}) \varphi_a(2) \\
&= \hat{h} + \sum_\lambda \sum_\sigma \sum_a \int \mathrm{d}2 \cdot c_{\lambda a}^* c_{\sigma a} \phi_\lambda^*(2) r_{12}^{-1}(2 - \hat{P}_{12}) \phi_\sigma(2) \\
&= \hat{h} + \frac{1}{2} \sum_\lambda \sum_\sigma \int \mathrm{d}2 \cdot P_{\lambda\sigma} \phi_\lambda^*(2) r_{12}^{-1}(2 - \hat{P}_{12}) \phi_\sigma(2)
\end{aligned}
\tag{3.127}
$$

那么

$$
\begin{aligned}
F_{\mu\nu} &= h_{\mu\nu} + \sum_\lambda \sum_\sigma \int \mathrm{d}2 \cdot P_{\lambda\sigma} \phi_\mu^*(1) \phi_\lambda^*(2) r_{12}^{-1}(2 - \hat{P}_{12}) \phi_\sigma(2) \phi_\nu(1) \\
&= h_{\mu\nu} + \sum_\lambda \sum_\sigma P_{\lambda\sigma} \cdot \left((\mu\nu|\lambda\sigma) - \frac{1}{2}(\mu\sigma|\lambda\nu) \right)
\end{aligned}
\tag{3.128}
$$

根据式 (3.128)，可以由 $P_{\mu\nu}$ 构造 $F_{\mu\nu}$，与式 (3.115) 结合，可以构成 RHF 自洽场的完整方程组。

式 (3.128) 中，可以看到除了 $P_{\mu\nu}$，还需要单电子积分 $h_{\mu\nu}$ 和双电子积分 $(\mu\nu|\lambda\sigma)$，这些张量仅和原子核坐标与基组有关。在最简单的算法中，可以将这两个张量分别计算好，预存在内存或硬盘中，并在自洽场过程中反复调用。但是，双电子积分 $(\mu\nu|\lambda\sigma)$ 是一个四阶张量，矩阵元数量巨大。对于大体系来说，$(\mu\nu|\lambda\sigma)$ 的计算和存取都是一个沉重的负担，这是 HF 计算代价的主要来源。为削减这个四阶张量的规模，提高其计算和存取速度，存在诸多技巧。有兴趣的读者可以阅读 Cholesky 分解和密度拟合 (density fitting) 的相关文献以进一步了解相关知识。本书对这些技巧暂不加以详细探讨。

除福克矩阵，RHF 波函数的总能量也可以通过密度矩阵得到 (读者可以自行推导)：

$$
E_{\mathrm{HF}} = \sum_a^{N/2} (h_{aa} + \varepsilon_a) = \sum_{\mu\nu} P_{\mu\nu} (h_{\mu\nu} + F_{\mu\nu})
\tag{3.129}
$$

3.3.9　RHF 方程总结

至此，我们已经得到了 RHF 方法的所有相关方程，将这些方程组合起来，并将 RHF 的求解步骤总结如下：

(1) 设置原子核坐标 $\boldsymbol{R}$，选择合适的 AO 基组 $\{\phi_\mu\}$ (基组数量为 K)；

(2) 计算单电子积分 $h_{\mu\nu} = \langle \phi_\mu | \hat{h} | \phi_\nu \rangle$，双电子积分 $(\mu\nu|\lambda\sigma)$，重叠积分 $S_{\mu\nu}$；

(3) 对角化 $\boldsymbol{S}$，检查其特征值分布，确保 AO 基组间不存在线性相关性，然后构造 Löwdin 正交化矩阵 $\boldsymbol{X}$ 与 $\boldsymbol{X}^{-1}$ (式 (3.111))；

(4) 对 MO 组合系数 $\boldsymbol{C} = C_{\mu i}$ 进行初始猜测，用式 (3.125) 构造初始密度矩阵 $\boldsymbol{P}$；

(5) 利用 $\boldsymbol{P}$ 和 $h_{\mu\nu}$、$(\mu\nu|\lambda\sigma)$，计算福克矩阵 $\boldsymbol{F}$ (式 (3.128))；

(6) 利用 $\boldsymbol{F}$ 与 $\boldsymbol{X}$，计算 $\boldsymbol{F}'$ (式 (3.114))；

(7) 对角化 $\boldsymbol{F}'$，求解式 (3.115) 得到特征向量 $\boldsymbol{C}'$ 与特征值 (正则轨道本征能量)ε_i，然后利用式 (3.112) 计算新的组合系数 $\boldsymbol{C}$，从而得到新的 MO；

(8) 将轨道能量 ε_i 从低到高排序，依次填入电子，从而决定每个轨道的占据数 o_i，然后计算新的密度矩阵 $\boldsymbol{P}$(式 (3.125))，以及能量 E_{HF}(式 (3.129))；

(9) 检查能量和密度矩阵的收敛性，如果收敛则结束计算，否则回到第 (5) 步。

以上步骤代表着最简单的自洽场过程，但在实际操作中，此种简单迭代算法的收敛性并不好。目前主流软件较常用的收敛算法是 DIIS 算法，主要思想是利用多步结果的线性叠加决定下一步的位置，叠加系数由误差向量最小化的限制性条件决定。DIIS 的细节这里不做推导，有兴趣的读者可以进一步阅读相关文献。在本章的算法编程部分，我们建议读者使用 PySCF 程序简单实现以上流程，以加深对 SCF 过程的理解。

3.4 自旋污染

在实验 (尤其是光谱实验) 中，我们除了关心电子态的能量，也十分关心电子的总自旋角动量。我们常常按照总自旋角动量将电子态分类为单重态 ($S = 0$)、三重态 ($S = 1$) 等。如前所述，本章所讨论的哈密顿量与自旋坐标并不相关，因此该哈密顿量与电子自旋算符 $\hat{S}^2$ 是对易的。也就是说，原则上我们所计算的电子能量本征态，同时也应该是总自旋算符 $\hat{S}^2$ 的本征态。因此，本节将对 HF 方法中斯莱特行列式所代表的多体波函数的自旋状态进行一些简要讨论，并介绍自旋污染 (spin contamination) 的相关概念。在此之前，我们先简单介绍一下 $\hat{S}^2$ 算符的结构。由于篇幅限制，我们不对 $\hat{S}^2$ 算符的推导做详细介绍 (有兴趣的读者请参考 Sakurai 量子力学课本中的相关章节)，而直接给出 $\hat{S}^2$ 算符的计算规则。对于多电子体系，总自旋角动量算符可以按照如下方式计算：

$$\hat{S}^2 = \hat{S}_+ \hat{S}_- + \hat{S}_z^2 - \hat{S}_z \tag{3.130}$$

其中 $\hat{S}_z$ 与升算符 $\hat{S}_+$、降算符 $\hat{S}_-$ 都可以写成对应单电子算符的简单求和：

$$\begin{cases} \hat{S}_z = \hat{S}_z^1 + \hat{S}_z^2 + \cdots \\ \hat{S}_+ = \hat{S}_+^1 + \hat{S}_+^2 + \cdots \\ \hat{S}_- = \hat{S}_-^1 + \hat{S}_-^2 + \cdots \end{cases} \tag{3.131}$$

对于单一电子，其相应的升、降算符的作用效果如下：

$$\begin{cases} \hat{S}_+ |\alpha\rangle = 0 \\ \hat{S}_+ |\beta\rangle = |\alpha\rangle \\ \hat{S}_- |\alpha\rangle = |\beta\rangle \\ \hat{S}_- |\beta\rangle = 0 \end{cases} \tag{3.132}$$

$\hat{S}_z$ 算符的作用效果如下：

$$\begin{cases} \hat{S}_z |\alpha\rangle = \dfrac{1}{2} |\alpha\rangle \\ \hat{S}_z |\beta\rangle = -\dfrac{1}{2} |\beta\rangle \end{cases} \tag{3.133}$$

按照这一规则，$\hat{S}_{+/-}$ 算符在作用于多体斯莱特行列式时，应对每个轨道分别进行升、降操作，分别得到相应行列式，并对结果进行求和。而 $\hat{S}_z$ 算符作用于斯莱特行列式时，仅需将所有轨道的 S_z 进行求和即可。$\hat{S}^2$ 算符的本征态所对应的本征值为 $S(S+1)$，也就是说，对于单重态 $(S=0)$，其本征值应为 0，而三重态 $(S=1)$ 本征值为 2。

出于简单起见，仅考虑双电子体系，假定两个电子自旋相反，并分别占据 φ_1 和 φ_2 两个空间轨道：$|\varphi_1\bar{\varphi}_2\rangle$。现在检验其是否是 $\hat{S}^2$ 的本征态。很明显有

$$\hat{S}_z |\varphi_1\bar{\varphi}_2\rangle = \left(\hat{S}_z^1 + \hat{S}_z^2\right) |\varphi_1\bar{\varphi}_2\rangle = \left(\frac{1}{2} - \frac{1}{2}\right) |\varphi_1\bar{\varphi}_2\rangle = 0 \tag{3.134}$$

因此 $\hat{S}^2$ 算符中的 $\hat{S}_z$ 部分可以略去。而对于升、降算符部分，则有

$$\hat{S}_+ \hat{S}_- |\varphi_1\bar{\varphi}_2\rangle = \hat{S}_+ \left(|\bar{\varphi}_1\bar{\varphi}_2\rangle + 0\right) = |\varphi_1\bar{\varphi}_2\rangle + |\bar{\varphi}_1\varphi_2\rangle \tag{3.135}$$

如果该体系为闭壳层结构，也即两个电子的空间部分相同：$\varphi_1 = \varphi_2 = \varphi$，那么由式 (3.135) 可得

$$\hat{S}_+ \hat{S}_- |\varphi\bar{\varphi}\rangle = |\varphi\bar{\varphi}\rangle + |\bar{\varphi}\varphi\rangle = |\varphi\bar{\varphi}\rangle - |\varphi\bar{\varphi}\rangle = 0 \tag{3.136}$$

注意，这里我们利用了：行列式两列交换顺序后需添加负号这一特点。那么，由式 (3.130)、式 (3.134)、式 (3.136) 可以得出 $\hat{S}^2 |\varphi\bar{\varphi}\rangle = 0$。也即，闭壳层的斯莱特行列式是天然的本征单重自旋态，这一性质良好。

但是，注意到如果是开壳层结构，$\varphi_1 \neq \varphi_2$，那么式 (3.135) 表明单个的斯莱特行列式 $|\varphi_1\bar{\varphi}_2\rangle$ 并不是自旋算符 $\hat{S}^2$ 的本征态！这一重要观察意味着，我们采用 HF 方法计算的开壳层结构，并不能完全对应到实验上的单重态或三重态。事实上，可以利用简并的开壳层行列式构造如下波函数：

$$\begin{cases} \Phi_1 = |\varphi_1\bar{\varphi}_2\rangle - |\bar{\varphi}_1\varphi_2\rangle \\ \Phi_3 = |\varphi_1\bar{\varphi}_2\rangle + |\bar{\varphi}_1\varphi_2\rangle \end{cases} \tag{3.137}$$

可以验证：

$$\hat{S}_+ \hat{S}_- \left(|\varphi_1\bar{\varphi}_2\rangle - |\bar{\varphi}_1\varphi_2\rangle\right) = \hat{S}_+ \left(|\bar{\varphi}_1\bar{\varphi}_2\rangle - |\bar{\varphi}_1\bar{\varphi}_2\rangle\right) = 0 \tag{3.138}$$

因此 Φ_1 才是真正的单重态波函数，而

$$\hat{S}_+ \hat{S}_- \left(|\varphi_1\bar{\varphi}_2\rangle + |\bar{\varphi}_1\varphi_2\rangle\right) = \hat{S}_+ \left(|\bar{\varphi}_1\bar{\varphi}_2\rangle + |\bar{\varphi}_1\bar{\varphi}_2\rangle\right) = 2\left(|\varphi_1\bar{\varphi}_2\rangle + |\bar{\varphi}_1\varphi_2\rangle\right) \tag{3.139}$$

因此 Φ_3 才是真正的三重态波函数。任何单一的开壳层行列式都不是自旋角动量算符的本征函数，而是单重态和三重态的线性叠加，这一现象称为自旋污染。当然，读者可以自行验证，所有自旋平行的行列式 $|\varphi_1\varphi_2\rangle$ 或 $|\bar{\varphi}_1\bar{\varphi}_2\rangle$ 都是严格意义上的三重态，因而不存在自旋污染现象。总而言之，对于两电子体系，其自旋本征态和斯莱特行列式之间的对应关系如图 3.5 所示。这一结果，揭示了基于单个斯莱特行列式的 HF 方法在描述开壳层电子结构方面的内在缺陷，读者在进行开壳层计算时应当特别小心自旋污染现象。一般而言，开壳层行列式存在相应的自旋对应行列式 (spin counterpart)，如上述例子中的 $|\varphi_1\bar{\varphi}_2\rangle$ 与 $|\bar{\varphi}_1\varphi_2\rangle$。在多组态波函数中，需要包含所有行列式的自旋对应行列式，才能给出正确的自旋本征态。

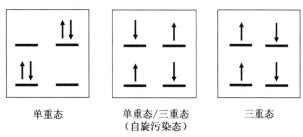

单重态　　　单重态/三重态　　　三重态
（自旋污染态）

图 3.5　两电子体系中斯莱特行列式与自旋本征态之间的对应关系

3.5　后哈特里-福克方法简介

在之前的讨论中，我们已经看到单个斯莱特行列式不能有效描述真实波函数的场景。更一般地，除交换效应外，其他所有因为静电相互作用造成电子分布关联在 HF 方法中均没有予以准确描述。因此，HF 方法在许多现象的计算中存在较大问题(例如由于电子关联造成的分子间色散作用，以及具有较强关联的过渡金属和稀土金属体系)。在习惯上，我们将所有偏离 HF 方法计算结果的效应称为关联效应，而在 HF 能量之上的修正均称为关联能。而所谓后哈特里-福克(post HF) 方法，则通常是以 HF 方法为基础，将多个行列式进行适当组合，从而构造更加复杂也更加接近真实的多体波函数。在众多的后哈特里-福克方法中，本节重点介绍二阶穆勒-普莱塞特微扰(MP2)，并简单描述一下组态相互作用(configuration interaction, CI) 和偶合簇(coupled cluster, CC) 方法，希望能引起读者的兴趣，并引导读者进一步深入了解该领域。

3.5.1　多体矩阵元的计算规则

在后哈特里-福克方法中，我们需要考虑多个斯莱特行列式的相互作用，因此，不同多体斯莱特行列式之前的矩阵元 $(A_{12} = \langle \Psi_1 | \hat{A} | \Psi_2 \rangle)$ 计算十分重要。在本节中，我们先给出多体矩阵元的计算方法，以备后续章节使用。这些计算方法的证明在此略过，感兴趣的读者可以阅读相应文献。

对于形如 $\hat{O}_1 = \sum\limits_{i} \hat{o}(i)$ 这样的单电子算符，考虑其矩阵元，分情况讨论如下：

- 如两侧行列式完全相同，有

$$\langle mn \cdots | \hat{O}_1 | mn \cdots \rangle = \sum_n [n|\hat{o}|n] \tag{3.140}$$

- 如两侧行列式仅相差一个轨道：

$$\langle mn \cdots | \hat{O}_1 | pn \cdots \rangle = [m|\hat{o}|p] \tag{3.141}$$

- 如两侧行列式相差两个或两个以上轨道，则单体算符矩阵元为0：

$$\langle mn \cdots | \hat{O}_1 | pq \cdots \rangle = 0 \tag{3.142}$$

同样，对于形如 $\hat{O}_2 = \sum\limits_{i<j} \hat{v}(i,j)$ 的两体算符，其矩阵元计算规则如下：

- 如两侧行列式完全相同，有

$$\langle mn\cdots|\,\hat{O}_2\,|mn\cdots\rangle = \sum_{m<n}\langle mn||mn\rangle \tag{3.143}$$

- 如两侧行列式仅相差一个轨道：

$$\langle mn\cdots|\,\hat{O}_2\,|pn\cdots\rangle = \sum_{n}\langle mn||pn\rangle \tag{3.144}$$

- 如两侧行列式仅相差两个轨道：

$$\langle mn\cdots|\,\hat{O}_2\,|pq\cdots\rangle = \langle mn||pq\rangle \tag{3.145}$$

- 如果两侧行列式相差两个以上轨道，则 $\hat{O}_2$ 矩阵元为 0。

注意在运用以上规则之前，我们先需要通过调换行列式中列的位置，使相同的轨道处于相同的位置上，由此可能带来一些正负号的变化，无需赘言。

运用这些矩阵元计算规则，我们在接下来的几节将给出几个代表性后哈特里-福克方法的能量表达形式。

3.5.2 穆勒-普莱塞特微扰理论

在众多后哈特里-福克方法中，基于二阶穆勒-普莱塞特 (Møller-Plesset，MP) 微扰的 MP2 方法可以说是使用最为广泛且性价比较高的方法之一。如第 3 章所述，一般微扰方法的思路是，从一个可以精确求解的参照体系出发，并考虑真实体系与参照体系之间的区别。在 MP 微扰中，这一可精确求解的参照体系就是以单电子福克算符为哈密顿量的无相互作用体系：

$$\hat{F} = \sum_{i}\hat{f}(i) \tag{3.146}$$

而相应的微扰项为

$$\hat{H}' = \hat{H} - \hat{F} = \sum_{i<j}\frac{1}{r_{ij}} - \sum_{i}\hat{v}_{\mathrm{HF}}(i) \tag{3.147}$$

在初始 HF 计算收敛后，其相应的福克算符是一个明确定义的单电子算符，其本征态即构成 HF 斯莱特行列式的单电子轨道。这一无相互作用体系的总能量为

$$E_0 = \langle\chi_1\chi_2\cdots\chi_N|\sum_{i}\hat{f}(i)\,|\chi_1\chi_2\cdots\chi_N\rangle = \sum_{i}\varepsilon_i \tag{3.148}$$

那么，按照第 3 章微扰理论的结论，其能量的一阶微扰应该为

$$\begin{aligned}
E_0 + E_1 &= \langle\chi_1\chi_2\cdots\chi_N|\,\hat{H}' + \hat{F}\,|\chi_1\chi_2\cdots\chi_N\rangle \\
&= \langle\chi_1\chi_2\cdots\chi_N|\,\hat{H}\,|\chi_1\chi_2\cdots\chi_N\rangle \\
&= E_{\mathrm{HF}}
\end{aligned} \tag{3.149}$$

也就是说，在 MP 微扰的框架下，一阶微扰 (MP1) 的能量即 HF 能量，而 MP1 方法等价于 HF，这显然是无趣的。因此，我们进而考虑二阶微扰，该项即 MP2 方法预测的

关联能:

$$E_2^{\text{corr}} = -\sum_{\substack{rst\dots \\ abc\dots}} \frac{\left| \left\langle \Psi_0 | \hat{H} - \hat{F} | \Psi_{abc\dots}^{rst\dots} \right\rangle \right|^2}{E_{abc\dots}^{rst\dots} - E_0} \tag{3.150}$$

其中，Ψ_0 代表 HF 基态行列式，而我们需要对所有无相互作用体系激发态 $\Psi_{abc\dots}^{rst\dots}$ 进行求和。$\Psi_{abc\dots}^{rst\dots}$ 代表将电子从占据轨道 $(a, b, c, \cdots)$ 移动到能级更高的虚拟轨道 $(r, s, t, \cdots)$ 上，如图3.6所示。

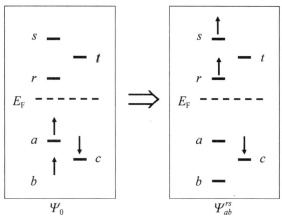

图 3.6　非基态行列式的记号图示

分母中的无相互作用体系的激发能可以采用轨道能量进行简单计算：$E_{abc\dots}^{rst\dots} - E_0 = \varepsilon_r + \varepsilon_s + \varepsilon_t + \cdots - (\varepsilon_a + \varepsilon_b + \varepsilon_c \cdots)$。按照激发电子数，这些激发可以被分为单电子激发、双电子激发、三电子激发等。考虑到4.4.1节介绍的矩阵元计算规则，所有三电子以及三电子以上的激发态对 MP2 能量的贡献均为0：

$$\langle \Psi_0 | \hat{H} - \hat{F} | \Psi_{abc}^{rst} \rangle = 0 \tag{3.151}$$

因此仅需计算所有的单电子和双电子激发态。对于单电子激发态而言，考虑

$$\langle \Psi_0 | \hat{H} - \hat{F} | \Psi_a^r \rangle = \langle \Psi_0 | \hat{H} | \Psi_a^r \rangle - \langle \Psi_0 | \hat{F} | \Psi_a^r \rangle \tag{3.152}$$

我们分两项考虑，利用矩阵元计算规则计算第一项，有

$$\langle \Psi_0 | \hat{H} | \Psi_a^r \rangle = [a|\hat{h}|r] + \sum_b \langle ab | | rb \rangle \tag{3.153}$$

同时，考虑如下单电子福克算符矩阵元：

$$\langle a | \hat{f} | r \rangle = \langle a | \hat{h} + \hat{v}_{\text{HF}} | r \rangle$$
$$= \left\langle a \left| \hat{h} + \sum_b \left(\hat{J}_b - \hat{K}_b \right) \right| r \right\rangle$$
$$= [a|\hat{h}|r] + \sum_b \langle ab | | rb \rangle = \langle \Psi_0 | \hat{H} | \Psi_a^r \rangle \tag{3.154}$$

对于一个已经收敛了的 HF 计算而言，所有 MO 轨道均为单电子福克算符 $\hat{f}$ 的本征态 (方程

(3.103))，因此

$$\langle \Psi_0 | \hat{H} | \Psi_a^r \rangle = \langle a | \hat{f} | r \rangle = \varepsilon_r \langle a \mid r \rangle = 0 \tag{3.155}$$

对于式 (3.152) 中的第二项，同样利用矩阵元计算规则：

$$\langle \Psi_0 | \hat{F} | \Psi_a^r \rangle = [a | \hat{f} | r] = 0 \tag{3.156}$$

因此式 (3.152) 整体为 0：

$$\langle \Psi_0 | \hat{H} - \hat{F} | \Psi_a^r \rangle = \langle \Psi_0 | \hat{H} | \Psi_a^r \rangle = 0 \tag{3.157}$$

式 (3.157) 称为布里渊 (Brillouin) 定理：基态 HF 行列式与单电子激发态行列式之间不存在直接耦合。因此在计算 MP2 关联能 (式 (3.150)) 时，仅需要考虑两电子激发即可。

$$E_2^{\mathrm{corr}} = -\sum_{\substack{r<s \\ a<b}} \frac{\left| \left\langle \Psi_0 | \hat{H} - \hat{F} | \Psi_{ab}^{rs} \right\rangle \right|^2}{\varepsilon_r + \varepsilon_s - \varepsilon_a - \varepsilon_b} \tag{3.158}$$

按照矩阵元计算规则，福克算符 $\hat{F}$ 作为单电子算符，不能耦合有两个轨道不同的 Ψ_0 和 Ψ_{ab}^{rs}，因此我们仅需要计算 $\langle \Psi_0 | \hat{H} | \Psi_{ab}^{rs} \rangle$：

$$\begin{aligned} E_2^{\mathrm{corr}} &= -\sum_{\substack{r<s \\ a<b}} \frac{\left| \left\langle \Psi_0 | \hat{H} | \Psi_{ab}^{rs} \right\rangle \right|^2}{\varepsilon_r + \varepsilon_s - \varepsilon_a - \varepsilon_b} \\ &= -\sum_{\substack{r<s \\ a<b}} \frac{|\langle ab \| rs \rangle|^2}{\varepsilon_r + \varepsilon_s - \varepsilon_a - \varepsilon_b} \end{aligned} \tag{3.159}$$

式 (3.159) 即 MP2 关联能的计算公式。在实际 MP2 计算中，我们先需要完成一次 HF 计算，以得到 E_{HF}、所有 MO 轨道 (包括占据轨道 a, b 以及虚拟轨道 r, s)，以及轨道能量 ε。然后利用 AO 基组的双电子积分 $\langle \mu\nu | | \sigma\lambda \rangle$ 以及轨道组合系数计算 $\langle ab \| rs \rangle$ (这一步又称为双电子积分的 AO-MO 变换)，并利用式 (3.159) 得到关联能 E_2^{corr}，以及总能量：

$$E_{\mathrm{MP2}} = E_{\mathrm{HF}} + E_2^{\mathrm{corr}} \tag{3.160}$$

在标准 MP2 算法中，双电子积分的 AO-MO 变换较为耗时，但最近在密度拟合 (density-fitting) 领域的技术进展极大地提高了 AO-MO 变换的计算效率，形成了非常快速的 RI-MP2 (又名 df-MP2) 算法。RI-MP2 是精确计算分子间相互作用时性价比较高的算法，因而在实际工作中被广泛使用。但是 MP2 算法仍然存在一些缺陷，我们在此指出，希望读者在实际工作中予以注意：

- 作为微扰理论，MP2 算法的隐含假定是体系的真实波函数与 HF 波函数相差不太大，也就是说，如果将体系真实波函数用斯莱特行列式做 CI 展开：

$$\Phi = c_0 \Psi_0 + \sum c_a^r \Psi_a^r + \sum c_{ab}^{rs} \Psi_{ab}^{rs} + \cdots \tag{3.161}$$

那么 c_0 应该较接近 1，而其他展开系数应远远小于 c_0。这种因为电子间静电相互作用而造成的波函数对斯莱特行列式的小幅度偏离所引发的关联效应称为动态关联 (dynamical correlation) 效应。微扰理论对动态关联的处理效果较好。但是，在另外一些情形下 (如过渡金属或稀土金属），可能存在数个能量非常接近的行列式组态。在真实波函数中这些准简并组态的贡献是接近的，这种情形称为静态关联 (static correlation)。在这种情况下，以单个行列式作为微扰出发点的 MP2 方法将产生较大误差。我们需要采用非微扰的方式处理这些准简并组态，从而引入所谓的多参考态 (multi-reference) 方法。3.5.3 节将简单介绍的 CI 方法可以被认为是最简单的多参考态方法，而对于多参考态方法的深入讨论不在本书介绍范围内。

- 如前所述，在 MP2 中我们只考虑了两电子间的关联。当分子间间距较远时，式 (3.159) 所描述的关联能实际上可以被拆分成每一对分子间关联能的加和。这意味着 MP2 关联能在长距离上没有多体效应，因此不能描述分子间多体色散作用等多体关联效应。为描述这些效应，需要采用更高阶的微扰理论，如 MP3、MP4 等。

3.5.3 组态相互作用和偶合簇理论简介

如前所述，HF 方法的最大缺陷是其单行列式拟设，因此一个很自然的思路，就是使用更多数量的斯莱特行列式去展开精确波函数，并采用变分法优化展开系数。如前所述，这一展开称为 CI 展开，相应的变分方法称为 CI 方法：

$$\Phi = c_0\Psi_0 + \sum c_a^r\Psi_a^r + \sum c_{ab}^{rs}\Psi_{ab}^{rs} + \cdots \tag{3.162}$$

如 3.3.1 节所述，这一展开的项数随体系增大而成指数增长，因此对于任何非平凡体系，囊括所有项的完全组态相互作用 (full CI, FCI) 都是不切实际的。CI 方法通常需要进行截断：如果仅考虑单电子激发项，则称为单激发组态相互作用 (CI single, CIS) 方法；如考虑单电子和双电子激发，则称为单双激发组态相互作用 (CI single double, CISD) 方法，以此类推。在完成截断后，我们仅需要根据矩阵元计算方法，构建哈密顿量在 CI 展开上的矩阵表示 $H_{ij}^{\mathrm{CI}} = \langle\Psi_i|\hat{H}|\Psi_j\rangle$ 并对角化，取最小特征值，即可得到 CI 波函数和相应的能量。另外，我们也可以同时优化 CI 组合系数以及组成行列式的 MO 轨道，以进一步提升变分自由度，这种做法也称为多组态自洽场 (multiconfiguration SCF, MCSCF) 方法。

CI 和 MCSCF 方法看似直接，但其中存在较多问题：首先是即使只考虑 CISD，行列式的项数依然太多，因此我们常需采用各种手段挑选重要的占据组态，将其纳入 CI 展开中。这一过程称为活性空间 (active space) 的选择。迄今为止，对于静态强关联体系，活性空间的选择依然是一个非常主观的过程，其精度强烈依赖于研究者的经验。而在计算势能面时，活性空间随结构的突然变化也经常导致所谓的侵入态 (intruding state) 问题，破坏势能面的连续性。另外，由于 CISD 中对多电子激发的强硬截断，导致简单的 CISD 方法并不具备大小一致性 (size consistency)。也就是说，对于两个距离无穷远、无相互作用的分子 A 和 B，使用 CISD 方法计算的能量不满足：

$$E^{\mathrm{CISD}}(A+B) = E^{\mathrm{CISD}}(A) + E^{\mathrm{CISD}}(B) \tag{3.163}$$

这会对化学反应中能量差的计算造成不可忽略的误差。如何实现大小一致性，也是 CI 和 MCSCF 新方法研究中的重点之一。

与直接展开为行列式线性组合的 CISD 方法不同，一阶/二阶偶合簇 (coupled cluster

single double, CCSD) 方法采用了如下拟设:

$$\Phi_{\mathrm{CCSD}} = \mathrm{e}^{\hat{T}_1+\hat{T}_2} |\Psi_0\rangle \tag{3.164}$$

其中, $\hat{T}_1$ 和 $\hat{T}_2$ 算符分别为单电子和双电子激发算符:

$$\begin{aligned} \hat{T}_1 &= \sum_{ar} t_a^r \hat{c}_a^r \\ \hat{T}_2 &= \sum_{abrs} t_{ab}^{rs} \hat{c}_{ab}^{rs} \end{aligned} \tag{3.165}$$

其中 $\hat{c}_a^r$ 与 $\hat{c}_{ab}^{rs}$ 算符的作用效果为将电子从占据轨道 a, b 激发到虚拟轨道 r, s, 而张量 t_a^r 和 t_{ab}^{rs} 则为待优化的 CC 激发强度 (CC amplitudes), 类比于 CI 中的 CI 展开系数。事实上, 在相同的语言下, CISD 的拟设可以写为

$$\Phi_{\mathrm{CI}} = (1 + \hat{T}_1 + \hat{T}_2) |\Psi_0\rangle \tag{3.166}$$

利用指数函数的泰勒展开, CC 拟设, 也就是式 (3.164) 同样也可以写成 CI 形式:

$$\Phi_{\mathrm{CCSD}} = \left(1 + \hat{T}_1 + \hat{T}_2 + \frac{1}{2}\hat{T}_1^2 + \hat{T}_1\hat{T}_2 + \frac{1}{2}\hat{T}_2^2 + \cdots\right) |\Psi_0\rangle \tag{3.167}$$

对比式 (3.167) 与式 (3.166), 可以看出 CC 拟设与 CI 拟设的显著区别: 在相同的二阶截断下, CC 拟设不但包含了 CI 拟设中的单电子和双电子激发, 也同样包含了形如 $\hat{T}_1\hat{T}_2$ 和 $\hat{T}_2^2$ 这样的高阶激发项。但是需要注意 CC 中的高阶激发与真正完整的高阶激发 $\hat{T}_3/\hat{T}_4$ 的区别。后者依赖于形如 t_{abc}^{rst} 和 t_{abcd}^{rstu} 这样的高阶张量, 而在 CC 中, 这些高阶张量实际上被拆分成了低阶张量 (t_a^r 与 t_{ab}^{rs}) 的乘积。这种拆分当然不是严格的, 这也是 CCSD 与真正的 FCI 的区别。在 CC 中, 高阶激发由低阶激发算符组成的 "簇"(如 $\hat{T}_1\hat{T}_2$) 来描述, 这也是 CC 方法被命名为偶合簇的主要原因。在截断阶数为无穷阶的极限下, CC 方法和 CI 方法均等效于 FCI。但在有限阶的截断下, CC 方法在高阶激发的描述上优于 CI 方法, 因此表现较 CI 方法更加良好。一个最典型的例子是: 与 CI 不同, 可以证明 CC 方法满足大小一致性 (式 (3.163)), 因此更利于分子间相互作用的计算。

然而, 与 CI 方法中采用变分手段优化拟设不同, 由于指数函数的非线性特点, CC 拟设的变分优化较为困难。因此, 在目前通用的 CC 方法中, 我们采用对薛定谔方程进行投影的方式求解 CC 激发强度。具体而言, 对 CC 拟设, 考虑如下薛定谔方程:

$$\hat{H}\mathrm{e}^{\hat{T}_1+\hat{T}_2} |\Psi_0\rangle = E\mathrm{e}^{\hat{T}_1+\hat{T}_2} |\Psi_0\rangle \tag{3.168}$$

该方程可以简单变形为

$$\mathrm{e}^{-\hat{T}_1-\hat{T}_2} \hat{H} \mathrm{e}^{\hat{T}_1+\hat{T}_2} |\Psi_0\rangle = E |\Psi_0\rangle \tag{3.169}$$

将方程左侧依次投影到 Ψ_0、Ψ_a^r、Ψ_{ab}^{rs} 上, 可以得到一系列关于 CC 激发强度 t 的非线性代数方程:

$$\langle\Psi_0| \, \mathrm{e}^{-\hat{T}_1-\hat{T}_2} \hat{H} \mathrm{e}^{\hat{T}_1+\hat{T}_2} |\Psi_0\rangle = E \tag{3.170}$$

$$\langle\Psi_a^r| \, \mathrm{e}^{-\hat{T}_1-\hat{T}_2} \hat{H} \mathrm{e}^{\hat{T}_1+\hat{T}_2} |\Psi_0\rangle = 0 \tag{3.171}$$

$$\langle \Psi_{ab}^{rs} | e^{-\hat{T}_1 - \hat{T}_2} \hat{H} e^{\hat{T}_1 + \hat{T}_2} | \Psi_0 \rangle = 0 \tag{3.172}$$

求解这些方程得到 t, 即 CCSD 方法。而实际科研中经常使用的 CCSD(T) 的做法, 则是先求解完整的 CCSD 方程, 得到低阶激发强度 t_1 与 t_2, 再代入三阶 CC 方程中, 非自洽地求解一次 t_3。目前, CCSD(T) 方法是最可靠的高精度量子化学方法之一, 被誉为量子化学的 "黄金标准", 被广泛用于标定其他量子化学方法和密度泛函理论。美中不足的是, CCSD(T) 的计算成本较为高昂, 其标度达到了惊人的 $O(N^7)$。即使是二十个重原子(也就是非 H 原子) 的 CCSD(T) 计算, 其代价都是极其可观的。因此在多数科研工作中, CCSD(T) 方法只被用于几个或十几个重原子组成的小体系的高精度计算。

3.6 拓展提高

3.6.1 拓展阅读

- GRIFFITHS D J, SCHROETER D F. Introduction to quantum mechanics[M]. 3rd ed. Cambridge: Cambridge University Press, 2018.
- SAKURAI J J, NAPOLITANO J. Modern quantum mechanics[M]. 3rd ed. Cambridge: Cambridge University Press, 2020.
- SZABO A, OSTLUND N S. Modern quantum chemistry: introduction to advanced electronic structure theory[M]. Reprint Edition. Garden City, New York: Dover Publications, 1996.

3.6.2 算法编程

考虑一个 H_2 分子, 假定使用最小基组(STO-3G), 在该基组下, 每个氢原子仅携带一个 s 基函数(由 3 个高斯收缩而成), 分子仅包括 2 个空间原子轨道基组。针对该体系, 我们尝试使用 pySCF 软件包, 利用其处理基组积分和构造福克算符的能力, 实现一个简单的 HF 自洽场计算。

问题 1: 构建 H_2 分子 xyz 结构文件, 利用 pySCF 读取该结构文件, 并利用 pySCF 自带的 scf.RHF 模块完成 HF 计算, 获得 H_2 的参考能量。

问题 2: 利用 pySCF 的矩阵和算符计算功能, 针对 H_2 分子和 STO-3G 基组, 实现 3.3.9 节中的自洽场计算流程。(注: 读者可以使用 pyscf.scf.RHF 模块中 get_init_guess、get_ovlp、get_fock、energy_tot 等函数, 完成初猜、重叠矩阵、福克矩阵的构造以及能量的计算。)

问题 3: 收敛性探索。改变密度矩阵的初始猜测, 观察收敛轮数的变化。有兴趣的读者可以实现一个 DIIS 收敛算法, 与简单迭代算法进行对比。

第 4 章

密度泛函理论

4.1　密度泛函起源: 托马斯-费米模型

托马斯-费米 (Thomas-Fermi, TF) 模型于 1927 年被提出, 该模型将电子密度 $n(\boldsymbol{r})$ 视为基本变量, 因此也被认为是密度泛函理论方法的起源。虽然该模型在当今的电子结构计算中往往不够精确, 但基于 TF 模型的电子结构方法流程仍然值得借鉴和学习。下面我们介绍该模型方法, 本章都取哈特里单位制 $(\hbar = m_e = e = 4\pi/\epsilon_0 = 1)$。

对于体积为 Ω、电子数为 N 的零温均匀自由电子气, 其电子密度为一常数, 写成 $n = N/\Omega$。定义电子的三维动量空间为由波矢 $\boldsymbol{k}$ 形成的空间, 在 $\boldsymbol{k}$ 空间里电子按照能量由低到高的顺序填充可以形成一个球, 称为费米球 (Fermi sphere), 该球的半径记为费米波矢 $\boldsymbol{k}_{\mathrm{F}}$ (Fermi wave vector)。此外, 还可定义费米面 (Fermi surface) 将占据态和非占据态分开, 以及最高占据电子态的能量定义为费米能量 (Fermi energy) ϵ_{F}。

在 $\boldsymbol{k}$ 空间中许可的 k 值用离散的点表示, 每个点占据的体积为 $\Delta k = (2\pi/L)^3 = (2\pi)^3/\Omega$, 这里 L 可以理解为实空间原胞的长度。因此, $\boldsymbol{k}$ 空间中的态密度定义为

$$\frac{1}{\Delta k} = \frac{\Omega}{8\pi^3} \tag{4.1}$$

进一步, 可以将费米波矢 $\boldsymbol{k}_{\mathrm{F}}$ 直接用电子密度 n 表示出来, 公式为

$$2 \times \frac{\Omega}{8\pi^3} \times \frac{4}{3}\pi k_{\mathrm{F}}^3 = N \rightarrow k_{\mathrm{F}} = (3\pi^2 n)^{1/3} \tag{4.2}$$

其中, $\frac{\Omega}{8\pi^3}$ 前的因子 2 来源于自旋简并, 即每个 k 态有两个电子占据。

体系的动能为所有占据态的电子的能量之和。当 Δk 趋向于零时, 这些占据态的能级之和可以转化为积分, 从而得到原子单位制下的电子系统动能 E_{k} 为

$$E_{\mathrm{k}} = 2\frac{\Omega}{(2\pi)^3}\int_0^{k_{\mathrm{F}}}\frac{k^2}{2}\mathrm{d}k = 2\frac{\Omega}{(2\pi)^3}4\pi\int_0^{k_{\mathrm{F}}}k^2\frac{k^2}{2}\mathrm{d}k = \frac{\Omega k_{\mathrm{F}}^5}{10\pi^2} \tag{4.3}$$

因此, 体系的电子动能 E_{k} 可以用电子密度 n 表示成

$$E_{\mathrm{k}} = \Omega\frac{3}{10}(3\pi^2)^{2/3}n^{5/3} \tag{4.4}$$

TF 模型用于实际材料模拟时，假设空间中的电子密度是缓变的，即空间中每点的电子密度都可以看成是局域的均匀电子气，其电子动能就由上面推导的公式给出。体系的总能量可写成如下电子密度的泛函：

$$E_{\mathrm{TF}}[n] = C_{\mathrm{TF}}\int n^{5/3}(\boldsymbol{r})\mathrm{d}\boldsymbol{r} + \int V_{\mathrm{ext}}(\boldsymbol{r})n(\boldsymbol{r})\mathrm{d}\boldsymbol{r} + \frac{1}{2}\int\frac{n(\boldsymbol{r})n(\boldsymbol{r}')}{|\boldsymbol{r}-\boldsymbol{r}'|}\mathrm{d}\boldsymbol{r}\mathrm{d}\boldsymbol{r}' \qquad (4.5)$$

其中，第一项是电子的动能项，系数 $C_{\mathrm{TF}} = \frac{3}{10}(3\pi^2)^{2/3}$，此表达式在均匀电子气中严格成立；第二项是电子-离子相互作用能，其中 $V_{\mathrm{ext}}(\boldsymbol{r})$ 为外势场，一般指代离子实产生的库仑势场；第三项是哈特里能，即电子-电子间库仑排斥能。

已知体系的电子数 N_{e} 守恒，可得

$$\int n(\boldsymbol{r})\mathrm{d}\boldsymbol{r} = N_{\mathrm{e}} \qquad (4.6)$$

在此条件下求解上述能量泛函的极小值，就可以得到系统的基态电子密度，采用拉格朗日乘子法，定义

$$L_{\mathrm{TF}}[n(\boldsymbol{r})] = E_{\mathrm{TF}}[n(\boldsymbol{r})] - \mu\left[\int n(\boldsymbol{r})\mathrm{d}\boldsymbol{r} - N_{\mathrm{e}}\right] \qquad (4.7)$$

其中，μ 为拉格朗日乘子(化学势)。对电子密度作变分并令其等于零，可得

$$\frac{\delta L_{\mathrm{TF}}[n(\boldsymbol{r})]}{\delta n(\boldsymbol{r})} = \frac{5}{3}C_{\mathrm{TF}}n^{2/3}(\boldsymbol{r}) + V_{\mathrm{eff}}(\boldsymbol{r}) - \mu = 0 \qquad (4.8)$$

其中有效势包含外势和哈特里势两部分，写成

$$V_{\mathrm{eff}}(\boldsymbol{r}) = V_{\mathrm{ext}}(\boldsymbol{r}) + V_{\mathrm{Hartree}}(\boldsymbol{r}) \qquad (4.9)$$

其中，哈特里势可以写成 $V_{\mathrm{Hartree}}(\boldsymbol{r}) = \int\frac{n(\boldsymbol{r}')}{|\boldsymbol{r}-\boldsymbol{r}'|}\mathrm{d}\boldsymbol{r}'$。注意，$V_{\mathrm{eff}}(\boldsymbol{r})$ 也依赖于电子密度来构建，而电子密度需从电子波函数求得。因此，上述方程需要自洽迭代求解，最终可得到系统的基态电子密度和基态能量。

值得一提的是，在 TF 模型被提出时，电子间的交换关联作用是被忽略的。1930年，狄拉克(Dirac)在 TF 模型中加入了均匀电子气的交换能 $\left(-\frac{3}{4}\left(\frac{3}{\pi}\right)^{1/3}\int\mathrm{d}^3r\, n^{4/3}(\boldsymbol{r})\right)$，从而得到了托马斯-费米-狄拉克模型。狄拉克所采用的这种交换能的形式至今仍作为交换能的局域密度近似用于实际的密度泛函模型中，我们会在4.6节详细讨论。

总体来讲，虽然 TF 方法的形式简单明了，然而其精度较差。在材料计算领域，基于 TF 模型的动能密度泛函发展在近几十年也在持续进行，例如无轨道密度泛函理论(orbital-free density functional theory, OFDFT)方法进一步发展了半局域和非局域的动能泛函。然而，目前绝大多数 OFDFT 方法还只能用于测试简单体系，离真正实用还有距离。此外，近年来 TF 动能泛函也被用于极端高温高压的温稠密物质(warm dense matter)的模拟。值得强调的是，TF 模型中以电子密度为基本变量，将 N_{e} 个电子的 $3N_{\mathrm{e}}$ 个自由度简化为3个自由度，极大简化了复杂的多体薛定谔方程的求解，因此十分具有启发性，也为后来提出的科恩-沈吕九(Kohn-Sham)密度泛函理论做好了铺垫，我们将在下一节介绍。

4.2 霍恩伯格-科恩理论

1964 年，霍恩伯格 (Hohenberg) 和科恩 (Kohn) 在期刊 *Physical Review* 上发表了题为 "Inhomogeneous electron gas" 的论文，提出并证明了两个定理 (霍恩伯格-科恩 (Hohenberg-Kohn) 定理，HK 定理)，这两个定理奠定了目前广为流行的密度泛函理论的基础，该理论原则上可以精确地描述多电子系统，下面介绍这两条定理及其证明过程。

4.2.1 霍恩伯格-科恩定理一

霍恩伯格-科恩定理一：对于处在任一外势场 $V_{\text{ext}}(\boldsymbol{r})$ 下的由相互作用粒子组成的系统，外势场 $V_{\text{ext}}(\boldsymbol{r})$ 由基态粒子密度 $n_0(\boldsymbol{r})$ 唯一确定，其中 $V_{\text{ext}}(\boldsymbol{r})$ 可以相差一个常数。

该定理的证明如下。首先，我们定义固定离子位置下的多电子体系哈密顿量为

$$\hat{H} = \hat{T} + \hat{V}_{\text{ee}} + \hat{V}_{\text{ext}} \tag{4.10}$$

其中，$\hat{T}$、$\hat{V}_{\text{ee}}$ 和 $\hat{V}_{\text{ext}}$ 分别代表描述电子动能、电子间相互作用和外势的算符。如果该哈密顿量对应的基态多体波函数记为 $\Psi(\boldsymbol{r}_1, \boldsymbol{r}_2, \cdots, \boldsymbol{r}_{N_{\text{e}}})$，这里 $\boldsymbol{r}_1, \boldsymbol{r}_2, \cdots, \boldsymbol{r}_{N_{\text{e}}}$ 代表 N_{e} 个电子的坐标，则系统的基态能量可以写成

$$E = \left\langle \Psi \left| \hat{H} \right| \Psi \right\rangle \tag{4.11}$$

此外，系统的基态电子密度可以由 $\Psi(\boldsymbol{r}_1, \boldsymbol{r}_2, \cdots, \boldsymbol{r}_{N_{\text{e}}})$ 求得，记为 $n_0(\boldsymbol{r})$。

其次，假设存在另一个不同的外势场，其表达式为 $V'_{\text{ext}}(\boldsymbol{r})$，该外势场与 $V_{\text{ext}}(\boldsymbol{r})$ 的差值不是一个常数，但对应着相同的基态电子密度为 $n_0(\boldsymbol{r})$。同时，这两个不同外势场对应两个不同的哈密顿量 $\hat{H}$ 和 $\hat{H}'$，以及满足归一化条件的不同的基态多体波函数 $\Psi(\boldsymbol{r}_1, \boldsymbol{r}_2, \cdots, \boldsymbol{r}_{N_{\text{e}}})$ 和 $\Psi'(\boldsymbol{r}_1, \boldsymbol{r}_2, \cdots, \boldsymbol{r}_{N_{\text{e}}})$。因为 Ψ' 不是哈密顿量 $\hat{H}$ 的基态多体波函数，则原来系统的基态能量满足不等式

$$E < \left\langle \Psi' \left| \hat{H} \right| \Psi' \right\rangle \tag{4.12}$$

在非简并基态情况下该不等式严格成立。式 (4.12) 又可以写成

$$\left\langle \Psi' \left| \hat{H} \right| \Psi' \right\rangle = \left\langle \Psi' \left| \hat{H}' \right| \Psi' \right\rangle + \left\langle \Psi' \left| \hat{H} - \hat{H}' \right| \Psi' \right\rangle$$

$$= E' + \int \left[V_{\text{ext}}(\boldsymbol{r}) - V'_{\text{ext}}(\boldsymbol{r}) \right] n_0(\boldsymbol{r}) \mathrm{d}\boldsymbol{r} \tag{4.13}$$

其中 E' 是新系统的基态能量。因此

$$E < E' + \int \left[V_{\text{ext}}(\boldsymbol{r}) - V'_{\text{ext}}(\boldsymbol{r}) \right] n_0(\boldsymbol{r}) \mathrm{d}\boldsymbol{r} \tag{4.14}$$

接下来，用同样的证明思路，只是把两系统的符号交换一下，就可以得到针对 E' 的另一不等式

$$E' < E + \int \left[V'_{\text{ext}}(\boldsymbol{r}) - V_{\text{ext}}(\boldsymbol{r}) \right] n_0(\boldsymbol{r}) \mathrm{d}\boldsymbol{r} \tag{4.15}$$

把两个不等式 (式 (4.14)) 和 (式 (4.15)) 相加，外势项因为符号相反而相消，得到一个明显矛

盾的不等式

$$E + E' < E' + E \tag{4.16}$$

以上矛盾的结论说明假设是不成立的，即不可能有两个不同的外势场相差不是一个常数，却能够产生相同的非简并基态电荷密度。

换言之，系统的基态电子密度 $n_0(\boldsymbol{r})$ 唯一确定外势场 $V_{\text{ext}}(\boldsymbol{r})$，进而唯一确定系统的哈密顿量 $\hat{H}$。因此，通过求解该哈密顿量的薛定谔方程，可以获得电子的多体波函数。在所有可能的多体波函数中，基态的多体波函数使得体系能量最低。虽然霍恩伯格-科恩定理已指出了电子密度的重要性，但电子密度仍是由电子的多体波函数得来。事实上，该定理对于如何求解电子的多体波函数并没有给出具体的解决方案，我们仍然不知道如何去求解在外势场 $V_{\text{ext}}(\boldsymbol{r})$ 下的多体问题。在下一小节，我们将介绍 Levy 和 Lieb 给出的更普适、更直观的密度泛函定义，并将霍恩伯格-科恩定理一的证明从非简并基态推广到简并基态。

4.2.2 霍恩伯格-科恩定理二

霍恩伯格-科恩定理二：对于任意给定的外势场 $V_{\text{ext}}(\boldsymbol{r})$，可以定义一个能量关于电子密度 $n(\boldsymbol{r})$ 的泛函 $E[n(\boldsymbol{r})]$，使当电子密度 $n(\boldsymbol{r})$ 取系统的基态电子密度 $n_0(\boldsymbol{r})$ 时，该能量泛函取极小值 E_0，该值为系统的基态能量。

该定理的证明如下：首先，定义电子密度允许的取值范围，霍恩伯格和科恩在原始的证明过程中把电子密度 $n(\boldsymbol{r})$ 的取值范围限制为给定体系在外势场 $V_{\text{ext}}(\boldsymbol{r})$ 下的基态电子密度，后人又把这样定义出来的电子密度称作可以用势场 V 表示的 (V-representable) 电子密度，在这个定义出的可能的电子密度空间里我们可以构造系统电子部分的总能量密度泛函，定义为 $E_{\text{HK}}[n]$。

其次，因为电子动能 T、电子相互作用能 E_{ee} 和外势场能量都可以由基态电子密度 $n(\boldsymbol{r})$ 唯一确定，所以这些能量可以定义成电子密度 $n(\boldsymbol{r})$ 的泛函，包括系统的电子部分总能量也可以写成密度泛函形式

$$E_{\text{HK}}[n] = T[n] + E_{\text{ee}}[n] + \int V_{\text{ext}}(\boldsymbol{r})n(\boldsymbol{r})\mathrm{d}\boldsymbol{r} \tag{4.17}$$

现在考虑外势场为 $V_{\text{ext}}(\boldsymbol{r})$ 的系统，其基态电子密度为 $n_0(\boldsymbol{r})$，对应的基态多体波函数为 $\Psi(\boldsymbol{r}_1, \boldsymbol{r}_2, ..., \boldsymbol{r}_{N_e})$。此时，HK 泛函等于基态电子密度下的哈密顿量的期望值，$E = E_{\text{HK}}[n] = \langle \Psi | \hat{H} | \Psi \rangle$。再考虑同一个哈密顿量下的另一个不同的电子密度 $n'(\boldsymbol{r})$，以及对应的不同基态多体波函数为 $\Psi'(\boldsymbol{r}_1, \boldsymbol{r}_2, ..., \boldsymbol{r}_{N_e})$。可以发现，在这组新的电子多体波函数表示下，对应的电子系统能量 E' 显然大于 E，因为

$$E < \langle \Psi' | \hat{H} | \Psi' \rangle = E' \tag{4.18}$$

因此，HK 泛函在给定基态电子密度 $n_0(\boldsymbol{r})$ 时得到的能量会低于任何其他电子密度 $n(\boldsymbol{r})$ 时得到的能量。

总之，如果关于电子动能和相互作用能这一部分的泛函形式已知，则可以通过对密度泛函的变分来得到系统的总能量的最小值，这样就能找到准确的基态电子密度和基态能量。

然而，HK 定理并未给出电子动能和相互作用能的具体泛函形式。最后补充说明两点：第一，这个HK泛函虽然提供了基态的性质，但并未给出激发态信息，所以我们往往说DFT方法是描述电子系统基态性质的理论；第二，在计算电子和离子组成的体系总能量时，除了上述描述的电子部分能量，还需要把离子-离子相互排斥能量也考虑进去，但注意离子-离子能量和电子密度无关。

4.3 Levy-Lieb泛函

霍恩伯格-科恩定理二虽然定义了一个关于电子密度的能量泛函，当电子密度是系统基态电子密度时，该泛函取最小值，但要处理该泛函仍然具有很大挑战。Levy 和 Lieb 提出了一种更切实可行的泛函定义，这里我们将这种新泛函称为LL泛函。相较于霍恩伯格-科恩定理二给出的泛函，LL泛函以形式上更易于理解的方式扩展了泛函定义的范围，并且当LL泛函取最小值时可以得到和HK泛函相同的基态密度和能量。此外，LL泛函更具优势的点在于不仅清晰地阐明了该泛函具体的物理含义，并且还适用于简并基态。

LL泛函从多体波函数$\Psi(\boldsymbol{r}_1, \boldsymbol{r}_2, \cdots, \boldsymbol{r}_{N_e})$对应的体系能量一般表达式出发，电子系统的哈密顿量主要由三部分组成，分别对应电子的动能$\hat{T}$、电子的相互作用$\hat{V}_{ee}$和外势$\hat{V}_{ext}$。LL泛函将最小化的过程拆分成了两步依次进行。首先，第一步先给定一个电子密度$n(\boldsymbol{r})$，并且引入了多体波函数Ψ。与HK泛函的不同之处在于，LL泛函采用多体波函数而不是电子密度来求电子的动能和相互作用项，具体形式如下：

$$E_1[n(\boldsymbol{r})] = \min_{\Psi \to n(\boldsymbol{r})} \left\langle \Psi \left| \hat{T} + \hat{V}_{ee} \right| \Psi \right\rangle \tag{4.19}$$

这里多体波函数的选取范围必须是能给出相同的电子密度$n(\boldsymbol{r})$。换言之，我们只考虑具有相同电子密度$n(\boldsymbol{r})$的多体波函数，并且通过寻找到能让$E_1[n(\boldsymbol{r})]$取最小值的多体波函数来进一步寻找系统的基态。在此基础上，LL泛函形式的系统总能量写为

$$E_{LL}[n(\boldsymbol{r})] = E_1[n(\boldsymbol{r})] + \int V_{ext}(\boldsymbol{r})n(\boldsymbol{r})d\boldsymbol{r} \tag{4.20}$$

第二步，通过选取不同的电子密度来最小化求得LL泛函的极小值，从而得到系统的基态电子密度和基态能量。

LL泛函里引入了多体波函数，也让我们对密度泛函理论有了更深刻的理解。式(4.19)是LL泛函里最重要的一个式子。该式指出了泛函的明确定义，即在给定电子密度的前提下，在所有符合这个电子密度的多体波函数中寻找使电子动能和相互作用能取最小值的多体波函数。对于满足某些简单条件的电子密度，这种波函数总是存在的。而HK泛函里电子密度是和系统感受的外势一一对应的，这样定义出来的电子密度取值范围并不明确。因此，这两种泛函所定义的电子密度的范围实际上并不完全相同。虽然在此处LL泛函还需要用到多体波函数，但之后会看到，LL泛函的形式对于后来密度泛函理论的进一步发展具有十分重要的启示作用，例如用来帮助理解多电子间的交换关联泛函效应。

4.4　科恩-沈吕九方程

1965年,科恩(Kohn)和沈吕九(Sham)提出了著名的科恩-沈吕九(Kohn-Sham, KS)假设,该假设巧妙地将上述介绍的电子多体问题转化为一个单电子问题。由KS假设得到的单电子科恩-沈吕九方程引入了交换关联泛函,进而推导出科恩-沈吕九方程。对科恩-沈吕九方程的求解如今已广泛应用于各个学科中,取得了巨大成功。原则上,只要能够获得交换关联泛函的准确形式,就可以准确求解多电子体系的性质。然而,目前人们还不知道精确交换关联泛函的数学形式,只能在实际计算中采取近似方法,而不同的近似方法精度和效率也各不相同,会在之后介绍。

首先简单介绍KS假设:对任意一个多体系统,总是可以找到一个对应的无相互作用的单体系统,这两个系统拥有同样的基态电子密度。这里的无相互作用系统指的是粒子之间没有相互作用,即对每个粒子的状态描述都可以简化成求解一个单体问题。在无相互作用系统里,电子可以用单电子的波函数来描述,对应的动能也可以由单电子波函数来求,因此可以大大简化多体波函数的计算。在此基础上,前文所叙述的HK定理和LL泛函仍然可以应用到无相互作用系统。特别注意的是,在采用单体波函数计算无相互作用系统的哈密顿量每一项能量时,其与实际的多体系统的计算结果会有一定的偏差,科恩和沈吕九将这些偏差汇总到所谓的"交换关联泛函",并且通过对这个泛函进行简单地近似,得到了非常好的结果。

科恩-沈吕九假设,原来 N_e 个电子的多体波函数具有 $3N_e$ 个自由度,在无相互作用系统(又称为科恩-沈吕九系统)里被简化成求解3个变量的单体波函数方程(又称为科恩-沈吕九波函数),因此计算的复杂度大大降低了。其次,无相互作用系统虽然和多体系统具有相同电子密度,但哈密顿量却不相同。进一步,科恩-沈吕九方案里通过引入交换关联泛函,进一步可以通过变分的方法推导出科恩-沈吕九方程。一般来说,通过求解该方程,即可获得无相互作用系统的能级和波函数,以及基态的电子密度,从而可以用于研究实际材料的各种性质。此外,对交换关联项的近似越接近多体相互作用项,科恩-沈吕九方程解出的电子密度就越接近真实多体系统的电子密度。下面我们介绍如何推导出科恩-沈吕九方程,这里不考虑自旋,但考虑自旋的情况较容易推广,读者可自己尝试。

对于一个 N_e 个电子的系统,令科恩-沈吕九的单体波函数为 $\psi_{i=1,N_e}(\boldsymbol{r})$,则科恩-沈吕九系统的电子密度可以写成

$$n(\boldsymbol{r}) = \sum_{i=1}^{N_e} |\psi_i(\boldsymbol{r})|^2 \tag{4.21}$$

相应地,科恩-沈吕九系统单电子动能为

$$T_s = -\frac{1}{2}\sum_{i=1}^{N_e} \langle \psi_i | \nabla^2 | \psi_i \rangle = \frac{1}{2}\sum_{i=1}^{N_e} \int |\nabla \psi_i(\boldsymbol{r})|^2 \, \mathrm{d}\boldsymbol{r} \tag{4.22}$$

此外,在多电子体系的多电子相互作用能中,有一部分可以精确地表示为电子密度的泛函,在科恩-沈吕九系统里称为哈特里能量,表示的物理含义是电子密度为 $n(\boldsymbol{r})$ 的体系里电子之间的库仑排斥能

$$E_{\text{Hartree}}[n] = \frac{1}{2} \int \int \frac{n(\boldsymbol{r})n(\boldsymbol{r}')}{|\boldsymbol{r} - \boldsymbol{r}'|} \mathrm{d}\boldsymbol{r}\mathrm{d}\boldsymbol{r}' \tag{4.23}$$

最后，电子体系感受到的原子核产生的库仑势和其他外部势场的能量为 $E_{\text{ext}}[n]$，将这些能量放入外势项 $V_{\text{ext}}(\boldsymbol{r})$ 中，以及科恩和沈吕九提出的包含电子多体相互作用的交换关联泛函也是关于电子密度的泛函。至此，科恩-沈吕九系统的总能量泛函为

$$E_{\text{KS}}[n] - T_{\text{s}}[n] + E_{\text{Hartree}}[n] + \int V_{\text{ext}}(\boldsymbol{r})n(\boldsymbol{r})\mathrm{d}\boldsymbol{r} + E_{\text{xc}}[n] \tag{4.24}$$

注意，如果将原子核和电子看成一个总的体系，则需要加上原子核之间的库仑排斥能 E_{II}。

关于交换关联泛函为什么可以用电子密度来近似，我们可以从以下分析中获得。在霍恩伯格-科恩定理二的证明过程中，我们提到可以定义关于体系能量的泛函，其中关于多电子体系的动能泛函可以定义为 $T[n]$，而关于多电子体系的泛函可以定义为 $E_{\text{ee}}[n]$。因此，交换关联泛函可以定义成这两部分的能量与上文定义的单粒子动能 $T_{\text{s}}[n]$ 和哈特里能 $E_{\text{Hartree}}[n]$ 的差，具体可以写成

$$E_{\text{xc}}[n] = (T[n] - T_{\text{s}}[n]) + (E_{\text{ee}}[n] - E_{\text{Hartree}}[n]) \tag{4.25}$$

从上式可以看出，通过 HK 泛函就可以定义出交换关联泛函，并且该泛函只和电子密度相关。因为 HK 泛函的形式是未知的，因此交换关联泛函也是未知的。

接下来，根据霍恩伯格-科恩定理二，我们通过将科恩-沈吕九系统的总能量对电子密度做变分来获得使体系总能量极小的电子密度，该密度即系统的基态电子密度。值得注意的一点是，由于电子动能是直接由科恩-沈吕九波函数求得的，而不是电子密度，因此，在变分过程中可以借助链式法则将科恩-沈吕九系统总能量对科恩-沈吕九波函数做变分来求能量极小值，具体公式如下：

$$\frac{\delta E_{\text{KS}}}{\delta \psi_i^*(\boldsymbol{r})} = \frac{\delta T_{\text{s}}}{\delta \psi_i^*(\boldsymbol{r})} + \left[\frac{\delta E_{\text{Hartree}}}{\delta n(\boldsymbol{r})} + \frac{\delta E_{\text{ext}}}{\delta n(\boldsymbol{r})} + \frac{\delta E_{\text{xc}}}{\delta n(\boldsymbol{r})} \right] \frac{\delta n(\boldsymbol{r})}{\delta \psi_i^*(\boldsymbol{r})} \tag{4.26}$$

其中，动能密度和电子密度对科恩-沈吕九波函数的变分项可以分别写成

$$\frac{\delta T_{\text{s}}}{\delta \psi_i^*(\boldsymbol{r})} = -\frac{1}{2}\nabla^2 \psi_i(\boldsymbol{r}), \quad \frac{\delta n(\boldsymbol{r})}{\delta \psi_i^*(\boldsymbol{r})} = \psi_i(\boldsymbol{r}) \tag{4.27}$$

此外，考虑到体系的电子数是守恒的，所以需要在变分时加入一个电子数守恒的约束条件，可以写成公式

$$\int n(\boldsymbol{r})\mathrm{d}\boldsymbol{r} = N_{\text{e}} \tag{4.28}$$

利用拉格朗日乘子法，引入拉格朗日乘子 ϵ_i，可以得到加入约束后的变分公式为

$$\frac{\delta \left[E_{\text{KS}} - \epsilon_i \int n(\boldsymbol{r})\mathrm{d}\boldsymbol{r} \right]}{\delta \psi_i^*(\boldsymbol{r})} = \left[-\frac{1}{2}\nabla^2 + \frac{\delta E_{\text{Hartree}}}{\delta n(\boldsymbol{r})} + \frac{\delta E_{\text{ext}}}{\delta n(\boldsymbol{r})} + \frac{\delta E_{\text{xc}}}{\delta n(\boldsymbol{r})} - \epsilon_i \right] \psi_i(\boldsymbol{r}) = 0 \tag{4.29}$$

将以上变分为 0 的公式稍加整理，即可导出科恩-沈吕九方程：

$$H_{\text{KS}}\psi_i(\boldsymbol{r}) = \epsilon_i \psi_i(\boldsymbol{r}) \tag{4.30}$$

其中，电子体系的哈密顿量可以写成

$$H_{\text{KS}}(\boldsymbol{r}) = -\frac{1}{2}\nabla^2 + V_{\text{KS}}(\boldsymbol{r}) \tag{4.31}$$

其中，KS 有效势可以写成

$$V_{\text{KS}}(\boldsymbol{r}) = \frac{\delta E_{\text{Hartree}}}{\delta n(\boldsymbol{r})} + V_{\text{ext}}(\boldsymbol{r}) + \frac{\delta E_{\text{xc}}}{\delta n(\boldsymbol{r})}$$

$$= V_{\text{Hartree}}(\boldsymbol{r}) + V_{\text{ext}}(\boldsymbol{r}) + V_{\text{xc}}(\boldsymbol{r}) \qquad (4.32)$$

可以看出 H_{KS} 是依赖于波函数 $\psi_i(\boldsymbol{r})$ 的，而波函数是要求解科恩-沈吕九方程才能得到的。所以，事实上求解科恩-沈吕九方程往往需要进行电子的自洽迭代才能得到基态的科恩-沈吕九波函数。

4.5　科恩-沈吕九轨道与轨道能量

求解科恩-沈吕九方程得到的基态波函数 $\psi_{i=1,N}(\boldsymbol{r})$ 即科恩-沈吕九轨道，而每个波函数对应的拉格朗日乘子 ϵ_i 是科恩-沈吕九方程的本征值，也是科恩-沈吕九轨道能量，因为

$$\langle \psi_i | \hat{H}_{\text{KS}} | \psi_i \rangle = \langle \psi_i | \epsilon_i | \psi_i \rangle = \epsilon_i \qquad (4.33)$$

在实际计算中，轨道能量常用于计算电子体系的总能量，公式为

$$E_{\text{KS}}[n] = \sum_i \epsilon_i - \int \left[V_{\text{Hartree}}(\boldsymbol{r}) + V_{\text{xc}}(\boldsymbol{r}) \right] n(\boldsymbol{r}) \mathrm{d}\boldsymbol{r} + \frac{1}{2} \int \int \frac{n(\boldsymbol{r})n(\boldsymbol{r}')}{|\boldsymbol{r} - \boldsymbol{r}'|} \mathrm{d}\boldsymbol{r}\mathrm{d}\boldsymbol{r}' + E_{\text{xc}}[n] \quad (4.34)$$

注意，之所以 KS 体系的总能量不是占据态的能量之和，是因为从总能量的公式出发作对电子密度的变分时，哈特里项的能量表达式中包含了两项电子密度 ($n(\boldsymbol{r})$ 和 $n(\boldsymbol{r}')$)，所以对电子密度变分后的哈特里势如果用于求哈特里能量，则是原来的 2 倍，可以写成

$$\int V_{\text{Hartree}}(\boldsymbol{r})n(\boldsymbol{r})\mathrm{d}\boldsymbol{r} = 2 \times \frac{1}{2} \int \int \frac{n(\boldsymbol{r})n(\boldsymbol{r}')}{|\boldsymbol{r} - \boldsymbol{r}'|} \mathrm{d}\boldsymbol{r}\mathrm{d}\boldsymbol{r}' \qquad (4.35)$$

因此，实际上计算体系的基态能量时，需要先减去本征值 ϵ_i 里包含的 V_{Hartree} 能量部分，再把真正的哈特里能量加回，同样的处理方式也需要用于交换关联泛函项，最终才能得到电子体系的基态总能量。

科恩-沈吕九轨道与轨道能量通常可以采用迭代的方式求解科恩-沈吕九方程获得，下面我们简述这个自洽迭代的流程：第一步，定义一个初始的试探电子密度 $n^j(\boldsymbol{r})$，j 为电子迭代次数的指标，例如可以选择由每个原子轨道的贡献叠加得到。第二步，构造由电子密度 $n^j(\boldsymbol{r})$ 建立起的单体科恩-沈吕九哈密顿量。第三步，求解科恩-沈吕九方程，得到单体波函数 $\psi_i^j(\boldsymbol{r})$ 和对应的能级。第四步，根据 $\psi_i^j(\boldsymbol{r})$ 计算电子密度 $n^{j+1}(\boldsymbol{r})$。第五步，比较新的电子密度 $n^{j+1}(\boldsymbol{r})$ 与输入电子密度 $n^j(\boldsymbol{r})$，如果二者之差小于设定的收敛标准，则认为获得体系的基态电子密度；反之，则对新旧电子密度进行一定比例的混合得到新的电子密度，重复进行步骤二到步骤五，直至达到收敛条件。事实上，近年来也发展了一些不需要求解科恩-沈吕九方程而是直接计算体系电子密度的方法，例如 PEXSI 方法和随机波函数密度泛函理论等。然而，目前为止被广泛使用的还是采用对角化的方式求解科恩-沈吕九方程。

然而，科恩-沈吕九轨道能量并没有实际的物理意义，例如求解出来的能级并不代表体系得失电子的能量，但对于有限体系的最高占据态 (HOMO)，其能量等于负的电离能。通过前面的理论基础，我们知道科恩-沈吕九系统是无相互作用系统，其和真实多体系统只具有共同的基态电子密度，但科恩-沈吕九系统的轨道、轨道能量与真实系统的并不相同。例

如, 用轨道能量来计算半导体和绝缘体的能隙, 结果往往是错误的。想得到更有真实物理意义的能隙, 往往需要考虑激发态理论, 这部分近年来也有较大的进展, 但本书不再继续介绍, 有兴趣的读者可以寻找这方面的文献资料。

4.6 常用密度泛函

交换关联泛函 E_{xc} 中包含了真实多体系统与科恩-沈吕九假设的无相互作用系统间的能量差, 它的解析形式未知, 因此需要采取近似的方法来确定, 交换关联泛函的选择往往也直接决定着 DFT 计算的精度。进一步, E_{xc} 还可以分为交换能 E_x 和关联能 E_c 两部分。从概念上出发, 交换能 E_x 有如下定义:

$$E_x = \left\langle \Psi^{KS} | \hat{V}_{ee} | \Psi^{KS} \right\rangle - E_{Hartree} \tag{4.36}$$

其中, Ψ^{KS} 指代科恩-沈吕九无相互作用系统里的波函数, 也就是科恩-沈吕九轨道组合成的斯莱特行列式。关联能 E_c 则有如下定义:

$$E_c = \left\langle \Psi | \hat{T} + \hat{V}_{ee} | \Psi \right\rangle - \left\langle \Psi^{KS} | \hat{T} + \hat{V}_{ee} | \Psi^{KS} \right\rangle$$
$$= \left\langle \Psi | \hat{T} + \hat{V}_{ee} | \Psi \right\rangle - T_s - E_x - E_{Hartree} \tag{4.37}$$

其中, Ψ 指真实系统的多体波函数, 通过公式可以看出关联能又分成与动能和电子相互作用相关的两部分关联能。基于以上的表达式, 可以推导出对 E_{xc} 满足物理限制的进一步分析, 从而帮助人们做出更合理的近似。

一般将交换关联泛函写成交换关联能量密度 $\epsilon_{xc}(\boldsymbol{r})$ 乘以电子密度 $n(\boldsymbol{r})$ 后在实空间的积分形式,

$$E_{xc} = \int \epsilon_{xc}[n] n(\boldsymbol{r}) \mathrm{d}\boldsymbol{r} \tag{4.38}$$

其中, ϵ_{xc} 又可以分为交换和关联两部分:

$$\epsilon_{xc} = \epsilon_x + \epsilon_c \tag{4.39}$$

交换关联泛函在近几十年来得到了长足的发展, 各式各样的密度泛函形式繁多, 既包含着从遵循物理基本原理角度出发设计的泛函, 也有基于经验数值拟合的泛函, 近年来基于机器学习的密度泛函也开始发展。在这里, 我们将主要沿着著名的 "Jacob's ladder" (雅各之梯) 为线索, 介绍实际计算中常用的交换关联泛函近似及其特点, 包括局域密度近似 (local density approximation, LDA)、广义梯度近似 (generalized gradient approximation, GGA)、meta-GGA 近似和杂化泛函 (hybrid functional) 等。

4.6.1 局域密度近似

局域密度近似是最初科恩-沈吕九理论提出时所使用的交换关联泛函的近似, 也是所有交换关联泛函近似中最基本的一种泛函近似。LDA 泛函假设空间中任意一点的交换关联密度 $\epsilon_{xc}(\boldsymbol{r})$ 只依赖于该点的电子密度 $n(\boldsymbol{r})$, 因此体系的交换关联能可以写成

$$E_{xc}^{LDA}[n] = \int \epsilon_{xc}[n] n(\boldsymbol{r}) \mathrm{d}\boldsymbol{r} = \int \left(\epsilon_x[n] + \epsilon_c[n] \right) n(\boldsymbol{r}) \mathrm{d}\boldsymbol{r} \tag{4.40}$$

LDA的设计思想类似于前文介绍的托马斯-费米模型中动能项的处理，即在缓变的电子密度中，将每点的电子密度看成均匀的自由电子气，用均匀自由电子气模型计算该点的交换关联能密度，然后通过对全空间积分得到电子体系的交换关联能。在LDA近似下，交换关联势 V_{xc} 的表达式为

$$V_{\mathrm{xc}}(r) = \frac{\delta E_{\mathrm{xc}}}{\delta n} = \epsilon_{\mathrm{xc}} + \frac{\partial \epsilon_{\mathrm{xc}}}{\partial n} \tag{4.41}$$

考虑拥有均匀正电荷背景的均匀电子气，则其本征态为平面波。狄拉克在1930年提出严格计算的均匀电子气交换能形式，在科恩-沈吕九的LDA近似里采用了均匀自由电子气的交换能形式，交换能密度为

$$\epsilon_{\mathrm{x}}^{\mathrm{LDA}}[n(\boldsymbol{r})] = -\frac{3}{4}\left(\frac{3}{\pi}\right)^{1/3} n^{1/3}(\boldsymbol{r}) \tag{4.42}$$

在LDA中，关联能的近似不像交换能那样有简单和明确的数学形式，即使对于均匀电子气，也无法直接从理论上给出解析表达式，多个研究小组对关联能的形式进行了研究。1980年，Ceperley和Alder通过拟合量子蒙特卡罗方法在均匀电子气中的计算结果，得到了关联能密度的LDA近似。同年，Vosko、Wilk和Nusair用无规相近似(random phase approximation, RPA)方法计算了均匀电子气的关联能，结合Ceperley-Alder的结果，通过插值得到了新的LDA形式，称为VWN泛函，是量子化学领域常用的近似形式。1981年，Perdew和Zunger详细讨论了DFT中自相互作用修正的形式，将它用在了Ceperley-Alder泛函上，得到了Perdew-Zunger (PZ81)泛函，目前仍是凝聚态物理中常用的泛函。

上面的讨论中考虑了自旋简并的情形，对于自旋极化的系统，需要用到局域自旋密度近似(local spin density approximation, LSDA)。其中交换关联能密度依赖于自旋向上和向下的电子密度，即

$$\begin{aligned} E_{\mathrm{xc}}^{\mathrm{LDA}} &= \int n(\boldsymbol{r})\epsilon_{\mathrm{xc}}^{\mathrm{LDA}}(n^{\uparrow}(\boldsymbol{r}), n^{\downarrow}(\boldsymbol{r}))\mathrm{d}\boldsymbol{r} \\ &= \int n(\boldsymbol{r})\Big[\epsilon_{\mathrm{x}}^{\mathrm{LDA}}(n^{\uparrow}(\boldsymbol{r}), n^{\downarrow}(\boldsymbol{r})) + \epsilon_{\mathrm{c}}^{\mathrm{LDA}}(n^{\uparrow}(\boldsymbol{r}), n^{\downarrow}(\boldsymbol{r}))\Big]\mathrm{d}\boldsymbol{r} \end{aligned} \tag{4.43}$$

实际处理中，可以把交换能部分和关联能部分分开处理。

尽管LDA近似是密度泛函理论中最早提出的泛函近似，看上去似乎比较粗糙，但它在实际体系中的计算精度相当不错，有部分的原因来自于交换能近似和关联能近似的误差相互抵消，因此它至今仍是常用的交换关联近似之一，同时也是很多更高级泛函的出发点。

4.6.2 广义梯度近似

尽管基于均匀自由电子气模型的LDA获得了成功，但实际材料体系中的电子密度 $n(\boldsymbol{r})$ 与均匀自由电气的仍有很大差别。因此，一个合理的方法是考虑电子密度的梯度 $\nabla n(\boldsymbol{r})$ 来进一步提高泛函精度，这便是广义梯度近似，通常GGA的泛函可以写成如下形式：

$$E_{\mathrm{xc}}^{\mathrm{GGA}}[n^{\uparrow}, n^{\downarrow}] = \int f(n^{\uparrow}, n^{\downarrow}, \nabla n^{\uparrow}, \nabla n^{\downarrow})\mathrm{d}\boldsymbol{r} \tag{4.44}$$

此时泛函的信息除了和 $\boldsymbol{r}$ 点相关，还通过引入梯度的信息，将此点周围的信息也纳入来构造泛函，通常我们把这样的泛函称为半局域(semilocal)的交换关联泛函。在此基础上，有

一系列不同的GGA交换关联泛函被提出，例如B86交换泛函、B88交换泛函、PW91交换关联泛函等。

其中，PW91泛函是想尽可能满足更多的严格物理条件，然而GGA泛函的形式还是有所局限，难以较好地达到这个目标。1996年，Perdew、Burke、Ernzerhof等提出了PBE泛函，该工作对于交换关联泛函需要满足的若干严格物理限制条件进行了筛选，并挑选了其中最为重要的一些和能量相关的物理限制来构造GGA泛函。在1996年的这个PBE工作里，作者列举了该泛函满足的7条物理限制，其中交换能满足4条物理限制，而关联能满足3条物理限制。

首先，我们介绍PBE里交换能的形式。我们先定义两个新的物理量，第一个是无量纲的密度梯度s，包含了密度梯度的信息，可写为

$$s = \frac{|\nabla n|}{2k_F n} \tag{4.45}$$

其中，k_F是费米波矢。可以看到，当体系为均匀自由电子气时，密度梯度为0，则s为0。从另外一个角度讲，当s趋向于0时，就代表体系进入了电子密度缓变的区域。

第二个是自旋极化的增强因子(enhancement factor)：

$$F_x(s) = 1 + \kappa - \frac{\kappa}{1 + \mu s^2/\kappa} \tag{4.46}$$

其中，$\kappa = 0.804$，$\mu \approx 0.21951$。在此基础上，PBE的交换能形式可以写成

$$E_x^{GGA} = \int \epsilon_x^{LDA}[n(\boldsymbol{r})]n(\boldsymbol{r})F_x(s)\mathrm{d}\boldsymbol{r} \tag{4.47}$$

此交换能在LDA交换能的基础上引入了增强因子，满足以下四条物理限制。第一，对均匀自由电子气，增强因子$F_x(s)$回到LSDA的结果

$$F_x(0) = 1 \tag{4.48}$$

第二，考虑自旋后，交换能满足自旋的标度(spin scaling)关系

$$E_x[n^\uparrow, n^\downarrow] = (E_x[2n^\uparrow] + E_x[2n^\downarrow])/2 \tag{4.49}$$

第三，当s趋向于0时，体系趋向于均匀电子气，这时通过增强因子的数学形式，交换能可以复现LSDA的线性响应理论中得到的结果，即

$$F_x(s) \to 1 + \mu s^2 \tag{4.50}$$

第四，交换能要满足Lieb-Oxford边界条件(Lieb-Oxford bound)

$$E_x[n^\uparrow, n^\downarrow] \geqslant E_{xc}[n^\uparrow, n^\downarrow] \geqslant -1.679 \int n(\boldsymbol{r})^{4/3}\mathrm{d}\boldsymbol{r} \tag{4.51}$$

可以推导出增强因子满足的条件为

$$F_x(s) \leqslant 1.804 \tag{4.52}$$

对任意大于或等于0的s，PBE泛函里设计出来的增强因子满足该条件。

其次，除了PBE中的交换能，关联能的形式也有改进。我们也先定义几个物理量。第一个是相对的自旋极化

$$\zeta = (n^\uparrow - n^\downarrow)/n \tag{4.53}$$

在此基础上定义自旋标度的因子

$$\phi(\zeta) = \left[(1+\zeta)^{2/3} + (1-\zeta)^{2/3} \right]/2 \tag{4.54}$$

至此可以定义另一个无量纲的密度梯度

$$t = \frac{|\nabla n|}{2\phi(\zeta)k_s n} \tag{4.55}$$

其中 $k_s = \sqrt{4k_{\mathrm{F}}/\pi}$ 是托马斯-费米屏蔽波数。

在以上定义的基础上，PBE 关联能的表达式为

$$E_{\mathrm{c}}^{\mathrm{GGA}} = \int \left[\epsilon_{\mathrm{c}}^{\mathrm{LDA}}(r_s, \zeta) + H(r_s, \zeta, t) \right] n(\boldsymbol{r}) \mathrm{d}\boldsymbol{r} \tag{4.56}$$

其中 $\epsilon_{\mathrm{c}}^{\mathrm{LDA}}$ 是 LSDA 下的关联能密度，r_s 为局域 Seitz 半径，满足 $r_s = \left(\dfrac{3}{4\pi n} \right)^{1/3}$。这里 $H(r_s, \zeta, t)$ 的形式为

$$H = \gamma\phi^3 \ln\left[1 + \frac{\beta}{\gamma}t^2 \left(\frac{1+At^2}{1+At^2+A^2t^4} \right) \right] \tag{4.57}$$

其中，

$$A = \frac{\beta}{\gamma} \left[\exp\{-\epsilon_{\mathrm{c}}^{\mathrm{LDA}}/(\gamma\phi^3)\} - 1 \right]^{-1} \tag{4.58}$$

这里参数的取法是 $\beta \approx 0.066725$，γ 是 ζ 的弱函数 (weak function)，所以一般取 $\zeta = 0$ 时 γ 的值为 $(1 - \ln 2)/\pi^2 \approx 0.031091$。

上述形式的关联能满足 3 条物理限制：第一，在电子密度缓变极限下 $(t \to 0)$，H 满足它的二阶梯度展开；第二，在电子密度的快变极限下 $(t \to \infty)$，$H \to -\epsilon_{\mathrm{c}}^{\mathrm{LDA}}$，正好使关联能 $E_{\mathrm{c}}^{\mathrm{GGA}}$ 消失；第三，满足在电子密度均匀放缩 $(n(r) \to \lambda^3 n(\lambda r))$ 下的高密度极限 $(\lambda \to \infty)$。

PBE 泛函兼顾了精度和效率并取得了巨大的成功，也是至今仍被广泛使用的 GGA 泛函之一。事实上，在 GGA 的框架下也有许多其他泛函被发展和使用，感兴趣的读者可自行查阅相关资料。

4.6.3 密度泛函理论——雅各之梯

2000 年前后，Perdew 等提出了密度泛函理论中构建交换关联泛函的系统。例如，雅各之梯的说法，将交换关联泛函的精度分成 5 层，每一层对应了对交换关联泛函不同层级的近似，越高层代表精度越高。在该理论中，起点为哈特里-福克 (Hartree-Fock) 方法的精度，即完全忽略了体系的关联作用。第一层为对交换关联泛函采取 LDA 近似，只考虑空间某点的密度信息。第二层为 GGA 近似方法，考虑空间某点的电子密度及其一阶梯度的信息。第三层为 meta-GGA，除了密度及其一阶梯度，meta-GGA 的能量密度还包含了动能密度 $\tau(r)$。第四层为杂化泛函 (hybrid functional)，该泛函引入了哈特里-福克中部分的交换能，除了电子密度，还考虑了占据轨道的信息。第五层为最高层，考虑了非占据轨道的信息。

一般来说，随着层数的增加，交换关联泛函的精度越来越接近化学精度，但同时也伴随着计算量的增加。

4.7　局域轨道和平面波

4.7.1　局域轨道

对电子结构的求解可以在不同的表象下进行，电子的波函数以及势函数也可以在不同基矢量下表示，常用的有平面波和局域轨道等。局域原子轨道的线性组合方法就是通过局域的原子轨道来求解量子力学问题。其中局域轨道的选取方式有多种，例如高斯轨道 (Gaussian type orbitals，GTOs 或 Gaussians)、数值原子轨道 (numerical atomic orbitals)、万尼尔函数 (Wannier functions) 等。高斯轨道主要用在量子化学软件里，是 Gaussian、PySCF、CP2K 等程序主要采用的基矢量，其优点是关于高斯的积分可以通过解析形式高效运算。这里我们主要介绍基于数值原子轨道基组的相关算法，采用该基组的密度泛函理论程序有SIESTA、openMX、FHI-aims 和原子算筹 (ABACUS) 等，常用在处理具有周期性边界条件的材料体系。

从数学形式上来看，数值原子轨道可以分解为径向函数 $f_{l\zeta}$ 和球谐函数 Y_{lm} 的乘积：

$$\phi_{lm\zeta}(\boldsymbol{r}) = f_{l\zeta}(r)Y_{lm}(\hat{r}) \tag{4.59}$$

其中，l 是角量子数，m 是磁量子数，ζ 代表了每个角量子数上对应的多个径向轨道，实际计算中通常采用多于 1 个轨道来增加基矢量的完备性。数值原子轨道有一套常用的命名方案用来表示选取的基组大小，对于每个被电子占据的角量子数 l，若采用 1 条径向轨道，则称该基组为 Single-ζ 轨道，简称 SZ 轨道基组；若采用 2 条径向轨道，则称该基组为 Double-ζ 轨道，简称 DZ 轨道基组。目前，在许多赝势结合数值原子轨道的程序里，通常会在 DZ 轨道的基础上引入 1 条极化的径向轨道来组成 DZP(Double-ζ valence orbitals plus SZ polarization) 轨道基组。此外，还有基组数量更大的 TZDP(Triple-ζ valence orbitals plus DZ polarization) 轨道等。

数值原子轨道作为基矢量有几个优点：第一，基矢量个数相比于一些常用的基矢量 (例如平面波和实空间网格) 大幅度降低；第二，数值原子轨道是局域的，空间上可以严格截断，采用数值原子轨道来构建体系的哈密顿量的效率可以达到线性标度的时间复杂度。然而，构造精度高、可系统提升数量、可移植性好的原子轨道基组却面临挑战，因此也有多种方案被提出。例如，Junquera 等提出在一维薛定谔方程中加入不同形式的约束势场，从而求解出具有严格截断的数值原子轨道。Ozaki 在 OpenMX 软件中采用变分的方法来优化局域轨道的形状，从而得出一组最优的数值原子轨道。Volker 等提出在一个大的局域轨道基组中挑选最合适的局域轨道组成不同等级的基组轨道，该方案用于全电子密度泛函理论软件 FHI-aims 中。Chen 等提出利用前人提出的溢出函数 (spillage function) 来构造可系统提高数量的数值原子轨道，其中每个轨道都由一组球贝塞尔函数作为基矢量展开，该轨道被用在 ABACUS 软件中。

基于数值原子轨道和赝势结合的科恩-沈吕九方程求解过程大致可以分为两大步骤。首先，基于数值原子轨道，可以快速构建体系的哈密顿量，例如原子的动能和非局域势算符对应的矩阵可以通过双中心积分技术高效计算。哈密顿量的其他部分，例如赝势的局域部分、LDA或GGA近似下的交换关联势、哈特里势等可以通过格点积分技术来完成。由于基组的数量较少，数千原子体系的哈密顿量矩阵往往可以被直接存储。

其次，因为数值原子轨道是一组非正交的基矢量，因此科恩-沈吕九方程在数值原子轨道下可以写成一个广义特征值问题，公式如下：

$$H(\boldsymbol{k})c_{\boldsymbol{k}} = E_{\boldsymbol{k}}S(\boldsymbol{k})c_{\boldsymbol{k}} \tag{4.60}$$

其中，$c_{\boldsymbol{k}}$ 和 $E_{\boldsymbol{k}}$ 分别代表在布里渊区采样的 $\boldsymbol{k}$ 点的电子波函数和能级。$H(\boldsymbol{k})$ 和 $S(\boldsymbol{k})$ 则分别代表该 $E_{\boldsymbol{k}}$ 点的哈密顿矩阵和重叠矩阵 (overlap matrix)。其中重叠矩阵也可以通过双中心积分快速算出，若这两个矩阵可以被直接存储，则可以调用相应的软件包例如 ScaLAPACK 或 ELSI(ELSI18 paper) 对其进行求解，并得到求解之后的电子密度，通过电子密度的自洽迭代，获得最终的基态电子密度。值得一提的是，基于局域轨道也有关于线性标度的一系列算法，有兴趣的读者可以参考相应文献。

4.7.2 平面波

采用平面波基矢量 $|\boldsymbol{q}\rangle$ 组成的基组非常适合处理周期性体系。平面波基矢量的表达式为 $\frac{1}{\sqrt{\Omega}}\exp(\mathrm{i}\boldsymbol{q}\cdot\boldsymbol{r})$，这里 $\boldsymbol{q}$ 是波矢而 Ω 是晶胞的体积，平面波基组满足正交归一性

$$\langle\boldsymbol{q}'|\boldsymbol{q}\rangle = \frac{1}{\Omega}\int_{\Omega}\mathrm{d}\boldsymbol{r}\exp(-\mathrm{i}\boldsymbol{q}'\cdot\boldsymbol{r})\exp(\mathrm{i}\boldsymbol{q}\cdot\boldsymbol{r}) = \delta_{\boldsymbol{q}\boldsymbol{q}'} \tag{4.61}$$

平面波可以组成一组完备正交基 $\sum_{\boldsymbol{q}}|\boldsymbol{q}\rangle\langle\boldsymbol{q}| = \hat{I}$，并且可以用来展开电子波函数和势函数等物理量。

周期性边界条件下，电子波函数可以用平面波来展开，其形式为

$$\psi_i(\boldsymbol{r}) = \frac{1}{\sqrt{\Omega}}\sum_{\boldsymbol{q}}c_{i\boldsymbol{q}}\exp(\mathrm{i}\boldsymbol{q}\cdot\boldsymbol{r}) \tag{4.62}$$

其中，$c_{i\boldsymbol{q}}$ 是展开系数。而体系的哈密顿量可以分成电子动能部分和有效势部分

$$\hat{H}_{\mathrm{eff}} = -\frac{1}{2}\nabla^2 + \hat{V}_{\mathrm{eff}} \tag{4.63}$$

科恩-沈吕九方程是描述单粒子在有效势 $V_{\mathrm{eff}}(\boldsymbol{r})$ 下的类薛定谔方程，其单粒子的本征波函数满足本征方程

$$\hat{H}_{\mathrm{eff}}\psi_i(\boldsymbol{r}) = \varepsilon_i\psi_i(\boldsymbol{r}) \tag{4.64}$$

将电子波函数用平面波展开并代入科恩-沈吕九方程，左乘 $\langle\boldsymbol{q}'|$ 可得平面波基组下的科恩-沈吕九方程

$$\sum_{\boldsymbol{q}}\langle\boldsymbol{q}'|\hat{H}_{\mathrm{eff}}|\boldsymbol{q}\rangle c_{i\boldsymbol{q}} = \varepsilon_i\sum_{\boldsymbol{q}}\langle\boldsymbol{q}'|\boldsymbol{q}\rangle c_{i\boldsymbol{q}} = \varepsilon_i c_{i\boldsymbol{q}'} \tag{4.65}$$

此式可看成一个求解哈密顿矩阵的特征值和特征向量问题。其中，电子动能部分的矩阵在

平面波基组下可以化成对角矩阵的形式

$$-\frac{1}{2}\langle \boldsymbol{q}'|\nabla^2|\boldsymbol{q}\rangle = -\frac{1}{2}|q|^2\delta_{\boldsymbol{q}\boldsymbol{q}'} \tag{4.66}$$

从这里我们可以看出来,对于包含类似于电子动能算符的这种微分方程的数值求解,平面波基组具有较大优势,因为求导算符在平面波基组下会转换成代数乘法,微分方程也因此被简化成计算机更容易处理的代数方程。上文提到的GGA密度泛函里的电子密度梯度$\nabla n(\boldsymbol{r})$,也容易通过平面波的相关算法求出。

平面波与实空间格点具有的数学信息原则上是等价的,彼此可以通过傅里叶变换进行转换。对于有效势$V_{\text{eff}}(\boldsymbol{r})$,在周期性边界条件下可以通过傅里叶变换变到倒空间中

$$V_{\text{eff}}(\boldsymbol{r}) = \sum_m V_{\text{eff}}(\boldsymbol{G}_m)\exp(\mathrm{i}\boldsymbol{G}_m \cdot \boldsymbol{r}) \tag{4.67}$$

其中,$\boldsymbol{G}_m$是倒格矢。同样地,倒空间的有效势可以表示成

$$V_{\text{eff}}(\boldsymbol{G}) = \frac{1}{\Omega}\int_\Omega V_{\text{eff}}(\boldsymbol{r})\exp(-\mathrm{i}\boldsymbol{G}\cdot\boldsymbol{r})\mathrm{d}\boldsymbol{r} \tag{4.68}$$

因此,哈密顿量中关于有效势的矩阵在平面波下可以写成如下非对角阵的形式:

$$\langle \boldsymbol{q}'|\hat{V}_{\text{eff}}|\boldsymbol{q}\rangle = \sum_m V_{\text{eff}}(\boldsymbol{G}_m)\delta_{\boldsymbol{q}'-\boldsymbol{q},\boldsymbol{G}_m} \tag{4.69}$$

这里有效势一般包含电子-离子相互作用势、交换关联泛函势和哈特里势。其中,周期性边界条件下的哈特里势也可以通过平面波基组结合快速傅里叶变换求解泊松方程得到。

当考虑了布里渊区的$\boldsymbol{k}$点采样之后,我们可以定义$\boldsymbol{q} = \boldsymbol{k} + \boldsymbol{G}_m$和$\boldsymbol{q}' = \boldsymbol{k} + \boldsymbol{G}_m'$,那么对于任意一个$\boldsymbol{k}$点,科恩-沈吕九方程可以写成矩阵的本征方程

$$\sum_m H_{m'm}(\boldsymbol{k})c_{im}(\boldsymbol{k}) = \varepsilon_i(\boldsymbol{k})c_{im'}(\boldsymbol{k}) \tag{4.70}$$

其中,电子的哈密顿矩阵可以写成

$$H_{m'm}(\boldsymbol{k}) = \langle \boldsymbol{k}+\boldsymbol{G}_{m'}|\hat{H}_{\text{eff}}|\boldsymbol{k}+\boldsymbol{G}_m\rangle = \frac{1}{2}|\boldsymbol{k}+\boldsymbol{G}_m|^2\delta_{mm'} + V_{\text{eff}}(\boldsymbol{G}_{m'}-\boldsymbol{G}_m) \tag{4.71}$$

平面波基矢量相比于局域轨道有一个优点,就是平面波基矢量的个数可以通过定义一个截断能量参数E_{cut}来控制,这个参数选取满足$\frac{1}{2}|\boldsymbol{k}+\boldsymbol{G}_m|^2 < E_{\text{cut}}$条件的平面波$\boldsymbol{G}_m$进行计算。

事实上,平面波的使用往往结合赝势或者PAW势在密度泛函理论软件中使用,从而可以使用一个比较小的能量截断值来进行材料的模拟。

此外,利用快速傅里叶变换技术,可以高效地进行平面波基组与实空间格点之间的变换。

实际上,由于平面波的数目比局域轨道大很多,所以通常密度泛函理论程序采用迭代法来求解哈密顿矩阵的特征值(能级)和特征向量(电子波函数),并且利用了哈密顿算符在不同表象下是对角矩阵的特点,这样可以避免存储整个哈密顿量矩阵。迭代法会从能量最低的态开始求解,并且在计算过程中会反复调用哈密顿矩阵乘以电子波函数的操作,这个操作中涉及电子动能的部分会在倒空间操作。涉及有效势的部分,会把平面波表示下的电

子波函数通过快速傅里叶变换变化到实空间后再进行和实空间有效势的乘法操作，最后通过快速傅里叶变换再变回倒空间，完成整个哈密顿量和电子波函数的乘法操作。目前平面波被广泛使用在许多密度泛函理论软件程序中。

4.8　拓展提高

(1) 采用 PySCF 程序编写一个氢分子的密度泛函理论计算流程，尝试不同交换关联泛函(例如 LDA、GGA、Meta-GGA 和杂化泛函)对计算结果产生怎样的影响，关注不同泛函的计算效率。以下代码供参考。

```
>>> from pyscf import gto, dft
>>> mol_hf = gto.M(atom = 'H 0 0 0; H 0 0 0.75', basis = 'ccpvdz', symmetry = True)
>>> mf_hf = dft.RKS(mol_hf)
>>> mf_hf.xc = 'lda,vwn' # default
>>> mf_hf = mf_hf.newton() # second-order algortihm
>>> mf_hf.kernel()
```

(2) 阅读 ABACUS 3.1(原子算筹)(https://github.com/deepmodeling/abacus-develop)的能量求解器模块 ESolver，尝试画出平面波基矢量(PW)和数值原子轨道基矢量下的密度泛函理论计算流程图，在 DeepModeling 开源社区提出一个 issue 与 ABACUS 开发人员进行互动学习。

第 5 章

赝 势 理 论

5.1 赝势起源

赝势理论实际上是独立于密度泛函而发展的理论,且早在19世纪40年代就已具雏形。作为与密度泛函理论结合且平行发展的理论,赝势理论借鉴了固体物理的一系列基本模型,如近自由电子模型、缀加平面波等,逐渐得以完善。

5.1.1 近自由电子模型

从近自由电子模型假设出发,我们可以获得很多关于周期势场和相应电子能级结构的理解,前提是模型中的势场非常弱。根据这个假设所得的模型通常也只是一个理论上的简单模型。不难想象,对于弱场的理解,可以通过微扰理论进行推导。我们可以把周期性势场进行傅里叶展开,如下:

$$V(\boldsymbol{r}) = \sum_n V_n \mathrm{e}^{\mathrm{i}\boldsymbol{G}_n \cdot \boldsymbol{r}} \tag{5.1}$$

其中,$V(\boldsymbol{r})$ 表示周期性势场,V_n 表示构成这一势场中第 n 项的系数,$\mathrm{e}^{\mathrm{i}\boldsymbol{G}_n \cdot \boldsymbol{r}}$ 是倒格矢 $\boldsymbol{G}_n$ 在 $\boldsymbol{r}$ 处的平面波展开项。在微扰理论的零级近似下,在 $\boldsymbol{k}$ 处的电子(与实空间 $\boldsymbol{r}$ 处对应)与倒空间中的其他电子($\boldsymbol{k} + \boldsymbol{G}_n$ 处的电子)的作用可以视为自由电子间相互作用。而且,V_n 这一系数或矩阵元需要满足以下条件:

$$|E_k^0 - E_{k+G_n}^0| \gg V_n \tag{5.2}$$

给出微扰理论波函数,

$$\psi_k^{(1)} = \frac{1}{\sqrt{V}} \mathrm{e}^{\mathrm{i}\boldsymbol{k} \cdot \boldsymbol{r}} \left(\sum_n \frac{V_n}{E_k^0 - E_{k+G_n}^0} \mathrm{e}^{\mathrm{i}\boldsymbol{G}_n \cdot \boldsymbol{r}} \right) \tag{5.3}$$

虽然这是一个理想模型,却在很多实际的材料体系中惊人地适用。比如,在前四主族元素的金属中,导带电子被视为在一个近乎是常数的势场中运动。这些金属也经常被称为"近自由电子"金属。另外,在实际材料的周期性场中,并不一定是弱场下的相互作用也适用。比如,原子中周围电子与原子核间的相互作用 $V(\boldsymbol{r})$(图5.1)。图中,黑色实心点代表一维周期性晶体中每个原子所在的位置。在晶体内部，势场在间隙区表现得非常平滑，在近原子区域则变得非常陡峭。在晶体外部，势场伸向真空级 V_0。通常也可以将类似的势场叫作"糕模势"。这里给出对于晶格上任意一点 $\boldsymbol{R}$，类糕模势的定义如下：

$$
\begin{cases}
U(\boldsymbol{r}) = V(|\boldsymbol{r} - \boldsymbol{R}|) \; |\boldsymbol{r} - \boldsymbol{R}| < r_0, & 近原子区 \\
U(\boldsymbol{r}) = V(r_0) \; |\boldsymbol{r} - \boldsymbol{R}| \geqslant r_0, & 间隙域区
\end{cases}
\tag{5.4}
$$

r_0 通常取小于最近相邻原子间距的一半。此时，近自由电子模型依旧适用，但需要更多数量的 $\boldsymbol{k} + \boldsymbol{G}_n$ 平面波叠加实现能带结构的计算。

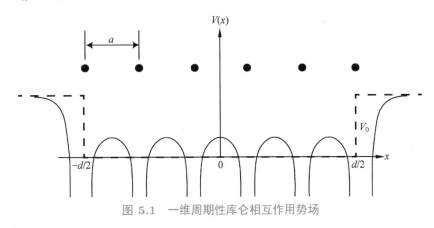

图 5.1　一维周期性库仑相互作用势场

5.1.2　缀加平面波法

缀加平面波法是由斯莱特 (J. C. Slater) 对波函数 $\psi_{\boldsymbol{k}}(\boldsymbol{r})$ 的表达方式延伸得来。该方法将 $\psi_{\boldsymbol{k}}(\boldsymbol{r})$ 看作是由有限个平面波的加和与一个平缓的间隙区域构成的叠加态，同时强制其在原子核附近表现出快速振荡的类似于原子波函数的形态。而这样的原子波函数行为正可以用所谓的"缀加平面波"(augmented plane waves, APW) 的方式表示。APW 函数 $\phi_{\boldsymbol{k},\epsilon}$ 可以定义为：

(1) 间隙区可以用平面波 $\phi_{\boldsymbol{k},\epsilon} = \mathrm{e}^{\mathrm{i}\boldsymbol{k}\cdot\boldsymbol{r}}$ 来表示。而且，本征态 ϵ 和 $\boldsymbol{k}$ 之间不存在限制条件 (比如，$\epsilon = \hbar^2 k^2/2m$)。我们可以为任意的 ϵ 和 $\boldsymbol{k}$ 定义 APW 函数。

(2) $\phi_{\boldsymbol{k},\epsilon}$ 在原子核附近到间隙区之间是连续的。

(3) 在原子核附近距离为 $\boldsymbol{R}$ 处，$\phi_{\boldsymbol{k},\epsilon}$ 是满足原子的薛定谔方程的，即

$$
-\frac{\hbar^2}{2m}\nabla^2\phi_{\boldsymbol{k},\epsilon}(\boldsymbol{r}) + V(|\boldsymbol{r} - \boldsymbol{R}|)\phi_{\boldsymbol{k},\epsilon}(\boldsymbol{r}) = \epsilon\phi_{\boldsymbol{k},\epsilon}(\boldsymbol{r}), |\boldsymbol{r} - \boldsymbol{R}| < r_0
\tag{5.5}
$$

由于 $\boldsymbol{k}$ 在公式中不参与计算，$\phi_{\boldsymbol{k},\epsilon}$ 中的 $\boldsymbol{k}$ 索引由前两个边界条件来控制。

不难证明，以上三个条件决定了所有的 $\boldsymbol{k}$ 和 ϵ 都有唯一的 APW 函数 $\phi_{\boldsymbol{k},\epsilon}$。而且，需要注意的是，间隙区的 APW 满足的薛定谔方程是

$$
H\phi_{\boldsymbol{k},\epsilon} = \frac{\hbar^2 k^2}{2m}\phi_{\boldsymbol{k},\epsilon}
\tag{5.6}
$$

另外，正是因为 APW 函数在不同区域满足不同的薛定谔方程，$\phi_{\boldsymbol{k},\epsilon}$ 在原子域与间隙区的交

界处是不连续的，所以 $-\dfrac{\hbar^2}{2m}\nabla^2\phi_{\boldsymbol{k},\epsilon}(\boldsymbol{r})$ 在此交界处是一个 δ 函数奇点。

缀加平面波方法试图对正确的晶体薛定谔方程的解进行近似，这些解是通过 APW 叠加构造的，且与正解拥有相同的本征能量。在倒空间，对于任意晶格矢量 $\boldsymbol{K}$，APW 函数 $\phi_{\boldsymbol{k}+\boldsymbol{K},\epsilon}$ 同样满足布洛赫定理，因此晶体的波函数可以写为

$$\psi_{\boldsymbol{k}}(\boldsymbol{r}) = \sum_{\boldsymbol{K}} C_{\boldsymbol{K}} \phi_{\boldsymbol{k}+\boldsymbol{K},\epsilon(\boldsymbol{k})}(\boldsymbol{r}) \tag{5.7}$$

这样一来，我们可以保证 APW 构造的波函数符合布洛赫定理，在原子域内是满足晶体薛定谔方程的。我们只要找出一种方法减少使用过多的 APW 函数，就可以足够近似得薛定谔方程的完全解，包括间隙区的解和边界处的解。在实际的计算中，我们甚至可以用上百个 APW 函数来表示波函数，这时，波函数对应的能量不再变化，视为求解达到收敛。

然而，APW 的方法有一个不足，是在原子域与间隙区引入导数不连续。对于这一点不足，我们不能直接求解薛定谔方程，而是利用变分原理对其进行求解。已知一阶可导的函数 $\psi(\boldsymbol{r})$，定义关于能量的泛函为

$$E[\psi] = \dfrac{\left(\dfrac{\hbar^2}{2m}|\nabla\psi(\boldsymbol{r})|^2 + U(\boldsymbol{r})|\psi(\boldsymbol{r})|^2\right)\mathrm{d}\boldsymbol{r}}{\displaystyle\int |\psi(\boldsymbol{r})|^2\mathrm{d}\boldsymbol{r}} \tag{5.8}$$

在晶体薛定谔方程中，$\psi_{\boldsymbol{k}}$ 以 $\boldsymbol{k}$ 为波矢，具有能量 $\epsilon(\boldsymbol{k})$，满足布洛赫定理。沿用到式 (5.8) 中，使得式 (5.8) 达到极值点时的 $\psi(\boldsymbol{r})$ 同样也满足布洛赫定理。那么，$E[\psi]$ 可以近似为 $E[\psi_{\boldsymbol{k}}]$，是 $\psi_{\boldsymbol{k}}$ 所对应的能量值 $\epsilon(\boldsymbol{k})$。对上述方程求极值，并以式 (5.7) 作为波函数展开形式，则可得到晶体薛定谔方程的解。从这里可以看出，$\psi_{\boldsymbol{k}}$ 的系数是跟 $\epsilon_{\boldsymbol{k}}$ 直接相关的。令 $\partial E/\partial C_{\boldsymbol{k}} = 0$，通过最小化能量来求解相应的系数 $C_{\boldsymbol{k}}$，即可得到薛定谔方程的基态能量与波函数。

缀加平面波的方法为晶体薛定谔方程的求解提供有效的手段，但该方式对实际物理图景成真实电子结构的复刻取决于对原子势的选择，这也是开发各类方法对应的原子势需求的体现。

5.1.3 基于格林函数的 KKR 方法

电子结构的计算中所面临的复杂问题之一，是如何计算具有多面体晶格的电子结构。这其中涉及了很多复杂边界的问题。我们可以引入格林函数来避免对复杂边界的处理，Korringa、Kohn 和 Rostoker 三人开创了 KKR(Korringa-Kohn-Rostoker) 方法，将晶体薛定谔方程 (偏微分方程) 转换为积分形式，使得复杂多面体晶型的薛定谔方程也可以得到求解。以格林函数为基的晶体薛定谔方程可以写作以下形式:

$$\left(\dfrac{\hbar^2}{2m}\nabla^2 + E\right) G(\boldsymbol{r},\boldsymbol{r}',E) = \delta(\boldsymbol{r}-\boldsymbol{r}') \tag{5.9}$$

上式涉及的边界条件如下:

$$G(\boldsymbol{r}_S,\boldsymbol{r}',\boldsymbol{k},E) = \mathrm{e}^{\mathrm{i}\boldsymbol{k}\cdot\boldsymbol{T}} G(\boldsymbol{r},\boldsymbol{r}',\boldsymbol{k},E) \tag{5.10a}$$

$$\dfrac{\partial G(\boldsymbol{r}_S,\boldsymbol{r}',\boldsymbol{k},E)}{\partial n} = -\mathrm{e}^{\mathrm{i}\boldsymbol{k}\cdot\boldsymbol{T}} \dfrac{\partial G(\boldsymbol{r},\boldsymbol{r}',\boldsymbol{k},E)}{\partial n} \tag{5.10b}$$

其中，r 和 r_S 是在多面体晶胞边界上的共轭点。在这些条件下，对应的能量 E 和 k 点格林函数在布里渊区可以写成

$$G(\boldsymbol{r}, \boldsymbol{r}', \boldsymbol{k}, E) = -\frac{1}{4\pi} \sum_{\boldsymbol{T}} \frac{\mathrm{e}^{\mathrm{i}\kappa|\boldsymbol{r}-\boldsymbol{r}'-\boldsymbol{T}|}}{\boldsymbol{r}-\boldsymbol{r}'-\boldsymbol{T}} \mathrm{e}^{\mathrm{i}\boldsymbol{k}\cdot\boldsymbol{T}} \tag{5.11}$$

其中，$\boldsymbol{T}$ 在布里渊区内的点取值，当 $E > 0$ 时，$\kappa = \sqrt{E}$；当 $E < 0$ 时，$\kappa = \mathrm{i}\sqrt{-E}$。为了避免对波函数附加边界条件，KKR 方法提出用积分的形式替换偏微分方程的形式来表达波函数，那么波函数在给定的空间体积上可以写为

$$\varphi(\boldsymbol{r}, E) = \int_{\Omega} G(\boldsymbol{r}, \boldsymbol{r}', E) v(\boldsymbol{r}') \varphi(\boldsymbol{r}', E) \mathrm{d}\boldsymbol{r}' \tag{5.12}$$

这里的波函数在任意 k 点上都是成立的，所以这里将 k 角标隐去。式 (5.12) 也可以通过变分定理求解得到，对于 $\varphi^*(\boldsymbol{r}, E)$ 积分可得

$$\Lambda = \int_{\Omega} \varphi^*(\boldsymbol{r}, E) v(\boldsymbol{r}) \left[\varphi(\boldsymbol{r}, E) - \int_{\Omega} G(\boldsymbol{r}, \boldsymbol{r}', E) v(\boldsymbol{r}') \varphi(\boldsymbol{r}', E) \mathrm{d}\boldsymbol{r}' \right] \mathrm{d}\boldsymbol{r}' \tag{5.13}$$

对上式利用变分法进行求解，可以得到对应能带的能量 $E(\boldsymbol{k})$。虽然可以通过这一过程得到对应的能量和波函数，但是我们需要求解一个六维的积分，并且积分在 $r = r'$ 处会出现奇点。

此时，KKR 方法本身已经引入了对原子域势场在球形对称空间上的近似，而原子与原子之间的间隙区域的势场则用一个常数来代替。更进一步，为了建立势场的参考系，我们可以将这一常数设为零，也就得到了后来所说的"糕模势"或"穆芬廷势"(Muffin-tin potential)。这一势场在 APW 方法中运用较多。有了这样的对间隙区域的近似，式 (5.13) 的积分则可以看作是限制在原子域附近的球形空间内的积分，对应的解析解可以写作

$$\varphi(\boldsymbol{r}, E) = \sum_{l=0}^{l_{\max}} \sum_{m=-l}^{l} C_{lm} \tilde{\chi}_l Y_{lm}(\hat{\boldsymbol{r}}) \tag{5.14}$$

其中，$\tilde{\chi}_l(r, E)$ 是径向薛定谔方程关于能量 E 的解，径向方程中的势函数采用 MT 近似。如果晶胞中有不止一个原子，那么 $\varphi(\boldsymbol{r}, E)$ 中的系数则对应一组 C_{lm}^I，I 是每个原子的索引。在"糕模势"的近似环境下再结合格林函数定理，式 (5.13) 可以由体积分转化为面积分，从而进一步得到求解方法的简化。关于格林函数方法求解薛定谔方程的算法可以在 Gonis1992 年的综述中得到更全面的了解。

5.1.4　正交平面波法

正交平面波 (orthogonalized plane waves, OPW) 法是另一种将急速波动的原子域附近波函数行为和间隙区的平面波节合在一起的方法。OPW 的优势在于不必严格使用"糕模势"来表示系统外势。另外，这一方法也可以用来解释为什么仅用近自由电子模型就可以将大部分金属的能带结构算准。

我们可以将原子核周围的电子分为"内层电子"和"价电子"。"内层电子"分布在近核部分，较稳定，倾向于不参与化学反应。而"价电子"则分布在间隙区域，较活跃，是化学反应的主要参与者。这里，我们用"c"和"v"分别作为"内层电子"和"价电子"的角

标。对价电子波函数的近似难点在于我们不能使用较少数量的平面波将波函数在空间上各
个区域(尤其是在近核区域)的表现行为都表达出来。Herring 则提出可以用 OPW 作为原子
的波函数，写成以下形式：

$$\phi_{\boldsymbol{k}} = \mathrm{e}^{\mathrm{i}\boldsymbol{k}\cdot\boldsymbol{r}} + \sum_{\mathrm{c}} b_{\mathrm{c}}\psi_{\boldsymbol{k}}^{\mathrm{c}}(\boldsymbol{r}) \tag{5.15}$$

其中，$\phi_{\boldsymbol{k}}$ 表示在波矢 $\boldsymbol{k}$ 处的 OPW，加和部分是将在 $\boldsymbol{k}$ 处的所有内层波函数 ($\psi_{\boldsymbol{k}}^{\mathrm{c}}(\boldsymbol{r})$) 都加和
起来。而 $\psi_{\boldsymbol{k}}^{\mathrm{c}}(\boldsymbol{r})$ 通常用紧束缚模型表示，同时，b_{c} 的取值通过以下公式得出：

$$\int \mathrm{d}\boldsymbol{r}\psi_{\boldsymbol{k}}^{\mathrm{c}*}(\boldsymbol{r})\phi_{\boldsymbol{k}}(\boldsymbol{r}) = 0 \tag{5.16}$$

这意味着 b_{c} 可以写成以下形式：

$$b_{\mathrm{c}} = -\int \mathrm{d}\boldsymbol{r}\psi_{\boldsymbol{k}}^{\mathrm{c}*}(\boldsymbol{r})\mathrm{e}^{\mathrm{i}\boldsymbol{k}\cdot\boldsymbol{r}} \tag{5.17}$$

这里 OPW 所描述的价电子波函数具有以下特征性质：

(1) $\phi_{\boldsymbol{k}}$ 与内层电子波函数正交；

(2) 由于内层电子波函数会围绕在原子核附近，或者晶格格点上，在间隙区的分布会
非常少，$\phi_{\boldsymbol{k}}$ 与一般的平面波非常相似。

由于平面波 $\mathrm{e}^{\mathrm{i}\boldsymbol{k}\cdot\boldsymbol{r}}$ 和内层波函数 $\psi_{\boldsymbol{k}}^{\mathrm{c}}(\boldsymbol{r})$ 均满足布洛赫定理，那么 $\phi_{\boldsymbol{k}}$ 也符合该定理。由此，
用 OPW 函数对真实电子态进行线性展开则可以写为

$$\psi_{\boldsymbol{k}} = \sum_{\boldsymbol{K}} C_{\boldsymbol{K}}\phi_{\boldsymbol{k}+\boldsymbol{K}} \tag{5.18}$$

这里，我们沿用变分法最小化能量泛函求解系数 $C_{\boldsymbol{K}}$。将晶体势场 $U(\boldsymbol{r})$ 引入本征方程的求
解，其仅在 OPW 函数构建的矩阵元中出现，如下式：

$$\int \phi_{\boldsymbol{k}+\boldsymbol{K}}^{*}(\boldsymbol{r})U(\boldsymbol{r})\phi_{\boldsymbol{k}+\boldsymbol{K}}(\boldsymbol{r})\mathrm{d}\boldsymbol{r} \tag{5.19}$$

虽然直接用平面波表示的关于 U 的矩阵元数目非常大，但是 OPW 组成的矩阵元则非常小，
为矩阵求解的收敛性带来便利。这一方法可以将周期势场中的电子问题有效地简化为"近
自由电子"问题，而更系统化地将这一问题进行求解，则正是赝势方法。

5.2　赝势理论

参考 Aschroft 和 Mermin，赝势的概念迄今为止已经深远地影响了我们对固体材料，包
括半导体材料在内的电子结构的认知。赝势的形式可以大致分为两类：第一类是基于经验的
拟合赝势 (empirical pseudopotential method, EPM)；第二类是基于第一性原理 (first prin-
ciple) 计算的赝势。其中，EPM 于 19 世纪 60 年代由 Cohen 等提出，作为一种有效的拟合禁
带带隙的手段，EPM 为材料的光学性质和介电性质从电子层面的理解提供了很大的帮助。
以 Cohen 为首的学者们提出，可以利用晶体的对称性构建波函数 $\phi_{\boldsymbol{k}}(\boldsymbol{r})$，而这部分波函数正
好是对称化的平滑的布洛赫函数。波函数满足一个附加条件，这个附加条件包括一个对应
的常规 OPW 项和一个简单函数。从物理意义上来讲，可以理解为是一个有效排斥势函数。

晶体本身所具有的势阱与上述排斥势的加和便形成了赝势。在靠近原子域位置，周期性吸引势与排斥势的相互抵消，则是为了使该区域内在OPW框架下的s轨道或s态快速收敛。

具体来讲，我们可从赝势方法最早的构筑开始，这其实无异于OPW的实际应用。我们将晶体中价层电子真实波函数用$\psi_{\boldsymbol{k}}(\boldsymbol{r})$表示，该波函数的平面波展开部分用$\psi_{\boldsymbol{k}}(\boldsymbol{r})$表示，且对应每个晶格$\boldsymbol{K}$矢量的系数是$C_{\boldsymbol{k}+\boldsymbol{K}}$，则平面波部分写为

$$\varphi_{\boldsymbol{k}}(\boldsymbol{r}) = \sum_{\boldsymbol{K}} C_{\boldsymbol{k}-\boldsymbol{K}} \mathrm{e}^{\mathrm{i}(\boldsymbol{k}-\boldsymbol{K})\cdot\boldsymbol{r}} \tag{5.20}$$

由于$\psi_{\boldsymbol{k}}(\boldsymbol{r})$必须与原子域内的波函数$\phi_{c\boldsymbol{k}}(\boldsymbol{r})$正交，可以得到

$$\psi_{\boldsymbol{k}}(\boldsymbol{r}) = \varphi_{\boldsymbol{k}}(\boldsymbol{r}) - \sum_c \langle \phi_{c\boldsymbol{k}}(\boldsymbol{r})|\varphi_{\boldsymbol{k}}(\boldsymbol{r})\rangle \phi_{c\boldsymbol{k}}(\boldsymbol{r}) \tag{5.21}$$

晶体中的薛定谔方程可以写为

$$H\psi_{\boldsymbol{k}}(\boldsymbol{r}) = \epsilon_{\boldsymbol{k}}\psi_{\boldsymbol{k}}(\boldsymbol{r}) \tag{5.22}$$

其中，H是单电子哈密顿量，$\epsilon_{\boldsymbol{k}}$是对应的第$k$个电子态的本征值或能量值。联立式(5.20)~式(5.22)，得

$$H\varphi_{\boldsymbol{k}}(\boldsymbol{r}) - \sum_c \langle \phi_{c\boldsymbol{k}}(\boldsymbol{r})|\varphi_{\boldsymbol{k}}(\boldsymbol{r})\rangle H\phi_{c\boldsymbol{k}}(\boldsymbol{r})$$
$$= \epsilon_{\boldsymbol{k}}\phi_{\boldsymbol{k}}(\boldsymbol{r}) - \epsilon_{\boldsymbol{k}}\left(\sum_c \langle \phi_{c\boldsymbol{k}}(\boldsymbol{r})|\varphi_{\boldsymbol{k}}(\boldsymbol{r})\rangle \phi_{c\boldsymbol{k}}(\boldsymbol{r})\right) \tag{5.23}$$

公式左边的求和中代入薛定谔方程可得，$H\phi_{c\boldsymbol{k}}(\boldsymbol{r}) = \epsilon_{c\boldsymbol{k}}\phi_{c\boldsymbol{k}}(\boldsymbol{r})$，将求和部分移动到左边，式(5.23)可以写为

$$H\varphi_{\boldsymbol{k}}(\boldsymbol{r}) + (\epsilon_{\boldsymbol{k}} - \epsilon_{c\boldsymbol{k}})\sum_c \langle \phi_{c\boldsymbol{k}}(\boldsymbol{r})|\varphi_{\boldsymbol{k}}(\boldsymbol{r})\rangle \phi_{c\boldsymbol{k}}(\boldsymbol{r}) = \epsilon_{\boldsymbol{k}}\varphi_{\boldsymbol{k}}(\boldsymbol{r}) \tag{5.24}$$

对比常规的薛定谔方程，这里由于引入$\varphi_{\boldsymbol{k}}$便得到一个薛定谔方程的变体，将式(5.24)表示成更加简单的形式

$$(H + V^R)\varphi_{\boldsymbol{k}}(\boldsymbol{r}) = \epsilon_{\boldsymbol{k}}\varphi_{\boldsymbol{k}}(\boldsymbol{r}) \tag{5.25}$$

对式(5.25)进行进一步拆解重整，可得

$$H + V^R = -\frac{\hbar^2}{2m}\nabla^2 + V^{\mathrm{pseudo}} \tag{5.26}$$

此时，赝势的概念应运而生，它可以被定义为实际的周期势场U与有效势V^R的加和。

正是由于在利用平面展开形式表示价层电子波函数之后，所求解的有效薛定谔方程(5.25)所涉及的势场不再是真实的周期长势阱，而是额外多了一部分V^R。周期势阱是对原子吸引势的表达，通常为负值。由式(5.24)可知，$\epsilon_{\boldsymbol{k}}$作为价电子能量，应该总是高于核内电子所具有的能量$\epsilon_{c\boldsymbol{k}}$，也就是说$V^R$应该具有非负的特性。从物理意义角度讲，则应具有排斥作用。这样U与V^R便产生出相互抵消的效果，那么，对应的V^{pseudo}便是一个相对较弱的弱场。由此，也就自然而然可以达到近自由电子理论所适用的范围。

因此，相较于EPM的理论与应用，以第一性原理为基础的赝势被更多人青睐，且其理论发展也更为系统化。本章后面的部分将围绕基于第一性原理的赝势展开讨论。

5.2.1 原子赝势

原子的赝势可以与原子周围电子的屏蔽效应紧密结合起来。对于多电子原子体系，核外电子通常可分为外层价电子和内层电子。价电子由于处于主量子数较大外层区域，离原子核较远，受内层电子排斥较大，容易离开原子显示出较活跃的化学性质。内层电子则相对稳定，且由于屏蔽效应，对原子核的正电荷量有所中和，使价电子只感受到有效核的吸引。此原理体现在赝势理论的近似中，则可延伸为冻结核近似 (the frozen-core approximation)。该近似中，内层电子轨道在计算过程中始终保持固定。内层电子轨道需相互保持正交，价层电子轨道同时也与内层电子轨道正交。与此同时，内层电子波函数由于电子全充满造成的高对称性带来的高频振荡部分也可以得到简化，而离核较远的部分则依旧是原始波函数。这样一来，既不会对计算精度造成过多影响，又可以提高计算效率 (不必考虑内层电子的影响)。

得益于 OPW 方法的延续和经验方法的转变，我们可以根据 Philips 和 Kleinman 的方法，构建出平滑且允许与内层电子态 φ_c 不正交的价层波函数 $\tilde{\varphi}_v$，这个波函数可以写成真实价层波函数与内层电子波函数的加和，其中内层电子波函数的部分作为非正交项的补偿，形式如下：

$$|\tilde{\varphi}_v\rangle = |\varphi_v\rangle + \sum_c \alpha_{cv}|\varphi_c\rangle \tag{5.27}$$

其中，$\alpha_{cv} = \langle\varphi_c|\tilde{\varphi}_v\rangle \neq 0$。对于这样的非正交波函数，我们称为赝波函数。而赝波函数满足修正后的薛定谔方程，

$$\left[\hat{H} + \sum_c (\epsilon_v - \epsilon_c)|\varphi_c\rangle\langle\varphi_c|\right]|\tilde{\varphi}_v\rangle = \epsilon_v|\tilde{\varphi}_v\rangle \tag{5.28}$$

这里，$\hat{H}$ 是修正哈密顿量算符，包括电子的动能算符 ($\hat{T}$) 和表示原子核对电子吸引的势能算符 $\hat{V} = (Z_c/r)\hat{I}$，$\hat{I}$ 是单位矩阵算符。该哈密顿量的后半部分则可视为赝波函数的引入所带来的核部分的补偿。由此，我们可以写出新的哈密顿量形式：

$$\hat{H}_{\mathrm{PS}} = \hat{H} + \sum_c (\epsilon_v - \epsilon_c)|\varphi_c\rangle\langle\varphi_c| \tag{5.29}$$

这意味着，由这一新的哈密顿量可以求得与真实哈密顿量一样的本征值 ϵ_v，但是解得的波函数则相对真实波函数内层部分更加平滑，且没有波节。其中，赝势部分可以写成近核势能 (Z_c/r) 与补偿项的加和，

$$\hat{V}_{\mathrm{PS}} = \frac{Z_c}{r}\hat{I} + \sum_c (\epsilon_v - \epsilon_c)|\varphi_c\rangle\langle\varphi_c| \tag{5.30}$$

将波函数用阶梯算符法表示，上式可以写为一个关于角量子数与磁量子数变化的形式，

$$\hat{V}_{\mathrm{PS}}(\boldsymbol{r}) = \sum_{l=0}^{\infty}\sum_{m=-l}^{l} v_{\mathrm{PS}}^l(r)|lm\rangle\langle lm| = \sum_{l=0}^{\infty} v_{\mathrm{PS}}^l(r)\hat{P}_l \tag{5.31}$$

对于 $|lm\rangle$，有 $\langle\boldsymbol{r}|lm\rangle = Y_{lm}(\theta,\phi)$，$\hat{P}_l$ 则是在第 l 阶的角动量子空间的投影算符，可写为

$$\hat{P}_l = \sum_{m=-l}^{l} |lm\rangle\langle lm| \tag{5.32}$$

式 (5.30) 所表达的含义可以理解为，当该算符作用于不同的波函数时，投影算符选择具有不同角量子数的波函数与对应的赝势算符 ($v_{\mathrm{PS}}^l(r)$) 作用，而后将所有不同角量子数的波函数相加，得到总赝势。这样的赝势通常又称为非局域 (non-local) 赝势。因为这一赝势算符是含有内层波函数决定的算符，而作用于价层波函数时，该赝势在不同的角量子数上均有不同表达，这也是价层波函数与内层波函数相互作用的结果。

实际情况中，$\hat{v}_{\mathrm{PS}}^l(r)$ 在径向坐标系下是一个局域的算符，也正因如此被叫作半局域 (semi-local) 赝势或角动量取向的赝势。如果外层波函数所含角动量与内层的均相同，则该赝势称为局域 (local) 赝势。原则上，局域赝势是可以满足对所有不同角量子数决定的波函数的性质求解的，但是构建起来非常困难，其依旧需要大量平面波基组来构建。这也是我们为什么更倾向于用非局域赝势，因为这样的赝势可以节省很多计算资源。

通常情况下，内层轨道均有电子占据，将其定义为低角量子数态，用 $l_{\max}$ 表示。对于任意角量子数 l，使 $l > l_{\max}$，构成的赝势不变，则式 (5.30) 被改写成如下形式：

$$\hat{V}_{\mathrm{PS}} = \sum_{l=0}^{\infty} v_{\mathrm{PS}}^{\mathrm{loc}}(r)\hat{P}_l + \sum_{l=0}^{l_{\max}} \left[v_{\mathrm{PS}}^l(r) - v_{\mathrm{PS}}^{\mathrm{loc}}(r) \right] \hat{P}_l$$

$$= v_{\mathrm{PS}}^{\mathrm{loc}}(r)\hat{I} + \sum_{l=0}^{l_{\max}} \Delta v_{\mathrm{PS}}^l(r)\hat{P}_l \tag{5.33}$$

其中，$\Delta v_{\mathrm{PS}}^l(r)$ 可看作短程项，表示内层电子部分；而 $v_{\mathrm{PS}}^{\mathrm{loc}}(r)$ 表示局域平均势，也就是有效核的库仑势，或屏蔽库仑势 (screened Coulomb potential)。

5.2.2　赝势分类

根据赝势理论的重新推导，赝势可以认为是一个用来求解原子系统的算符。而构建这一算符的方法也不是单一的，主要可分为四种类型：

(1) 经验赝势。根据实验值对势能算子进行拟合，不用做实际的第一原理计算，只在赝势参与的自洽计算中作为初始猜测被使用。

(2) 模型赝势。半经验赝势，可以进入第一性原理自洽计算中，作为赝势进行计算。

(3) 模守恒赝势 (norm-conserving pseudopotential, NCPP)。从原子的全电子第一性原理计算得来，符合电子屏蔽效应理论，可以求得价电子的正确电荷分布，作为原子赝势普遍用在第一性原理计算中。

(4) 超软赝势 (ultra-soft pseudopotential, USPP)。非模守恒赝势。内层电子波函数不再满足模守恒规则，可以大幅减少平面波基组数目，从而提高计算效率。

目前，较为常用的赝势为模守恒赝势和超软赝势。关于模守恒规则，将在构建赝势章节中进一步阐述。

5.3　赝势的构造

经验赝势在20世纪70年代是非常流行的构建赝势的方法，然而，这种赝势面临的最大问题就是可迁移性 (transferability) 非常差。也就是说，一种原子的赝势在当前的化学环境中, 计算得到的性质可以达到某个精度, 但在其他环境中, 该种原子的赝势则不再适用。在赝势理论被提出后, 根据 Phillips 和 Kleinman 的方法构建出的赝势有一个最大的问题, 便是归一化后的赝波函数的波幅跟真实波函数的波幅不一样。虽然在核以外部分的波函数与真实波函数相吻合, 但是计算所得的波函数只能类比于真实波函数。这就会导致计算出的价电子电荷分布的错误, 从而影响到对化学键形成等性质的偏差。为解决这一问题, 其中一种方法便是对赝波函数进行重新归一化调整。

随着赝势理论的发展, 构建赝势的方法也在不断多样化。归纳来说, 赝势的构建是一个求解薛定谔方程的逆过程。已知赝波函数满足: ① 在长程上保持与真实波函数完全一致的衰减; ② 赝波函数构建出的哈密顿量求得的本征值与真实波函数求得的本征值完全相同。在这样的条件下, 通过构建径向薛定谔方程,

$$\left[-\frac{\hbar^2}{2m}\frac{\mathrm{d}^2}{\mathrm{d}r^2} + \frac{l(l+1)}{2r^2} + v(r) \right] rR(\epsilon, r) = \epsilon r R(\epsilon, r) \tag{5.34}$$

代入赝波函数和对应本征值, 并对其进行反向求解。在上式中, ϵ 是固定的, 这意味着该方程的合理解是唯一的, 或求解出的径向波函数 $R(\epsilon, r)$ 是唯一的, 而且对应波函数的一阶导也是唯一的。观察式 (5.34), 此为关于 r 的二阶线性偏微分方程。由泰勒展开可推得二阶导 $-\frac{\mathrm{d}^2}{\mathrm{d}r^2}R(\epsilon, r)$, 在 r_0 处可以用其一阶导转换, 正好可以写成对波函数的对数求导的形式, 如下:

$$\left[\frac{\mathrm{d}}{\mathrm{d}r} \ln R^l(\epsilon, r) \right]_{r_0} = \frac{1}{R^l(\epsilon, r_0)} \left[\frac{\mathrm{d}R^l(\epsilon, r)}{\mathrm{d}r} \right]_{r_0} \tag{5.35}$$

连同波函数的归一化条件, 关于任何 l 的波函数都可以得到求解。具体来说, 如果使全电子原子势和该原子的赝势在某个截断半径 (r_c) 以外是完全相同的, 那么全电子波函数与赝波函数的对数一阶导需相等, 并且在 r_c 以内, 两波函数需满足模守恒。写成数学形式, 则为

$$\frac{1}{R_{\mathrm{AE}^l}(\epsilon, r)} \left[\frac{\mathrm{d}R_{\mathrm{AE}}^l(\epsilon, r)}{\mathrm{d}r} \right]_{r_c} = \frac{1}{R_{\mathrm{PS}^l}(\epsilon, r)} \left[\frac{\mathrm{d}R_{\mathrm{PS}}^l(\epsilon, r)}{\mathrm{d}r} \right]_{r_c} \tag{5.36}$$

$$\int_0^{r_c} r^2 [R_{\mathrm{AE}}^l(\epsilon, r)]^2 \mathrm{d}r = \int_0^{r_c} r^2 [R_{\mathrm{PS}}^l(\epsilon, r)]^2 \mathrm{d}r \tag{5.37}$$

这也就是 "模守恒" 赝势 (norm conserving pseudopotentials) 得名的由来。理论初期, 一般都以模守恒赝势为主。这里, 有一点非常难以理解的是, 我们不是对哈密顿量中的原子势部分 ($v(r)$) 直接做调整, 而是保证赝哈密顿量参与的薛定谔方程仍旧成立, 且存在合理解。1979 年, Hamann、Schluter 和 Chiang 三人第一次推导出模守恒赝势 (HSC pseudopotentials), 并构造出非局域原子赝势, 引领了 20 世纪 70 年代后期赝势理论的发展。这样的赝势可以用作第一性原理的计算, 而且也巧妙地避开了 Philips-Kleinman 赝势中引入的赝波函数与内层电子波函数正交归一的限制。

5.3.1 模守恒赝势

早期赝势中存在的可迁移性差的问题, 在模守恒赝势中表现得并不那么突出。这归咎于模守恒赝势在构造中赝波函数对全电子波函数的拟合是合理的, 且截断半径之外部分与

全电子波函数完全一致 (图5.2)。HSC赝势推导提出了一个重要论证，那就是波函数的模与本征能量对波函数的对数求导可以通过 Friedel 求和规则建立如下联系：

$$-\frac{1}{2}\left\{[rR^l(\epsilon,r)]^2\frac{\mathrm{d}}{\mathrm{d}\epsilon}\frac{\mathrm{d}}{\mathrm{d}r}\ln R^l(\epsilon,r)\right\}_{r_c}=\int_0^{r_c}r^2[R^l(\epsilon,r)]^2\mathrm{d}r \tag{5.38}$$

这一公式隐含了两层意思：其一是关于能量的全电子波函数与赝波函数的一阶对数求导的变化是一致的；其二则是能量因外部势能的改变而产生的改变只会在对数求导的二阶导上产生影响，其变化量是非常小的。这意味着，由式 (5.36) 确定的波函数，其对应的本征值 ϵ，我们称之为参考态能量，可以在某一个取值范围内变化，而不影响整个体系的准确性。更深层理解在某一个特定化学环境下推导的原子赝势，在与之相差不大的另外环境中也是可行的、适用的。或者说，赝势在此范围内是可迁移的。从式 (5.38) 可以看出，只要某原子在新环境下求得的能量与参考能量相差不大，则模守恒赝势具有较好的可迁移性。反之，则适用性差。比如，氢原子的赝势若是在氢气的环境下被构造出来，却被用到表示高温高压下的氢原子晶体，它们的能量相差太大，这时赝势就是不合适的。又比如，碳原子在金刚石结构中构建的赝势，用在石墨烯中也是适用的，因为两种均为固体，能量范围较为相近。至于如何提高可迁移性，最直接的方法是减小截断半径，使波函数相同的部分尽可能最大化。但是，这一方法的弊端是截断半径不能小于全电子波函数的最大波节所在位置。这是因为我们须保证赝波函数在截断半径内是平滑的、模守恒的，且没有波节。较为典型的截断半径通常选在 2~3 倍的内核半径处，而且处在价层波函数最大范围内。下面介绍两种对赝势平滑度提升的方法。

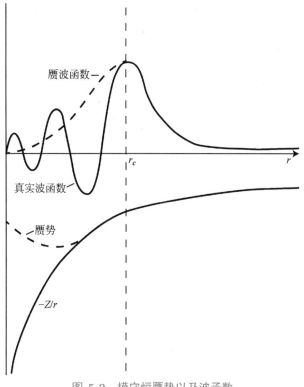

图 5.2　模守恒赝势以及波函数

1. Troullier-Martins 赝势

Troullier-Martins赝势，简称"TM"赝势，是非常平滑的模守恒赝势之一。Troullier 和 Martins 在深入研究了以平面波基组展开的赝势的收敛性后，在1991提出了他们对赝势构造的建议。他们融合了当时较为普遍的 Kerker 赝势法，将内层部分的波函数用更高阶的多项式来拟合。这里有必要提到 Kerker 方法的内层波函数的形式，

$$R^l(r) = r^l \exp(p(r)) \tag{5.39}$$

其中，$p(r) = c_0 + \sum_{i=2}^{n} c_i r^i$。为了避免赝势在原点处出现奇点，在内层 r 取值很小的区域需要格外小心，而且需要引入较多数目的平面波基组来保证赝势的平滑。Kerker 的方法中，多项式的级数 n 只达到4，并保证截断半径以内的电荷守恒，赝波函数在截断半径处连续，且波函数一阶导在截断半径处连续。TM赝势将该多项式的级数扩大到了 $n = 12$，且只保留了偶数项，以达到获得更加平滑波函数的目的。将奇数项设置为零的原因，是他们发现奇数项的导数通常会引入原点处的歧化，所以只保留了偶数项。多项式的具体形式为

$$p(r) = c_0 + c_2 r^2 + c_4 r^4 + c_6 r^6 + c_8 r^8 + c_{10} r^{10} + c_{12} r^{12} \tag{5.40}$$

多项式中的系数则由以下的条件决定。

(1) 截断半径以内保持电荷守恒：

$$2c_0 + \ln \left\{ \int_0^{r_c} r^{2(l+1)} \exp[2p(r) - 2c_0] \mathrm{d}r \right\} = \ln \left\{ \int_0^{r_c} r^2 |R_{\mathrm{AE}}^l(r)|^2 \mathrm{d}r \right\} \tag{5.41}$$

(2) 赝波函数和它的前四阶导在 r_c 处保证连续：

$$
\begin{aligned}
p(r_c) &= \ln \left[\frac{P(r_c)}{r_c^{l+1}} \right] \\
p^{(1)}(r_c) &= \frac{P^{(1)}(r_c)}{P(r_c)} - \frac{l+1}{r_c} \\
p^{(2)}(r_c) &= 2v_{\mathrm{AE}}(r_c) - 2\epsilon_l - \frac{2(l+1)}{r_c} p^{(1)}(r_c) - [p^{(1)}(r_c)] \\
p^{(3)}(r_c) &= 2v_{\mathrm{AE}}^{(1)}(r_c) + \frac{2(l+1)}{r_c^2} p^{(1)}(r_c) - \frac{2(l+1)}{r_c} p^{(2)}(r_c) - 2p^{(1)}(r_c)p^{(2)}(r_c) \\
p^{(4)}(r_c) &= 2v_{\mathrm{AE}}^{(2)}(r_c) - \frac{4(l+1)}{r_c^3} p^{(1)}(r_c) + \frac{4(l+1)}{r_c^2} p^{(2)}(r_c) - \\
&\quad \frac{2(l+1)}{r_c} p^{(3)}(r_c) - 2[p^{(2)}(r_c)]^2 - 2p^{(1)}(r_c)p^{(3)}(r_c)
\end{aligned}
\tag{5.42}
$$

其中，$P(r_c) = r R_{\mathrm{AE}}^l(r)$，$v_{\mathrm{AE}}(r_c)$ 是全电子原子屏蔽势。

(3) 原点处的屏蔽势的曲率是零：

$$c_2^2 + c_4(2l+5) = 0 \tag{5.43}$$

2. RRKJ 赝势

相对于TM赝势直接用多项式对内层部分的赝波函数进行拟合,Rappe 等推导的 RRKJ 方法则是通过球形贝塞尔函数对内层波函数进行拟合。赝波函数在 RRKJ 方法中可表示如

下，并且贝塞尔函数的导数需与全电子波函数在 r_c 处相等：

$$R_{\mathrm{RRKJ}}^l(r) = \sum_{i=1}^{n} \alpha_i j_l(q_i r) \tag{5.44}$$

$$\frac{j_l'(q_i r_{\mathrm{c}})}{j_l(q_i r_{\mathrm{c}})} = \frac{R_{\mathrm{AE}}'(r_{\mathrm{c}})}{R_{\mathrm{AE}}(r_{\mathrm{c}})} \tag{5.45}$$

其中，$j_l(q_i r_{\mathrm{c}})$ 是球形贝塞尔函数，q_i 是第 i 个波矢，波矢的个数 n 通常取到 10。RRKJ 方法提出，要想使平面波基组表示的赝波函数平滑，则赝波函数在倒空间的傅里叶变换在内层部分下降需很快才可实现。而贝塞尔函数的引入，自然将实空间和倒空间的关联关系引入赝势的求解中。而贝塞尔函数构成隐含着波矢的取值，即波矢在 k 空间的最大截断——q_{c}，反映了赝势的精确程度。利用拉格朗日乘子法对波矢截断以外的动能部分进行最小化，求解系数 α_i，其包含两个控制条件：① 波函数的归一化；② 前两阶波函数的导数均在 r_{c} 处连续。最小化的能量关系可以写成以下形式：

$$\Delta E_k(\alpha_1, \alpha_2, \cdots, \alpha_n, q_{\mathrm{c}}) = -\int_0^\infty \mathrm{d}^3 \boldsymbol{r} [R^l(\boldsymbol{r})]^* \nabla^2 R^l(\boldsymbol{r}) - \int_0^{q_{\mathrm{c}}} \mathrm{d}^3 \boldsymbol{q} \boldsymbol{q}^2 |R^l(\boldsymbol{q})|^2 \tag{5.46}$$

其中，$R^l(\boldsymbol{q})$ 是 $R^l(\boldsymbol{r})$ 在 k 空间的傅里叶变换，q_{c} 是 k 空间的最大截断半径。最后，将优化的赝波函数代入径向科恩-沈吕九方程，直接反解该方程即可得到最优化赝势 $V_l(r)$。所得的优化的赝波函数 $R^l(\boldsymbol{r})$ 将用作构成半局域赝势算子 $V_{\mathrm{SL}}(\boldsymbol{r})$，

$$V_{\mathrm{SL}}(\boldsymbol{r}) = \sum_l V_l(r) P_l = V_{\mathrm{loc}}(r) + \sum_l \Delta V_l(r) P_l \tag{5.47}$$

$$\Delta V_l(r) = V_l(r) - V_{\mathrm{loc}}, r < r_{\mathrm{c}} \tag{5.48}$$

其中，P_l 是在角量子数 l 上的投影算符，V_{loc} 是局域势。这里引入原子单位制，$e = \hbar = m = 1$，能量单位是 Ry。在求解赝势的过程中，只需要调整 r_{c}、q_{c} 和 n。RRKJ 方法构造赝势需要符合以下三个条件：

(1) r_{c} 的选取需保证赝势的可迁移性；

(2) n 需大于 10 或更多以保证内层波函数的平滑，并且没有波节；

(3) q_{c} 是通过对 ΔE_k 的最小化而迭代产生，且最小化容许偏差可由人为定义。

后期，Lin 等对 RRKJ 方法进行了进一步测试，得出当 $n = 4$，并且 $q_{\mathrm{c}}^2 = 50$ Ry 时，赝波函数可以达到最优，得出的赝势也是最优解。赝势的可迁移性直接由 r_{c} 决定。

5.3.2 赝势的生成

赝势的生成一般分为两部分：① 针对特定原子组态 (或参考原子组态) 求解全电子径向薛定谔方程；② 将波函数赝化反解薛定谔方程，得到赝势算子。假设参考组态用主量子数和角量子数 nl 表示，全电子径向薛定谔方程可以写为

$$\left\{ -\frac{1}{2} \frac{\mathrm{d}^2}{\mathrm{d}r^2} + \frac{l(l+1)}{2r^2} + v[\rho](r) \right\} r R_{\mathrm{AE}}^{nl}(r) = \epsilon r R_{\mathrm{AE}}^{nl}(r) \tag{5.49}$$

其中，势能部分可以写为

$$v[\rho](r) = -\frac{Z}{r} + \int \frac{\rho(r')}{|r - r'|} \mathrm{d}r' + \mu_{\mathrm{XC}}[\rho] \tag{5.50}$$

电子密度 $\rho(r)$ 表示所有占据态的密度的总和。Z 是净核电荷数。一旦全电子波函数和本征态求解完毕,将波函数采用如 TM 法或 RRKJ 法等,赝化为赝波函数。然后,将赝波函数代入薛定谔方程进行反解,求得屏蔽势,

$$v_{\mathrm{PS}}^{(\mathrm{sc})l}(r) = \epsilon_l - \frac{l(l+1)}{2r^2} + \frac{1}{2rR_{\mathrm{PS}}^l(r)}\frac{\mathrm{d}^2}{\mathrm{d}r^2}[rR_{\mathrm{PS}}^l(r)] \tag{5.51}$$

可以注意到,这里省掉了主量子数 n。因为赝势通常采用价电子层的最低层的每一个角量子亚层作为赝化层,内层电子层都被省略掉了。主量子数相同,只有角量子数在变化。这里,反解薛定谔方程之所以可以成立也要归咎于内层波函数是平滑的且没有波节。在一些实际的计算中,除了中性原子组态可以用作参考组态,离子组态也可以用作参考组态。比如,K 原子赝势生成通常用 K^+ 作为参考组态,因为 K 原子的 $4s$ 电子非常活跃,容易失电子,且在 K 参与的固体中,其通常都以离子形式出现,故用 K^+ 作为参考态,可以进一步减小误差。至于 K 原子的中性组态,则可作为测试组态验证赝势的可迁移性。

由式 (5.50) 可以看出,库仑势 $\int \rho(r')|r-r'|^{-1}\mathrm{d}r'$ 和交换关联势 $\mu_{\mathrm{XC}}[\rho]$ 都与电子密度相关。当体系中引入赝势和对应的赝波函数,电子密度也由赝波函数而定,在自洽计算中,赝波函数会被进一步优化,所以应将库仑势与交换关联势从屏蔽势中减去,只保留离子势部分,如下:

$$v_{\mathrm{PS}}^l(r) = v_{\mathrm{PS}}^{(\mathrm{sc})l}(r) - \int \frac{\rho_v(r')}{|r-r'|}\mathrm{d}r' - \mu_{\mathrm{XC}}[\rho_v] \tag{5.52}$$

而 ρ_v 又被表示为

$$\rho_v(r) = \sum_{l=0}^{l_{\max}} \sum_{m=-l}^{l} |rR_{\mathrm{PS}}^l(r)|^2 \tag{5.53}$$

其中,$l_{\max}$ 是赝波函数的最高的角量子数,且每一个赝波函数只对应一个角量子数,每个角量子数对应的波函数的模之和,构成了赝电子密度。需要注意的一点是,在赝势参与的 DFT 计算中,用于构造赝势的交换关联势须与实际自洽计算中的交换关联势一致,否则会引入不可预测的偏差,导致计算不够准确。

5.4 分离式原子赝势

在计算哈密顿量和目标系统能量时,非局域赝势部分的演算是成本最高的操作之一。若以 $|\phi_\alpha\rangle$ 为基组元对赝势算子的矩阵元素进行展开,可以得到以下形式:

$$V_{\mathrm{PS}}^{\alpha\beta} = \langle\phi_\alpha|\hat{V}_{\mathrm{PS}}|\phi_\beta\rangle = \left\langle\phi_\alpha\left|v_{\mathrm{PS}}^{\mathrm{loc}}(r)\hat{I} + \sum_{l=0}^{l_{\max}}\Delta v_{\mathrm{PS}}^l(r)\hat{P}_l\right|\right\rangle$$

$$= V_{\mathrm{PS}}^{\mathrm{loc}}(\alpha)\Delta_{\alpha\beta} + \sum_{l=0}^{l_{\max}}\Delta V_{\mathrm{PS}}^l(\alpha,\beta) \tag{5.54}$$

式中,

$$\Delta V_{\mathrm{PS}}^l(\alpha,\beta) = \langle\phi_\alpha|\Delta v_{\mathrm{PS}}^l(r)\hat{P}_l|\phi_\beta\rangle$$

$$= \sum_{m=-l}^{l}\int\int \phi_\alpha^*(\boldsymbol{r})Y_{lm}(\boldsymbol{r})\Delta v_{\mathrm{PS}}^l(r)Y_{lm}^*(\boldsymbol{r}')\phi_\beta(\boldsymbol{r}')\mathrm{d}^3\boldsymbol{r}\mathrm{d}^3\boldsymbol{r}' \tag{5.55}$$

其中，由于在径向坐标中赝势的半局域特性，必须引入一个因子 $\delta(r-r')$，以便二重积分仅在角变量上作用。

最常见的基函数有两种类型。① 浮动的，即平面波基组 (PW) 或任何其他非原子中心的基组；在此情况下，每个基函数都包含所有以原子为中心的角分量。② 以原子为中心，由径向函数和球谐函数的乘积组成，例如 LCAO、STO 或 GTO 基组的情况。在任何一种情况下，上述积分都可分解为两个可以单独积分的与角动量相关的部分，以及径向积分形式，

$$G_{\alpha\beta} = \int r^2 \varphi_\alpha^*(r) \Delta v_{\mathrm{PS}}^l \varphi_\beta(r) \mathrm{d}r \tag{5.56}$$

其中，$\varphi_\alpha(r)$ 是基函数的径向部分，或者在平面波的情况下是球面贝塞尔函数 $j_l(q_\alpha r)$。

上述计算的复杂度为 $O(NM^2)$，其中 N 是系统中的原子数，M 是基函数的数量。特别是在 PW 的情况下，基函数 M 的数量可以非常大，并且与原子数成线性比例。因此，这本质上是一个 $O(N^3)$ 的操作，是大体系 (含有原子数量大) 电子结构计算的瓶颈。这一问题，在使用迭代对角化方法求解特征值问题时尤为突出。另一个 $O(N^3)$ 操作是对角化过程中的正交化步骤。然而，引入上述的分离形式后，需要计算的相应前置因子的计算量要小于计算非局部赝势贡献所需的计算量。在使用局域型基组的情况下，计算增益不是那么显著，但在编程级别有重要的优势。

正是由于上述分离形式的演变，而且 $O(N^3)$ 这个计算复杂度问题不会出现在完全非局域赝势的求解中，例如原始的 Philips-Kleinman 形式 (式 (5.30))，促使 Kleinman 和 Bylander 提出了对非局域分量的不同描述的赝势，其中径向半局部算子被完全非局域形式取代，该形式在径向变量中是可分离的，即 $\Delta v_{\mathrm{sep}}^l(r, r') = \zeta^l(r)\zeta^{l*}(r')$。这样，式 (5.56) 就采用了方便的形式，

$$\Delta V_{\mathrm{sep}}^l(\alpha, \beta) = \sum_{m=-l}^{l} F_{\alpha lm}^* F_{\beta lm} \tag{5.57}$$

其中，

$$F_{\alpha lm} = \int \zeta^{l*}(r) Y_{lm}(\boldsymbol{r}) \phi_\alpha(\boldsymbol{r}) \mathrm{d}^3 \boldsymbol{r} \tag{5.58}$$

上述类型的 Kleinman-Bylander 形式的可分离非局域势的一般表达式如下：

$$\Delta \hat{V}_{\mathrm{sep}} = \sum_{m=-l}^{l} \frac{|\zeta^{lm}\rangle \langle \zeta^{lm}|}{\langle \zeta^{lm} | \Phi_{\mathrm{PS}}^{lm}\rangle} \tag{5.59}$$

其中，Φ_{PS}^{lm} 是原子的参考赝波函数。可以看作是一维子空间上的投影算子，其中唯一相关的方面是再现参考组态的全电子计算。如果我们考虑非局域赝势的可分离形式对原子赝波函数的作用，则有以下形式：

$$\Delta \hat{V}_{\mathrm{sep}}^l |\Phi^{lm}\rangle_{\mathrm{PS}}\rangle = |\zeta^{lm}\rangle \tag{5.60}$$

然后，对于可分离形式 $\Delta \hat{V}_{\mathrm{sep}}^l$ 来再现参考能量 ϵ_l 处的全电子散射特性和能量导数，以下列方式构造足够的投影函数：

$$|\zeta^{lm}\rangle = \left(\epsilon_l - \hat{T} - v_{\mathrm{PS}}^{\mathrm{loc}}(r)\hat{I} \right) |\Phi_{\mathrm{PS}}^{lm}\rangle \tag{5.61}$$

在这种情况下，很容易看出参考赝波函数与截止半径以外的全电子波函数重合，是具有(全电子和赝波函数)本征值 ϵ_l 的赝哈密顿量的本征态：

$$\left(\hat{T} + \hat{V}_{\text{PS}}^{\text{loc}} + \Delta\hat{V}_{\text{sep}}^l\right)|\Phi_{\text{PS}}^{lm}\rangle = \epsilon_l|\Phi_{\text{PS}}^{lm}\rangle \tag{5.62}$$

很明显，投影函数在很大程度上取决于局部势能的选择。

1982 年，Kleinman 和 Bylander (KB) 开发了一种完全非局域的、可分离形式的赝势 $\Delta\hat{V}_{\text{sep}}^l$，要求其对参考点的作用赝波函数与原始 HSC 半局域形式 $\Delta\hat{V}_{\text{PS}}^l$ 相同。为此，他们提出

$$|\zeta_{\text{KB}}^{lm}\rangle = |\Delta\hat{V}_{\text{PS}}^l\Phi_{\text{PS}}^{lm}\rangle \tag{5.63}$$

通过将运算符 $\hat{V}_{f\text{sep}}^l$ 应用于参考赝波函数 $|\Phi_{\text{PS}}^{lm}\rangle$，证明需要的性质很简单，即

$$\Delta\hat{V}_{\text{PS}}^l|\Phi_{\text{PS}}^{lm}\rangle = \left[\frac{|\Delta\hat{V}_{\text{PS}}^l\Phi_{\text{PS}}^{lm}\rangle\langle\Phi_{\text{PS}}^{lm}\Delta\hat{V}_{\text{PS}}^l|}{\langle\Phi_{\text{PS}}^{lm}|\Delta\hat{V}_{\text{PS}}^l|\Phi_{\text{PS}}^{lm}\rangle}\right]|\Phi_{\text{PS}}^{lm}\rangle = \Delta\hat{V}_{\text{PS}}^l|\Phi_{\text{PS}}^{lm}\rangle \tag{5.64}$$

然后将 Kleinman-Bylander 投影仪写为

$$\Delta\hat{V}_{\text{KB}}^l = \sum_{m=-l}^{l} E_{\text{KB}}^{lm}|\xi_{\text{KB}}^{lm}\rangle\langle\xi_{\text{KB}}^{lm}| \tag{5.65}$$

其中，

$$|\xi_{\text{KB}}^{lm}\rangle = \frac{|\zeta_{\text{KB}}^{lm}\rangle}{\langle\zeta_{\text{KB}}^{lm}|\zeta_{\text{KB}}^{lm}\rangle} \tag{5.66}$$

是归一化投影函数。非局域性的强度由能量 E_{KB}^{lm} 决定，由下式给出：

$$E_{\text{KB}}^{lm} = \alpha_{lm}\langle\Phi_{\text{PS}}^{lm}|(\Delta\hat{V}_{\text{PS}}^l)^2|\Phi_{\text{PS}}^{lm}\rangle \tag{5.67}$$

这里，α_{lm} 满足公式

$$\alpha_{lm} = \langle\Phi_{\text{PS}}^{lm}|\Delta\hat{V}_{\text{PS}}^l|\Phi_{\text{PS}}^{lm}\rangle^{-1} \tag{5.68}$$

由于分离式思路的引入，使我们看到赝势的设置可以更加灵活，实现赝波函数与其他等价空间的对弈，而这也为超软赝势的开发做了启蒙。

5.5 超软赝势

模守恒约束是导致某些赝势硬度的主要因素，尤其是元素周期表第一行元素中的 p 态和第二行过渡金属中的 d 态，例如 O $2p$ 或 Cu $3d$。对于这些状态，核内没有与核外轨道正交的角动量状态。因此，与其他价态相比，全电子波函数是无节点的，并且相当压缩，需要大量的平面波才能准确表示。这对波函数的赝化没有多大帮助，因为赝电荷必须与全电子波函数的电荷相匹配，而后者已经是无节点的。

模守恒约束通过求和规则 (式(5.38)) 与可迁移性概念紧密相关。该表达式表明，相应的一阶能量变化与赝化区域中的波函数模成正比。然而，除了遵守式(5.38)中体现的可传迁移准则，全电子波函数和赝波函数的模不一定完全一致。因此，旨在减少平面波截断能的努力应该集中在通过推广求和规则式(5.38)来放宽模守恒条件。Vanderbilt 于 1990 年

完成了这项工作，他表明可以通过这种方式获得更平滑但仍然高度可迁移的赝势。这也就是超软赝势(ultrasoft pseudopotentials)的得名，通常简称为VUS或US。

Vanderbilt 的构造从广义的、多参考态的可分离非局部赝势开始，通过将非局部势算子重新定义为

$$\Delta \hat{V}_{\text{US}}^{l} = \sum i,j D_{ij}^{l} \sum_{m=-l}^{l} |\beta_i^{lm}\rangle\langle\beta_j^{lm}| \tag{5.69}$$

其中，

$$D_{ij}^{l} = B_{ij}^{l} + \epsilon_{il} Q_{ij}^{l} \tag{5.70}$$

代入式(5.69)，得

$$\Delta \hat{V}_{\text{US}}^{l} = \sum i,j B_{ij}^{l} \sum_{m=-l}^{l} |\beta_i^{lm}\rangle\langle\beta_j^{lm}| + \sum_{i,j} \epsilon_{jl} Q_{ij}^{l} \sum_{m=-l}^{l} |\beta_i^{lm}\rangle\langle\beta_j^{lm}| \tag{5.71}$$

第一项与广义可分离模守恒赝势相同，而第二项仅在广义模守恒条件 $Q_{ij}^{l} = 0$ 时消失。如果不是这种情况，则全电子模与赝波函数之间的关系为

$$\begin{aligned}
\langle\Phi_{\text{AE}}^{ilm}|\Phi_{\text{AE}}^{jlm}\rangle_{r_c} &= \langle\Phi_{\text{PS}}^{ilm}|\Phi_{\text{PS}}^{jlm}\rangle_{r_c} + Q_{ij}^{l} \\
&= \langle\Phi_{\text{PS}}^{ilm}|(\hat{I} + \sum_{i,j} Q_{ij}^{l}|\beta_i^{lm}\rangle\langle\beta_j^{lm}|)|\Phi_{\text{PS}}^{jlm}\rangle_{r_c}
\end{aligned} \tag{5.72}$$

这可以通过定义非局部重叠运算符以更紧凑的形式编写：

$$\hat{S} = \hat{I} + \sum_{l} \sum_{i,j} Q_{ij}^{l} \sum_{m=-1}^{l} |\beta_i^{lm}\rangle\langle\beta_j^{lm}|) | \tag{5.73}$$

因此规范守恒条件为

$$\langle\Phi_{\text{AE}}^{ilm}|\Phi_{\text{AE}}^{jlm}\rangle_{r_c} = \langle\Phi_{\text{PS}}^{ilm}|\hat{S}|\Phi_{\text{PS}}^{jlm}\rangle_{r_c} \tag{5.74}$$

根据这些定义，如果哈密顿量写成

$$\hat{H} = \hat{T} + \hat{V}_{\text{PS}}^{\text{loc}} + \sum_{l'} \Delta\hat{V}_{\text{sep}}^{l'} + \sum_{l'} \sum_{i,j} \epsilon_{il'} Q_{ij}^{l'} \sum_{m'=-l'}^{l'} |\beta_i^{l'm'}\rangle\langle\beta_j^{l'm'}| \tag{5.75}$$

赝波函数 $|\phi_{\text{PS}}^{ilm}\rangle$ 是广义原子特征值问题的解。代入上式计算，得

$$\hat{H}|\phi_{\text{PS}}^{ilm}\rangle = \epsilon_{il}|\phi_{\text{PS}}^{ilm}\rangle + \sum_{l'} \sum_{i,j} \epsilon_{il'} Q_{ij}^{l'} \sum_{m'=-l'}^{l'} |\beta_i^{l'm'}\rangle\langle\beta_j^{l'm'}|\phi_{\text{PS}}^{ilm}\rangle = \epsilon_{il}\hat{S}|\Phi_{\text{PS}}^{ilm}\rangle \tag{5.76}$$

其中，只有非局部和重叠算子的角分量 l 产生具有定义明确的角动量 l 状态的非零矩阵元素，例如 $|\phi_{\text{PS}}^{ilm}\rangle$ 可以证明 $\hat{Q}$ 和 $\hat{D}$ 以及 $\hat{H}$ 和 $\hat{S}$ 是埃尔米特算子。

对于这个广义特征值问题，恒等式(5.38)被修改为

$$-\frac{1}{2}\left\{[rR^l(\epsilon,r)]^2 \frac{\mathrm{d}}{\mathrm{d}\epsilon}\frac{\mathrm{d}}{\mathrm{d}r}\ln R^l(\epsilon,r)\right\}_{r_c} = \langle\Phi_{\text{PS}}^{ilm}|\Phi_{\text{PS}}^{ilm}\rangle_{r_c} + Q_{ii}^{l} \tag{5.77}$$

并且可迁移性标准变为全电子波函数的模应与赝波函数的模加上 $\hat{Q}$ 的对角线元素相匹配。矩阵元素 Q_{ii}^{l} 表示角动量 l 的赝波函数中缺失的电荷量，使用参考态计算能量 ϵ_{il}。因此，放

宽波函数守恒约束，可以通过仅保证截断半径处的对数导数的匹配来独立赝化不同参考能量处的所有波函数。实际上，这意味着截断半径可以选择得很大，远远超过径向波函数的最大值。对于较大的截断半径，波函数的导数较小，然后，由于对内层电子波函数的归一化没有约束，可以避免赝波函数中的尖峰，从而导致更平滑的波函数。

原则上，求解广义特征值方程似乎会增加计算成本。然而，重叠算子(式(5.73))的矩阵元素与非局域赝势算子(式(5.69))的矩阵元素具有相同的形式，并且可以将两者放在一起而不会产生任何显著的额外计算量。

最微妙的是，在这个方案中，即使赝电子波函数和全电子波函数在截断半径之外变得相同，但赝区域中包含的电荷是不同的。在科恩-沈吕九类型的自洽电子结构计算中，电势取决于电荷密度。如果仅通过赝波函数定义价电荷密度，则赝区域中电荷的缺乏将使科恩-沈吕九势不正确。这可以通过将价电荷密度写为下式进行修正：

$$\rho_v(\boldsymbol{r}) = \sum_n |\varphi_n(\boldsymbol{r})|^2 + \sum_l \sum_{i,j} \rho_{ij}^l Q_{ji}^l(\boldsymbol{r}) \tag{5.78}$$

式中，第一个加和遍及所有占据态，有

$$\rho_{ij}^l = \sum_n \sum_{m=-l}^{l} \langle \beta_i^{lm} | \varphi_n \rangle \langle \varphi_n | \beta_j^{lm} \rangle \tag{5.79}$$

同时有

$$Q_{ij}^l(\boldsymbol{r}) = \Phi_{\mathrm{AE}}^{ilm*}(\boldsymbol{r}) \Phi_{\mathrm{AE}}^{jlm}(\boldsymbol{r}) - \Phi_{\mathrm{PS}}^{ilm*}(\boldsymbol{r}) \Phi_{\mathrm{PS}}^{jlm}(\boldsymbol{r}) \tag{5.80}$$

对密度 $\rho_v(\boldsymbol{r})$ 做积分得到

$$\begin{aligned}
\int \rho_v(\boldsymbol{r})\mathrm{d}\boldsymbol{r} &= \sum_n \langle \varphi_n | \varphi_n \rangle + \sum_n \sum_l \sum_{i,j} Q_{ij}^l \sum_{m=-l}^{l} \langle \varphi_n | \beta_j^{lm} \rangle \langle \beta_i^{lm} | \varphi_n \rangle \\
&= \sum_n \langle \varphi_n | \Big(\hat{I} + \sum_l \sum_{i,j} Q_{ij}^l \sum_{m=-l}^{l} | \beta_j^{lm} \rangle \langle \beta_i^{lm} | \Big) | \varphi_n \rangle \\
&= \sum_n \langle \varphi_n | \hat{S} | \varphi_n \rangle
\end{aligned} \tag{5.81}$$

如果自洽广义特征值问题的解根据 $\langle \varphi_n | \hat{S} | \varphi_m \rangle = \delta_{nm}$，则上述电荷密度 $\rho_v(\boldsymbol{r})$ 恰好积分为系统中的价电子数 N_v。函数 $Q_{ij}^l(\boldsymbol{r})$ 是赝势生成过程的副产品，并且以与赝势相同的方式一劳永逸的计算。这里，ρ_{ij} 表示一种密度矩阵，取决于自洽轨道。

自洽久期方程(secular equation)保留相同的广义特征值形式(式(5.76))，其中局部势现在包括通常的哈特里和来自电子-电子相互作用的交换相关贡献，$v_{\mathrm{loc}}[\rho,(\boldsymbol{r})] = v_{\mathrm{PS}}^{\mathrm{loc}}(\boldsymbol{r}) + v_{\mathrm{H}}[\rho_v(\boldsymbol{r})] + \mu_{\mathrm{XC}}[\rho_v(\boldsymbol{r})]$。此外，由于重叠算子 $\hat{\mathbf{S}}$ 的非局部性，这两项也有贡献到势能的非局部部分，其矩阵元素变为

$$\tilde{D}_{ij}^l = D_{ij}^l + \int \{V_{\mathrm{H}}[\rho_v(\boldsymbol{r})] + \mu_{\mathrm{XC}}[\rho_v(\boldsymbol{r})]\} Q_{ij}^l(\boldsymbol{r})\mathrm{d}\boldsymbol{r} \tag{5.82}$$

久期方程是通过使用修改后的非局域赝势项进行最小化能量泛函获得的，其受广义归一化约束。非常有趣的是，根据式(5.82)中的第二项，非局部赝势贡献的自洽依赖于电荷

密度，根据环境调整自身以适应电荷配置的变化。这一特征是为了提高模守恒的、不可极化的赝势的可迁移性。

表示赝区域中缺失的价电荷密度的量 $Q_{ij}^l(\boldsymbol{r})$ 可能是非常陡峭的函数，它们需要在一些较小的截断半径内被赝化。在固体物理的应用中，式(5.82)中所有状态的和需用布里渊区中 k 点的和来补充。

该方案在过去十年中非常成功，导致涉及第一行和过渡金属元素原子的平面波为主的计算的能量截断大幅减少。例如，对于相同水平的精度和收敛，氧气的能量截断可以从150Ry 降低到40Ry。需要注意的是，在计算多于一种原子的系统时，可以结合不同元素的超软赝势和模守恒赝势，即在 SiO_2 中，使用超软赝势处理 O 更方便，而对于 Si，更简单且成本更低的模守恒赝势就足够了。

5.6　投影缀加平面波

投影缀加平面波(projector augmented wave, PAW)方法从根本上来讲，是一个变换形式。它将具有完整节点结构的真实波函数映射到辅助波函数上，在数值计算方面更为方便。我们的目标是构建平滑的辅助波函数，使它在利用平面波展开时可以快速收敛。通过这样的变换，我们可以将辅助波函数扩展为更为便利的基组，并在重构相关的物理(真实)波函数后评估所有物理性质。

将物理单粒子波函数表示为 $|\Psi_n\rangle$，将辅助波函数表示为 $|\tilde{\Psi}_n\rangle$。这里需要注意的是，波浪号"$\sim$"表示平滑辅助波函数。n 是单粒子状态的标签，包含能带索引、k 点和自旋索引。从辅助波函数到物理波函数的变换是 $\mathcal{T}$，

$$|\Psi_n\rangle = \mathcal{T}|\tilde{\Psi}n\rangle \tag{5.83}$$

我们在这里使用狄拉克(Dirac)符号法表示，左矢叫作"Bra"，右矢叫作"Ket"。一个波函数 $\Psi_n(\boldsymbol{r})$ 对应一个右矢 Ψ_n，复共轭波函数 $\Psi_n^*(\boldsymbol{r})$ 对应一个左矢 $\langle\Psi_n|$，标量积 $\int \mathrm{d}^3 r\Psi_n^*(\boldsymbol{r})\Psi_m(\boldsymbol{r})$ 写为 $\langle\Psi_n|\Psi_m\rangle$。三维坐标空间中的矢量由粗体符号表示。

通过最小化密度泛函理论的总能量泛函 $E[\Psi_n]$ 确定电子基态。单粒子波函数必须是正交的。这个约束是用拉格朗日乘数的方法实现的，形式如下：

$$F([\Psi_n], \Lambda_{m,n}) = E[\Psi_n] - \sum_{n,m}[\langle\Psi_n|\Psi_m\rangle - \delta_{n,m}]\Lambda_{n,m} \tag{5.84}$$

我们从极值条件获得基态波函数，其中拉格朗日乘数用 $\Lambda_{n,m}$ 表示。波函数的极值条件具有以下形式：

$$H|\Psi_n\rangle f_n = \sum_m |\Psi_m\rangle \Lambda_{m,n} \tag{5.85}$$

其中，f_n 是占据数，$H = -\dfrac{\hbar^2}{2m_e}\nabla^2 + v_{\mathrm{eff}}(\boldsymbol{r})$ 是单粒子有效哈密顿量。

经过对角化拉格朗日乘数矩阵 $\Lambda_{m,n}$ 的酉变换(unitary transformation)后，得到科恩-沈吕九方程

$$H|\Psi_n\rangle = |\Psi_n\rangle\epsilon_n \tag{5.86}$$

单粒子能量 ϵ_n 是 $\Lambda_{n,m}\dfrac{f_n+f_m}{2f_nf_m}$ 的特征值。

现在用辅助波函数来表示泛函 F

$$F([\mathcal{T}\tilde{\Psi}_n],\Lambda_{m,n}) = E[\mathcal{T}\tilde{\Psi}_n] - \sum_{n,m}[\langle\tilde{\Psi}_n|\mathcal{T}^*\mathcal{T}|\tilde{\Psi}_m\rangle - \delta_{n,m}]\Lambda_{n,m} \tag{5.87}$$

关于辅助波函数的变分原理则可表示为

$$\mathcal{T}^\dagger H\mathcal{T}|\tilde{\Psi}_n\rangle = \mathcal{T}^\dagger\mathcal{T}|\tilde{\Psi}_n\rangle\epsilon_n \tag{5.88}$$

再次获得类薛定谔方程，但现在哈密顿算子具有不同的形式 $\mathcal{T}^\dagger H\mathcal{T}$，出现重叠算子 $\mathcal{T}^\dagger\mathcal{T}$ 并且生成的辅助波函数是平滑的。

在计算物理量时，需要计算对应算子的期望值。这里，用 A 表示任意一个我们关注的物理量的算子，可以用真实波函数或辅助波函数来表示，

$$\langle A\rangle = \sum_n f_n\langle\Psi_n|A|\Psi_n\rangle = \sum_n f_n\langle\tilde{\Psi}_n|\mathcal{T}^\dagger A\mathcal{T}|\tilde{\Psi}_n\rangle \tag{5.89}$$

在辅助波函数的表示中，我们需要使用变换算子 $A = \mathcal{T}^\dagger A\mathcal{T}$。事实上，这个方程只适用于价电子。内核电子的处理方式不同。

这种转变将我们从概念上赝势的世界带到了处理全波函数的缀加波方法的世界。辅助波函数恰好是全电子波函数的平面波部分，同时正好可以转化为赝势方法中的波函数。在 PAW 方法中，辅助波函数用于构建真实波函数，总能量泛函由赝势方法计算得到。因此，它提供了缀加波方法和赝势方法之间缺失的联系，而这一点则证明 PAW 对波函数的近似是具有完整定义的。

投影缀加波函数法是将缀加波函数法和赝势法结合成统一体的求解电子结构的方法。需要指出的是，大多数这些看似奇异的发展并非凭空而来。对于 PAW 方法，Vanderbilt 在超软赝势的背景下提出了类似的想法。Wang 和 Karplus 首次使用半经验电子结构方法进行了动力学模拟。Zunger 和 Cohen 比 Hamann 等早一年发表了第一个从头算赝势。

正如之前提到，赝势方法可以从 PAW 方法导出定义明确的近似值：增强部分 $\Delta E = E^1 - \tilde{E}^1$ 是单中心密度矩阵的函数 $D_{i,j}$ 的泛函。其中，$D_{i,j}$ 的定义为

$$D_{i,j} = \sum_n f_n\langle\tilde{\Psi}_n|\tilde{p}_j\rangle\langle\tilde{p}_i|\tilde{\Psi}_n\rangle$$
$$= \sum_n\langle\tilde{p}_i|\tilde{\Psi}_n\rangle f_n\langle\tilde{\Psi}_n|\tilde{p}_j\rangle \tag{5.90}$$

如果我们从 ΔE 关于 $D_{i,j}$ 泰勒展开的线性项之后进行截断，则可以恢复赝势方法。关于 $D_{i,j}$ 的线性项是与非局域赝势相关的能量

$$\Delta E(D_{i,j}) = \Delta E(D_{i,j}^{\mathrm{at}}) + \sum_{i,j}(D_{i,j} - D_{i,j}^{\mathrm{at}})\frac{\partial\Delta E}{\partial D_{i,j}} + O(D_{i,j} - D_{i,j}^{\mathrm{at}})^2$$
$$= E_{\mathrm{self}} + \sum_n f_n\langle\tilde{\Psi}_n|v_{nl}|\tilde{\Psi}n\rangle + O(D_{i,j} - D_{i,j}^{\mathrm{at}})^2 \tag{5.91}$$

因此，我们也可以将 PAW 方法视为具有适应瞬时电子环境的赝势方法，因为适当考虑了总能量对单中心密度矩阵的确切的非线性依赖性。

与赝势方法相比，PAW 方法的主要优点如下：

(1) 首先，可以系统地控制所有错误，从而不存在可迁移错误。如 Watson 和 Carter 及 Kresse 和 Joubert 所示，大多数赝势对高自旋原子(如 Cr)无效。虽然可以通过构建适应这种情况的赝势来获得正确的结果，但事先无法确定所需模拟的体系是否属于特殊情况，因此实践中仍然存在一些经验主义：不能保证由孤立原子构建的赝势对分子是准确的。相比之下，PAW 方法的收敛结果不依赖于参考系统(例如孤立原子)，因为它使用了完整的密度和势能。

(2) PAW 方法提供了对于超精细参数相关的全电荷和自旋密度的访问。超精细参数是核附近电子密度的灵敏探针。在许多情况下，它们是唯一可用的信息，可以推断出原子的结构和化学环境。理论上，可以利用基于赝势方法的重建技术来获得超精细参数，但这些技术实际上是 PAW 方法的精简版本。

(3) 平面波收敛比规范守恒赝势更快，原则上应该等同于超软赝势。然而，与超软赝势相比，PAW 方法的优点是总能量表达式不那么复杂，因此预计效率更高。

(4) 赝势的构造需要确定许多参数。由于它们会影响结果，因此它们的选择至关重要。PAW 方法在辅助分波的选择方面也提供了一定的灵活性。但是，这种选择不会影响收敛结果。

5.7　拓展提高

5.7.1　拓展阅读

- GIUSTINO F. Materials modelling using density functional theory[M]. Oxford: Oxford University Press, 2014.
- KOHANOFF J. Electronic structure calculations for solids and molecules: theory and computational methods[M]. Cambridge: Cambridge University Press, 2006.

5.7.2　算法编程

1. 氢原子波函数

求解氢原子波函数，选取适当的截断半径，用贝塞尔函数对截断半径内的波函数进行拟合，并反向求解势函数。(注：这一过程实际是模守恒赝势的生成过程的简化。)根据模守恒条件对贝塞尔函数参数的优化，其本质便是对截断半径以内波函数的拟合。由于模守恒条件复杂，这里仅需对波函数进行简单拟合，用以了解赝势生成的完整过程。试用 jupyter notebook 完成并对比真实势函数与拟合后反解的势函数的异同。

大体思路如下：
(1) 求解氢原子全电子薛定谔方程，得到本征态和本征能量；
(2) 选取截断半径；
(3) 对截断半径以内的波函数进行拟合；

(4) 代入薛定谔方程反解势函数。

2. 全电子波函数求解

- 调用 Numerov 构建单电子径向薛定谔方程

$$-\frac{\mathrm{d}^2}{\mathrm{d}r^2}u(r) + \left(\frac{l(l+11)}{r^2} - \frac{2Z}{r}\right)u(r) = \epsilon u(r) \tag{5.92}$$

- 引入波函数的边界条件 $u(0) = 0$ 和 $u(\infty) = 0$，构建本征态以及对应的本征值的求解关系。

- 合理对本征值进行猜测并赋值，利用上述关系求解波函数和本征能量。

3. 波函数拟合以及反解势函数

- 根据求得的波函数选取适当的截断半径，并截取截断半径以内的部分进行拟合。

- 利用 Scipy 的 special.jn 生成前四阶贝塞尔函数，参考式 (5.45) 可知，需要拟合的参数有 α_i 和 q_i。可利用 optimize.curvefit 进行拟合。

- 最后，将拟合之后的波函数代入薛定谔方程反解势函数，有

$$v(r) = \frac{u''_{new}(r)}{u_{new}(r)} - \frac{l(l+1)}{r^2} + \epsilon \tag{5.93}$$

需要注意的是，直接反解势函数涉及波函数二阶导直接与波函数相除，且有边界条件存在的歧化现象，需要巧妙进行求解。

4. Numerov 算法求解微分方程

```
def Numerovc(f, x0_, dx, dh_):
    x = zeros(len(f))
    dh=float(dh_)
    x[0]=x0_
    x[1]=x0_+dh*dx

    h2 = dh*dh
    h12 = h2/12.
    w0 = x[0]*(1-h12*f[0]);
    w1 = x[1]*(1-h12*f[1]);
    xi = x[1];
    fi = f[1];

    for i in range(2,len(f)):
        w2 = 2*w1-w0+h2*fi*xi
        fi = f[i]
        xi = w2/(1-h12*fi)
        x[i]=xi
        w0 = w1
        w1 = w2
    return x
```

第 6 章

第一性原理上机实验

6.1 Quantum Espresso 计算铁电 PbTiO$_3$ 双势阱

铁电材料作为一种具有自发极化,且极化可以被外场调控的功能材料,已经被广泛应用于传感器、电容器、场效应晶体管等器件中。具有两个(或多个)不同极化方向,但能量相同的简并态是铁电材料的重要特征之一,其势能面呈现出双势阱。这里我们以传统钙钛矿铁电材料钛酸铅 (PbTiO$_3$) 为例,计算铁电相 PbTiO$_3$ 的双势阱势能面。

我们使用 Quantum Espresso 软件,运用密度泛函理论计算 PbTiO$_3$ 的双势阱。Quantum Espresso 是一套集成了多个模块的开源软件,以密度泛函理论、平面波和赝势为基础,可在纳米尺度进行电子结构计算和材料模拟。用户可以从 Quantum Espresso 官网 (www.quantum-espresso.org)注册下载软件并根据提示安装,相关的软件使用手册也可以在官网找到。

铁电相 PbTiO$_3$ 的单胞结构(空间群为 $P4mm$)如图6.1所示,这里分别展示了极化向下和极化向上两种构型。我们选择采用 PBEsol 交换关联泛函进行结构优化和单点能计算。计算并画出 PbTiO$_3$ 的双势阱势能面包括以下三个步骤:第一步是进行结构优化,获得 PbTiO$_3$ 铁电相极化向上和极化向下两个状态的基态构型;第二步是通过插值法得到 PbTiO$_3$ 两个极化状态之间的中间构型,并计算这些构型的能量;第三步则是处理数据并画出双势阱势能面。以下依次介绍。

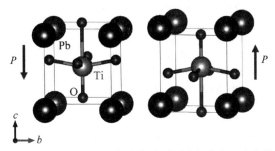

图 6.1　PbTiO$_3$ 晶体结构,左右两个结构分别对应极化向下和极化向上两种状态
(请扫 VI 页二维码看彩图)

- $PbTiO_3$ 的双势阱计算
  - 第一步：$PbTiO_3$ 的结构优化。

描述输入参数的 vcrelax.in 文件。

```
&control
    calculation = 'vc-relax'              #计算类型：优化晶格常数和原子坐标
    prefix = 'pto',                       #文件种子名
    outdir='./temp'                       #输出位置
    pseudo_dir='GBRV_PBEsol'              #赝势位置
    nstep=200                             #离子步优化步数
/
&system
    ibrav = 0,                            #晶胞表现方式
    nat = 5,                              #原子个数
    ntyp = 3,                             #元素种类个数
    ecutwfc = 50,                         #平面波能量截断
    ecutrho = 250,                        #电荷密度能量截断
    occupations='smearing',               #占据函数表示方法
    smearing='mv',
    degauss=0.001,
/
&electrons
    mixing_beta = 0.5,                    #混合参数
    conv_thr = 1.0d-6,                    #电子收敛精度
/
&CELL
    cell_dofree = 'all'                   #优化所有晶格参数
/
ATOMIC_SPECIES                            #元素种类
Pb 207.20 pb_pbesol_v1.uspp.F.UPF         #元素 相对原子质量 赝势文件
Ti 47.867 ti_pbesol_v1.4.uspp.F.UPF
O  15.999 o_pbesol_v1.2.uspp.F.UPF
K_POINTS {automatic}                      #第一布里渊区k点格子
8 8 8 1 1 1
CELL_PARAMETERS (angstrom)                #晶格常数
   3.857619028 0.000000000 0.000000000
   0.000000000 3.857619028 0.000000000
   0.000000000 0.000000000 4.046935117
ATOMIC_POSITIONS (crystal)                #原子坐标
Pb       0.000000000 0.000000000 0.071825903
Ti       0.500000000 0.500000000 0.537443816
O        0.500000000 0.500000000 -0.021771364
O        0.000000000 0.500000000 0.466250822
O        0.500000000 0.000000000 0.466250822
```

优化完成后可以通过在输出文件中查找关键字 "Final" 得到优化后的结构。

```
CELL_PARAMETERS (angstrom)
   3.865091814 0.000000000 0.000000000
   0.000000000 3.865091814 0.000000000
```

```
   0.000000000 0.000000000 4.230724760

ATOMIC_POSITIONS (crystal)
Pb      0.000000000 0.000000000 0.086797378
Ti      0.500000000 0.500000000 0.547206346
O       0.500000000 0.500000000 -0.035351845
O       0.000000000 0.500000000 0.460674060
O       0.500000000 0.000000000 0.460674060
```

对于另一种极化状态的基态结构，既可以通过对称性来构建，也可以通过结构优化获得。

— 第二步：通过插值的方法，得到中间构型并计算能量。

通过第一步可以获得两种极化状态的原子坐标，接下来，在两个结构之间进行插值，并对每一个中间结构进行单点能电子自洽迭代计算。电子自洽迭代计算的输入文件与结构优化类似，只需要修改少量的参数。

```
&control
   calculation = 'scf'                  #计算类型：电子自洽计算
   prefix = 'pto',                      #文件种子名
   outdir='./temp'                      #输出位置
   pseudo_dir='GBRV_PBEsol'             #赝势位置
   nstep=200                            #离子步优化步数
/
&system
   ibrav = 0,                           #晶胞表现方式
   nat = 5,                             #原子个数
   ntyp = 3,                            #元素种类个数
   ecutwfc = 50,                        #平面波能量截断
   ecutrho = 250,                       #电荷密度能量截断
   occupations='smearing',              #占据函数表示方法
   smearing='mv',
   degauss=0.001,
/
&electrons
   mixing_beta = 0.5,                   #混合参数
   conv_thr = 1.0d-6,                   #电子收敛精度
/
&CELL
   cell_dofree = 'all'                  #优化所有晶格参数
/
ATOMIC_SPECIES                          #元素种类
Pb 207.20 pb_pbesol_v1.uspp.F.UPF       #元素 相对原子质量 赝势文件
Ti 47.867 ti_pbesol_v1.4.uspp.F.UPF
O  15.999 o_pbesol_v1.2.uspp.F.UPF
K_POINTS {automatic}                    #第一布里渊区k点格子
8 8 8 1 1 1
CELL_PARAMETERS (angstrom)              #晶格常数
```

```
   3.865091814 0.000000000 0.000000000
   0.000000000 3.865091814 0.000000000
   0.000000000 0.000000000 4.230724760
ATOMIC_POSITIONS (crystal)                    #原子坐标
Pb        A_1_1 A_1_2 A_1_3
Ti        A_2_1 A_2_2 A_2_3
O         A_3_1 A_3_2 A_3_3
O         A_4_1 A_4_2 A_1_3
O         A_5_1 A_5_2 A_5_3
```

原子坐标处需要进行插值，有许多方法可以实现，这里列举一种用bash脚本实现的方式。我们将两种极化状态对应的原子坐标分别写入文件 dn.dat 和 up.dat。

极化向下 dn.dat：

```
0.000000000 0.000000000 -0.083609699        #Pb
0.500000000 0.500000000 0.456385333         #Ti
0.500000000 0.500000000 0.038860963         #O
0.000000000 0.500000000 0.542736168         #O
0.500000000 0.000000000 0.542736168         #O
```

极化向上 up.dat：

```
0.000000000 0.000000000 0.086797378         #Pb
0.500000000 0.500000000 0.547206346         #Ti
0.500000000 0.500000000 -0.035351845        #O
0.000000000 0.500000000 0.460674060         #O
0.500000000 0.000000000 0.460674060         #O
```

运行如下 bash 脚本可以获得多个差值构型。

```
for((i=-3;i<=13;i++))                        #两个基态中间取9个构型，基态之外左右各3个
   for((m=1;m<=5;m++))                       #共5个原子，注意要一一对应
   do
      for((n=1;n<=3;n++))                     #坐标共3列
      do
         a=$(awk 'NR=='$m' {print $'$n'}' up.dat)    #获取up的坐标
         b=$(awk 'NR=='$m' {print $'$n'}' dn.dat)    #获取dn的坐标
         d=$(echo "($b-($a))*0.1" | bc -l)           #插值
         t=$(echo "$a+$i*$d" | bc -l)                #获得插值构型的坐标
         sed -i s/"A_${m}_${n}"/"$t"/g scf.in        #替换scf.in中的坐标
      done
   done
done
```

— 第三步：数据处理。

电子自洽计算结束之后将能量数据整理画图，就可以得到如图6.2所示的双势阱势能面。

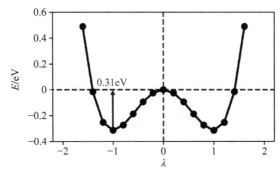

图 6.2 Quantum Espresso 计算得到的 $PbTiO_3$ 双势阱势能面 -1 和 1 分别对应两个极化方向不同的能量基态。极化状态和非极化状态间的能垒为 0.31eV

(请扫 VI 页二维码看彩图)

6.2 ABACUS 计算 MgO 能带实例

电子的能带结构是周期性体系材料的一个重要物理性质，能带计算方法也是深入分析材料电子结构性质十分重要的工具，能带结构可以通过密度泛函理论算法计算。目前，密度泛函理论算法已被实现在许多软件中，例如 VASP、Quantum Espresso、ABIINT、CP2K等。这里我们采用 ABACUS(原子算筹) 软件的 3.1 版本，ABACUS 是一款国内开源的密度泛函理论软件，支持平面波和数值原子轨道两种基矢量，主要采用模守恒赝势，功能较齐全，可适用于从小体系到上千原子大体系的电子结构优化、原子结构弛豫、分子动力学模拟等计算。我们以面心立方 MgO 的能带结构计算为例。

首先，用户可以从 Github 网页上下载 ABACUS 3.1 版本 (https://github.com/deepmodeling/abacus-develop) 并根据提示安装，此外，ABACUS 代码还可从 Gitee 网站下载 (https://gitee.com/deepmodeling/abacus-develop)。相关的软件使用手册也可在网上找到 (http://abacus.deepmodeling.com/)。

其次，B1 结构的 MgO 的单胞和原胞结构如图6.3所示，这里我们选择采用数值原子轨道和 PBE 交换关联泛函，在 MgO 的原胞结构上做能带结构计算。计算并画出材料的能带结构一般包括以下三个步骤：第一步，通过自洽电子迭代计算出系统的基态电荷密度；第二步，读入基态电荷密度，通过非自洽计算得到选定布里渊区 k 点上的电子能带结构；第三步，数据处理并画出能带图。以下依次介绍。

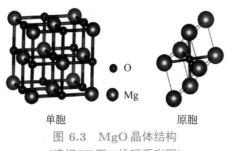

图 6.3 MgO 晶体结构

(请扫 VI 页二维码看彩图)

- MgO 的能带计算

- 第一步：MgO 的电子自洽迭代。

描述输入参数的 INPUT 文件：

```
INPUT_PARAMETERS
suffix          MgO              # 文件夹后缀名
ntype           2                # 元素种类
pseudo_dir      ../../PP_ORB     # 模守恒赝势目录
orbital_dir     ../../PP_ORB     # 数值原子轨道文件目录
ecutwfc         100              # 能量截断值
scf_thr         1e-6             # 电子自洽迭代收敛精度
basis_type      lcao             # 采用数值原子轨道
calculation     scf              # 做电子自洽迭代计算
out_chg         1                # 输出电子密度
symmetry        1                # 打开对称性分析
latname         fcc              # 晶格名称
```

描述原子位置和晶格参数的 STRU 文件：

```
ATOMIC_SPECIES
Mg 24.305 Mg_ONCV_PBE-1.0.upf upf201 # 元素名称、元素质量、模守恒赝势文件、格式
O  15.999 O_ONCV_PBE-1.0.upf upf201  # 元素名称、元素质量、模守恒赝势文件、格式
NUMERICAL_ORBITAL
Mg_gga_8au_100Ry_4s2p1d.orb          # Mg元素的数值原子轨道文件
O_gga_8au_100Ry_2s2p1d.orb           # O元素的数值原子轨道文件


LATTICE_CONSTANT
8.087214649032902      # 晶格常数(单位Bohr)


ATOMIC_POSITIONS
Direct                 # 直接坐标系
Mg                     # 元素名称
0                      # 初始磁矩
1                      # 此种元素的原子个数
0 0 0 m 0 0 0          # 原子坐标，m后三个零代表原子在三个方向不可移动
O                      # 元素名称
0                      # 初始磁矩
1                      # 此种元素的原子个数
0.5 0.5 0.5 m 0 0 0    # 原子坐标，m后三个零代表原子在三个方向不可移动
```

描述第一布里渊区采样的 KPT 文件：

```
K_POINTS
0         # k点个数，0代表自动产生的算法
Gamma     # 采用Monkhorst-Pack算法产生k点
8 8 8 0 0 0 # 前3个数代表每个方向k点个数，后三个数代表k点的平移
```

- 第二步：计算完电子自洽迭代后，做非自洽计算得出能带。
只需要对上一步的 INPUT 文件做少许参数的修改即可。

```
INPUT_PARAMETERS
suffix          MgO              # 文件夹后缀名
ntype           2                # 元素种类
```

```
pseudo_dir          ../../PP_ORB       # 模守恒赝势目录
orbital_dir         ../../PP_ORB       # 数值原子轨道文件目录
ecutwfc             100                # 能量截断值
scf_thr             1e-6               # 电子自洽迭代收敛精度
basis_type          lcao               # 采用数值原子轨道
calculation         nscf               # 做电子非自洽迭代计算
init_chg            file               # 从文件读入电子密度
out_band            1                  # 输出能带信息
symmetry            0                  # 关闭对称性分析
latname             fcc                # 晶格名称
```

描述原子位置和晶格参数的 STRU 文件不需要改变，KPT 文件需要选取 Line 模式，即选取晶胞的布里渊区高对称点和高对称线，每行信息的前三个数是高对称 k 点的分数坐标，第四个数代表两个高对称性 k 点间的采点数。

```
K_POINTS
7
Line
0.375 0.375 0.750 20       # K
0.000 0.000 0.000 20       # G
0.500 0.000 0.500 20       # X
0.625 0.250 0.625 20       # U
0.500 0.500 0.500 20       # L
0.000 0.000 0.000 20       # G
0.500 0.250 0.750 1        # W
```

— 第三步：画出能带图。

计算结束之后在 OUT.MgO 目录下面会有 BANDS-1.dat 文件。该文件的第一列为 k 点序号，第二列是 k 点在布里渊区里的间隔 (以笛卡儿坐标计算)，从第三列往后是每条能带的电子能量，单位为 eV。值得一提的是，电荷密度文件 (SPIN1-CHG) 默认是放在 OUT.suffix 目录下，NSCF 计算会自动去 OUT.suffix 目录下找这个文件，如果找不到就会报错。如果电荷密度文件被移动到其他地方，需要在 INPUT 里设置 "read_file_dir" 为 SPIN1_HG 所在目录，read_file_dir 默认值是 OUT.suffix。最后，根据算出来的数据将 MgO 的能带图画出，如图6.4所示。

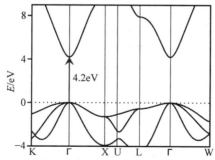

图 6.4 ABACUS 计算的 MgO 能带结构，虚线为费米面。能隙结果为 4.2eV，虽然计算结果显著低于实验值 7.8eV，但这符合 DFT 理论在 PBE 泛函近似下低估带隙值的预期

(请扫 VI 页二维码看彩图)

第 7 章

分子动力学

分子动力学模拟是一种确定性方法，按照系统内的动力学规律，跟踪系统中每个粒子的运动轨迹，然后根据统计物理规律，通过体系中微观量(如粒子的位置、速度、加速度等)来预测宏观可测量(如温度、能量、热导率等)。自20世纪70年代开始，研究者系统地建立了许多材料的力场，分子动力学模拟即利用力场和牛顿运动定律所发展的计算方法。作为一种经典近似方法，分子动力学模拟方法具有使用简单、计算效率高的优点，可以模拟庞大的复杂体系的动力学过程，进而预测体系的热力学和动力学性质，因而在很多研究领域获得广泛应用。在具体计算时，首先需要确定原子的初始位置和速度，一般根据材料在给定外界条件下所处的状态决定。然后，需要对系统进行建模，选定描述原子间相互作用的势函数，也称经典力场。根据已确定的原子位置和相互作用势函数，再计算系统中各原子所受的力与加速度。在一个给定的很短的时间间隔内，根据牛顿运动定律，得到经过这个很短时间后各原子的位置及速度。将以上步骤不断重复，就可以得到任一时刻系统中所有原子的位置、速度及加速度等重要信息，最终获得体系中所有原子随时间演化的路径。

7.1 经典分子动力学

根据原子之间相互作用的计算方法，可以把分子动力学分为两类，即经典分子动力学(这一部分主要介绍的内容)和从头算分子动力学。在经典分子动力学中，不同原子核之间的相互作用通过经验势来描述，即力场。现代分子动力学基础为所谓的哈密顿力学，哈密顿力学常被用来描述吉布斯语言中的微正则系综。这种哈密顿力学原理上等同于用于描述核传播的最简单的牛顿运动方程，唯一的不同在于运动方程可以很容易地在非笛卡儿坐标系中推导出来。鉴于这项优势，我们便较为容易地讨论物质在相空间中的一些性质。在一个确定的系统内部，就整体而言其内部的粒子、能量以及系统的体积是不变的。换句话说，总能(哈密顿)是守恒的。之后，这种从哈密顿体系到非哈密顿的体系也逐渐被提了出来，即总能不守恒的体系以及其他的系综，比如正则系综、等温-等压系综等。系综的选择取决于我们在真实材料模拟中的不同任务，关于系综更详细的讨论放在7.1.3节。这里我们首先从分子动力学的力场开始，介绍力场的概念，及其分子动力学的重要性以及力场的分类。接着将讨论分子动力学中描述粒子运动的方程以及积分方法。最后介绍分子动力学中常用的系综。

7.1.1 力场

在分子动力学模拟中，描述势能的方程以及其中的参数构成了力场。换句话说，力场可以看作是势能面的经验表达式。经典力学的计算以力场为依据，力场的完备性决定着计算的正确程度。而构成力场的这些参数要在大量的热力学、光谱学实验数据的基础上进行，有时也需要由量子化学计算的结果提供数据。分子力场的总能一般由两部分组成，即

$$E_{\text{total}} = E_{\text{bonded}} + E_{\text{unbonded}} \tag{7.1}$$

其中共价和非共价贡献的部分由下面的表达式给出：

$$E_{\text{bonded}} = E_{\text{bond}} + E_{\text{angle}} + E_{\text{dihedral}} \tag{7.2}$$

$$E_{\text{unbonded}} = E_{\text{vdW}} + E_{\text{electrostatic}} \tag{7.3}$$

其中，E_{bond} 为键伸缩势能，E_{angle} 为键角弯曲势能，E_{dihedral} 为二面角扭曲势能，非键结合势能 (E_{unbonded}) 包括范德瓦耳斯能 (E_{vdW})、静电相互作用能 ($E_{\text{electrostatic}}$) 等与能量有关的非键相互作用。

键和角项通常由不允许键断裂的二次能量函数建模。二面角能量的函数形式随力场的变化而变化。此外，还可以添加"非扭转"项，以增强芳环和其他共轭系统的平面度，以及描述不同内部变量 (如角度和键长) 耦合的"交叉项"。一些力场还包括氢键的显式项。非键合项是计算最密集的项。一种常见的选择是将相互作用限制为成对能量。范德瓦耳斯项通常用勒让德-琼斯势计算，静电项用库仑定律计算。然而，两者都可以通过恒定因子进行缓冲或缩放，以考虑电子极化率。自 20 世纪 70 年代以来，这种能量表达的研究一直集中在生物分子上，并在 21 世纪初被推广到元素周期表中的化合物 (包括金属、陶瓷、矿物和有机化合物) 中。

除了势能的函数形式，力场还为不同类型的原子、化学键、二面角、平面外相互作用、非键相互作用和可能的其他项定义了一组参数。许多参数集是经验的，一些力场使用广泛的拟合项，难以指定物理解释。原子类型是为不同的元素以及在完全不同的化学环境中的相同元素定义的。例如，水中的氧原子和羰基官能团中的氧原子被指定为不同的力场类型。经典的力场参数集包括原子质量、原子电荷、每种原子类型的勒让德-琼斯参数值，以及键长、键角和二面角的平衡值。键合项是指键合原子的成对、三联体和四联体，包括每个电势的有效弹簧常数值。大多数当前力场参数都使用固定电荷模型，根据该模型，每个原子都被赋予一个不受局部静电环境影响的原子电荷值。

力场的参数化方法有很多，许多经典力场依赖于相对不透明的参数化协议，例如，通常在气相中使用近似的量子力学计算，根据凝聚态相关的性质以及经验进行势能的修改来匹配实验结果。这种不透明的参数化协议可能没有办法复制，但是通常能够半自动化生成参数、优化参数生成的速度以及具有广泛的覆盖范围，而在化学一致性、可解释性、可靠性和可持续性方面没有发挥作用。类似地，最近甚至可以使用更多自动化工具来参数化新的力场，并帮助用户为迄今为止尚未参数化的化学物质开发自己的参数集。提供开源代码

和方法的平台包括 openMM 和 openMD。在没有化学信息输入的情况下，使用半自动化或全自动化可能会增加原子电荷水平上的不一致性，从而导致分配剩余参数，并可能稀释参数的可解释性和性能。界面力场 (IFF) 假设整个周期内所有化合物都有一个单一的能量表达式，并利用标准化模拟协议进行严格验证，从而实现参数的完全可解释性和兼容性，以及高精度和无限制化合物的组合。

不同的分子力场会选取不同的函数形式来描述上述能量与体系构型之间的关系。截至目前，不同的科研团队设计了很多适用于不同体系的力场函数，根据他们选择的函数和力场参数，可以分为以下几类。

1. 经典力场

AMBER 力场：由 Kollman 课题组开发，是目前使用比较广泛的一种力场，适合处理生物大分子、蛋白质、DNA 等。AMBER 力场的函数形式为

$$E\left(r^N\right) = \sum_{i \in \text{bonds}} k_{bi}\left(l_i - l_i^0\right)^2 + \sum_{i \in \text{angles}} k_{ai}\left(\theta_i - \theta_i^0\right)^2 +$$
$$\sum_{i \in \text{torsions}} \sum_n \frac{1}{2} V_i^n \left[1 + \cos\left(n\omega_i - \gamma_i\right)\right] +$$
$$\sum_{j=1}^{N-1} \sum_{i=j+1}^{N} f_{ij} \left\{ \epsilon_{ij} \left[\left(\frac{r_{ij}^0}{r_{ij}}\right)^{12} - 2\left(\frac{r_{ij}^0}{r_{ij}}\right)^6\right] + \frac{q_i q_j}{4\pi \epsilon_0 r_{ij}} \right\} \tag{7.4}$$

其中，第一项 (键和) 表示共价原子之间的能量，这种谐波 (理想弹簧) 力在平衡键长附近有着良好的近似值，但随着原子间距离增加而变差。第二项 (键角总和) 表示由于共价键形成的电子轨道的几何形状而产生的能量。第三项 (扭转角总和) 表示由于键序 (例如双键) 和相邻键或孤对电子而扭转键的能量。一个键可以有不止一个这样的项，因此总的扭转能用傅里叶级数表示。第四项 (在 i 和 j 上的二重求和) 表示所有原子对之间的非键合能量，可以分解为范德瓦耳斯能量 (第一项求和) 和静电能量 (第二项求和)。AMBER 力场的势能函数形势较为简单，所需参数不多，计算量也比较小，是这个力场的一大特色，但也在一定程度上限制了这个力场的扩展性。

CHARMM 力场：由 Karplus 课题组开发，对从小分子体系到溶剂化的大分子体系都有很好的拟合。CHA-RMM 力场包括联合原子 (有时称为扩展原子) CHARMM19、全原子 CHARMM22 及其二面体电势校正变体 CHARMM22/CMAP，以及更高版本的 CHARM27 和 CHARMM36 以及各种变体，如 CHARMM36m 和 CHARM36IDPSFF。其中 CHARMM22 力场的函数形式为

$$E = \sum_{\text{bonds}} k_b \left(b - b_0\right)^2 + \sum_{\text{angles}} k_\theta \left(\theta - \theta_0\right)^2 + \sum_{\text{dihedrals}} k_\phi \left[1 + \cos\left(n\phi - \delta\right)\right] +$$
$$\sum_{\text{impropers}} k_\omega \left(\omega - \omega_0\right)^2 + \sum_{\text{Urey-Bradley}} k_u \left(u - u_0\right)^2 +$$
$$\sum_{\text{nonbonded}} \left\{ \epsilon_{ij} \left[\left(\frac{R_{\min_{ij}}}{r_{ij}}\right)^{12} - 2\left(\frac{R_{\min_{ij}}}{r_{ij}}\right)^6\right] + \frac{q_i q_j}{\epsilon_r r_{ij}} \right\} \tag{7.5}$$

其键、角和非键项与 AMBER 中表述的类似。

CVFF 力场：CVFF 力场是一个可以用于无机体系计算的力场。CVFF 力场的详细形式为

$$
\begin{aligned}
E = & \sum_b D_b \left[1 - e^{-a(b-b_0)^2} \right] + \sum_\theta k_\theta \left(\theta - \theta_0 \right)^2 + \sum_\phi k_\phi \left[1 + \cos \left(n\phi - \delta \right) \right] + \\
& \sum_\chi k_\chi \chi^2 + \sum_b \sum_{b'} k_{bb'} \left(b - b_0 \right) \left(b' - b'_0 \right) + \\
& \sum_\theta \sum_{\theta'} k_{\theta\theta'} \left(\theta - \theta_0 \right) \left(\theta' - \theta'_0 \right) + \\
& \sum_b \sum_\theta k_{b\theta} \left(b - b_0 \right) \left(\theta - \theta_0 \right) + \\
& \sum_\phi \sum_\theta \sum_{\theta'} k_{\phi\theta\theta'} \cos \phi \left(\theta - \theta_0 \right) \left(\theta' - \theta'_0 \right) + \\
& \sum_\chi \sum_{\chi'} k_{\chi\chi'} \chi\chi' + \sum \epsilon \left[\left(\frac{r^*}{r} \right)^{12} - 2 \left(\frac{r^*}{r} \right)^6 \right] + \sum \frac{q_i q_j}{\epsilon_0 r_{ij}}
\end{aligned}
\tag{7.6}
$$

此力场适合于计算系统的结构和结合能，亦可提供合理的构型能与振动频率。

MMX 力场：MMX 力场包括 MM2 和 MM3，是目前应用最为广泛的一种力场，主要针对有机小分子。MMX 由 Norman Allinger 开发，主要用于碳氢化合物和其他小有机分子的构象分析。它旨在尽可能精确地再现分子的平衡共价几何结构。这种力场实际上是一大组参数，可根据不同类别的有机化合物对这些参数进行不断优化和更新。

2. 第二代力场

第二代的势能函数形式比传统力场要更加复杂，涉及的力场参数更多，计算量也更大，当然也相应地更加准确。

CFF 力场：CFF 力场是一个力场家族，包括 CFF91、PCFF、CFF95 等很多力场，可以进行从有机小分子、生物大分子到分子筛等诸多体系的计算。其形式为

$$
\begin{aligned}
E = & \sum_b \left[K_2 \left(b - b_0 \right)^2 + K_3 \left(b - b_0 \right)^3 + K_4 \left(b - b_0 \right)^4 \right] + \\
& \sum_\phi \left\{ V_1 \left[1 - \cos \left(\phi - \phi_1^0 \right) \right] + V_2 \left[1 - \cos \left(2\phi - \phi_2^0 \right) \right] + V_3 \left[1 - \cos \left(3\phi - \phi_3^0 \right) \right] \right\} + \\
& \sum_{b'} \sum_\theta \left(b' - b'_0 \right) \left(V_1 \cos \phi + V_2 \cos 2\phi + V_3 \cos 3\phi \right) + \\
& \sum_\phi \sum_\theta \sum_{\theta'} K_{b\theta\theta'} \cos \phi \left(\theta - \theta_0 \right) \left(\theta' - \theta'_0 \right) + \sum_{i>j} \frac{q_i q_j}{\epsilon r_{ij}} + \sum_{i>j} \left(\frac{A_{ij}}{r_{ij}^9} - \frac{B_{ij}}{r_{ij}^6} \right)
\end{aligned}
\tag{7.7}
$$

CFF91 力场适用于研究碳氢化合物、蛋白质、蛋白质-配位基的交互作用。亦可研究小分子的气态结构、振动频率、构型能等。PCFF 力场由 CFF91 力场衍生而出，适用于计算聚合物及有机物。CFF95 力场衍生自 CFF91 力场，针对多糖类、聚碳酸酯等生化分子与有机聚合物所设计。

COMPASS 力场：由 MSI 公司开发的力场，擅长进行高分子体系的计算。其力场形式为

$$E = k_b \left(r - r_0\right)^2 + \frac{1}{2} k \left(\theta - \theta_0\right) + \sum_{n=0}^{5} a_n \cos^n \phi + 4\epsilon \left[\left(\frac{\sigma}{r}\right)^{12} - \left(\frac{\sigma}{r}\right)^6\right] \tag{7.8}$$

MMFF94 力场：Halgren 开发的力场，是目前最准确的力场之一。此力场以大量的量子计算结果为依据，采取 MM2、MM3 力场的形式，主要应用于计算固态或液态的小型有机分子系统。其力场形式为

$$E = \sum_b E_b(b) + \sum_\theta E_\theta(\theta) + \sum_{b,\theta} E_{b,\theta}(b,\theta) + \sum_\phi E_\phi(\phi) +$$
$$\sum_d E_d(d) + \sum E_{vdW} + \sum_{i,f} E_{ele} \tag{7.9}$$

3. 通用力场

通用力场也叫作基于规则的力场，所应用的力场参数是基于原子性质计算所得，用户可以通过自主设定一系列分子作为训练集来生成合用的力场参数。

ESFF 力场：MSI 公司开发的力场，可以进行有机、无机分子的计算。其力场形式为

$$E = \sum_b D_b \left\{1 - \exp\left[-\alpha \left(r_b - r_b^0\right)^2\right]\right\} +$$

$$\begin{cases} \sum_a \dfrac{K_a}{\sin^2 \theta_a^0} \left(\cos \theta_a - \cos \theta_a^0\right)^2 \\ \sum_a 2K_a \left(\cos \theta_a + 1\right) \\ \sum_a K_{a^a}^\theta \cos^2 \theta_a \\ \sum_a \dfrac{2K_a}{n^2} \left[1 - \cos\left(n\theta_a\right)\right] + 2K_a^{-\beta\left(r_{13} - \rho_d\right)} \end{cases} +$$

$$\sum_\tau D_\tau \left[\frac{\sin^2 \theta_1 \sin^2 \theta_2}{\sin^2 \theta_1^0 \sin^2 \theta_2^0} + sign \cdot \frac{\sin^n \theta_1 \sin^2 \theta_2}{\sin^n \theta_1^0 \sin^n \theta_2^0} \cos\left(n\tau\right)\right] +$$

$$\sum_\chi D_\chi \chi^2 + \sum_{nb} \left(\frac{A_i B_j + A_j B_i}{r_{nb}^9} - 3\frac{B_i B_j}{r_{nb}^6}\right) + \sum_{nb} \frac{q_i q_j}{r_{nb}} \tag{7.10}$$

其中，第一项为伸缩项，第二项为键角弯曲项，第三项为二面角的扭转项，第四项为平面振动项，第五项为非键结远程作用项，最后一项为静电作用项。

UFF 力场：可以计算周期表上所有元素的参数，即适用于任何分子与原子系统，但计算与分子间作用相关的性质则有较大偏差。UFF 力场利用洛伦兹-贝特洛混合法则，其表达式可以写为

$$\begin{cases} E_{ij} = \sqrt{E_i E_j} \\ r_{ij} = \dfrac{1}{2}\left(r_i + r_j\right) \end{cases} \tag{7.11}$$

其中，i、j 代表不同原子，E 代表能量，r 代表距离。

Dreiding 力场：适用于有机小分子、大分子、主族元素的计算，可计算分子聚集体的结构和各种性质，但其力场参数并未涵盖周期表中的全部元素。

4. 反应力场

传统力场因不能满足断裂和形成键的要求而不能模拟化学反应，因而反应力场避开了显式的键并基于键级，从而允许连续的键的形成或断裂。

EVB 力场：这种由 Warshel 及其同事引入的反应力场，可能是在不同环境中模拟化学反应时使用的最可靠的和物理性最一致的方法。EVB(empirical valence bond) 有助于计算凝聚相和酶中的活化自由能。当大多数反应自由能计算方法要求使用量子力学处理系统的一部分时，EVB 使用校准的哈密顿量来近似反应的势能面。对于简单的 1 步反应通常意味着使用两种状态对反应进行建模。这些状态是反应的反应物和反应产物的价键描述。反应的基态能量函数形式为

$$E_g = \frac{1}{2}\left[(H_{11} + H_{22}) - \sqrt{(H_{11} - H_{22})^2 + 4H_{12}^2}\right] \tag{7.12}$$

其中，H_{11} 和 H_{22} 分别是反应物和产物状态的价键描述，H_{12} 是耦合参数。H_{11} 和 H_{22} 通常使用经验力场计算得到，H_{12} 需要使用参考反应进行参数化。该参考反应可以是实验性的，通常来自于在水或其他溶剂中的反应，或者使用量子化学计算进行校准。

ReaxFF 力场：由 Adri van Duin、William Goddard 及其同事开发的反应力场(原子间势)。它比经典分子动力学慢 50 倍，需要具有特定验证的参数集，并且没有表面能和界面能的验证。它可以用于化学反应的原子尺度动力学模拟。传统的力场无法模拟化学反应，因为需要键的断裂和形成(力场的功能形式取决于所有键的明确定义)，而 ReaxFF 避免了显式键，支持键序，这允许连续的键的形成和断裂。ReaxFF 的目标是尽可能通用，并已针对碳氢化合物反应、烷氧基硅烷凝胶化、过渡金属催化纳米管形成以及许多先进材料应用(如锂离子电池、TiO_2、聚合物和高能材料)进行了参数化和测试。ReaxFF 是一个具有许多参数的相当复杂的力场，为了能够处理键的断裂和形成，且每个元素只有一个单原子类型，需要一个涵盖相关化学相空间的广泛训练集，包括键和角拉伸、活化能和反应能、状态方程、表面能等。通常情况下，训练数据是用电子结构方法生成的。在实践中，DFT 计算通常被用作一种实用的方法，特别是在有更精确的泛函可用的前提下。同时，对于这种复杂力场的参数化，全局优化技术也提供了获得最接近训练数据的参数集的支持。

还有很多已建立或者正在建立的力场，比如极化力场、粗粒化力场、水力场以及机器学习力场等，这里就不逐一介绍了。我们不难发现，力场有很多分类，同一种分类又包含多种力场参数，那么建立这么多力场的目的是什么呢？或者说有什么目的？这里就回到我们在这节的开始部分，模拟的程度和模拟的准确度对于这种依赖力场的半经验分子动力学(经典分子动力学)是至关重要的。而我们在自己的课题研究中，当确定了研究体系，如果使用分子动力学方法，那么首先是在众多发展出的力场中择取一种，或者开发一种能够很好描述系统内部粒子的相互作用，又能很好地和实验数据拟合。只有在这个前提下，我们才能够借助这个力场预测一些性质，从而更好地帮助实验进行，降低实验成本。

7.1.2 运动方程与积分方法

当使用分子动力学方法模拟一个系统时，首先要做的就是为描述我们要研究系统的运动方程赋予一个合适的初始态。这个初始态的设置包括原子核最开始的空间位置、速度、力等参数。这样原则上一定时间间隔后的原子核的轨迹就能够通过积分求解出来。在实际的模拟中，如果有限时间间隔足够小，那么能量守恒定律是可以保证的，只要我们的积分器遵循牛顿运动方程是时间可逆的以及对应的哈密顿动力学在相空间中体积是不变的。在经典分子动力学中，先由系统中各分子位置计算系统的势能，再根据牛顿运动定律求解出各原子所受的力以及加速度，有了这些之后，我们就可以得到(预测)一定时间间隔后该系统各个原子的位置以及速度。重复这个步骤，由新的位置计算系统的势能，计算各个原子所受的力及加速度，预测再经过同样时间间隔后各原子的位置及速度，如此往复，我们就可以得到各时间系统中分子运动的位置、速度、所受的力等信息。

对于一个系统，我们可以根据之前描述的力场来获得一个系统的初始势能，系统中任一原子 i 所受的力为势能的梯度：

$$\boldsymbol{F}_i = -\nabla_i E \tag{7.13}$$

由此，由牛顿定律可得 i 原子的加速度为

$$\boldsymbol{a}_i = \frac{\boldsymbol{F}_i}{m_i} \tag{7.14}$$

将牛顿运动定律方程对时间积分，可预测 i 原子经过时间 t 后的速度与位置：

$$\begin{cases} \dfrac{\mathrm{d}^2 \boldsymbol{r}_i}{\mathrm{d}t^2} = \dfrac{\mathrm{d}\boldsymbol{v}_i}{\mathrm{d}t} = \boldsymbol{a}_i \\ \boldsymbol{v}_i = \boldsymbol{v}_i^0 + \boldsymbol{a}t \\ \boldsymbol{r}_i = \boldsymbol{r}_i^0 + \boldsymbol{v}_i^0 t + \dfrac{1}{2}\boldsymbol{a}_i t^2 \end{cases} \tag{7.15}$$

其中，$\boldsymbol{r}$ 和 $\boldsymbol{v}$ 分别为粒子的位置与速度，上标"0"为各物理量的初始值。这里我们以 Verlet 方法为例，来阐述求解式(7.15)计算系统中原子的速度和位置。Verlet 方法是分子动力学最常用的方法，在这个方法中，将粒子的位置以泰勒式展开：

$$\boldsymbol{r}_i(t + \Delta t) = \boldsymbol{r}_i(t) + \boldsymbol{v}_i(t)\Delta t + \frac{\boldsymbol{F}_i(t)}{2m_i}\Delta t^2 + O(\Delta t^3) + O(\Delta t^4) \tag{7.16}$$

其中，$O(\Delta t^3)(O(\Delta t^4))$ 等同于 $\boldsymbol{r}'''(t)\Delta t^3/3!(\boldsymbol{r}''''(t)\Delta t^4/4!)$。

更高阶的展开是可忽略的。实际上，我们计算的数值只与 $\boldsymbol{r}$、$\boldsymbol{v}$ 和 $\boldsymbol{F}$ 有关，后面 $O(\Delta t^3)(O(\Delta t^4))$ 展开甚至不会被计算到，我们将其写在式子中是为了说明 $\boldsymbol{r}$ 和 $\boldsymbol{v}$ 计算的精度是与轨迹相关的。我们将式子中的 Δt 换为 $-\Delta t$，便有了

$$\boldsymbol{r}_i(t - \Delta t) = \boldsymbol{r}_i(t) - \boldsymbol{v}_i(t)\Delta t + \frac{\boldsymbol{F}_i(t)}{2m_i}\Delta t^2 - O(\Delta t^3) + O(\Delta t^4) \tag{7.17}$$

两式相加，可得

$$\boldsymbol{r}_i(t + \Delta t) = 2\boldsymbol{r}_i(t) - \boldsymbol{r}_i(t - \Delta t) + \frac{\boldsymbol{F}_i(t)}{m_i}\Delta t^2 + 2O(\Delta t^4) \tag{7.18}$$

这里，$O(\Delta t^3)$ 项消掉了。不难看出，原子位置的求解包含 Δt^4 尺度的误差。

将式 (7.16) 减去式 (7.17)：

$$\boldsymbol{r}_i(t + \Delta t) - \boldsymbol{r}_i(t - \Delta t) = 2\boldsymbol{v}_i(t)\Delta T + 2O(\Delta t^3) \tag{7.19}$$

则速度可以表示为

$$\boldsymbol{v}_i(t) = \frac{\boldsymbol{r}_i(t + \Delta t) - \boldsymbol{r}_i(t - \Delta t)}{2\Delta t} - \frac{O(\Delta t^3)}{\Delta t} \tag{7.20}$$

我们从这个方程可以得出，速度的计算包含 Δt^2 尺度的误差。这对应我们在开始提到的，只要时间间隔足够小，这种误差是能够忽略不计的。当我们忽略这些误差时，Verlet 方法中计算速度和位置的数学式为

$$\boldsymbol{r}_i(t + \Delta t) = 2\boldsymbol{r}_i(t) - \boldsymbol{r}_i(t - \Delta t) + \frac{\boldsymbol{F}_i(t)}{m_i}\Delta t^2 \tag{7.21}$$

$$\boldsymbol{v}_i(t) = \frac{\boldsymbol{r}_i(t + \Delta t) - \boldsymbol{r}_i(t - \Delta t)}{2\Delta t} \tag{7.22}$$

我们注意到，当原子位置更新时，式 (7.21) 并不会用到。为了弥补这一点，Verlet 开发出一种加速算法。在这个方法中，使用速度来计算原子经过一个时间间隔后的新位置，即

$$\boldsymbol{r}_i(t + \Delta t) = \boldsymbol{r}_i(t) - \boldsymbol{v}_i(t)\Delta t + \frac{\boldsymbol{F}_i(t)}{2m_i}\Delta t^2 \tag{7.23}$$

此时，速度随时间更新表示为

$$\boldsymbol{v}_i(t + \Delta t) = \boldsymbol{v}_i(t) + \frac{\boldsymbol{F}_i(t + \Delta t) + \boldsymbol{F}_i(t)}{2m_i}\Delta t \tag{7.24}$$

实际上，式 (7.23) 和式 (7.24) 是由式 (7.21) 和式 (7.22) 推导来的，其含义大致相同。也就是说，他们求解的数值都是一样的，那么他们包含的误差自然也是一样的。为了矫正这个缺点，Velet 发展出另一种名为跳蛙算法 (leap frog algorithm) 的计算式，这种方法计算速度和位置的表达式分别为

$$\boldsymbol{v}_i\left(t + \frac{\Delta t}{2}\right) = \boldsymbol{v}_i\left(t - \frac{\Delta t}{2}\right) + \frac{\boldsymbol{F}_i(t)}{m_i}\Delta t \tag{7.25}$$

以及

$$\boldsymbol{r}_i(t + \Delta t) = \boldsymbol{r}_i(t) + \boldsymbol{v}_i\left(t + \frac{\Delta t}{2}\right)\Delta t \tag{7.26}$$

这和 Velet 算法唯一的区别，在于速度是通过一半的时间间隔进行更新的。公式的推导也非常简单，首先，根据式 (7.22) 可以得到

$$\boldsymbol{v}_i\left(t - \frac{\Delta t}{2}\right) = \frac{\boldsymbol{r}_i(t) - \boldsymbol{r}_i(t - \Delta t)}{\Delta t} \tag{7.27}$$

同时

$$\boldsymbol{v}_i\left(t + \frac{\Delta t}{2}\right) = \frac{\boldsymbol{r}_i(t + \Delta t) - \boldsymbol{r}_i(t)}{\Delta t} \tag{7.28}$$

通过此式很容易得到式 (7.26)。将式 (7.21) 写成如下形式：

$$\frac{\boldsymbol{r}_i(t + \Delta t) - \boldsymbol{r}_i(t)}{\Delta t} = \frac{\boldsymbol{r}_i(t) - \boldsymbol{r}_i(t - \Delta t)}{\Delta t} + \frac{\boldsymbol{F}_i(t)}{m_i}\Delta t \tag{7.29}$$

之后，将式 (7.27) 和式 (7.28) 同时代入式 (7.29)，便可得到式 (7.25) 了。

Verlet 算法、Verlet 加速算法还有跳蛙算法都是在分子动力学方法中经常用到的简单方法，而且对于大多数的分子动力学模拟，精度也是足够的了。

7.1.3　分子动力学里的常用系综

什么是系综？在一定的宏观条件下，大量性质和结构完全相同的、处于各种运动状态的、各自独立的系统的集合称为统计系综，简称系综。在系综之中每一个体系都是相同的；每一个体系都处在相同的宏观条件下；同时系综是系统的集合。分子动力学模拟的方案很大程度上取决于所选取的系综。其中最简单的一个系综为微正则系综(micro-canonical)。使用微正则系综进行模拟时，系统中粒子的数目 (N)、系统的体积 (V)、系统的总能量 (E) 是保持不变的。此时系统是完全与外界环境隔离的。因此，微正则系综也被称为 NVE 系综。这里经常引起混淆的一个原因是温度在分子动力学中的含义。通常我们有宏观温度的经验，它涉及大量的粒子。但是温度是一个统计量。如果有足够多的原子，是可以从瞬时温度估计出统计温度的。而在实际实验中，一般是在确定的温度下进行的。因此，相比于恒定的能量 (E)，恒定的温度 (T) 似乎更具有模拟的真实性。这样就有了在分子动力学模拟中更常用到的系综，即正则系综(也称 NVT 系综)。在这个系综中，温度是通过热浴 (称为恒温器 (thermostat)) 来控制并达到系统预期的。较为流行的控制温度的方法包括但不限于 Nosé Hoover 恒温器、Nosé Hoover chain 恒温器、Berendsen 恒温器、Andersen 恒温器和 Langevin 恒温器等。理论上，通过在模拟中选择一个合理的恒温器，该系统与环境之间的能量交换便能够很合理地被模拟出来。然而，其他热力学参数也会发生变化，比如模拟的体积在有限压强 (p) 下可能随着系统的波动而发生改变。为了模拟这样的情形，需要引入恒压器概念来保持在模拟过程中系统压强的恒定性。这种在一个系统中，温度和压强都保持不变的系综称为等温等压系综，也称作 NPT 系综。按照复杂度的升序，其他的系综，比如等压-等焓系综 (NPH) 和巨正则系综 $(\mu VT$ 系综，这里的 μ 指的是化学势) 也会根据实际实验条件和模拟需求进行选择。

7.2　第一性原理分子动力学：玻恩-奥本海默分子动力学

在经典分子动力学中，经验力场的使用有一些无法避免的缺点，如在不同情况下需要不同的力场和参数，无法确定电子和磁性，也无法具体识别黏合性质。如果我们将经典分子动力学和第一性原理计算耦合在一起，并分别处理原子和电子，则可以弥补这些缺陷。在实践中最常采用两种方法：玻恩-奥本海默 (Born-Oppenheimer) 分子动力学 (BOMD) 和卡尔-帕林尼罗 (Car-Parrinello) 分子动力学 (CPMD)。就原子运动而言，经典分子动力学所使用的方法基本上都适用于第一性原理分子动力学，如牛顿运动方程、周期性边界条件、时间步长和积分算法等。关键问题是如何有效地引入电子特性。

在分子动力学模拟中考虑电子结构的一种方法是直接解决每个分子动力学步骤中的静态电子结构问题。给定该时间的固定原子核位置集合，则电子结构部分被简化为解决时间相关的量子问题，即通过解决时间独立的薛定谔方程，同时通过经典分子动力学考虑原子

核。因此，电子结构的时间依赖性是原子核运动的结果，而非固有因素，由此产生的BOMD方法将电子基态定义为

$$M_I\ddot{R}_I(t) = -\nabla_I \min_{\Psi_0}\{\langle\Psi_0|\mathbb{H}_e|\Psi_0\rangle\} \tag{7.30}$$

$$E_0\Psi_0 = \mathbb{H}_0\Psi_0 \tag{7.31}$$

其中，M_I 和 R_I 分别表示原子核质量及坐标；Ψ、$\mathbb{H}$、E 分别为波函数、哈密顿量、势能面；$\langle\Psi_0|\mathbb{H}_e|\Psi_0\rangle$ 为系统的势能项，与原子核位置 R_I 和波函数 Ψ_0 有关。BOMD基态定义可应用于任何激发的电子状态 Ψ_k，无需考虑任何干扰，这意味着对角线校正项也总是被忽视。给定状态 Ψ_k(或基态 Ψ_0)，束缚原子核势能面 E_k 被重新规范，并产生了该状态下所谓的"绝热势能表面"。

这里我们为单粒子哈密顿量制定玻恩-奥本海默运动方程。根据哈特里-福克近似定义，为给定单个斯莱特行列式 $\Psi_0 = \det\{\psi_i\}$ 的能量期望值 Ψ_0 的变分最小值，需确保单粒子轨道 ψ_i 是正交的，即 $\langle\psi_i|\psi_j\rangle = \delta_{ij}$。对应的轨道最小约束总能量为

$$\min_{\{\psi_i\}}\{\langle\Psi_0|\mathbb{H}_e|\Psi_0\rangle\}|_{\langle\psi_i|\psi_j\rangle = \delta_{ij}} \tag{7.32}$$

进一步转换成拉格朗日形式：

$$\mathbb{L} = -\langle\Psi_0|\mathbb{H}_e|\Psi_0\rangle + \sum_{ij}\Lambda_{ij}(\langle\psi_i|\psi_j\rangle - \delta_{ij}) \tag{7.33}$$

其中，Λ_{ij} 为相关的拉格朗日乘子。该拉格朗日量相对于轨道的无约束变化产生了著名的哈特里-福克方程：

$$\mathbb{H}_e^{\mathrm{HF}}\psi_i = \sum_j \Lambda_{ij}\psi_j \tag{7.34}$$

其对角线规范形式 $\mathbb{H}_e^{\mathrm{HF}} = \epsilon_i\psi_j$ 可在单一变换后得到，$\mathbb{H}_e^{\mathrm{HF}}$ 表示有效的单粒子哈密顿量。运动方程 (7.30) 和方程 (7.31) 对应的哈特里-福克形式为

$$M_I\ddot{R}_I(t) = -\nabla_I \min_{\Psi_0}\{\langle\Psi_0|\mathbb{H}_e^{\mathrm{HF}}|\Psi_0\rangle\} \tag{7.35}$$

$$0 = -\mathbb{H}_e^{\mathrm{HF}}\psi_i + \sum_j \Lambda_{ij}\psi_j \tag{7.36}$$

早期BOMD的应用是在电子结构问题的半经验近似框架内进行的，仅仅几年后，就在哈特里-福克近似中采用了从头计算的方法。20世纪90年代初，随着更有效可用的电子结构代码以及足够多的计算机功能出现，BOMD被广泛应用。BOMD可以被认为是离子最小化的扩展，对于一组给定的离子构型，电子每次都通过密度泛函理论(DFT)自洽直至完全弛豫，其基本步骤可概括如下：

(1) 固定原子核的位置，自洽求解 KS 方程，实现电子最小化；

(2) 通过赫尔曼-费曼定理找到每个原子上的静电力；

(3) 通过经典力学 (前向积分) 移动原子，带有时间步长，并找到原子的新位置；

(4) 重复该过程，直到收敛。

7.3 第一性原理分子动力学：卡尔-帕林尼罗分子动力学

意大利科学家卡尔(Roberto Car)和帕林尼罗(Michele Parrinello)于1985年开创了模拟退火方法，可以动态实现搜索电子基态的变分最小化。该方法在经典坐标系中耦合了电子和离子自由度，将PW基组系数集通常视为一组坐标，并通过一系列迭代进行改进，使得给定的动能冷却下来。其中波函数的正交性约束是使用拉格朗日乘子方法实现的。通常，仅用于电子基态的标准CPMD速度相对较慢，并在应用于金属时经常遇到困难。如今，此方法已成功扩展到高效的第一性原理分子动力学。

CPMD方法的基本思想可以看作是利用快速电子运动和慢核运动的量子力学绝热时间尺度分离，将其转化为动力系统理论框架内的经典力学绝热能量尺度分离。为了实现这个目标,可考虑具有两个独立能量尺度的双分量纯经典问题。势能项 $\langle \Psi_0 | \mathbb{H}_e | \Psi_0 \rangle$ 是一个关于原子核位置 R_I 和波函数 Ψ_0 的函数，因此可以说是用于建立波函数的一组单粒子轨道 $\{\psi_i\}$ 的函数。在经典力学中，原子核上的力是从拉格朗日量相对于原子核位置的导数获得的。这表明，关于轨道的函数可能会在给定合适的拉格朗日量的情况下产生轨道上的力。此外，必须在轨道集合中施加约束，例如正交性或包括重叠矩阵的广义正交性条件。

$$\mathbb{L}_{CP} = \underbrace{\sum_I \frac{1}{2} M_I \dot{R}_I^2 + \sum_i \frac{1}{2} \mu_i \langle \dot{\psi}_i | \dot{\psi}_i \rangle}_{\text{动能}} - \underbrace{\langle \Psi_0 | \mathbb{H}_e | \Psi_0 \rangle}_{\text{势能}} + \underbrace{\text{约束项}}_{\text{正交性}} \qquad (7.37)$$

其中，μ_i 为虚拟质量，也可表示分配给轨道自由度的惯性参数。上式中第一项和第二项分别是原子核和电子的动能，第三项是系统的势能，最后一项是为了保证正交性而引入的约束。对应的牛顿运动方程可从欧拉-拉格朗日方程获得

$$\frac{\mathrm{d}}{\mathrm{d}t} \frac{\partial \mathbb{L}}{\partial \dot{R}_I} = \frac{\partial \mathbb{L}}{\partial R_I} \qquad (7.38)$$

$$\frac{\mathrm{d}}{\mathrm{d}t} \frac{\partial \mathbb{L}}{\partial \dot{\psi}_i^*} = \frac{\partial \mathbb{L}}{\partial \psi_i^*} \qquad (7.39)$$

由此可得通用的卡尔-帕林尼罗运动方程：

$$M_I \dot{R}_I(t) = -\frac{\partial}{\partial R_I} \langle \Psi_0 | \mathbb{H}_e | \Psi_0 \rangle + \frac{\partial}{\partial R_I} \{\text{约束项}\} \qquad (7.40)$$

$$\mu_i \ddot{\psi}_i(t) = -\frac{\partial}{\partial \psi_i^*} \langle \Psi_0 | \mathbb{H}_e | \Psi_0 \rangle + \frac{\partial}{\partial \psi_i^*} \{\text{约束项}\} \qquad (7.41)$$

其中，质量参数 μ 的单位是能量乘以时间的平方。请注意，总波函数内的约束产生了运动方程中的约束力，这些约束也可为轨道集 $\{\psi\}$ 和原子核位置 $\{R_I\}$ 的函数：

$$\text{约束项} = \text{约束项}(\{\psi\}, \{R_I\}) \qquad (7.42)$$

根据卡尔-帕林尼罗运动方程，原子核在一定(瞬时)物理温度下随时间演化，而虚拟温度则与电子自由度相关联。在这里，低电子温度或冷电子意味着电子子系统接近其瞬时最小能量，即接近确切的玻恩-奥本海默表面。因此，如果基态波函数保持在足够低的温度下，则针对原子核初始构型优化的基态波函数在时间演化期间也将保持在其基态附近。为了分

离原子核和电子的运动，使快速电子子系统长时间保持低温，且仍然以绝热(或瞬时)的方式跟随缓慢的原子核运动；同时，原子核依旧保持在更高的温度下，这可以在非线性经典动力学中通过两个子系统的解耦和(准)绝热时间演化来实现。相当于在复杂的动力系统中施加并保持足够长的时间的亚稳态条件。

CPMD方法计算流程如图7.1所示。整个模拟过程主要通过两个过程实现：单独的电子系统动力学，以及电子和原子核耦合系统的动力学。第一过程，首先通过电子系统的动力学来计算原子初始构型下的基态波函数。为了给出合适的尝试波函数来进行电子虚拟动力学模拟，可以先用少量的平面波基展开分子轨道，按照传统的矩阵对角化技术得到分子轨道本征波函数。由于这时采用的平面波基很小，对角化能很快完成。然后把分子轨道波函数用扩展平面波基表示，以作为尝试波函数，即在已得到的分子轨道本征函数基础上加入新的平面波基，并令新的基函数系数为零。有了尝试波函数后，根据密度泛函理论计算势能项，与原子核位置和电子轨道相关。之后，进行电子虚拟动力学模拟，先计算虚拟力，即哈密顿量对每一个傅里叶系数的作用，然后求解波函数的运动方程，得到新的波函数。只要把新的波函数作为$t = t + \Delta t$时刻的输入，就可以进行下一步的电子动力学模拟，直至波函数收敛。第二过程，得到初始本征波函数后，设定虚拟系统广义拉格朗日-欧拉方程中的折合质量等参量，电子的运动标度远小于原子核的运动标度，从而保证电子随着原子核位形的改变尽量趋于基态，这样无论在什么温度条件下，整个系统就处在玻恩-奥本海默面上，然后可以开始电子和原子核的耦合系统动力学模拟。根据上一过程可得势能对原子核坐标$t = t + \Delta t$的偏微分。求解原子核运动方程可得到时刻的原子核坐标。

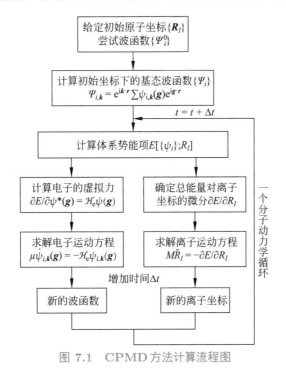

图 7.1 CPMD方法计算流程图

7.4 总结

对比这两种从头计算分子动力学方法, BOMD 在每一个动力学步骤都要通过子恰迭代计算得到整个体系的 DFT 波函数, 然后据此计算每个原子核 (通常还包括由赝势代表的内壳层电子) 的受力, 然后计算下一时间步的空间坐标。BO 近似, 即绝热近似, 指的是电子运动远比原子核运动得快, 因此能在动力学时间步长内迅速根据当前原子核的空间位置, 落到基态。这样得到的轨迹是严格沿体系的基态势能面运动的。

CPMD 并不在每一步优化波函数, 而只在第一步优化波函数, 然后把波函数看作体系运动的实体, 可以想象成是电子云, 然后这个电子云会与原子核相互作用, 因此可以计算它们的受力, 并得到下一步的空间位置。当然, 电子云作为运动实体, 必须有质量, 这就是电子云的虚拟质量 (fictitious mass)。在运动中电子云的中心会偏离其对应的原子核, 且并非严格沿体系的基态势能面运动, 只是在其附近运动。如果体系在运动中发生了反应, 原来的波函数已经不适合于描述此体系了, 那使用原来的波函数得到的运动轨迹则没有了物理意义。因此, CPMD 方法只适合那些在基态势能面附近运动的体系。

BOMD 的特点是可以使用较大的时间步长, 而 CPMD 则不行, 一般仅为 0.1fs, 因为电子云很轻, 一旦时间步长过大, 电子云会跑得很远, 体系能量将变得很高以至无法运行。可以增大电子云的虚拟质量从而取得较大的时间步长, 但是, 那样得到的轨迹, 就必须讨论其物理意义和准确性。BOMD 的时间步长可设置为 1~5fs, 例如在液体钠或硒中, 可使用 3fs 的时间步长。然而, 必须考虑到, 在具有如此大的时间步长的模拟中, 动态信息被限制在大约 10THz, 这对应于低于大约 $500 \mathrm{cm}^{-1}$ 的频率。为了解决具有刚性共价键的分子系统中的振动, 在 BOMD 中, 时间步长也必须降低到小于飞秒。

第 8 章

分子动力学上机实验

8.1　利用LAMMPS模拟单晶铝的单轴拉伸过程

LAMMPS(Large-scale Atomic/Molecular Massively Parallel Simulator)是一款经典分子动力学软件，可模拟全原子、聚合物、生物、金属、粗料化体系等。可根据不同的边界条件和初始条件，对相互作用的分子、原子和宏观粒子集合进行牛顿运动方程积分计算，并得出后续运动状态和相关分析。计算的体系小至几个粒子，大到上百万甚至上亿个粒子。用户可以直接访问美国Sandia国家实验室的官网：https://lammps.sandia.gov/，进入"下载"界面下载所需版本。这里我们以单晶铝为例，模拟其单轴拉伸过程，绘制应力-应变曲线，分析结构的极限强度、极限应变和弹性模量等力学基本参数。

```
# LAMMPS 输入脚本
# 单晶铝单轴拉伸输入文件

# 变量
variable        n_iter equal 20000

# 初始化
units           metal
dimension       3
boundary        p p p
atom_style      atomic
variable        latparam equal 4.05

# 定义原子
lattice         fcc ${latparam} orient x 1 0 0 orient y 0 1 0 orient z 0 0 1
region          whole block 0 10 0 10 0 10
create_box      1 whole
create_atoms    1 region whole

# 定义势函数
pair_style      eam/alloy
```

```
pair_coeff          * * Al99.eam.alloy Al

# 定义计算量
compute             csym all centro/atom fcc     #计算每个原子的中心对称参数,
                                                   可评价原子周围的局部晶格紊乱
compute             peratom all pe/atom           #计算每个原子的势能

# 平衡
reset_timestep      0
timestep            0.001
velocity            all create 300 12345 mom yes rot no
fix                 1 all npt temp 300 300 1 iso 0 0 1 drag 1

# 设置输出量
thermo              1000
thermo_style        custom step lx ly lz press pxx pyy pzz pe temp

# 运行
run                 ${n_iter}
unfix               1

# 存储最终晶格长度以进行应变计算
variable            tmp equal "lx"
variable            L0 equal ${tmp}
print               "Initial Length, L0: ${L0}"

# 形变
reset_timestep      0

fix                 1 all npt temp 300 300 1 y 0 0 1 z 0 0 1 drag 1
variable            srate equal 1.0e10
variable            srate1 equal "v_srate / 1.0e12"
fix                 2 all deform 1 x erate ${srate1} units box remap x

# 输出应力应变
# 对于metal单位, 压力单位转化1 [bars] = 100 [kPa] = 1/10000 [GPa]
# p2, p3, p4 单位为GPa
variable            strain equal "(lx - v_L0)/v_L0"
variable            p1 equal "v_strain"
variable            p2 equal "-pxx/10000"
variable            p3 equal "-pyy/10000"
variable            p4 equal "-pzz/10000"
fix                 def1 all print 100 "${p1} ${p2} ${p3} ${p4}" file Al_tens. txt
                    screen no

# 输出
dump                1 all cfg 250 dump.tens_*.cfg mass type xs ys zs c_csym c_peratom
```

```
dump_modify     1 element Al
thermo          1000
thermo_style    custom step v_strain temp v_p2 v_p3 v_p4 ke pe press
run             ${n_iter}
print "All done"
```

运行 lammps 后，我们可以利用如下 MATLAB 脚本处理数据：

```
d = dir('*.def1.txt');
for i = 1:length(d)
    % 获取数据
    fname = d(i).name;
    A = importdata(fname);
    strain = A.data(:,1);
    stress = A.data(:,2:4);

    % 作图
    plot(strain,stress(:,1),'-or','LineWidth',2,'MarkerEdgeColor','r',...
            'MarkerFaceColor','r','MarkerSize',5),hold on
    plot(strain,stress(:,2),'-ob','LineWidth',2,'MarkerEdgeColor','b',...
            'MarkerFaceColor','b','MarkerSize',5),hold on
    plot(strain,stress(:,3),'-og','LineWidth',2,'MarkerEdgeColor','g',...
            'MarkerFaceColor','g','MarkerSize',5),hold on
    axis square
    ylim([0 10])
    set(gca,'LineWidth',2,'FontSize',24,'FontWeight','normal','FontName','Times')
    set(get(gca,'XLabel'),'String','Strain','FontSize',32,'FontWeight','bold',
        'FontName','Times')
    set(get(gca,'YLabel'),'String','Stress (GPa)','FontSize',32,'FontWeight',…
        'bold','FontName','Times')
    set(gcf,'Position',[1 1 round(1000) round(1000)])

    % 将图片导出为 tif 格式
    exportfig(gcf,strrep(fname,'.def1.txt','.tif'),'Format','tiff','Color','rgb',
            'Resolution',300)
    close(1)
en
```

这样我们就获得了金属铝三个方向的应力-应变曲线(图8.1)。可以看到，在沿 x 方向拉伸的初始阶段，应力与应变成正比，这个比值也就是弹性模量(杨氏模量)。当应变持续增大，超过0.15时，材料发生断裂，应力急剧减小。

模拟过程的动画可通过 OVITO、VMD、AtomEye 等软件可视化，受文本限制，本书仅展示本例子通过 OVITO 得到的其中一帧图像(图8.2)，其不同颜色代表不同中心对称参数，由 LAMMPS compute centro/atom 得到，可在 OVITO 中通过 color coding 选择。根据中心对称参数的变化可直观判断每个原子周围的局部晶格紊乱程度，从原子尺度反映拉伸过程的具体变化。

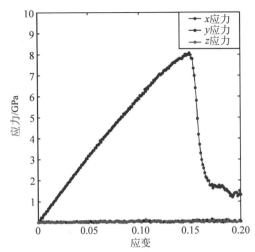

图 8.1 单晶铝单轴拉伸应力-应变曲线
(请扫 VI 页二维码看彩图)

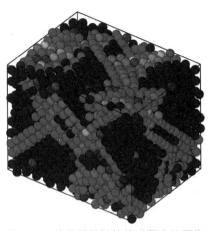

图 8.2 单晶铝单轴拉伸过程中的图像
(请扫 VI 页二维码看彩图)

8.2 利用CP2K进行水分子的从头计算分子动力模拟

CP2K是一款开源的第一性原理材料计算和模拟软件，可研究上千个原子的大体系，广泛用于固体、液体、晶体、生物系统等的模拟。它是由马克斯-普朗克研究中心在2000年发起的一项用于固体物理研究的项目，全部代码使用Fortran 2008写成，遵从GPL协议。CP2K为不同的建模方法提供了一个通用框架，支持理论包括DFTB、LDA、GGA、MP2、RPA、半经验方法(AM1、PM3、PM6、RM1、MNDO、……)和经典力场(AMBER、CHARMM)等。CP2K可以模拟分子动力学、元动力学、蒙特卡罗、埃伦费斯特动力学、振动分析、核极谱、能量最小化、过渡态优化等。用户可以从其官方网站(www.cp2k.org)下载源代码。这里我们以水分子为例，进行其在400K温度下的分子动力学模拟。

```
#定义计算类型
&GLOBAL
 PROJECT cp2k
 RUN_TYPE MD
 PRINT_LEVEL LOW
&END GLOBAL

#计算能量和受力
&FORCE_EVAL
 &DFT
  BASIS_SET_FILE_NAME BASIS_MOLOPT
  POTENTIAL_FILE_NAME POTENTIAL
  &MGRID
   CUTOFF 280
   REL_CUTOFF 40
   NGRIDS 5
```

```
  &END
  &SCF
   SCF_GUESS ATOMIC
   MAX_SCF 200
   &OT
    MINIMIZER DIIS
    PRECONDITIONER FULL_SINGLE_INVERSE
   &END
   &PRINT
    &RESTART
     &EACH
      MD 0
     &END
    &END RESTART
   &END PRINT
  &END SCF
  &LOCALIZE
   METHOD CRAZY
   &PRINT
    &WANNIER_CENTERS
     IONS+CENTERS
     FILENAME =water_wannier.xyz
     &EACH
      MD 1
     &END
    &END
   &END
  &END LOCALIZE
  &XC
   &XC_FUNCTIONAL BLYP
   &END
   &XC_GRID
    XC_DERIV NN10_SMOOTH
    XC_SMOOTH_RHO NN10
   &END
   &VDW_POTENTIAL
    DISPERSION_FUNCTIONAL PAIR_POTENTIAL
    &PAIR_POTENTIAL
     TYPE DFTD3
     PARAMETER_FILE_NAME dftd3.dat
     REFERENCE_FUNCTIONAL BLYP
    &END PAIR_POTENTIAL
   &END VDW_POTENTIAL
  &END XC
 &END DFT
```

```
#定义晶胞参数、赝势、基组
 &SUBSYS
  &CELL
   ABC 7.82 7.82 7.82
  &END
  &TOPOLOGY
    COORD_FILE_NAME water.cif
    COORD_FILE_FORMAT CIF
  &END TOPOLOGY
  &KIND H
   BASIS_SET DZVP-MOLOPT-SR-GTH
   POTENTIAL GTH-BLYP-q1
  &END
  &KIND O
   BASIS_SET DZVP-MOLOPT-SR-GTH
   POTENTIAL GTH-BLYP-q6
  &END
  &END
&END

#定义从头计算分子动力模拟参数
&MOTION
 &MD
 ENSEMBLE NVT
 STEPS 60000
 TIMESTEP 0.5
  &THERMOSTAT
    TYPE NOSE
    &NOSE
     TIMECON 100
    &END
  &END
  TEMPERATURE 400
 &END
 &PRINT
  &RESTART
   &EACH
    MD 1
   &END
  &END
 &END
&END
```

对输出文件进行后处理，得出水分子的温度和势能变化，如图8.3所示。模拟温度在400K，即设定温度左右波动，其势能在 -275.06(a.u.)左右变化。

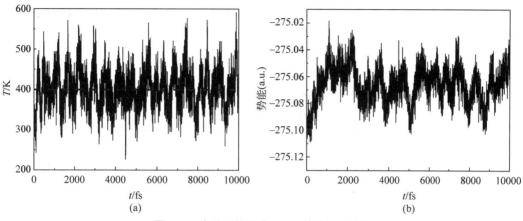

图 8.3 水分子的温度 (a) 和势能 (b) 曲线

第 9 章

相 场 法

材料设计的主要目标之一是获取最优的微观结构，以得到预期的性能。对于介观尺度的计算材料方法，我们首先需确定与介观微结构有关的热力学驱动力和动力学机制；其次，预测微观结构演化的定量动力学及微观结构对工艺参数的依赖性，例如温度、成分、外场(如电场、应力场、磁场)等；最后，预测材料的性能，其中材料性能是微观结构的函数。相场方法(phase-field method)是以热力学为基础的介观尺度(从微米至纳米)材料计算方法，主要用于模拟介观尺度材料微结构的演化及预测最优的性能。

本章首先介绍介观结构的模型，然后介绍相场方法的序参数、总自由能及各种能量项、两类控制方程及其求解推导，最后介绍相场模拟在信息功能材料中的应用及铁电相变实例程序演示。

9.1 介观结构的模型简介

预测材料介观尺度微结构演化的计算模型主要包括：

(1) 传统的向前追踪模型，很难模拟复杂的三维 (3D) 微观结构；

(2) 基于晶格的模型，例如蒙特卡罗模型 (Monte-Carlo models)、分子动力学 (molecular dynamics)、平均场的微观扩散方程，它们的缺点在于模拟的空间/时间尺度范围窄，局限于原子或纳米尺度及很短的时间尺度；

(3) 相场模型，分为晶体相场模型和经典相场模型，前者可模拟的尺度范围是亚原子长度尺度和扩散的时间尺度，后者能够将模拟的时间和空间尺度扩大至与实验一致的尺度范围，但需要热力学的参数输入和来自实验、原子或电子计算的材料性能参数。

本章关注的是经典相场模型，接下来简要地介绍相场方法 (phase-field method)。

相场方法是一种模拟与预测材料介观(尺寸从纳米至微米)形貌与微观结构的强大计算方法。它可用于模拟材料的微观结构(如晶粒、电畴、磁畴、界面等)随时间的动态演变过程和空间分布状态，例如合金凝固、固体结构相变(如马氏体相变、铁电相变等)、晶界迁移和晶粒长大、薄膜中畴结构演化、表面的形成、辐照损伤、位错微观结构、裂纹扩展及电迁移过程等；也可以预测材料在外场(如电场、磁场、应力/应变场、温度场等)下的服役性能与行为，为材料的设计提供有效的理论指导。通常，材料微观结构模型中假设界面为"尖锐界面"(sharp interface)，在界面处，材料的序参数(例如磁化强度、极化强度)发生突变，且假设界面非常窄其占比可忽略不计，然而在实际的介观结构中界面具有一定的宽度与体积占比，因此"尖锐界面"与实际情况不匹配，如图9.1(a)所示。而且界面形貌在相变中会改变，为了模拟界面的情况需实时追踪界面的精确位置，这会带来很大的计算量，使其模拟仅限于二维尺度的材料微观结构，三维尺度的计算难以实现。然而，在相场模型中，微观结构的描述是以"扩散界面"(diffuse interface)为基础，如图9.1(b)所示。它采用一套保守的与非保守的场变量(即序参数)来描述微观结构，即序参数在界面处连续变化，而非界面处的序参数保持恒定，序参数也称作"相场"，且不需要预先假定界面的位置。相场序参数代表体系可以演化的状态。微观(畴)结构朝平衡态的演变由体系总自由能的降低来驱动，并且自由能与其他物理场耦合能够提供材料行为的完整视图。相场模拟的尺度范围比较宽，从几十纳米到数百微米。而且，序参数随时间的演变与空间的分布是通过求解 Cahn-Hilliard 非线性扩散或 Allen-Cahn 弛豫动力学偏微分方程得到，结合半隐式傅里叶频谱方法(semi-implicit Fourier spectral method)，其求解不仅速度快且精度高。对于非常窄的界面，相场扩散界面模型可收敛至尖锐界面模型的情况。

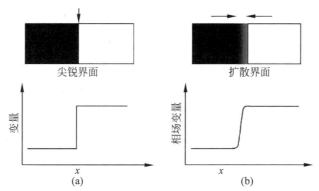

图 9.1 尖锐界面 (a) 与相场模型中 (b) 的扩散界面及其变量随 x 轴坐标变化的示意图
(请扫 VI 页二维码看彩图)

相场模型的优点在于：

(1) 能够将尖锐界面转变为扩散界面；

(2) 不需精确地追踪界面的位置；

(3) 能够求解涉及多种相的问题；

(4) 较容易将二维模型转变为三维模型；

(5) 能提供更精确的数值解。

9.2 守恒和非守恒的序参数

在相场模型中，描述体系状态的序参数是位置 (r) 与时间 (t) 的函数。序参数可以是体系的性质，例如浓度；也可以描述体系的相，例如固相或液相。比如，我们模拟凝固过程时，序参数 $\phi(r, t)$ 的值表示了材料的不同热力学相，如 $\phi = 1$ 用来表示固相，而 $\phi = -1$ 可用来表示液相。对于热力学体系，假设没有局部或全局的约束，每个位置的相是由体系自由能所决定的。若体系的某个区域是固相,除了能量条件,固相转变为液相不需要材料的迁入或迁出;该体积发生的转变与其相邻的体积无关。这种情况下,不需要满足守恒定律;相应的序参数称为非守恒型序参数。

对于其他情况,序参数也可能是守恒量,通常其大小不变。例如,在位置 r 处的序参数表示某个成分的浓度 $C(r,t)$,如果 r 处的浓度增大,则原子肯定从其他位置迁移到该位置。因此,某位置的浓度增大对应另一位置的浓度降低。由于体系总的成分浓度是守恒的,所以序参数不可能无限增大。控制体系这种行为的方程必须反映守恒特性,因此该序参数是守恒型的。

因此,相场模型有两种类型的场变量(或序参数),即守恒型(conserved)和非守恒型(nonconserved)。守恒型序参数必须满足局域的守恒条件。对于非均质的微观结构体系,其总自由能由一套守恒的序参数 $(c_1, c_2, \cdots)$ 与非守恒的序参数 $(\eta_1, \eta_2, \cdots)$ 来描述,表达式如下:

$$F = \int_V [f_b(c_i, \eta_i, \cdots) + f_g(\nabla c_i, \nabla \eta_i, \cdots) + f_e(c_i, \eta_i, \cdots) + \cdots] \, \mathrm{d}V \tag{9.1}$$

其中,f_b 是局域或块体自由能密度,是序参数 c_i 与 η_i 的函数;f_g 是梯度能密度,即序参数的梯度项的函数;前面两项自由能密度 (f_b, f_g) 的体积积分,则代表短程的化学相互作用对总自由能的局域贡献;第三项的积分表示非局域的能量项,包含了一种或多种长程相互作用对总自由能的贡献,例如电偶极子之间相互作用、静电相互作用、弹性相互作用等。不同相场模型之间的差异在于对总自由能的各种贡献的处理方式。

9.3 体系中各项自由能

9.3.1 局域自由能的表达式

相场模型中关键的一项自由能是局域自由能密度函数(local free-energy density function),即式 (9.1) 中的 f_b。许多相场模型,尤其在凝固模拟中,局域自由能通常采用双势阱形式的函数,如

$$f(\phi) = 4\Delta f \left(-\frac{1}{2}\phi^2 + \frac{1}{4}\phi^4 \right) \tag{9.2}$$

其中,ϕ 是场变量,局域自由能函数具有两个能量极小值,分别位于 $\phi = -1$ 和 $\phi = +1$。例如,在凝固过程中,$\phi = -1$ 和 $\phi = +1$ 分别表示液相与固相。Δf 是两个能量极小值之间的势垒。如果 ϕ 代表守恒的成分场,则两个能量极小值表示不同成分的两个平衡相,其中 Δf 是同构分解过程中,单一均匀相朝向由 $\phi = -1$ 和 $\phi = +1$ 组成的非均匀两相混合物转变的驱动力。如果 ϕ 代表长程序参数的场,$\phi = -1$ 和 $\phi = +1$ 描述了两种热力学上兼并的反相畴态。对于某些过程,预期能量的最小值位于 $\phi = -1$ 和 $\phi = +1$ 处,这种函数表达形式 $(f(\phi) = 4\Delta f \phi^2 (1 - \phi^2))$ 将会被使用到。

另一种常见的例子,即立方相到四方铁电相变过程中畴结构演化的相场模型中所采用的局域自由能函数。在这种情况下,局域的电极化强度场 (P_1, P_2, P_3) 是理所当然的场变量

(即序参数)，则极化强度的空间分布用于描述铁电畴结构。假设该铁电相变是一阶相变，则局域自由能是极化强度的函数，其表达式如下：

$$
\begin{aligned}
f(P_1, P_2, P_3) =& A_1(P_1^2 + P_2^2 + P_3^2) + A_{11}(P_1^4 + P_2^4 + P_3^4) + \\
& A_{12}(P_1^2 P_2^2 + P_2^2 P_3^2 + P_1^2 P_3^2) + A_{111}(P_1^6 + P_2^6 + P_3^6) + \\
& A_{112}[P_1^4(P_2^2 + P_3^2) + P_2^4(P_1^2 + P_3^2) + P_3^4(P_1^2 + P_2^2)] + \\
& A_{123} P_1^2 P_2^2 P_3^2
\end{aligned}
\tag{9.3}
$$

其中，A_1、A_{11}、A_{12}、A_{111}、A_{112} 和 A_{123} 是多项式的系数。这些系数的值决定了块体顺电相与铁电相的热力学行为，例如铁电相变温度、母相顺电相的稳定性与亚稳定性、自发极化强度、与温度有关的电极化率等。例如，$A_1 = 1/(2\varepsilon_0\chi)$，$\varepsilon_0$ 是真空介电常数，χ 是材料的介电极化率。负的 A_1 对应着非稳定的顺电母相；正的 A_1 表示稳定的或亚稳的顺电母相，取决于 A_1、A_{11} 与 A_{111} 的相对大小关系。若 $A_{11}^2 > 3A_1 A_{111}$，则母相是亚稳态的，否则母相是稳定态的。这种势函数表达形式已被用于模拟块体单晶和衬底束缚的薄膜中铁电畴结构的演化。

9.3.2 梯度能

界面是微观结构固有的属性。由于界面处成分或结构的不均匀性，这会产生额外的自由能，这部分自由能称为界面能。在相场模型中，为了将界面能与梯度能量项关联起来，我们考虑了一个由单一场变量(ϕ)来描述的简单体系。该体系的微观结构总自由能(F)可简单表达为

$$
F = F_{\text{bulk}} + F_{\text{int}} = \int_v [f(\phi) + \frac{1}{2}\kappa_\phi(\nabla\phi)^2]\mathrm{d}V
\tag{9.4}
$$

其中，F_{bulk} 与 F_{int} 分别是块体能和界面能，κ_ϕ 是梯度能系数。对于 ϕ 是成分或长程有序参数的情况，梯度能系数可以由成对的原子间相互作用能来表达。如果把双势阱自由能函数(式(9.2))代入式(9.4)，则容易得到特定的界面能(单位面积的界面能)γ，其表达式如下：

$$
\gamma = \frac{4\sqrt{2}}{3}\sqrt{\kappa_\phi\Delta f}
\tag{9.5}
$$

对于具有多个场变量的材料体系，通常界面能需通过数值计算来评估。

前面介绍的界面能或梯度能是各向同性的，但对于一些情况，梯度能是各向异性的。在固态相变中，梯度能的各向异性通过梯度项自然地引入。例如，从母相FCC中析出有序的第二相L1$_2$，其梯度能项可表达为

$$
\frac{1}{2}\kappa_c[\nabla c(\boldsymbol{r})]^2 + \frac{1}{2}\sum_{p=1}^{3}\kappa_{ij}^\eta(p)\nabla_i\eta_p(\boldsymbol{r})\nabla_j\eta_p(\boldsymbol{r})
\tag{9.6}
$$

其中梯度能系数 κ_c 和 κ_{ij}^η 与成对的相互作用模型中微观的相互作用能有关：

$$
\kappa_c = -\frac{1}{2}\sum_r r^2 W(\boldsymbol{r}), \qquad \kappa_{ij}^\eta(p) = -\frac{1}{2}\sum_r r_i r_j W(\boldsymbol{r})\mathrm{e}^{-\mathrm{i}\boldsymbol{k}_{\text{op}}\boldsymbol{r}}
\tag{9.7}
$$

其中，$\boldsymbol{r}$ 是位置矢量，r 是 $\boldsymbol{r}$ 的大小，r_i 是 $\boldsymbol{r}$ 的第 i 个分量，$W(\boldsymbol{r})$ 是有效对的相互作用能，$\boldsymbol{k}_{\text{op}}$

是与序参数 η_p 对应的超晶格向量。非零的梯度能系数满足下面的关系：

$$\kappa_{11}^{\eta}(1) = \kappa_{22}^{\eta}(2) = \kappa_{33}^{\eta}(3) \neq \kappa_{22}^{\eta}(1) = \kappa_{33}^{\eta}(1) = \kappa_{11}^{\eta}(2) = \kappa_{33}^{\eta}(2) = \kappa_{11}^{\eta}(3) = \kappa_{22}^{\eta}(3) \quad (9.8)$$

为了引入预期的梯度能各向异性，我们可以增加高阶的梯度能项，尽管这在物理上很难表明其合理性。例如，为了产生立方各向异性，有必要引入四阶梯度项，即

$$\kappa_{ijkl} \left(\frac{\partial^2 \phi}{\partial r_i \partial r_j} \right) \left(\frac{\partial^2 \phi}{\partial r_k \partial r_l} \right) \quad (9.9)$$

其中，梯度系数 κ_{ijkl} 是四阶张量，r_i 是位置矢量的第 i 个分量。上式表明，这种高阶梯度能量项导致界面能量不表现出尖点，因此平衡粒子的形状不包含小平面。

9.3.3 弹性能

固体相变通常在其早期阶段会产生共格的微观结构。对于共格微观结构，晶格平面和方向在界面处是连续的，相和畴之间的晶格失配由弹性位移调节。在相场模型中，弹性能对总自由能的贡献可通过将弹性应变能表达为场变量的函数来引入，或者通过将包含场变量和位移梯度之间的耦合项直接引入到局域自由能中。

考虑由守恒成分场 $c(r)$ 和非守恒序参数场 $\eta(r)$ 描述的通用微观结构，我们假设局部应力自由 (stress-free) 的应变与成分场成线性比例关系，且与非守恒序参数场成平方依赖关系，即

$$\varepsilon_{ij}^0(r) = \varepsilon_{ij}^c c(r) + \varepsilon_{ij}^{\eta} \eta^2(r) \quad (9.10)$$

这里为了方便起见，假设应力自由的应变对成分成线性依赖关系。晶格参数对成分成非线性依赖性的体系弹性能量也可以使用相同的方法获得。式 (9.10) 中应力自由的应变包含两层信息：

(1) 场变量 $c(r)$ 和 $\eta(r)$ 描述了微观结构；

(2) 微观结构中相或畴之间的晶体学取向关系通过与成分和序参数有关的晶格膨胀系数来确定，即 ε_{ij}^c 和 ε_{ij}^{η}。然后，共格微结构中的局域弹性应力可写为

$$\sigma_{ij}(r) = c_{ijkl}(r)\varepsilon_{kl}^{el}(r) = c_{ijkl}(r)[\varepsilon_{kl}(r) - \varepsilon_{kl}^c c(r) - \varepsilon_{kl}^{\eta} \eta^2(r)] \quad (9.11)$$

其中，$c_{ijkl}(r)$ 是弹性模量，通常与空间位置相关，即非均匀分布；$\varepsilon_{kl}(r)$ 是总应变；$\varepsilon_{kl}^{el}(r)$ 是弹性应变，在适当的力学边界条件下，它可通过求解如下的力学平衡方程得到：

$$\frac{\partial \sigma_{ij}}{\partial r_j} = 0 \quad (9.12)$$

求解得到的弹性应变 $\varepsilon_{kl}^{el}(r)$，微观结构的总弹性能可表达为

$$E = \frac{1}{2} \int_V c_{ijkl}(r)\varepsilon_{ij}^{el}\varepsilon_{kl}^{el} \mathrm{d}V \quad (9.13)$$

若存在外加应力，则总的弹性能表达式为

$$E = \frac{1}{2} \int_V c_{ijkl}(r)\varepsilon_{ij}^{el}\varepsilon_{kl}^{el} \mathrm{d}V - \int_V \sigma_{ij}^a(r)\varepsilon_{ij}(r) \mathrm{d}V \quad (9.14)$$

其中，σ_{ij}^a 是外加应力，且是非均匀分布的。

为了求解力学平衡方程(9.12)，大多数现有的相场模拟假定均匀的弹性模量，忽略了不同相之间的弹性模量差异，即 $c_{ijkl}(r)$ 等于常数。在这种情况下，正如30多年前Khachaturyan所表明的，任意微观结构的弹性场能够被解析地计算。通过考虑弹性模量张量对场变量的依赖性，在包含弹性非均匀性的力学平衡方程求解方面研究者已经做出了诸多努力。当弹性非均匀性较小时，可以使用一阶近似。研究表明，借助迭代方法，结合高阶近似值来求解非均匀弹性方程是可能的途径，从而实现强的弹性非均匀性求解。这种迭代方法的独特之处在于，与弹性均匀的近似相比，它可通过使用更多的高阶近似以连续地提高其计算精度，而且不会显著地增加计算时间。此外，研究者也可以使用直接的数值方法来求解具有任意弹性非均匀性和各向异性的力学平衡方程。然而，这种直接的数值求解通常比上述使用高阶近似的方法更耗时。常见的数值方法包括共轭梯度法(conjugate gradient method, CGM)或有限元法、相场微弹性法(phase field microelasticity method, PFMM)、傅里叶频谱迭代微扰法(Fourier spectral iterative perturbation method, SPM)，以及均匀特征应变法(uniform eigenstrain method, UEA)和傅里叶迭代谱扰动法(SPM)的组合。然而，这种直接的数值解通常比上述使用高阶近似的方法更耗时。

9.3.4 静电能与静磁能

对于涉及带电物质或电偶极子、磁偶极子的固态相变或其他过程的建模，可以借助类似求解弹性能的方法来评估静电能或静磁能对材料微观结构的总自由能的贡献。对于任意的电荷和偶极子分布，首先需求解微观结构中的电场或磁场分布，然后将总静电或磁能表达为场变量的函数。例如，采用最简单的近似，即介电极化率或磁化率是一个常数，畴结构的静磁能或静电能可表达为

$$E_{\mathrm{ms}} = -\frac{1}{2} \int_V \mu_0 M_{\mathrm{s}} H_i^d m_i \mathrm{d}V \tag{9.15}$$

$$E_{\mathrm{electric}} = -\int_V \left[P_i(r) E_i(r) + \frac{1}{2} \varepsilon_0 \kappa_{ij}^b(r) E_i(r) E_j(r) \right] \mathrm{d}V \tag{9.16}$$

式 (9.15) 中，静磁能密度反映了纳米磁体形状诱导的构型各向异性，静磁能密度与磁散场 $\boldsymbol{H}^d$ (或退极化场) 有关，而磁散场 $\boldsymbol{H}^d$ 由磁体中磁偶极矩之间长程相互作用决定，μ_0 是真空磁导率，M_{s} 是饱和磁化强度，m_i 是铁磁材料的序参数 (即归一化的磁化强度)。对于式 (9.16)，ε_0 是真空介电常数，$\kappa_{ij}^b(r)$ 是与位置有关的背景介电常数，E_i 是电场分量，P_i 是铁电材料的序参数。对于介电和磁性能非均匀分布的情况，则在相应的边界条件下需对静电平衡方程和静磁平衡方程分别进行数值求解。

9.4 控制方程

上述讨论了微观结构的各项自由能，相场模型中场变量的演化可通过求解动力学方程得到。通常相场方法有两类动力学控制方程，一类描述守恒序参数的动力学演化(方程(9.17)，卡恩-希利亚德(Cahn-Hilliard)方程)，另一类描述非守恒序参数的动力学演化(方

程 (9.18)，艾伦-卡恩 (Allen-Cahn) 方程)。两类方程表达式如下：

$$\frac{\partial c_i(r,t)}{\partial t} = \nabla M_{ij} \nabla \frac{\delta F}{\delta c_j(r,t)} \tag{9.17}$$

$$\frac{\partial \eta_p(r,t)}{\partial t} = -L_{pq} \frac{\delta F}{\delta \eta_q(r,t)} \tag{9.18}$$

其中，M_{ij} 和 L_{pq} 与原子或界面的迁移率有关，c_1、c_2、$\cdots$ 是守恒序参数 (如浓度、磁化强度等)，η_1、η_2、$\cdots$ 是非守恒序参数 (如极化强度等)。

采用相场方法对微观结构的演化进行建模，即简化为求解动力学方程 (9.17) 和方程 (9.18) 的解。目前已有许多种数值方法用来求解上述方程，大多数的相场模拟针对均匀的空间网格和显式的时间步长，采用简单的二阶有限差分法。众所周知，对于显式的求解，时间步长必须很小才能保证数值解的稳定。

对于周期性边界条件 (例如铁电薄膜体系)，经常使用的方法是快速傅里叶变换方法，它将积分微分方程转变为代数方程。或者，先将积分微分方程转变为有限差分方程，然后将其转换为傅里叶空间。然而，在这种情况下，空间离散化的精度只是二阶的而不是频谱精度。在倒空间 (即傅里叶空间) 中，时间步长采用简单的前向欧拉差分。这种单步的显式欧拉方法的缺点是，虽然空间离散化具有频谱精度，但时间尺度仅是一阶精度，数值的稳定性仍然是一个问题。之后，更有效且准确的半隐式傅里叶频谱算法被提出，且已应用于求解相场方程。该算法比传统的前向欧拉方法更有效和准确。然而，由于频谱法通常采用均匀的网格对空间离散化，因此它或许难以解决具有中等数量网格点的极其尖锐的界面。在这种情况下，自适应频谱法可能是更合适的方法。

9.5 非守恒序参数的艾伦-卡恩方程

9.5.1 固态相变的唯象描述

非守恒序参数的艾伦-卡恩方程也称为时间相关的金兹堡-朗道 (time-dependent Ginzburg-Landau, TDGL) 方程，常用于铁电材料畴结构的演化与性能预测。在介绍艾伦-卡恩方程求解之前，我们首先介绍固态相变的唯象描述。

原则上，任何相变都可以通过物理上明确定义的序参数来表征，这些序参数可以区分母相和子相。高温相的序参数等于零，低温相的序参数具有有限值，例如长程的序参数 (有序-无序相变)、自发极化 (铁电相变)、自发应变 (铁弹相变或马氏体相变)、自发磁化强度 (铁磁相变) 等。在朗道理论中，相变的热力学由自由能函数描述，该自由能函数表示为序参数的多项式。对于由单一序参数描述的相变，自由能函数表达如下：

$$f(\eta) = f(\eta = 0) + \left(\frac{\partial f}{\partial \eta}\right)_{\eta=0} \eta + \frac{1}{2}\left(\frac{\partial^2 f}{\partial \eta^2}\right)_{\eta=0} \eta^2 +$$

$$\frac{1}{3!}\left(\frac{\partial^3 f}{\partial \eta^3}\right)_{\eta=0} \eta^3 + \frac{1}{4!}\left(\frac{\partial^4 f}{\partial \eta^4}\right)_{\eta=0} \eta^4 + \cdots \tag{9.19}$$

由于高温相是中心对称的,因此η的奇次幂项的系数为0。若多项式只保留至四阶项,则自由能函数写为

$$f(\eta) - f(\eta = 0) = A\eta^2 + B\eta^4 \tag{9.20}$$

如何判断固态相变是一阶还是二阶相变呢? 首先,让我们考虑一个简单的体系,它可以用一个长程序参数来描述。假设朗道展开式中的所有奇数项均为零,即

$$f(\eta) = \frac{A(T - T_c)}{2}\eta^2 + \frac{B}{4}\eta^4 + \cdots \tag{9.21}$$

假设第一项的系数是与温度有关的,T_c 是相变的临界温度。若忽略所有高于四阶的项,则四阶系数(B)必须为正,这样在有序状态(自由能取得最小值,如图9.2和方程(9.22)所示)时序参数η具有有限值。

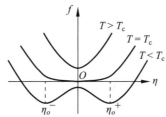

图 9.2 不同温度下自由能随序参数的变化曲线

$$\frac{\mathrm{d}f(\eta)}{\mathrm{d}\eta} = A(T - T_c)\eta + B\eta^3 = 0 \rightarrow \eta_o = \pm\sqrt{-\frac{A(T - T_c)}{B}} \tag{9.22}$$

随着温度升高至接近相变温度,序参数逐渐变为零,即在相变温度时序参数值没有跳变(no jump)(图9.3),这种相变称为二阶相变。

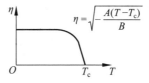

图 9.3 二阶相变中序参数 η 随温度 T 的变化曲线

为了描述一阶相变,有必要在上述自由能中添加一个三阶或六阶项,即

$$f(\eta) = \frac{A(T - T_c)}{2}\eta^2 - \frac{B}{3}\eta^3 + \frac{C}{4}\eta^4 \tag{9.23}$$

$$f(\eta) = \frac{A(T - T_c)}{2}\eta^2 - \frac{B}{4}\eta^4 + \frac{C}{6}\eta^6 \tag{9.24}$$

一般常用的是增加六阶项,即式(9.24),在这个η^2-η^4-η^6模型中,系数A、B、C都是正的,B的符号决定了序参数的符号。自由能对序参数的一阶导数为

$$\frac{\mathrm{d}f(\eta)}{\mathrm{d}\eta} = A(T - T_c)\eta - B\eta^3 + C\eta^5 = 0 \tag{9.25}$$

$$\eta_1 = 0 \tag{9.26}$$

$$\eta_2^2 = \frac{B + \sqrt{B^2 - 4AC(T - T_c)}}{2C} \tag{9.27}$$

$$\eta_3^2 = \frac{B - \sqrt{B^2 - 4AC\,(T - T_c)}}{2C} \tag{9.28}$$

序参数 η 随温度 T 的变化存在跳变，如图9.4所示，当 $T > T_c + B^2/4AC$ 时，高温相是不稳定的，η 突变为零，即发生了一阶相变。

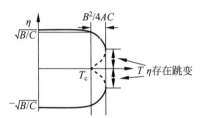

图 9.4　一阶相变中序参数 η 随温度 T 的变化曲线

9.5.2　艾伦-卡恩方程的推导及其数值求解

一般来说，总自由能不仅取决于局域的序参数，还取决于周围环境的序参数。在扩散界面的描述中，总的自由能表达为序参数和序参数梯度的函数，即

$$F = \int_V \left[f\,(\eta) + \frac{\kappa}{2}(\nabla \eta)^2 \right] \mathrm{d}V \tag{9.29}$$

其中 κ 是梯度能系数，第二项是梯度能。

为了推导艾伦-卡恩方程 (9.18)，首先需得到总的自由能对序参数的变分 (由于总自由能是序参数 η 及其梯度 $(\mathrm{d}\eta/\mathrm{d}x)$ 的泛函，泛函的导数即变分)。为了方便展示其推导过程，将式 (9.29) 简化为一维的相场模型，总自由能可写为

$$F = \int \left[f\,(\eta) + \frac{\kappa}{2}\left(\frac{\mathrm{d}\eta}{\mathrm{d}x}\right)^2 \right] \mathrm{d}x \tag{9.30}$$

总自由能对 η 的导数如下：

$$\frac{\delta F}{\delta \eta} = \frac{\partial f\,(\eta)}{\partial \eta} - \kappa \frac{\mathrm{d}^2 \eta}{\mathrm{d}x^2} \tag{9.31}$$

因此，一维的艾伦-卡恩方程可写为

$$\frac{\partial \eta(\boldsymbol{r}, t)}{\partial t} = -L\frac{\delta F}{\delta \eta} = -L\left(\frac{\partial f\,(\eta)}{\partial \eta} - \kappa \frac{\mathrm{d}^2 \eta}{\mathrm{d}x^2} \right) \tag{9.32}$$

其中 L 是正的动力学系数，序参数随时间的变化与驱动力 $(\delta F/\delta \eta)$ 成线性比例关系。值得注意的是，方程 (9.32) 是非线性的偏微分方程，通常采用数值方法来求解这种方程，例如有限差分法和半隐式频谱法。这里，我们主要介绍由 Chen 等提出的半隐式傅里叶频谱法。首先，方程 (9.32) 采用傅里叶频谱近似，即对左右两边进行傅里叶变换，将偏微分方程转变为傅里叶空间的常微分方程，

$$\frac{\mathrm{d}\eta(\boldsymbol{k}, t)}{\mathrm{d}t} = -L\left[\left(\frac{\partial f}{\partial \eta}\right)_k + \kappa k^2 \eta(\boldsymbol{k}, t) \right] \tag{9.33}$$

其中，$\boldsymbol{k}$ 是傅里叶空间的基矢矢量，$\eta(\boldsymbol{k},t)$、$\left(\dfrac{\partial f}{\partial \eta}\right)_k$ 分别是 $\eta(\boldsymbol{r},t)$、$\left(\dfrac{\partial f}{\partial \eta}\right)$ 在傅里叶空间相应的形式。其次，将微分转变为差分，采用半隐式的差分法，即

$$\frac{\eta(\boldsymbol{k},t+\Delta t) - \eta(\boldsymbol{k},t)}{\Delta t} = -L\left[\left(\frac{\partial f}{\partial \eta}\right)_{k,t} + \kappa k^2 \eta(\boldsymbol{k},t+\Delta t)\right] \tag{9.34}$$

然后在傅里叶空间求解得到序参数 η 的解，即

$$\eta\left(\boldsymbol{k},t+\Delta t\right) = \frac{\left[\eta(\boldsymbol{k},t) - L\Delta t(\partial f/\partial \eta)_{k,t}\right]}{1 + L\Delta t \kappa k^2} \tag{9.35}$$

最后，将序参数 η 的解由傅里叶空间转变为实空间，即进行傅里叶逆变换，

$$\eta(\boldsymbol{k},t) \xrightarrow{\text{逆变换}} \eta(\boldsymbol{r},t) \tag{9.36}$$

从而得到序参数随时间和空间的演化与分布状态，即平衡态下的微观结构。

9.5.3 畴壁能及畴壁宽度的计算

在非均匀体系平衡状态下，方程 (9.31) 即

$$\frac{\delta F}{\delta \eta} = \frac{\partial f(\eta)}{\partial \eta} - \kappa \frac{\mathrm{d}^2 \eta}{\mathrm{d}x^2} = 0 \tag{9.37}$$

序参数 η 随位置 x 的分布如图9.5所示。

对于扩散界面，一维的平面状畴壁自由能表达式如下：

$$\sigma = \int_{-\infty}^{+\infty}\left[f(\eta) + \frac{\kappa}{2}\left(\frac{\mathrm{d}\eta}{\mathrm{d}x}\right)^2 - f(\pm 1)\right]\mathrm{d}x \tag{9.38}$$

其中局域的自由能 $f(\eta)$ 随序参数 η 的变化曲线如图9.6所示。

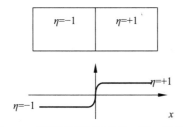
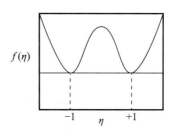

图 9.5 平衡状态下序参数 η 随 x 的分布　　　　图 9.6 局域的自由能 $f(\eta)$ 随序参数 η 的变化

这里，令 $\Delta f = f(\eta) - f(\pm 1)$，则畴壁自由能可写为

$$\sigma = \int_{-\infty}^{+\infty}\left[\Delta f(\eta) + \frac{\kappa}{2}\left(\frac{\mathrm{d}\eta}{\mathrm{d}x}\right)^2\right]\mathrm{d}x \tag{9.39}$$

在平衡状态下，畴壁自由能的一阶导数为零，即

$$\frac{\delta \sigma}{\delta \eta} = \frac{\partial \Delta f}{\partial \eta} - \kappa \frac{\mathrm{d}^2 \eta}{\mathrm{d}x^2} = 0 \tag{9.40}$$

$$\frac{\partial \Delta f}{\partial \eta} = \kappa \frac{\mathrm{d}^2 \eta}{\mathrm{d}x^2} \tag{9.41}$$

对方程 (9.41) 两边求积分，即

$$\int \mathrm{d}\Delta f = \int \kappa \frac{\mathrm{d}^2\eta}{\mathrm{d}x^2}\mathrm{d}\eta = \kappa \int \frac{\mathrm{d}\eta}{\mathrm{d}x}\mathrm{d}\left(\frac{\mathrm{d}\eta}{\mathrm{d}x}\right) \tag{9.42}$$

$$\Delta f = \frac{\kappa}{2}\left(\frac{\mathrm{d}\eta}{\mathrm{d}x}\right)^2 \tag{9.43}$$

因此，将式 (9.43) 代入式 (9.39)，则畴壁自由能为

$$\sigma = \int_{-\infty}^{+\infty}\left[\Delta f\left(\eta\right) + \frac{\kappa}{2}\left(\frac{\mathrm{d}\eta}{\mathrm{d}x}\right)^2\right]\mathrm{d}x = 2\int_{-\infty}^{+\infty}\Delta f\left(\eta\right)\mathrm{d}x \tag{9.44}$$

畴壁能的一个潜在应用是估算畴壁厚度。界面或畴壁的厚度是实验所关注的物理量，由上述一维的相场模型可求得其畴壁厚度 (l)，如图9.7所示。

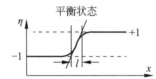

图 9.7　平衡状态下畴壁的厚度 (l) 示意图

由方程 (9.43) 得到 $\dfrac{\mathrm{d}\eta}{\mathrm{d}x} = \sqrt{\dfrac{2\Delta f}{\kappa}}$，则图9.7在界面处的斜率为

$$\frac{+1-(-1)}{l} = 斜率 = \left(\frac{\mathrm{d}\eta}{\mathrm{d}x}\right)_{\eta=0} = \sqrt{\frac{2\Delta f}{\kappa}} \tag{9.45}$$

因此，畴壁的厚度 l 为

$$l = \sqrt{2\kappa/\Delta f} \tag{9.46}$$

9.6　守恒序参数的卡恩-希利亚德方程

9.5节介绍了非守恒阶参数的动力学方程随时间演化，本节重点介绍守恒序参数的动力学演化卡恩-希利亚德方程，浓度是典型的守恒序参数。

考虑由 A 和 B 两种原子组成的单相二元合金，将其中一种物质的浓度作为序参数，例如物质 A，我们定义序参数 C，使得 $C(\boldsymbol{r},t) = C_A(\boldsymbol{r},t) = 1 - C_B(\boldsymbol{r},t)$。因为总浓度是固定的，$C$ 是守恒的，并且如果任何区域的一种成分浓度增加，则该区域中其他成分的浓度会减少。序参数的守恒使其动力学演化方程比非守恒的情况要稍微复杂一些。这种方程被称为卡恩-希利亚德方程。前面已介绍了体系总自由能的一维表达形式 (式 (9.30))，将序参数换为浓度场，即

$$F = \int\left[g\left(C(x)\right) + \frac{\kappa}{2}\left(\frac{\partial C(x)}{\partial x}\right)^2\right]\mathrm{d}x \tag{9.47}$$

从基本热力学来看，化学物质、组分或相的化学势 μ 是该物质、组分或相的每摩尔化学能 (U_C) 或吉布斯自由能 (G) 的量，化学能就是吉布斯自由能，其表达式为 $U_C = G = \mu N = U - TS + PV$。化学势代表化学物质的热力学稳定性。化学势的大小与单位摩尔物质的热

力学化学能或吉布斯自由能相等。我们将 G 对序参数 $C(x)$ 的导数定义为化学势，即

$$\mu = \frac{\delta G}{\delta C(x)} = \frac{\partial g}{\partial C} - \kappa \frac{\partial^2 C(x)}{\partial x^2} \tag{9.48}$$

其中第一项表示均匀体系的化学势。非均质体系达到平衡态，则需满足化学势是均匀的。

我们需建立序参数 C 的守恒动力学，通过考虑原子如何从一个区域扩散到另一个区域来改变 C。由于 C 是浓度，假设它随时间的变化率由菲克 (Fick) 第二定律给出，其一维扩散表达式为

$$\frac{\partial C}{\partial t} = -\frac{\partial J}{\partial x} \tag{9.49}$$

其中 J 是扩散通量。根据化学势 μ 的定义，结合菲克第一定律，扩散通量可表达为

$$J = -M \frac{\partial \mu}{\partial x} \tag{9.50}$$

其中，M 是浓度相关的迁移率。M 可以是各向异性的 (这取决于晶格中的扩散方向)，在这种情况下 M 是一个二阶张量。将式 (9.50) 代入式 (9.49)，然后将式 (9.48) 代入式 (9.49)，

$$\begin{aligned} \frac{\partial C}{\partial t} &= \frac{\partial}{\partial x} \left(M \frac{\partial \mu}{\partial x} \right) \\ &= \frac{\partial}{\partial x} \left[M \frac{\partial}{\partial x} \left(\frac{\partial g}{\partial C} - \kappa \frac{\partial^2 C(x)}{\partial x^2} \right) \right] \end{aligned} \tag{9.51}$$

若 M 与位置无关，则一维的卡恩-希利亚德方程可简化为

$$\frac{\partial C}{\partial t} = M \left[\frac{\partial^2}{\partial x^2} \frac{\partial g}{\partial C} - \kappa \frac{\partial^4 C(x)}{\partial x^4} \right] \tag{9.52}$$

在三维空间中，相应的卡恩-希利亚德方程可表达为

$$\frac{\partial C}{\partial t} = \nabla (M \nabla \mu) = \nabla \left[M \nabla \left(\frac{\partial g}{\partial C} - \kappa \nabla^2 C \right) \right] \tag{9.53}$$

若 M 与位置无关，则上式可简化为

$$\frac{\partial C}{\partial t} = M \left[\nabla^2 \left(\frac{\partial g}{\partial C} \right) - \kappa \nabla^2 \nabla^2 C \right] \tag{9.54}$$

9.7 相场模拟在信息功能材料中的应用

相场方法能够模拟与预测材料介观微结构及其性能，例如铁电或铁磁材料的畴结构演化、畴翻转、性能优化，促进新材料的研发及信息功能器件的设计。接下来，将着重介绍相场模拟在信息功能材料中的应用，包括铁电薄膜中平衡的畴结构、铁电超晶格中畴结构、铁电滞回曲线的模拟、铁电畴翻转等。

9.7.1 平衡的畴结构

铁电晶体的平衡畴结构会受到许多因素的影响，例如晶体的化学成分、温度、体系尺寸和形状以及晶体取向。我们将以块体、薄膜和纳米结构铁电材料为例简要介绍在不同电学和力学边界条件下的相场模拟的应用，并预测其平衡畴结构。

1. 块体单晶

块体铁电体的相场建模最初被用于理解 $90°$ 和 $180°$ 畴壁的形成、铁弹孪晶畴结构以及完美铁电单晶中的头对尾极化构型。相场方法也被扩展用于研究存在晶界和裂纹等力学缺陷的块体单晶的畴结构。晶界和结构缺陷会导致晶体中非均匀分布的内部电场和应力场，从而导致复杂的极性构型。例如，由晶界引起的内部电场可能会诱导晶粒内部形成涡旋畴结构，从而降低静电能，并且裂纹周围的强非均匀应力可能会钉扎畴结构中的畴壁，并引起断裂增韧效应。

单晶或多晶块体铁电通常是在恒定应力条件或恒定应变条件下进行相场建模。对于恒定的应力边界条件，由铁电畴形成引起的均匀应变或宏观应变 ε_{ij} 可由下式得到：

$$\overline{\varepsilon_{ij}} = s_{ijkl}\sigma_{kl}^{\mathrm{app}} + \frac{1}{V}\int_V \varepsilon_{ij}^0(x)\mathrm{d}V \tag{9.55}$$

其中 $\sigma_{kl}^{\mathrm{app}}$ 为施加于材料的恒定应力。当对块体铁电体进行建模时，TDGL、静电平衡和力学平衡方程中最常采用的边界条件是周期性的边界条件。

相场建模可用于理解非常规铁电块体的拓扑畴结构，例如 h-RMnO₃(h= 六方 (hexagonal), R= 稀土 (rare earth))。在 h-RMnO₃ 块体单晶中，从空间群 $P6_3/mmc$ 到 $P6_3cm$ 的相变过程中发生了结构的三聚化，产生了六个能量简并态。六个畴的共存导致了一维 (1D) 和零维 (0D) 拓扑缺陷的形成，分别对应于 3D 空间中的涡旋线和 2D 空间中的涡旋或反涡旋。通过添加一组结构序参数来描述拓扑畴结构，传统铁电体的相场模型被扩展，从而它可用于模拟非常规铁电的拓扑畴结构。如图9.8所示，相场模拟预测的六重涡旋-反涡旋畴结构与相应的实验结果显示出很好的一致性。相场模型的优势在于：通过模拟计算，它能够展示出涡旋线的拓扑演化过程，包括涡线环的收缩、合并和分裂。从拓扑演化过程来看，该相场模型揭示了畴粗化的幂指数规律，也表明它的尺度动力学是由涡旋-反涡旋湮没控制而非由畴壁的移动控制的。

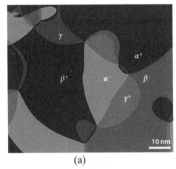 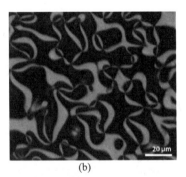

|(a)|(b)|

图 9.8 由相场模拟 (a) 与光学显微镜 (b) 观察得到的 h-RMnO₃ 的畴结构图案
(请扫 VI 页二维码看彩图)

2. 外延薄膜

外延生长于较厚衬底上的铁电薄膜受到混合的力学边界条件，其中面内的约束应变是恒定的，面外的应力为零，即

$$\overline{\varepsilon_{ij}} = \varepsilon_{ij}^{\mathrm{mis}}(i, j = 1, 2), \qquad \sigma_{k3} = \sigma_{3k} = 0(k = 1, 2, 3) \tag{9.56}$$

其中面内均匀的应变 $\overline{\varepsilon_{ij}}$ 等于 $\varepsilon_{ij}^{\mathrm{mis}}$，$\varepsilon_{ij}^{\mathrm{mis}}$ 表示薄膜与衬底之间的面内失配应变。当铁电薄膜的参考态 (通常是立方顺电相) 与衬底均为立方晶格结构时，失配应变是各向同性的，剪切分量为零，并且失配应变等于面内的正应变。通过相场模拟，已研究了各向同性的失配应变对铁电体相变和畴结构的影响，例如 $BaTiO_3$、$PbTiO_3$ 和 $SrTiO_3$。压缩和拉伸失配应变都导致居里温度 T_C 增加，压缩应变有利于形成面外极化的畴，而拉伸应变有利于形成面内极化的畴。

3. 超晶格

最近，研究者一直在努力探索有趣的畴结构，且通过相场方法来理解超晶格中潜在的丰富物理特性。值得关注的一类超晶格是铁电/顺电超晶格，例如 $(BaTiO_3)_m/(SrTiO_3)_n$ 和 $(PbTiO_3)_m/(SrTiO_3)_n$，其中 m 和 n 代表分别沿铁电 $BaTiO_3/PbTiO_3$ 和非铁电 $SrTiO_3$ 生长方向的钙钛矿晶胞数量。在这种类型的超晶格中，退极化、极化/化学梯度、长程弹性相互作用和界面耦合之间的竞争产生了丰富多样的极性畴态，极性畴态具体取决于温度、超晶格叠层的周期性、界面共格性和静电边界条件。例如，相场模拟表明，在 $(PbTiO_3)_n/(SrTiO_3)_n$ 超晶格中，随着周期性 n 的增大，超晶格会发生从 a_1/a_2 孪晶畴到涡旋畴的转变，最终形成通量闭合畴，这些相场预测的结果被实验表征所证实 (图9.9(a))。对于 n 从短周期到中间周期 $(10 \leqslant n \leqslant 16)$，由各项的能量贡献，相场模拟确定了不同极性状态的相对稳定性：弹性能有利于面外的极化，静电能有利于面内的极化，而涡旋畴的梯度能比具有畴壁结构的梯度能更低。从 a1/a2 孪晶畴到涡旋畴的转变是连续的，相场模拟预测了 a_1/a_2 孪晶畴和涡旋畴的混合结构 (图9.9(b))。

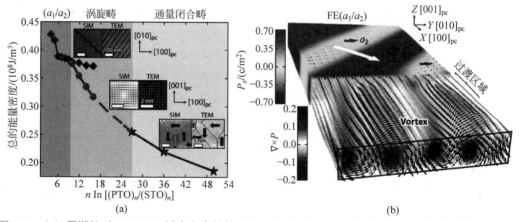

图 9.9 (a) 周期性对 $DyScO_3$ 衬底上生长的 $(PbTiO_3)_n/(SrTiO_3)_n$ (PTO/STO) 超晶格的总能量密度和畴结构的影响 (相场模拟与实验观察的结果比较)；(b) 共存的 a_1/a_2 孪晶畴和涡旋畴 (色标表示 $\nabla \times P$ 的大小)，包括交替的顺时针和逆时针极化涡旋 (FE：铁电体，SIM：模拟，TEM：透射电子显微镜)

(请扫 VI 页二维码看彩图)

9.7.2　畴结构的翻转

铁电相场模型也被用于模拟外场下畴结构的演化。特别是，它已被广泛用于理解铁电单晶、多晶、外延薄膜，以及纳米结构中宏观滞回曲线、翻转畴的成核、畴壁运动的动力学、畴翻转的机制和缺陷的影响。本节我们简要介绍几个例子。

铁电极化-电场 (P-E) 滞回曲线被视为铁电材料的指纹，可以从 P-E 滞回曲线以及相应的应变-电场 (S-E) 曲线中提取介电、铁电和电化学性能参数。图9.10显示了理想的 P-E 电滞回线，但实际的铁电体中，微观结构特征 (例如晶界、畴结构和其他结构缺陷) 会对电滞回线的形状产生明显的影响。实验上很难探测和调控这些因素，相比之下，相场模拟能够方便地获取极化和应变的空间分布及其在电场下随时间的演变。因此，相场方法是一种可行且有效的方法，用于模拟宏观滞回行为并阐明铁电体中性能-微观结构的关系。

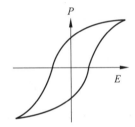

图 9.10　理想 P-E 电滞回线
(请扫 VI 页二维码看彩图)

铁电单晶翻转行为的相场模拟重现了具有四方结构的 $PbTiO_3$ 单晶 P-E 回线和 S-E 回线。研究者预测，在中等的等轴应变下，拉伸或压缩应变可以分别扩大或缩小 P-E 回线，然而很大的单轴压缩应变可能导致单个 P-E 回线分裂成反铁电状的双滞回曲线。在具有准同型相界 (MPB) 成分的 $Pb(Zr_{1-x}Ti_x)O_3$ (PZT) 中，四方相、菱方相和中间的单斜相共存，从而产生更复杂的畴构型。如 Choudhury 等通过 3D 相场模拟所展示的，畴结构的丰富性导致 P-E 回线显著变窄，这反映了复杂的畴结构对矫顽场的大小有相当大的影响。

除了重现或调控电滞回线，相场模拟也能够展示畴结构在外场下的翻转过程，为实验提供翻转的动力学机制。例如，借助相场模拟，我们提出了一种拓扑保护的 $BiFeO_3$ 铁电岛导电畴壁构型，如图9.11所示；在 $BiFeO_3$ 单个方形纳米岛中自发形成了具有导电畴壁 (charged domain walls, CDW) 的中心型四瓣状拓扑畴 (图9.12)。相场结果表明，这种自发形成的头对头导电畴壁的稳定性主要由三个因素决定，即来自几何束缚边界条件 (铁电岛下侧呈向内倾斜45°的边)、电学边界条件 (底电极与 $BiFeO_3$ 之间的功函数差异，−0.5V 的偏压) 和必要的屏蔽电荷以补偿头对头型的导电畴壁。模拟也表明，在面外的电场下，头对头型 CDW 的中心汇聚的四瓣畴被翻转为尾对尾型 CDW 的中心发散的四瓣畴，这为实现低功耗铁电畴壁基的纳米器件提供了指导。

相场模型不仅能够展示铁电材料畴结构的翻转动力学，而且能模拟铁磁材料磁畴在外加电场 (如应变脉冲) 下翻转过程及理解电场调控磁化强度翻转的物理机制，从而实现低功耗的信息存储。如图9.13所示，通过对 PZT 薄膜施加亚纳秒的电压脉冲，借助有限元方法计算了压电PZT薄膜表面的动态的压电应变,该压电应变通过界面传递至磁性层,在磁致伸缩的$Co_{20}Fe_{60}B_{20}$(CoFeB)超薄纳米磁体中,我们使用微磁相场模型评估了动态压电应变实现的垂直磁化强度翻转速度。模拟表明:

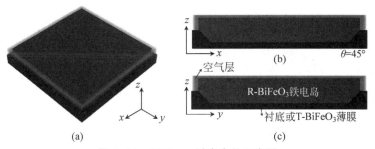

图 9.11 $BiFeO_3$ 铁电岛的示意图

(a) 三维投射图;(b) 通过岛的面心在 x-z 平面的截面图 (岛的下侧边向内倾斜角 $\theta = 45°$);
(c) 通过岛的面心在 y-z 平面的截面图 (红色表示 R 相 $BiFeO_3$ 岛,蓝色为衬底或 T 相 $BiFeO_3$ 薄膜,绿色表示空气层)

(请扫 VI 页二维码看彩图)

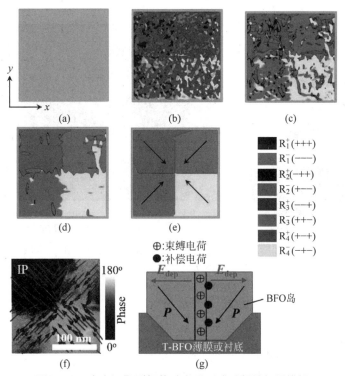

图 9.12   中心汇聚型拓扑畴自发形成过程的相场模拟

(a)~(e) 相场模拟展示了 R-$BiFeO_3$(R-BFO) 岛中极化状态从随机态至稳定的中心汇聚型拓扑畴的演化过程;
(f)R-BFO 岛中心汇聚型拓扑畴的面内 PFM 图与相场模拟得到的拓扑畴极化矢量图;(g)R-BFO 岛的电学与几何边界条件

(请扫 VI 页二维码看彩图)

(1) 将弹性动力学与微磁相场模拟耦合,通过结合局域压电应变的动力学与局域磁化强度的动力学,在一个由多晶PZT薄膜与生长其上的非晶的椭圆形超薄的CoFeB磁体组成的典型异质结中，结合应变调控磁化强度翻转的动态过程，对电压驱动的压电应变诱导的垂直磁化强度翻转速度进行了准确评估。这种计算模式同样可用于分析压电应变实现的磁化强度翻转与磁畴壁运动的速度；它很大程度上决定了相应的压电应变实现的自旋电子和磁子器件的响应时间。

(2) 构建了垂直磁化强度翻转速度相图，它是以外加电压脉冲的大小与 PZT 薄膜的刚度阻尼系数为函数，这将为磁电异质结的实验设计提供指导。

(3) 与先前的电压驱动应变诱导的垂直磁化强度翻转模拟工作相比，该研究分析了动态变化的压电应变(以及残余应变)和压电材料的刚度阻尼系数如何影响磁化强度动力学及翻转速度。

(4) 计算结果表明，当电压脉冲大小和刚度阻尼系数大小均为中等值时，翻转速度最快(翻转时间约为 2.49ns)，且每次翻转的能耗是在飞焦 (fJ) 量级。

(5) 与实现垂直磁化强度翻转的其他模式(例如电流基的自旋转移力矩 (STT)、自旋轨道力矩 (SOT) 以及电荷诱导的机制)相比，当前电压驱动的压电应变调控的模式具有中等的翻转速度但显著低的能耗，比电流驱动的模式的能耗低三个量级。

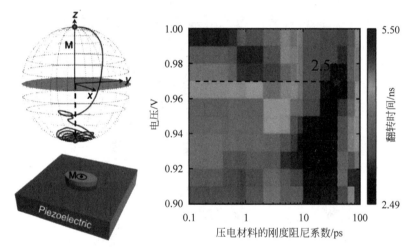

图 9.13　相场模拟展示了电压驱动 CoFeB 垂直磁化强度 180° 翻转速度相图
(请扫 VI 页二维码看彩图)

9.8　拓展提高

使用如下自由能表达式来描述畴结构：

$$F = \int_V \left[h \left(-\frac{1}{2}\eta^2 + \frac{1}{4}\eta^4 \right) + \frac{\kappa}{2}(\nabla\eta)^2 \right] \mathrm{d}V$$

问题1：求序参数 η 的平衡值。

问题2：计算总自由能相对于序参数的变分。

问题3：编写小程序实现铁电材料的极化强度-电场 (P-E) 电滞回线。

第 10 章

电子材料中的有限元法

前面几章介绍了第一性原理、分子动力学和相场法等微纳米尺度的材料计算方法,基于这些方法,我们可以跟踪电子、分子的位置和速度,实现对宏观参数(温度、能量、热导率)的预测。然而,电子材料在应用过程中受到力、热、电三种载荷及其耦合的作用,会产生宏观的变形和疲劳断裂,严重阻碍其安全应用。这些都需要宏观尺度的材料计算方法来支撑电子材料的应用和技术创新。有限元作为一门成熟的数值模拟技术,现已成为解决众多复杂问题的有效手段之一。人们越来越多地应用有限元的方法代替原型试验,用于设计和优化电子元器件及其力学性能。例如,利用有限元法模拟和优化电子元器件和电路中的传热和完成热管理;利用有限元法模拟电子材料中的电磁辐射、电磁屏蔽等问题,优化电路设计;基于有限元法评估电子器件中的结构强度、热应力和变形情况,优化封装。通过电子产品的跌落仿真分析,可以检测产品的力学性能,预测失效,提高电子设备的可靠性和性能。本章首先对有限元法进行概述,再从有限元法原理、有限元建模与网格划分和有限元在电子材料中的应用三个方面介绍有限元的数值模拟方法,以便于读者能更好地了解有限元方法和解决电子材料相关的问题。

10.1 有限元法概述

有限元法的发展源远流长,早期数学领域的研究发展为其的出现奠定了基础。17 世纪,牛顿(Newton)和莱布尼兹(Leibniz)分别从运动学与几何学角度出发,创建了微积分;18 世纪,著名数学家高斯(Gauss)提出了加权余量法及线性代数方程组的解法,另一数学家拉格朗日(Lagrange)提出了泛函分析;在 19 世纪末及 20 世纪初,数学家瑞利(Rayleigh)和里兹(Ritz)首先提出了在全定义域内通过泛函驻值条件求解未知函数的有效方法;1915 年,数学家伽辽金(Galerkin)提出了求解微分方程问题选择展开函数中形函数的伽辽金法;1943 年,数学家库朗德(Courant)首次提出可在定义域内分片使用展开函数表达其上的未知函数,并采用该方法对连续体的扭转问题进行求解,被认为是有限元思想的首次提出。此后,越来越多的数学家、物理学家、工程师投入到对有限元法的研究中。20 世纪 50 年代,航空领域的飞速发展也对有限元法提出了越来越高的要求,1956 年,特纳(Turner)、克拉夫(Clough)、马丁(Martin)等将钢架分析中的位移法扩展到弹性力学平面问题中,并用于飞机的结构设计。他们系统地研究了离散杆、梁、三角形的单元刚度表达式，并首次采用三角形单元求得了平面应力问题的正确解。他们的工作伴随着大型电子计算机在数值计算领域应用的投入，标志着利用电子计算机求解复杂弹性力学问题新阶段的开启。1960年，克拉夫进一步求解了平面弹性问题，并正式提出"有限元法"这一名称，使人们对该方法的特性得到更进一步的认识；1963—1964年，贝塞林(Besseling)、卞学锚等的研究表明有限元法实际是弹性力学变分原理中瑞利-里兹法的一种形式，确认了有限元法是处理连续介质问题的一种普遍方法，从数学上为有限元法奠定了理论基础，有限元的应用范围也得到了大大扩展。1967年，首次出版有限元专著《结构力学与连续力学的有限元法》，由辛克维奇(Zienkiewicz)与张佑启合著。辛克维奇认为，难以确定有限元起源及发明的准确时间。到20世纪90年代，T. Belytschko和Wing Kam Lin(WK)发展了无网格伽辽金(EFG)方法和再现核粒子方法(RKPM)；继而Ted Belytschko等开发了扩展有限元(X-FEM)法，该方法利用各种丰富的不连续形状函数，在不重网格的情况下准确地捕捉裂纹体的形态。近些年来，基于机器学习的有限元方法和降阶模型的发展成为有限元研究的新焦点，如F. Ghavamiana和A. Simone使用深度神经网络作为回归模型来学习材料行为或微观结构响应。有限元是把复杂结构的计算问题转化为简单单元的分析和集合问题，许多经典的数学近似方法及工程中所用的各直接近似方法都属于这一范畴，未来依然会是工程上广泛应用的主要方法。

有限元法的基本思想是将连续的求解区域离散为一组有限个，且按一定方式相互连接在一起的单元组合体。由于单元能按不同的连接方式进行组合，且单元本身又可以有不同形状，因此可以模型化几何形状复杂的求解域。有限元法是利用在每一个单元内假设的近似函数分片地表示全求解域上待求的未知函数。单元内的近似函数由未知函数或其导数在单元的各个节点的数值和其插值函数来表达。这样，未知场函数或其导数在各个节点上的数值就成为新的未知量，从而使一个连续的无限自由度问题变成离散的有限自由度问题。一经解出这些未知量，就可以通过插值函数计算出各个单元内场函数的近似值，从而得到整个求解域上的近似解。

有限元具有以下特征：

(1) 基本思想简单，概念清晰：有限元法的基本思想是离散和插值，思想简单明了，概念清晰易于理解。通过将原始结构逼近为离散单元的组合体，几何上达到近似；通过近似函数逼近单元内的未知变量的真实解，数学上达到近似；利用原问题的等效变分原理(如最小势能原理)建立有限元基本方程，明确反映其物理背景。

(2) 适应复杂几何形态：随着有限元法的发展，单元种类变得非常丰富，包括一维、二维或三维的单元，而且单元可以具有不同的形状，不同的单元之间可以采用不同的连接方法，特别适用于具有复杂形状或多种构造组合的结构。

(3) 灵活应用于各种物理问题：有限元法最初用于求解固体力学中的线弹性问题，但由于对求解域内的未知场函数类型没有限制，也不要求不同单元采用相同的方程形式，因此其研究范围很快扩展到弹塑性问题、黏弹塑性问题、屈曲问题、动力学问题等。应用范围广泛，并进一步拓展到流体力学问题、传热问题、电磁学问题，以及复杂的多物理场耦合问题。例如，铁电材料应用时的疲劳失效是一个典型的力-热-电耦合问题，铁电材料在应变循环或热循环作用下，会产生疲劳裂纹，进而电学性能退化，这些过程相互耦合，使用有限元法可以有效模拟这个过程。

(4) 可靠的理论基础：有限元法的数学过程是通过变分原理或加权残差法建立求解基本未知量(场函数在节点处的取值)的代数方程组或常微分方程组，然后通过数值求解方法得到问题的解。变分原理和加权残差法在数学上已被证明是微分方程和边界条件的等效积分形式，因此只要保证实际问题的数学模型正确，并采用稳定可靠的数值求解算法，有限元求解的精度就可以通过细化单元和提高插值函数阶次的方式收敛于原问题的精确解。

(5) 适合编程计算：有限元分析过程可以方便地通过矩阵表达，有限元求解最终可以转化为矩阵形式的代数方程组求解问题，非常适合规范化编程处理。随着数值计算方法的不断发展和计算机性能的快速提升，工程领域能够方便高效地利用有限元法对各种大型复杂模型进行求解。

10.2 有限元法原理

有限单元求解问题的思路是：根据虚功原理，利用变分法将整个结构的平衡微分方程、几何方程和物理方程建立在结构离散化的各个单元上，从而得到各个单元的应力、应变及位移，进而求出结构内部应力、应变等。有限元法的理论基础是泛函变分原理。

10.2.1 泛函变分原理

对于研究区域为 Ω 的某些物理问题，一般可以建立泛函积分方程，设

$$J(u) = \int_{\Omega} F(u)\mathrm{d}\Omega \tag{10.1}$$

其中，u 是一族函数，$F(u)$ 为已知函数，称 $J(u)$ 为 u 的泛函，即函数的函数。下面的讨论中以笛卡儿坐标系为例进行分析，所以 $u = u(x, y, z)$。当 u 变化时，有

$$\tilde{u} = u + \delta u \tag{10.2}$$

则泛函为

$$J(\tilde{u}) = J(u + \delta u) \tag{10.3}$$

如果 $J(u)$ 满足高阶可微条件时，上式可展开为

$$\begin{aligned} J(\tilde{u}) &= J(u) + \delta J(u) + \frac{1}{2}\delta^2 J(u) + \cdots \\ &= J(u) + \frac{\mathrm{d}J}{\mathrm{d}u}\delta u + \frac{1}{2}\frac{\mathrm{d}^2 J}{\mathrm{d}u^2}\delta^2 u + \cdots \end{aligned} \tag{10.4}$$

通常，称 J 为 $J(u)$ 的变分，且有

$$\delta J = \frac{\mathrm{d}J}{\mathrm{d}u}\delta u \tag{10.5}$$

现在构造某一泛函

$$J(u) = \int_{\Omega} \left\{ \frac{1}{2} \left[p(x,y,z) \left[\left(\frac{\partial u}{\partial x} \right)^2 + \left(\frac{\partial u}{\partial y} \right)^2 + \left(\frac{\partial u}{\partial z} \right)^2 \right] \right] - f(x,y,z)u \right\} \mathrm{d}V +$$

$$\int_{\Gamma} \left\{ \frac{1}{2} \gamma(x,y,z)u^2 - q(x,y,z)u \right\} \mathrm{d}S \tag{10.6}$$

泛函 $J(u)$ 存在的条件是 $u(x,y,z)$ 分段光滑且 $\frac{\partial u}{\partial x}$、$\frac{\partial u}{\partial y}$、$\frac{\partial u}{\partial z}$ 存在。则该函数的变分为

$$\delta J(u) = \int_{\Omega} \left\{ \left[p(x,y,z) \left(\frac{\partial u}{\partial x} \frac{\partial(\delta u)}{\partial x} + \frac{\partial u}{\partial y} \frac{\partial(\delta u)}{\partial y} + \frac{\partial u}{\partial z} \frac{\partial(\delta u)}{\partial z} \right) \right] - f(x,y,z)\delta u \right\} \mathrm{d}V +$$

$$\int_{\Gamma} [\gamma(x,y,z)u - q(x,y,z)]\delta u \mathrm{d}S \tag{10.7}$$

运用高斯-格林 (Gauss-Green) 积分公式，则

$$\delta J(u) = \int_{\Gamma} \left[p(x,y,z) \frac{\partial u}{\partial n} + \gamma(x,y,z)u - q(x,y,z) \right] \delta u \mathrm{d}S -$$

$$\int_{\Omega} \left\{ \left[\frac{\partial}{\partial x} \left(p(x,y,z) \frac{\partial u}{\partial x} \right) + \frac{\partial}{\partial y} \left(p(x,y,z) \frac{\partial u}{\partial y} \right) + \right. \right.$$

$$\left. \left. \frac{\partial}{\partial z} \left(p(x,y,z) \frac{\partial u}{\partial z} \right) \right] + f(x,y,z) \right\} \delta u \mathrm{d}V \tag{10.8}$$

如果 $J(u)$ 在 $u^*(x,y,z)$ 上存在极值，则

$$\delta J(u^*) = 0 \tag{10.9}$$

由于 u 的任意性，结合式 (10.8)，上式成立的条件为

$$\begin{cases} \frac{\partial}{\partial x} \left(p(x,y,z) \frac{\partial u}{\partial x} \right) + \frac{\partial}{\partial y} \left(p(x,y,z) \frac{\partial u}{\partial y} \right) + \frac{\partial}{\partial z} \left(p(x,y,z) \frac{\partial u}{\partial z} \right) + \\ \quad f(x,y,z) = 0 \quad (x,y,z) \in \Omega \\ p(x,y,z) \frac{\partial u(x,y,z)}{\partial n} + \gamma(x,y,z)u(x,y,z) - q(x,y,z) = 0 \quad (x,y,z) \in \Gamma \end{cases} \tag{10.10}$$

其中，n 是边界 Γ 的外发线方向，第一个式子为微分控制方程，第二个式子为边界条件。由此可见，泛函 $J(u)$ 的极值解就是式 (10.10) 物理问题的解，这样，求解微分边值问题的解就可以转化为求积分泛函的极值。值得指出的是，泛函积分方程中已经包含了第二类、第三类边界条件，即式 (10.10) 中第二个式子，也称自然边界条件，求解时必须另外加入第一类边界条件，即强制边界条件。

为了求解泛函极小值问题，里茨法是常用的近似方法。设泛函 $J(u)$ 所依赖的函数 u 有如下形式：

$$u(x,y,z) = \sum_{i=1}^{n} a_i \phi_i(x,y,z) \tag{10.11}$$

其中，ϕ_i 是一组满足边界条件的线性独立函数，称为基函数，a_i 为待定系数。上式为试函数，将上式代入泛函表达式 (10.6)，则泛函变为参数 a_i 的函数

$$J(u) = J(a_1, a_2, \cdots, a_n) \tag{10.12}$$

于是利用式 (10.9)，则参数 a_i 满足方程组

$$\frac{\partial J}{\partial a_i} = 0 \quad (i = 1, 2, \cdots, n) \tag{10.13}$$

式 (10.13) 即 n 个线性代数方程组，由此可以解出 n 个 a_i 的值，再将 a_i 代入式 (10.11)，则得到式 (10.10) 所述的微分方程边界值近似解。里茨法只是试探函数中的一个最优解，求解精度取决于所选的试函数。一般来说，试函数范围大，待定系数多，解的精度就好。通常，试函数采用多项式函数，便于进行微分和积分运算。

应用里茨法求解微分方程，需要找到与微分方程相对应的泛函，即对一个具体的物理问题如何构造类似式 (10.6) 的泛函是非常不容易的。在热障涂层失效问题的研究中，往往包含热、力、化等多种因素的相互耦合，控制方程往往是非线性的，如第 3 章详细介绍的几何非线性和第 4 章的物理非线性。我们很难找到热障热、力、化耦合复杂非线性问题的泛函，也就是说很难用里茨法得到近似解。

对于难以找到或者不存在泛函的微分方程边值问题，则常用加权余量法求解。先取微分方程 (10.10) 的近似解为

$$u(x, y, z) = \sum_{j=1}^{n} a_j \phi_j(x, y, z) \tag{10.14}$$

其中，a_j 为待定系数，$\phi_j(x, y, z)$ 是满足边界条件的完备函数列的基函数。近似解式 (10.14) 满足边界条件，但不一定满足微分方程，将近似解代入微分方程后，会有余量

$$R(x, y, z) = \frac{\partial}{\partial x}\left(p(x, y, z)\frac{\partial u}{\partial x}\right) + \frac{\partial}{\partial y}\left(p(x, y, z)\frac{\partial u}{\partial y}\right) +$$
$$\frac{\partial}{\partial z}\left(p(x, y, z)\frac{\partial u}{\partial z}\right) + f(x, y, z) \neq 0 \tag{10.15}$$

如果 $u(x, y, z)$ 是精确解，则余量应恒等于零。事实上绝大部分问题得到精确解是非常困难的，所以我们将条件放宽为余量在求解区域的加权积分等于零，这样可以得到近似解，

$$\int_{\Omega}\left\{\left[\frac{\partial}{\partial x}\left(p(x, y, z)\frac{\partial u}{\partial x}\right) + \frac{\partial}{\partial y}\left(p(x, y, z)\frac{\partial u}{\partial y}\right) + \frac{\partial}{\partial z}\left(p(x, y, z)\frac{\partial u}{\partial z}\right)\right] +$$
$$f(x, y, z)\right\}w_i(x, y, z)\mathrm{d}V = 0 \tag{10.16}$$

其中，$w_i(x, y, z)$ 是权函数。当选定 n 个权函数，并将式 (10.14) 代入式 (10.16)，可以形成 n 个 a_j 为未知量的代数方程组，由此可以解出 n 个 a_j 的值，将解得的 a_j 代入式 (10.14) 得到微分方程的近似解。

加权余量法中，权函数的选取与所求的近似解精度关系很大。根据权函数的选取不同分为配置法、最小二乘法、矩法和伽辽金法。其中伽辽金法是取权函数为基函数，$w_i(x, y, z) = \phi_i(x, y, z)$，因为具有较高精度而广泛使用。

里茨法和伽辽金法尽管出现得比较早，然而在复杂的实际问题中基函数选取并不容易。特别是对于涡轮叶片热障涂层具有复杂边界形状的求解区域，找到满足自然边界条件并可以吸收到伽辽金加权积分式中的满足足够光滑性质的基函数实在太难了。随着计算机的发展，通过将求解区域划分为有限多个子区域，进一步将伽辽金法应用到子区域中，用比较

简单的基函数来逼近微分方程解函数，求得每个单元的解的近似分布。这种方法就是有限元法，在固体力学和结构力学上被广泛应用。

10.2.2 欧拉格式的弱形式

在进行有限元分析时，选择合适的网格描述是重要的，在固体力学中拉格朗日网格是应用最普遍的，其吸引力在于他们能够很容易处理复杂边界条件和跟踪材料点，因此能够精确地描述依赖于历史的材料。在拉格朗日有限元的发展中，一般采用两种方法。

(1) 以拉格朗日度量形式表述应力和应变的公式，导数和积分运算采用相应的拉格朗日坐标 $\boldsymbol{X}$，成为完全的拉格朗日格式。这种方法常用于解决固体的大变形问题，当然也可以适应于大变形。

(2) 以欧拉度量形式表述应力和应变的公式，导数和积分运算采用相应的欧拉坐标 $\boldsymbol{x}$，成为完全的欧拉格式。这种方法常用于解决固体的小变形问题，当然也可以适应于大变形。

欧拉格式和拉格朗日格式完全是等价的，通过变形梯度的变换两种格式完全可以互相转换。

由10.2.1节可知，基于有限元求解动量方程，需要先得到动量方程的离散形式，这些方程需要先被转化为变分形式，也常常称为弱形式。对应地，动量方程和力边界条件称为强形式。

首先定义变分函数和试函数空间。变分函数的空间定义为

$$\delta v_j(\boldsymbol{X}) \in u_0, \quad u_0 = \left\{ \delta v_j \mid \delta v_j \in C^0(\boldsymbol{X}), \delta v_j = 0 \text{在} \Gamma_{v_i} \text{上} \right\} \tag{10.17}$$

其中，C^0 函数表示导数是分段可导，对于一维函数不连续发生在某些点上，二维函数不连续发生在线段上，三维函数不连续出现在表面上。其中，$\boldsymbol{X}$ 是拉格朗日坐标下的材料坐标，v_j 是速度，即位移 u_j 的时间导数。强形式的动量方程，包括动量方程、面力边界条件和内部连续性条件，分别是

$$\frac{\partial \sigma_{ji}}{\partial x_j} + \rho b_i = \rho \dot{v}_i \quad (\text{在} \Omega \text{内}) \tag{10.18}$$

$$n_j \sigma_{ji} = \bar{t}_i \quad (\text{在} \Gamma_{t_i} \text{内}) \tag{10.19}$$

$$n_j \sigma_{ji} = \bar{t}_i \quad (\text{在} \Gamma_{\text{int}} \text{内}) \tag{10.20}$$

其中，Γ_{int} 是在物体中所有应力不连续表面的集合，即材料界面上对于静态问题内部连续性条件 $[[\boldsymbol{n} \cdot \boldsymbol{\sigma}]] = \boldsymbol{0}$，或者写成分量形式为 $[[n_i \sigma_{ij}]] = n_i^A \sigma_{ij}^B + n_i^B \sigma_{ij}^B = 0$。$\bar{t}_i$ 是面力，b_i 是单位密度体力，ρ 是密度。我们取变分函数 δv_i 和动量方程的乘积，并在当前构型上积分：

$$\int_\Omega \delta v_i \left(\frac{\partial \sigma_{ji}}{\partial x_j} + \rho b_i - \rho \dot{v}_i \right) \mathrm{d}\Omega = 0 \tag{10.21}$$

由于是小变形理论，当时构型和参考构型是一样的，所以积分区域都用 Ω 表示，其边界为 Γ。上式的第一项可以应用微积分基本原理展开，得到

$$\int_\Omega \delta v_i \frac{\partial \sigma_{ji}}{\partial x_j} \mathrm{d}\Omega = \int_\Omega \left[\frac{\partial}{\partial x_j}(\delta v_i \sigma_{ji}) - \frac{\partial(\delta v_i)}{\partial x_j} \sigma_{ji} \right] \mathrm{d}\Omega \tag{10.22}$$

我们假设不连续发生在有限组表面 Γ_{int} 上，则根据高斯定理有

$$\int_{\Omega}\left[\frac{\partial}{\partial x_j}(\delta v_i\sigma_{ji})\right]\mathrm{d}\Omega = \int_{\Gamma_{\text{int}}}\delta v_i[[n_j\sigma_{ji}]]\mathrm{d}\Gamma + \int_{\Gamma}\delta v_i n_j\sigma_{ji}\mathrm{d}\Gamma \tag{10.23}$$

根据面力连续条件式 (10.20)，上式右边第一个积分为零。第二个积分应用式 (10.19)，由于变分函数在整个面力边界条件上积分为零，则式 (10.23) 变为

$$\int_{\Omega}\left[\frac{\partial}{\partial x_j}(\delta v_i\sigma_{ji})\right]\mathrm{d}\Omega = \sum_{i=1}^{n_{SD}}\int_{\Gamma_{t_i}}\delta v_i\bar{t}_i\mathrm{d}\Gamma \tag{10.24}$$

其中，n_{SD} 表示边界数。将上式代入式 (10.22)，根据分部积分得到

$$\int_{\Omega}\delta v_i\frac{\partial\sigma_{ji}}{\partial x_j}\mathrm{d}\Omega = \sum_{i=1}^{n_{SD}}\int_{\Gamma_{t_i}}\delta v_i\bar{t}_i\mathrm{d}\Gamma - \int_{\Omega}\frac{\partial(\delta v_i)}{\partial x_j}\sigma_{ji}\mathrm{d}\Omega \tag{10.25}$$

进一步将式 (10.25) 代入式 (10.21)，我们得到

$$\int_{\Omega}\frac{\partial(\delta v_i)}{\partial x_j}\sigma_{ji}\mathrm{d}\Omega - \int_{\Omega}\delta v_i\rho b_i\mathrm{d}\Omega - \sum_{i=1}^{n_{SD}}\int_{\Gamma_{t_i}}\delta v_i\bar{t}_i\mathrm{d}\Gamma + \int_{\Omega}\delta v_i\rho\dot{v}_i\mathrm{d}\Omega = 0 \tag{10.26}$$

式 (10.26) 就是关于动量方程、面力边界条件、内部连续性条件的弱形式。可以发现，弱形式的每一项都是一个虚功率。其中第一项积分内为每单位体积内部虚功的变化率，或内部虚功率，则总的内部虚功率 δp^{int}：

$$\delta p^{\text{int}} = \int_{\Omega}\delta D_{ij}\sigma_{ji}\mathrm{d}\Omega = \int_{\Omega}\frac{\partial(\delta v_i)}{\partial x_j}\sigma_{ji}\mathrm{d}\Omega = \int_{\Omega}\delta\boldsymbol{D}:\boldsymbol{\sigma}\mathrm{d}\Omega \tag{10.27}$$

其中，$\boldsymbol{D}$ 是变形率。第二项和第三项是物体外力和指定的面力产生的功率，因此定义为外部虚功率 δp^{exp}：

$$\begin{aligned}\delta p^{\text{ext}} &= \int_{\Omega}\delta v_i\rho b_i\mathrm{d}\Omega + \sum_{i=1}^{n_{SD}}\int_{\Gamma_{t_i}}\delta v_i\bar{t}_i\mathrm{d}\Gamma\\&= \int_{\Omega}\delta\boldsymbol{v}\cdot\rho\boldsymbol{b}\mathrm{d}\Omega + \sum_{i=1}^{n_{SD}}\int_{\Gamma_{t_i}}\delta v_i e_j\cdot\bar{\boldsymbol{t}}\mathrm{d}\Gamma\end{aligned} \tag{10.28}$$

最后一项是惯性力产生的功率，因此，定义为惯性虚功率或者称为动力虚功率：

$$\delta p^{\text{kin}} = \int_{\Omega}\delta v_i\rho\dot{v}_i\mathrm{d}\Omega \tag{10.29}$$

将式 (10.27) 和式 (10.29) 代入式 (10.26)，则

$$\delta p = \delta p^{\text{int}} - \delta p^{\text{ext}} + \delta p^{\text{kin}} = 0 \quad \forall\delta v_i\in u_0 \tag{10.30}$$

这就是动量方程的弱形式。可以看出，在外作用下，处于平衡状态下的物体经受微小虚速度 v_i 时，外力所做的外部虚功率等于 δv_i 引起的物理内部虚功率和惯性虚功率之和。因此，也称为虚功率原理。

10.2.3　欧拉格式的有限元离散

通过对变分项和试函数应用有限元插值，由弱形式得到有限元模型的离散方程。本节将动量方程的弱形式转化为离散有限元方程。将当前区域 Ω 划分为单元域 Ω_e，所有单元域

的联合构成了整个域，$\Omega = \underset{e}{\cup} \Omega_e$。将当前构形中的节点坐标用 x_{iI} 表示，$I = 1nN$，这里下标表示节点值。在有限元方法中，运动 $x(X, t)$ 近似地表达为

$$x_i(\boldsymbol{X}, t) = N_I(\boldsymbol{X})x_{iI}(t) \quad \text{或} \quad \boldsymbol{x}(\boldsymbol{X}, t) = N_I(\boldsymbol{X})\boldsymbol{x}_I(t) \tag{10.31}$$

其中，$N_I(X)$ 是插值函数或形函数，一旦单元类型和节点被确定，形函数也随之确定。$\boldsymbol{x}_I$ 是节点 I 的位置矢量。在一个节点具有初始位置 X_J 时写出式 (10.31)，我们有

$$x(X_J, t) = x_I(t)N_I(X_J) = x_I(t)\delta_{IJ} = x_J(t) \tag{10.32}$$

当前位置和原始位置之差是位移，则位移场

$$u_i(\boldsymbol{X}, t) = x_i(\boldsymbol{X}, t) - X_i = u_{iI}(t)N_I(\boldsymbol{X}) \quad \text{或} \quad \boldsymbol{u}(\boldsymbol{X}, t) = \boldsymbol{u}_I(t)N_I(\boldsymbol{X}) \tag{10.33}$$

速度是位移的材料时间导数：

$$v_i(\boldsymbol{X}, t) = \frac{\partial u_i(\boldsymbol{X}, t)}{\partial t} = \dot{u}_{iI}(t)N_I(\boldsymbol{X}) = v_{iI}(t)N_I(\boldsymbol{X}) \quad \text{或} \quad \boldsymbol{v}(\boldsymbol{X}, t) = \dot{\boldsymbol{u}}_I(t)N_I(\boldsymbol{X}) \tag{10.34}$$

变分函数或变量不是时间的函数，因此我们将变分函数近似为

$$\delta v_i(\boldsymbol{X}) = \delta v_{iI}(t)N_I(\boldsymbol{X}) \quad \text{或} \quad \delta \boldsymbol{v}(\boldsymbol{X}) = \delta \boldsymbol{u}_I(t)N_I(\boldsymbol{X}) \tag{10.35}$$

式中，δv_{iI} 是虚拟节点速度。作为构造离散有限元方程的第一步，我们将变分函数代入虚功率原理，得到

$$\delta v_{iI} \int_{\Omega} \frac{\partial N_I(\boldsymbol{X})}{\partial x_j} \sigma_{ji} \mathrm{d}\Omega - \delta v_{iI} \int_{\Omega} N_I(\boldsymbol{X}) \rho b_i \mathrm{d}\Omega -$$
$$\sum_{i=1}^{n_{SD}} \delta v_{iI} \int_{\Gamma_{t_i}} N_I(\boldsymbol{X}) \bar{t}_i \mathrm{d}\Gamma + \delta v_{iI} \int_{\Omega} N_I(\boldsymbol{X}) \rho \dot{v}_i \mathrm{d}\Omega = 0 \tag{10.36}$$

在上式中，应力为试速度和试位移的函数。由变分的定义，在任何指定速度的地方虚速度必须为零，即在 Γ_{v_i} 上，$\delta v_i = 0$。所以只有不在 Γ_{v_i} 上的节点的虚节点速度才是任意的。利用除 Γ_{v_i} 以外的节点上虚节点速度的任意性，动量方程的弱形式可以表示为

$$\int_{\Omega} \frac{\partial N_I(\boldsymbol{X})}{\partial x_j} \sigma_{ji} \mathrm{d}\Omega - \int_{\Omega} N_I(\boldsymbol{X}) \rho b_i \mathrm{d}\Omega - \sum_{i=1}^{n_{SD}} \int_{\Gamma_{t_i}} N_I(\boldsymbol{X}) \bar{t}_i \mathrm{d}\Gamma -$$
$$\int_{\Omega} N_I(\boldsymbol{X}) \rho \dot{v}_i \mathrm{d}\Omega = 0 \quad \forall (\boldsymbol{I}, i) \quad \notin \Gamma_{v_i} \tag{10.37}$$

同样，对应于虚功率方程中的每一项，我们定义节点力，这些节点力可以在大多数有限元软件如 ANSYS、ABQUS 内部程序中找到。内部虚功率为

$$\delta p^{\mathrm{int}} = \delta v_{iI} f_{iI}^{\mathrm{int}} = \int_{\Omega} \frac{\partial(\delta v_i)}{\partial x_j} \sigma_{ji} \mathrm{d}\Omega$$
$$= \delta v_{iI} \int_{\Omega} \frac{\partial N_i}{\partial x_j} \sigma_{ji} \mathrm{d}\Omega \tag{10.38}$$

从式 (10.38) 可以看出，内部节点力可以表示为

$$f_{iI}^{\mathrm{int}} = \int_{\Omega} \frac{\partial N_i}{\partial x_j} \sigma_{ji} \mathrm{d}\Omega \tag{10.39}$$

这些节点力代表着物体的应力。这些表达式既可以应用于整体网格，也可以应用于任

意单元或单元集。类似地，以外部虚功率的形式定义的外部节点力：

$$\delta p^{\mathrm{ext}} = \delta v_{iI} f_{iI}^{\mathrm{ext}} = \int_\Omega \delta v_i \rho b_i \mathrm{d}\Omega + \sum_{i=1}^{n_{SD}} \int_{\Gamma_{t_i}} \delta v_i \bar{t}_i \mathrm{d}\Gamma$$

$$= \delta v_{iI} \int_\Omega N_i \rho b_i \mathrm{d}\Omega + \sum_{i=1}^{n_{SD}} \delta v_{iI} \int_{\Gamma_{t_i}} N_i \bar{t}_i \mathrm{d}\Gamma \tag{10.40}$$

所以外部节点力为

$$f_{iI}^{\mathrm{ext}} = \int_\Omega N_i \rho b_i \mathrm{d}\Omega + \sum_{i=1}^{n_{SD}} \int_{\Gamma_{t_i}} N_i \bar{t}_i \mathrm{d}\Gamma \tag{10.41}$$

外部节点力对应于外部施加的载荷。同样，惯性力定义为

$$\delta p^{\mathrm{kin}} = \delta v_{iI} f_{iI}^{\mathrm{kin}} = \int_\Omega \delta v_i \rho \dot{v}_i \mathrm{d}\Omega$$

$$= \delta v_{iI} \int_\Omega N_I \rho \dot{v}_i \mathrm{d}\Omega = \delta v_{iI} \int_\Omega N_I N_J \rho \dot{v}_{iJ} \mathrm{d}\Omega \tag{10.42}$$

这里用到 $\dot{v}_i(\boldsymbol{X},t) = \dot{v}_{iJ}(t) N_J(\boldsymbol{X})$。所以，惯性力定义为

$$f_{iI}^{kin} = \int_\Omega \rho N_I N_J \mathrm{d}\Omega \dot{v}_{jJ}(t) \tag{10.43}$$

定义质量矩阵为

$$M_{iiIJ} = \delta_{ij} \int_\Omega \rho N_I N_J \mathrm{d}\Omega \tag{10.44}$$

根据式(10.40)和式(10.41)，惯性力可表示为

$$f_{iI}^{kin} = M_{ijIJ} \dot{v}_{jJ}(t) \tag{10.45}$$

有了内部节点力、外部节点力和惯性节点力的表达式，我们可以简洁地写出弱形式(式(10.36))的离散表达式为

$$\delta v_{iI}(f_{iI}{}^{\mathrm{int}} - f_{iI}{}^{\mathrm{ext}} + M_{ijIJ}\dot{v}_{jJ}) = 0 \quad \forall \delta v_{iI} \quad \notin \Gamma_{v_i} \tag{10.46}$$

由于 δv 是任意的，并表示为矩阵，得到

$$\boldsymbol{M}\boldsymbol{a} + \boldsymbol{f}^{\mathrm{int}} = \boldsymbol{f}^{\mathrm{ext}} \tag{10.47}$$

上式即离散动量方程。它对时间是二次的，由于它们没有时间上的离散，所以也称为半离散动量方程。可以发现，式(10.47)的离散动量方程是关于节点速度的常微分方程组。如果加速度为零，则上式称为离散的平衡方程，是关于应力和节点位移的非线性代数方程组。

通常建立有限元是采用以母单元坐标 ξ 的形式表示形函数，常称为单元坐标，

$$x_i(\xi,t) = x_{iI}(t) N_I(\xi) x(\xi,t) = x_I(t) N_I(\xi) \tag{10.48}$$

对于运动 $\boldsymbol{x}(\xi,t)$ 的有限元近似，是将一个单元的母域映射到单元的当前域上。母单元域到当前域映射的条件除了不允许不连续，还要满足以下条件：①$\boldsymbol{x}(\xi,t)$ 必须一一对应；②$\boldsymbol{x}(\xi,t)$ 在空间中至少为 C^0；③ 单元雅可比行列式必须为正，即

$$J_\xi = \det(\boldsymbol{x}_{,\xi}) > 0 \tag{10.49}$$

这些条件可以保证 $\boldsymbol{x}(\xi,t)$ 是可逆的。

有限元计算中最重要的是节点力的计算。我们以内部节点力为例阐述计算程序。

(1) $\boldsymbol{f}^{\mathrm{int}} = \boldsymbol{0}$。

(2) 对于所有积分点(在母单元上)ξ_Q：① 对所有的 $\boldsymbol{I}$，计算矩阵 $[B_{Ij}] = \left[\dfrac{\partial N_I(\xi_Q)}{\partial x_j}\right]$；② 计算矩阵 $\boldsymbol{L} = [L_{ij}] = [v_{iI}B_{Ij}] = \boldsymbol{v}_I \boldsymbol{B}_I^{\mathrm{T}}$；③ 计算矩阵 $\boldsymbol{D} = \dfrac{1}{2}\left(\boldsymbol{L}^{\mathrm{T}} + \boldsymbol{L}\right)$；④ 计算变形梯度 $\boldsymbol{F}$ 和应变张量 $\boldsymbol{E}$；⑤ 根据本构方程计算柯西应力 $\boldsymbol{\sigma}$ 或者第二 Piola-Kirchhoff 应力 $S = J\boldsymbol{F}^{-1}\boldsymbol{\sigma}\boldsymbol{F}^{-\mathrm{T}}, J = \det(\boldsymbol{F})$；⑥ 如果得到 $\boldsymbol{S}$，通过 $\boldsymbol{\sigma} = J^{-1}\boldsymbol{F}\boldsymbol{S}\boldsymbol{F}^{\mathrm{T}}$ 计算 $\boldsymbol{\sigma}$；⑦ 对于所有节点 $\boldsymbol{I}$，计算 $\boldsymbol{f}_I^{\mathrm{int}} + \boldsymbol{B}_I^{\mathrm{T}}\boldsymbol{\sigma}J_\xi\bar{w}_Q \to \boldsymbol{f}_I^{\mathrm{int}}$，这里 $\bar{w}_Q$ 为母单元上积分的权重，即母单元上的积分 $\int_{-1}^{1} f(\xi)\mathrm{d}\xi = \sum_{Q=1}^{n_Q}\bar{w}_Q f(\xi_Q)$，有兴趣的读者请参考有关积分的数值方法，$n_Q$ 个积分点的权重和坐标值 ξ_Q。

结束循环。这里黑体表示矩阵，上标 T 表示转置。

10.2.4 拉格朗日格式弱形式

拉格朗日格式是在参考构型下，非常适合几何非线性或者大变形情况。热障涂层失效过程中，如氧化、冲蚀等过程涂层内产生了比较大的变形，此时小变形假设在热障涂层应力场分析中不一定合适了。近年来，我们提出了基于大变形假设的热障涂层理论模型(详细见第3章)，并验证对于热障涂层某些问题运用大变形能得到更加接近实际的结果。为了进行大变形理论框架下的有限元分析，需要建立大变形下动量方程的有限元离散方程，我们首先定义变分函数和试函数空间。变分函数的空间定义为

$$\delta\boldsymbol{u}(\boldsymbol{X}) \in u_0, \boldsymbol{u}(\boldsymbol{X},t) \in u \tag{10.50}$$

其中，u 是运动学的容许位移的空间，u_0 是具有在位移边界上为零的附加条件的相同空间，$\boldsymbol{X}$ 是拉格朗日坐标下的材料坐标，$\boldsymbol{u}$ 是位移。参考构型下的力平衡方程在第1章已经介绍，进一步我们取变分函数和动量方程的乘积，并在初始构型上积分得

$$\int_{\Omega_0} \delta u_i \left(\frac{\partial P_{ji}}{\partial X_j} + \rho_0 b_i - \rho_0 \ddot{u}_i\right)\mathrm{d}\Omega_0 = 0 \tag{10.51}$$

其中，Ω_0 是参考构型的积分区域。上式中 $\boldsymbol{P}$ 是第1章介绍的第一类 P-K(Piola-Kirchhoff) 应力。由于上式中存在 P-K 应力的导数，这个弱形式要求试位移具有 C^1 连续性，这里一个 C^1 函数是连续可导的，它的一阶导数存在并且处处连续。为了消去 P-K 名义应力的导数，应用导数乘积公式，得到

$$\int_{\Omega_0} \delta u_i \frac{\partial P_{ji}}{\partial X_j}\mathrm{d}\Omega_0 = \int_{\Omega_0}\left[\frac{\partial}{\partial X_j}(\delta u_i P_{ji}) - \frac{\partial(\delta u_i)}{\partial X_j}P_{ji}\right]\mathrm{d}\Omega_0 \tag{10.52}$$

则根据高斯定理有

$$\int_{\Omega_0}\frac{\partial}{\partial X_j}(\delta u_i P_{ji})\mathrm{d}\Omega_0 = \int_{\Gamma_{\mathrm{int}}^0}\delta u_i[[n_j^0 P_{ji}]]\mathrm{d}\Gamma_0 + \int_{\Gamma_0}\delta u_i n_j^0 P_{ji}\mathrm{d}\Gamma_0 \tag{10.53}$$

根据面力连续条件 $[[\boldsymbol{n}^0\cdot\boldsymbol{P}]] = \boldsymbol{0}$，或者写成分量形式为 $[[n_j^0 P_{ji}]] = n_j^{0A}P_{ji}^B + n_j^{0B}P_{ji}^B = 0$，这里 $\boldsymbol{n}^0$ 是内部界面 Γ_{int}^0 的外法线方向。这样，式(10.53)右边第一个积分为零。因为在 $\Gamma_{u_i}^0$

上 $\delta u_i = 0$，且 $\Gamma_{t_i}^0 = \Gamma^0 - \Gamma_{u_i}^0$，于是式 (10.53) 右边第二项简化到面力边界上，因此

$$\int_{\Omega_0} \frac{\partial}{\partial X_j}(\delta u_i P_{ji})\mathrm{d}\Omega_0 = \int_{\Gamma_0} \delta u_i n_j^0 P_{ji}\mathrm{d}\Gamma_0 = \sum_{i=1}^{n_{SD}} \int_{\Gamma_{ti}^0} \delta u_i \bar{t}_i^0 \mathrm{d}\Gamma_0 \qquad (10.54)$$

由于对于变形梯度 F_{ij}，有

$$\delta F_{ij} = \delta\left(\frac{\partial u_i}{\partial X_j}\right) = \frac{\partial(\delta u_i)}{\partial X_j} \qquad (10.55)$$

进一步，我们得到

$$\int_{\Omega_0} (\delta F_{ij} P_{ji} - \delta u_i \rho_0 b_i + \delta u_i \rho_0 \ddot{u}_i)\mathrm{d}\Omega_0 - \sum_{i=1}^{n_{SD}} \int_{\Gamma_{\mathrm{int}}^0} \delta u_i \bar{t}_i^0 \mathrm{d}\Gamma_0 = 0 \qquad (10.56)$$

或者

$$\int_{\Omega_0} (\delta \boldsymbol{F}{:}\boldsymbol{P} - \rho_0 \delta \boldsymbol{u} \cdot \boldsymbol{b} + \rho_0 \delta \boldsymbol{u} \cdot \ddot{\boldsymbol{u}})\mathrm{d}\Omega_0 - \sum_{i=1}^{n_{SD}} \int_{\Gamma_{\mathrm{int}}^0} \delta(\boldsymbol{u} \cdot e_i)(e_i \cdot \bar{t}_i^0)\mathrm{d}\Gamma_0 = 0 \qquad (10.57)$$

上式就是大变形的关于动量方程、面力边界条件、内部连续性条件的弱形式。可以发现，弱形式的每一项都是一个虚功。每单位体积内部虚功、外部虚功和惯性虚功分别为

$$\delta w^{\mathrm{int}} = \int_{\Omega_0} \delta \boldsymbol{F}^{\mathrm{T}}{:}\boldsymbol{P}\mathrm{d}\Omega_0 \qquad (10.58)$$

$$\delta w^{\mathrm{ext}} = \int_{\Omega_0} (\rho_0 \delta \boldsymbol{u} \cdot \boldsymbol{b})\mathrm{d}\Omega_0 + \sum_{i=1}^{n_{SD}} \int_{\Gamma_{\mathrm{int}}^0} \delta(\boldsymbol{u} \cdot e_i)(e_i \cdot \bar{t}_i^0)\mathrm{d}\Gamma_0 \qquad (10.59)$$

$$\delta w^{\mathrm{kin}} = \int_{\Omega_0} (\rho_0 \delta \boldsymbol{u} \cdot \ddot{\boldsymbol{u}})\mathrm{d}\Omega_0 \qquad (10.60)$$

式 (10.57) 即虚功原理：

$$\delta w^{\mathrm{int}} + \delta w^{\mathrm{kin}} - \delta w^{\mathrm{ext}} = 0 \qquad (10.61)$$

10.2.5　拉格朗日格式有限元离散

如同小变形弱形式，形函数是初始坐标的函数，试位移场为

$$u_i(\boldsymbol{X}, t) = u_{iI}(t)N_I(\boldsymbol{X}) \quad 或 \quad \boldsymbol{u}(X, t) = \boldsymbol{u}_I(t)N_I(\boldsymbol{X}) \qquad (10.62)$$

由于变分函数或者变量不是时间的函数，因此

$$\delta u_i(\boldsymbol{X}, t) = \delta u_{iI}(t)N_I(\boldsymbol{X}) \quad 或 \quad \delta \boldsymbol{u}(X, t) = \delta \boldsymbol{u}_I(t)N_I(\boldsymbol{X}) \qquad (10.63)$$

速度是位移的材料时间导数：

$$\dot{u}_i(\boldsymbol{X}, t) = \dot{u}_{iI}(t)N_I(\boldsymbol{X}) \qquad (10.64)$$

相应的加速度为

$$\ddot{u}_i(\boldsymbol{X}, t) = \ddot{u}_{iI}(t)N_I(\boldsymbol{X}) \qquad (10.65)$$

则变形梯度为

$$F_{ij} = \frac{\partial x_i}{\partial X_j} = \frac{\partial N_I}{\partial X_j} x_{iI} \qquad (10.66)$$

$$\delta F_{ij} = \frac{\partial N_I}{\partial X_j} \delta x_{iI} = \frac{\partial N_I}{\partial X_j} \delta u_{iI} \tag{10.67}$$

这里用到 $\delta x_{iI} = \delta(X_{iI} + u_{iI}) = \delta u_{iI}$。有时为了方便将式(10.66)和式(10.67)分别写为

$$F_{ij} = B^0_{jI} x_{iI}, \quad B^0_{jI} = \frac{\partial N_I}{\partial X_j}, \quad \boldsymbol{F} = \boldsymbol{x} \boldsymbol{B}_0^{\mathrm{T}} \tag{10.68}$$

$$\delta F_{ij} = \frac{\partial N_I}{\partial X_j} \delta x_{iI} = \frac{\partial N_I}{\partial X_j} \delta u_{iI}, \quad \delta \boldsymbol{F} = \delta \boldsymbol{u} \boldsymbol{B}_0^{\mathrm{T}} \tag{10.69}$$

其中，黑体表示矩阵，上标 T 表示转置。由式(10.69)可以将内部节点力定义为内部虚功的形式：

$$\delta w^{\mathrm{int}} = \delta u_{iI} f^{\mathrm{int}}_{iI} = \int_{\Omega_0} \delta F_{ij} P_{ji} \mathrm{d}\Omega_0 = \delta u_{iI} \int_{\Omega_0} \frac{\partial N_I}{\partial X_j} P_{ji} \mathrm{d}\Omega_0 \tag{10.70}$$

上式中最后一步用到了式(10.69)。然后根据这里 u_{iI} 的任意性，得到内部节点力为

$$f^{\mathrm{int}}_{iI} = \int_{\Omega_0} \frac{\partial N_I}{\partial X_j} P_{ji} \,\mathrm{d}\Omega_0 = \int_{\Omega_0} B^0_{jI} P_{ji} \,\mathrm{d}\Omega_0 \quad \text{或} \quad \boldsymbol{f}^{\mathrm{int,T}} = \int_{\Omega_0} \boldsymbol{B}_0^{\mathrm{T}} \boldsymbol{P} \mathrm{d}\Omega_0 \tag{10.71}$$

上式可以通过转换得到和欧拉格式描述的式(10.39)一致，有兴趣的读者可以自行证明。将外部节点力定义为内部虚功的形式：

$$\delta w^{\mathrm{ext}} = \delta u_{iI} f^{\mathrm{ext}}_{iI} = \int_{\Omega_0} (\delta u_i \rho_0 b_i) \mathrm{d}\Omega_0 + \int_{\Gamma^0_{t_i}} \delta u_i \bar{t}_i^0 \mathrm{d}\Gamma_0$$

$$= \delta u_{iI} \left[\int_{\Omega_0} (N_I \rho_0 b_i) \mathrm{d}\Omega_0 + \int_{\Gamma^0_{t_i}} N_I \bar{t}_i^0 \mathrm{d}\Gamma_0 \right] \tag{10.72}$$

由此得到

$$f^{\mathrm{ext}}_{iI} = \int_{\Omega_0} (N_I \rho_0 b_i) \mathrm{d}\Omega_0 + \int_{\Gamma^0_{t_i}} N_I \bar{t}_i^0 \mathrm{d}\Gamma_0 \tag{10.73}$$

同样上式可以通过转换得到和欧拉描述的式(10.41)一致，由式(10.60)定义节点力等价于惯性力得到

$$\delta w^{\mathrm{kin}} = \delta u_{iI} f^{\mathrm{kin}}_{iI} = \int_{\Omega_0} (\delta u_i \rho_0 \ddot{u}_i) \mathrm{d}\Omega_0$$

$$= \delta u_{iI} \int_{\Omega_0} (\rho_0 N_I N_J) \mathrm{d}\Omega_0 \ddot{u}_{iJ} = \delta u_{iI} M_{ijIJ} \ddot{u}_{jJ} \tag{10.74}$$

由于式(10.74)中 δu_{iI} 的任意性，得到

$$M_{ijIJ} = \delta_{ij} \int_{\Omega_0} (\rho_0 N_I N_J) \mathrm{d}\Omega_0 \tag{10.75}$$

上式可以通过转换得到和欧拉格式的式(10.44)一致。将上面的表达式代入弱形式(式(10.61))，有

$$\delta u_{iI} (f_{iI}^{\mathrm{int}} - f_{iI}^{\mathrm{ext}} + M_{ijIJ} \ddot{u}_{jJ}) = 0 \quad \forall I, i \quad \notin \Gamma_{u_i} \tag{10.76}$$

由于上式适用于所有不受位移边界条件限制的节点位移分量的任意值，所以有

$$M_{ijIJ} \ddot{u}_{jJ} + f_{iI}^{\mathrm{int}} = f_{iI}^{\mathrm{ext}} \quad \forall I, i \quad \notin \Gamma_{u_i} \tag{10.77}$$

类似于欧拉格式，我们这里也以内部节点力为例阐述计算程序：

(1) $\boldsymbol{f}^{\text{int}} = \boldsymbol{0}$。

(2) 对于所有积分点 (在母单元上) ξ_Q：① 对所有的 I，计算矩阵 $[B_{Ij}^0] = \left[\dfrac{\partial N_I(\xi_Q)}{\partial X_j} \right]$；② 计算矩阵 $\boldsymbol{H} = \boldsymbol{B}_I^0 \boldsymbol{u}_I$ $[H_{ij}] = \left[\dfrac{\partial N_I}{\partial X_j} u_{iI} \right]$；③ 计算矩阵 $\boldsymbol{F} = \boldsymbol{I} + \boldsymbol{H}$，$J = \det(\boldsymbol{F})$，$\boldsymbol{I}$ 是单位矩阵；④ 计算应变张量 $\boldsymbol{E} = \dfrac{1}{2}(\boldsymbol{H} + \boldsymbol{H}^{\text{T}} + \boldsymbol{H}^{\text{T}}\boldsymbol{H})$；⑤ 如果需要计算 $\dot{\boldsymbol{E}} = \dfrac{\Delta \boldsymbol{E}}{\Delta t}$，$\dot{\boldsymbol{F}} = \dfrac{\Delta \boldsymbol{F}}{\Delta t}$，$\boldsymbol{D} = \text{sym}(\dot{\boldsymbol{F}}\boldsymbol{F}^{-1})$；⑥ 根据本构方程计算柯西应力 $\boldsymbol{\sigma}$ 或者第二 Piola-Kirchhoff 应力 $\boldsymbol{S} = J\boldsymbol{F}^{-1} \cdot \boldsymbol{\sigma} \cdot \boldsymbol{F}^{-\text{T}}$，$J = \det(\boldsymbol{F})$；⑦ 计算 $\boldsymbol{P} = \boldsymbol{S}\boldsymbol{F}^{\text{T}}$ 或者 $\boldsymbol{P} = J\boldsymbol{F}^{-1}\boldsymbol{\sigma}$；⑧ 对于所有节点 I，计算 $\boldsymbol{f}_I^{\text{int}} + \boldsymbol{B}_I^{0\text{T}} \boldsymbol{P} J_\xi^0 \bar{w}_Q \to \boldsymbol{f}_I^{\text{int}}$，这里 $\bar{w}_Q$ 也是母单元上积分的权重，$J_\xi^0 = \det(\boldsymbol{X}_{,\xi}) > 0$。结束循环。这里黑体表示矩阵，上标 T 表示转置。

10.2.6 初始条件和边界条件

为了进行有限元求解，还需要给出位移和速度的初始条件，初始条件可以用节点初始值表示，这里以一维情况为例进行阐述。其初始条件为

$$u_i(0) = u_0(X_I) \tag{10.78}$$

$$\dot{u}_i(0) = \dot{u}_0(X_I) \tag{10.79}$$

因此，对于初始状态处于静止和未变形物体的初始条件为

$$u_I(0) = 0 \quad \text{和} \quad \dot{u}_I(0) = 0 \quad \forall I \tag{10.80}$$

对于更复杂的初始条件，节点位移和速度可以通过初始数据的最小二乘拟合得到。采用有限元插值函数和初始数据之间的差值平方最小化，令

$$M = \frac{1}{2} \int_{X_a}^{X_b} \left[\sum_I u_I(0) N_I(X) - u_0(X) \right]^2 \rho_0 A_0 \mathrm{d}X \tag{10.81}$$

其中，A_0 是一维杆的截面积。为了找到式 (10.81) 的最小值，令它对应于初始节点位移的导数为零：

$$0 = \frac{\partial M}{\partial u_K(0)} = \int_{X_a}^{X_b} N_K(X) \left[\sum_I u_I(0) N_I(X) - u_0(X) \right]^2 \rho_0 A_0 \mathrm{d}X \tag{10.82}$$

应用质量矩阵，上式能够写成

$$\boldsymbol{M}\boldsymbol{u}(0) = \boldsymbol{g} \quad \text{其中} g_K = \int_{X_a}^{X_b} N_K(X) u_0(X) \rho_0 A_0 \ \mathrm{d}X \tag{10.83}$$

类似地，可以得到其他初始条件的最小二乘拟合。边界条件常常包括自然边界条件和强制边界条件，其中自然边界条件已包含在弱形式中，强制边界条件为位移边界，可以定义边界节点位移为

$$u_i(X_I, t) = \bar{U}_i(X_I, t) \quad \text{在} \varGamma_{u_i} \text{上} \tag{10.84}$$

其中，$\bar{U}_i$ 是边界位移。在有限元软件如 ABQUS、ANSYS 和 COMSOL 等将这些的离散控制方程和边界条件用程序语言写入，结合离散网格并输入材料参数则可以进行有限元分析，求解得出分析问题的数值结果。

10.3 有限元建模与网格技术

为进行有限元分析，需要将研究问题建立成模型，并将其离散化为有限个单元，即有限元网格。根据网格的单元拓扑是否有规律，可以将有限元网格分为结构网格和非结构网格。在结构网格中，网格的节点按照一定规则进行编号，并根据节点编号确定节点之间的相邻关系和网格的拓扑信息。相比于非结构网格，结构网格具有较小的存储和访问代价，具有良好的正交性和贴边性，以及较高的数值计算精度。然而，针对复杂的几何结构(如冷却叶片)，因为结构网格特征的限制，使用结构网格的完全自动产生仍然存在困难。在非结构网格中，每个内部节点所包含的单元数目是不确定的，不存在结构网格节点的结构性限制。只需指定边界上的网格分布，即可自动生成边界之间的网格。非结构网格具有较高的自动性和自适应计算能力，且能较好地处理边界。然而，与结构网格相比，非结构网格在满足相同计算情况下会生成更多的网格数量。尤其是需要在垂直于边界层方向上具有足够网格分辨率的情况下，非结构网格的数量急剧增加，同时也增加了流场计算的迭代时间，对计算机的内存要求较大。总地来说，非结构网格的生成具有较高的自动性和自适应计算能力，并受到研究者的青睐。然而，在处理复杂几何结构时，非结构网格生成的数量较多，而结构网格具有较小的存储和访问代价，并具有正交性、贴边性和较高的数值计算精度。

10.3.1 非结构网格划分

目前对于非结构网格的生成算法是插点/连元算法，通常以区域边界为输入，逐步在区域内部增加新的网格节点或创建新的单元，直至区域被完全网格化，如四/八叉树法、前沿推进算法。在二维情况下，四/八叉树法是从一个覆盖问题域的长方形包围盒开始，递归地将包围盒四分为四个子区域(称为四分区)。然后剔除落在区域外部的四分区，并对与问题域边界相交的四分区进行特殊处理，从而得到覆盖问题域的初始四叉树。类似地，将四叉树推广到三维情况，就得到了八叉树。为了保证单元尺寸的平滑过渡，相邻的四/八分区的深度不应超过给定的阈值。此外，在区域内部，相邻四/八分区的层级差不应超过 1。为了精确地离散化区域边界，通常需要根据区域边界的几何特征对边界附近的单元尺寸进行加密，以减少几何表征误差。四/八叉树法的主要优点在于可以方便地实现集合运算，例如计算两个物体的并、交、差等运算，而其他网格方法难以处理或需要大量计算资源。此外，由于四/八叉树方法具有有序性和分层性，对于平衡显示精度和速度、消除隐线和隐面等方面都非常方便，特别有用。

前沿推进法，即从模型的边界开始生成网格，并逐步向区域内部推进。所谓前沿指的是区分已网格化区域和未网格化区域的网格边(二维情况)或网格面(三维情况)。通过构建前沿边的集合来进行网格生成，初始前沿边集合可以是边界的网格边或网格面，随着新单元的生成，该集合会不断更新。有时前沿推进法也被称为波前法。当前沿边集合为空时，网格生成过程就完成了。经典的前沿推进法是递归执行的，每个递归过程包括以下3个步骤：① 从当前边界或约束中找到适合的前沿；② 在区域内部插入新节点或直接连接已有节点，与前沿构成一个新单元；③ 更新前沿。在确定新单元时，通常需要考虑新单元及移除新单元后剩余区域的几何质量。前沿推进法通常生成的网格质量较好，并且具有较强的适应几何边界的能力。但是，在最后封闭区域时，前沿推进法存在可靠性问题。当最后剩余的非网格化区域较小时，常规的前沿推进法通常无法获取该区域的网格。在二维情况下，可以采用可靠的多边形三角化策略来封闭剩余区域。而在三维情况下，可能需要添加一些额外的点来成功封闭剩余区域。除了用于平面或曲面的三角形和四面体网格生成，经典的前沿推进思想还适用于平面或曲面的四边形网格生成、实体六面体网格生成以及黏性边界层网格生成等。

10.3.2　结构网格

结构网格的生成算法是基于参数化和映射技术的算法，将物理空间不规则区域的网格生成问题通过映射函数转换为参数空间规则区域的网格生成问题，映射函数的确定主要有两类途径：一类是通过代数插值，另一类是通过求解偏微分(PDE)方程。结构化网格生成基本过程包括：首先将形体边界的参数方程映射到计算区域，形成规则的计算边界，然后在规则的计算边界内生成结构化网格，最后将计算区域内的网格反向映射到物理区域。因此网格生成的最终目的是采用某种数学方法实现物理区域到计算区域的坐标转换，即

$$\xi = \xi(x,y), \quad \eta = \eta(x,y) \tag{10.85}$$

这种转换的数学实现均是在单连通区域进行的，相对复杂的多连通网格可以看成是较简单的单连通网格的组合。目前较成熟的单连通区域网格生成方法主要有代数法和微分方程法两类。

1. 代数法

利用已知的物理空间区域边界值，通过一些代数关系式，采用中间插值或坐标变换的方式把物理空间的不规则区域网格转换成计算空间上矩形区域网格的方法称为代数网格方法。插值计算是代数方法的核心，不同的插值算法将产出性质各不相同的代数网格，简单的有直接拉线方法、各种坐标变换方法、规范边界的双边界法等。但上述的几种方法适应性较差，相对而言通用性较强、生成网格性质较好的方法是通过一定的插值基函数构造插值公式的代数网格生成方法。其中较有代表性的是无限插值法，该方法适应性强、速度快，是目前成熟有效的代数网格生成方法。

2. 微分方程法

微分方程法是网格生成中的另一类经典方法。这类方法利用微分方程的解析性质，如调和函数的光顺性、变换中的正交不变性等，进行从物理空间到计算空间的坐标转换，所生成的网格较代数网格光滑、合理、通用性强。微分方程网格方法根据所采用方程的不同，

分为椭圆型方程方法、双曲型方程方法、抛物化方法等，其中椭圆型方程方法在实际工作中应用最广泛。

对于复杂的几何模型，在结构化网格生成过程中，通常是先创建分区来体现几何模型，再通过建立映射关系来搭建几何模型和分区之间的桥梁，最终在分区中生成结构化网格。因此在分析几何模型的基础上，创建合理的分区拓扑结构是生成结构化网格最为基础和重要的环节。根据分区的排列方式，可以将计算域的拓扑结构分为并列模式和嵌套模式两大类。① 并列模式：是指由多个拓扑六面体相互堆积而成的拓扑结构，在拓扑的三个方向中，每个六面体在单方向上最多有两个面与相邻的体共用，每个方向上六面体的排列个数可以是任意的。该模式将几何模型的拓扑结构以添加的方式从无到有一步步地构建出符合模型的六面体拓扑结构。② 嵌套模式：是在一个大的拓扑六面体内放置一个小的六面体，将两个六面体结构的八个顶点分别对应相连。在此结构中又可以在小六面体中再放置一个小的六面体，依次类推，因此嵌套模式的拓扑结构中最少含有5个拓扑六面体。嵌套模式在实际应用中很广泛，变化也很多。该模式从整体上把握拓扑结构，通过多次嵌套最终获得几何模型的拓扑结构。

10.4　有限元法在电子材料中的应用

相比于其他材料计算方法，有限元法采用本构方程描述材料微纳米尺度上的物理行为，从而可以在宏观尺度上模拟和预测材料的电场、磁场、传热、变形、断裂等材料行为及这些物理场的耦合行为，因此被广泛应用于工程设计。在电子材料方面，有限元法主要应用于模拟热-电-力-磁多场耦合行为、疲劳失效以及电子材料和器件的柔性设计。

10.4.1　有限元法模拟电子材料力-热-电-磁多场耦合行为

电子材料如超导材料、半导体材料、压电材料、介电材料、光电材料等由于各种物理效应被用于各个领域，这些物理效应是具有热-电-力-磁中两种或多种相互耦合的，这使得材料在循环使用的过程中承受热应力、电磁力等载荷，最终导致材料发生疲劳断裂现象，且其超导、压电、光电等功能也发生严重退化。

超导材料作为重要的一类电子材料常用于超导电缆和超导磁体，其在制备和使用过程中由于温度和内部钉扎作用，产生额外应力，不可避免会产生裂纹等内部缺陷，导致其超导性退化。兰州大学的周又和课题组针对超导带材断裂问题，先后在含中心裂纹的单层带材超结构、含倾斜裂纹的带材-基底结构以及含界面裂纹的带材-基底结构上，通过有限元方法对不同的磁化方式、几何结构参数以及基底等对裂纹尖端应力强度因子的影响进行了分析。Y.Komi 等则基于三维有限元模型研究了各向异性超导材料脉冲磁场磁化的过程。他们的研究结果表明，磁通运动、温度上升以及临界电流密度的下降相互都在影响，并且磁通将向临界电流密度较低的地方运动。P.Tixador 等则基于热磁耦合模型计算了交流损耗，他们将问题拆解为电磁和热两部分，并对这两部分采用不同的有限元求解器，研究结果表明考虑热效应对于确定电流分布以及交流损耗是一个重要的因素。

对于压电材料，其在使用过程中常常承受力-电-热等多种载荷的共同作用，材料受电场作用而产生位移，将电能转换为机械能输出，但同时由于材料的介电损耗会不断产生热量影响材料的输出位移，从而引起材料的非线性行为及机电耦合疲劳行为。张阳军进行了热-力-电耦合场下铁电薄膜非线性行为的畴变理论分析，他在力-电耦合场之外再考虑了温度场的作用，建立了一个铁电薄膜在热-力-电多场耦合场下的电畴翻转模型，以此对其非线性行为进行有限元模拟和分析。清华大学方岱宁以"机电耦合效应如何影响压电/铁电材料的断裂行为"为主题，探讨了压电/铁电固体力学中的一些基本问题，构建起了压电/铁电固体断裂力学的理论框架。余寿文报道了铁电材料在循环电载作用下的热效应与疲劳。他应用条状电饱和区畴变模型，求解了裂纹尖端附近区域由耗散引起的温度升高，讨论了构形尺寸等对于温度场的影响。

此外，在其他电子材料多场耦合行为方面，梁栋程利用有限元仿真分析了空洞大小和不同介电常数对畸变电场的影响趋势。结果表明畸变电场随空洞的增大成幂函数增长趋势，介电常数的增大也会导致畸变电场增大，但会逐渐趋于平稳，畸变电场最多能达到均匀场强区域的1.4倍。因此，空洞大小是导致畸变电场增加的主要影响因素，对畸变电场引发电击穿的机制进行了解释。丁本杰利用有限元法分析了PMN-PT/Ter-fenol-D/PMN-PT三层磁电结构的磁电耦合性能，发现当上下表面 y 方向固定，其他表面自由时，产生的磁电耦合系数比其他情况大数倍，当上下两层压磁相厚度与中间压电相厚度相同时，磁电耦合效应将达到最大，铁磁层长度对磁电耦合系数有较大影响，但不成线性关系。

10.4.2 有限元法在电子材料及器件柔性化设计中的应用

传统的电子器件由于其硬、脆的性质不能变形，无法满足下一代电子器件在形状可变性方面的需求。为突破这一瓶颈，电子材料的柔性化设计是近年来的热门研究领域。最早是西北大学黄永刚教授和John A. Rogers教授为代表的科学家通过精妙的力学结构设计实现了无机电子材料的延展性。该方法主要是通过力学结构设计的方法来实现整体的可弯曲及可延展。因此，有限元法的结构设计发挥着重要的作用。

无机可延展柔性结构的设计方法主要分为波浪结构设计和岛桥结构设计两大类。Zhang等采用有限元法对弹性基底上的单晶硅"波浪"形可延展结构进行研究，得出了在静态时波浪结构的波长和幅值的表达式，波长和幅值结果与实验结果吻合，并且在之后的测量研究中已经被使用。Jiang等考虑到大预应变下的非线性效应，利用有限变形理论研究屈服支撑体上的屈曲薄膜的力学，根据有限变形理论得出了大变形下的波长和幅值的表达式，其大小取决于预应变，这种力学模型适用于预应变下的大变形情况、有限变形和几何非线性。除了分析波形结构的波长、波幅和屈曲模式，Koh等使用有限元方法研究波形结构的边缘效应，硅薄膜只覆盖基底的中心部分，把薄膜和基底分别模拟成梁和平面应变单元。有限元模拟结果表明，边缘效应长度与薄膜的厚度成正比，且随着预应变和基底模量的增加而减小。屈曲薄膜中轴向力的分布说明了边缘效应，除了靠近边缘区域，薄膜中的轴向力是一个常数，并且压缩力引起薄膜屈曲，然而在自由边缘处压缩力减到零，导致这些区域的薄膜不发生屈曲，这为柔性电子器件的某些应用中边界区域的实现提供了可能有用的设计准则。针对直互联岛桥结构，Song 等建立了理论模型，利用量纲分析和有限元模拟可近似得到岛中的最大应变。Zhang 等基于分形互联导线在拉伸时级数顺序展开的机理提出了一个分级计算模型(HCM)，并采用有限元分析进行验证。这些研究都展现了有限元法在电子材料及器件柔性设计中发挥的重要作用。

10.5　总结

有限元法是 20 世纪最伟大的发明之一，为众多工程的设计、科学问题的解决发挥了巨大的作用。电子材料及其器件应用广泛，结构十分复杂，其热-电-力-磁相互耦合，必须依靠有限元对其性能进行模拟，进而对结构进行优化。本章从有限元法的理论基础出发介绍了泛函变分原理，进而从欧拉格式、拉格朗日格式介绍有限元的弱形式和矩阵方程。有限元法最后都归并到线性代数方程，只要把代数方程解出来，所有的物理量就都得到了。最后，介绍了近些年有限元法在电子材料方面的应用，包括有限元法在电子材料力-热-电-磁多场耦合行为和疲劳失效模拟方面的应用，以及有限元法在电子材料柔性化设计方面的应用。实际上，有限元法在电子材料的应用远远不止本章介绍的这些工作，它对电子材料加工制备、性能分析、结构设计以及疲劳断裂模拟等方方面面都发挥着巨大的作用。有兴趣的读者可以参考有关著作。

第 11 章

机器学习和材料基因组

11.1 机器学习基本概念

机器学习是人工智能的一个分支，是人工智能研究发展到一定阶段的必然产物。简言之，机器学习是通过算法，使机器能从大量历史数据中学习规律，从而对新的样本做智能识别或对未来做预测。

机器学习是研究怎样使用计算机模拟或实现人类学习活动的科学，是人工智能中最具智能特征，最前沿的研究领域之一。自 20 世纪 80 年代以来，机器学习作为实现人工智能的途径，在人工智能界引起了广泛的兴趣，特别是近十几年来，机器学习领域的研究工作发展很快，已成为人工智能的重要领域之一。机器学习不仅在基于知识的系统中得到应用，而且在自然语言理解、非单调推理、机器视觉、模式识别等许多领域也得到了广泛应用。一个系统是否具有学习能力已成为是否具有"智能"的一个标志。机器学习的研究主要分为两类：第一类是传统机器学习的研究，这类主要研究学习机制，注重探索模拟人的学习；第二类是大数据环境下机器学习的研究，该类主要研究如何有效利用信息，注重从巨量数据中获取隐藏的、有效的、可理解的知识。目前，机器学习通常是指后者，即从大数据环境中机器学习。

Michalski 等把机器学习研究划分为"从样例中学习""在问题中求解和规划中学习""通过观察和发现学习""从指令中学习"等。自 20 世纪 80 年代以来，其中"从样例中学习"被研究与应用得最广，"从样例中学习"实质上是广义的归纳学习，即从训练样本中归纳出学习规律与结果。接下来，按基于"从样例中学习"的机器学习发展的时间顺序，可将机器学习分为四个阶段：符号主义学习、基于神经网络的连接主义学习、统计学习和深度学习。

在 20 世纪 80 年代，"从样例中学习"的主流形式是符号主义学习，最具代表的是决策树 (decision tree) 和基于逻辑的学习。通常决策树学习是以信息论为基础，信息熵的最小化为目标，模拟人类对概念进行判定的树状流程。基于逻辑学习的最具代表的是归纳程序设计，它实际上是机器学习与逻辑程序设计的交叉，通过一阶逻辑来表示知识，然后通过修改和扩充逻辑表达式来实现对数据的归纳。

20世纪90年代中期之前，"从样例中学习"的主流技术是基于神经网络的连接主义学习。连接主义学习于20世纪50年代取得较大发展，但因早期人工智能学者对符号学习有特别的喜好，因此连接主义的研究未被纳入人工智能的主流范畴。而且那时的连接主义学习也遇到了较大的发展障碍，例如当时的神经网络只能处理线性分类。直到1983年，Hopfield利用神经网络求解"流动推销员"难题取得重大进展，使得连接主义学习重新引起人们的关注。1986年，Rumelhart等重新发明了用于人工神经网络的反向传播(back propagation，BP)算法，对机器学习产生了深远的影响。符号主义学习能产生明确的概念，但连接主义学习得到的是"黑箱"模型，因此从知识获得的角度来看，连接主义学习有明显的缺点；然而由于BP算法的有效性，使得基于神经网络的连接主义学习可以在许多现实问题中发挥作用。目前，BP算法是使用最广泛的机器学习算法之一，连接主义学习的最大缺点是其"试错性"，其学习过程包含大量参数，由于参数的设置缺乏理论依据与指导，主要靠手工"改动参数"，导致参数调节对学习结果影响很大。

20世纪90年代中期，"统计学习"成为机器学习的主流，其关键的技术是支持向量机(support vector machine，SVM)。这一方面得益于支持向量机算法的提出，另一方面由于统计学习的优越性能在文本分类中的应用得以体现。而连接主义学习技术的局限性凸显，研究者才把目光转向了以统计学习理论为直接支撑的统计学习技术。21世纪初，连接主义学习再度盛行起来，掀起了"基于深度神经网络"(deep neural network，DNN)的深度学习的热潮，深度学习可简单认为是很多层的神经网络。在涉及语音、图像和复杂对象的应用中，例如人工智能的同声传译、语音识别，深度学习技术取得了优越的性能。过去机器学习技术对使用者的要求很高，而虽然深度学习技术涉及的模型复杂度很高，但只要使用者下功夫调节参数，把参数调节好，就可得到好的性能。总而言之，尽管深度学习缺乏严谨的理论基础，但它却大大降低了机器学习使用者的门槛，推动机器学习向工程实践的迈进。

11.1.1　描述符与降维

描述符是机器学习的基础，精确定义且合理选择与研究对象相关的描述符在机器学习中十分重要。描述符即研究对象的属性或特征，当有了输入信息后，需要将输入信息转化为一个可以被机器学习算法接受的形式，即描述符。例如描述西瓜是否是好瓜的属性，有色泽、根蒂、敲声等。但我们知道，在现实任务中，一个研究对象的属性或者说特征的数量常常很大。例如，对于最近邻分类器，当任意小的距离 $\delta = 0.001$ 时，假设属性维度为20，若要求样本满足密采样条件，则至少需要 $(10^3)^{20}$ 个样本，而现实任务中的属性维度甚至更多(多至成千上万)。尽管随着属性维度的不断提高，描述同一客观现象的信息也更加细致丰富，但随之而来的是计算量成指数增加，这对于机器学习计算是不能接受的。而且，许多学习方法都涉及距离计算，显然，高维空间会显著加剧距离计算的困难。

实际上，在高维情形下出现的数据样本稀疏、距离计算困难等问题，是所有机器学习方法共同面临的严重挑战，称为维数灾难。因此，为了减少计算量且得到可求解的模型，降维方法显得十分必要。降维方法就是用来克服"维数灾难"和模型化高维数据的一种典型数据处理技术。若用通俗易通的语言来描述，所谓的降维方法就是在尽可能保持原数据集特征的基础上(为什么能够降维？因为在很多时候，虽然数据集是高维的，但真正与现实任务密切相关的属性或许分布在某个低维空间，基于此种思想还可以引入另外一种处理高维数据的技术：即从给定的特征集合中选择出相关特征子集，称特征选择)，将数据的维度降低到合适的大小。

常见的降维方法包括：多维缩放、主成分分析(principal component analysis, PCA)、核化线性降维等。例如，主成分分析仅需保留投影矩阵与样本均值向量，将新样本投影至低维空间中。由于舍弃了最小的特征值向量，因此低维空间与高维空间会有区别，这是降维的结果。然而，舍弃的这部分信息是必要的，且能够达到降维的目的，因为舍弃该部分信息之后会使样本采样密度增加，而且在一定程度上会达到去噪的效果(噪声通常与最小特征值相应的特征向量有关)。

11.1.2　模型构建与训练

从上述机器学习概念可知，机器学习是从外部环境中"学习"，获取知识与技能的。在此之前我们先回想一下人类认知世界的过程：人体的感官通过接受外界的各种刺激，从而产生不同的信号(视觉、嗅觉、听觉等)，并通过神经元传递给大脑，最后大脑对接收的各种信号处理分析，最终得到对一个事物的总体认知。分析上述过程，如果我们把外界的各种刺激当作训练样本或训练数据集，那么大脑接收信号或者说信息并对它进行分析处理的这一过程，我们称为模型。

不管模型的构建方式如何，机器学习的最终目的都是为了解决实际问题，模型可以看作是对实际问题的一种抽象的数学表示。对于不同的实际问题，通常需要建立不同的数学模型，从而将实际问题转化为一个对数学模型求解的过程。同时由于实际问题的复杂性，一般需要输入很多模型参数以确保与实际问题之间的拟合关系，通常来说这些参数会对模型结果产生很大的影响，需要去不断调整以接近实际情况。然而更普遍的情况是：由于问题的复杂性，所需调整参数非常多且复杂以至于根本就无从下手。实际上，为解决上述问题，一个最简单的方法就是从样本中解析计算所需的模型参数，并使它们随数据集变化而自动调整取值范围，从而对不同情况都具有良好的普适性以及自适应性，这体现了机器学习的基本思想——从外部环境中学习。另外，我们暂时不考虑数据集对训练结果的影响，那么模型在计算机中的构建一定程度上完全依赖于算法，可以说，算法是机器学习的灵魂所在。程序通过某种算法对样本进行训练，通过样本提供的信息提升模型性能，最终得到一个符合实际问题需要的模型，并且我们可以使用这个模型来对未知的数据进行推断。

微软官方对机器学习模型的解释为："机器学习模型是一个文件，在经过训练后可以识别特定类型的模式。你可以用一组数据训练模型，为它提供一种算法，模型利用该算法学习这些数据并进行推理。对模型进行训练后，可以使用它根据之前未见过的数据进行推理，并对这些数据进行预测。例如，假设你要构建一个应用程序，该应用程序可以根据用户的面部表情识别用户的情感，可以为模型提供具有特定情感标记的面部图像，对模型进行训练，然后即可在能够识别任何用户情感的应用程序中使用该模型。"

可以看到，模型的训练过程其实就是算法的应用过程。在计算机系统中，一个好的算法往往可以起到事半功倍的效果，十分考验编程人员的技术水平。对于同样的计算机配置，最优的算法相比一个较差的算法，计算效率一般以倍数计。当然最严重的是：一个较差的算法通常不能保证模型与实际情况之间的可比性，也就是说通过这个算法训练得到的模型是不准确的，这就失去了训练模型其本身的意义。

根据先验信息的不同形式，可以将机器学习分为监督学习、无监督学习、半监督学习和强化学习几种基本方式。目前机器学习所常用的算法主要为以下几种。

1. 监督学习

监督学习是一种非常经典的机器学习算法，包括逻辑回归和反向神经网络。典型的方法有 BN、SVM、KNN、CBR 等。监督学习的核心思想是通过对输入数据的标注，告诉模型在给定输入下的结果，即输入中包含数据和任务的正确输出。对于监督学习，输入数据称为训练数据集，基函数模型包括代数函数或概率函数，训练模型的方式是迭代计算，训练数据集的结果为函数所知。该算法的工作方式是：首先根据训练数据集进行计算预测，然后不断迭代预测训练，直到结果与已知结果匹配。因此，监督学习通常用于分类和回归问题。目前主流的监督学习算法有决策树 (decision tree)、随机森林 (random forests)、朴素贝叶斯 (naive Bayes) 等。决策树算法可以理解为一种特殊的类似"树"的预测模型，其中每个内部节点表示对某个属性的"测试"，每个分支表示测试的结果，每个叶节点表示类标签。这样的结构可以帮助我们复现和理解特定问题的决策过程，多用于辅助决策。由于决策树仅有单一输出，因此该算法常用于解决分类问题。经典的决策树算法包括 ID3 和 C4.5，分别用于解决最优问题和多阶段决策问题。基于装袋 (Bagging) 算法的随机森林算法是一种用于分类、回归等任务的重要集成学习方法，通过输入未标记的样本并输出单个树投票的分类结果来操作。随机森林可以看作一个包括众多决策树的集合，即通过随机森林中的每棵决策树的每个投票，选择最多投票的分类。随机森林在传统的决策树中加入了自助投票技术，解决了决策树面临的性能瓶颈。并且它引入的随机性优化了模型的抗噪声能力，降低了过拟合的风险，在高维数据分类中证明了良好的可扩展性和并行性。随机森林可以很好地处理离散和回归问题，其输入数据集不需要标准化。贝叶斯分类方法是统计分类方法之一，可用于预测具有隶属关系的概率，并预测给定分类的概率。贝叶斯算法不是指某一个算法，而是一类算法的统称。其中朴素贝叶斯是一种较为简单、典型的算法，即要求朴素贝叶斯算法满足条件独立性假设——每个属性对给定分类的目标变量的影响是独立的，因此朴素贝叶斯只适用于特征之间相互独立的场景。

2. 无监督学习

无监督学习的特点在于输入数据的结果不是预先设定的，即算法产生的结果是不确定的。无监督学习可以大致分为聚类、异常检测和竞争学习。聚类是指总结数据的结构和数值，然后对结果进行分类。典型的无监督学习算法包括 K-means 算法、Apriori 算法和 SOM 算法。自 20 世纪 60 年代 MacQueen 提出 K-means 算法以来，由于描述简洁和效率高的特点，适合处理大规模数据，很快就成为了最广泛使用的一个聚类算法，在聚类分析中非常流行。自提出以来在国内外自然语言处理、考古学等许多领域都得到了广泛的应用。因此这里我们只简单介绍一下K-means算法。K-means算法属于迭代求解的聚类分析算法，基本思想如下：

(1) 首先给定 n 个数据点 $x_1, x_2, \cdots, x_n$，以及随机选取 K 个聚类中心 $a_1, a_2, \cdots, a_k$；

(2) 根据距离将每个数据点分配给最近的聚类中心；

(3) 当每个数据点都被分配，重新计算现有的聚类中心；

(4) 循环 (1) $\sim$ (3)，直至聚类中心不再发生变化 (或数据点所属的聚类不变)。

3. 半监督学习

半监督学习比其他机器学习算法更有效，因此在实际应用中有更广泛的应用。其原理在于将已标记或具有明确结果的数据与没有预设结果的数据混合，其目的是学习各种属性之间的关系，并输出分类模型用于预测分析。该算法适用于分类和回归问题。典型的半监督学习算法包括：基于K最近邻的自训练算法、基于发散的半监督学习算法、半监督集群。本质上，所谓的K最近邻算法的原理相对简单，它使用训练集将特征空间划分为不同的区域，每个样本占据一定的区域。当测试样本落在训练样本的区域内时，它被认为属于训练样本类别。以上是关于监督学习的K最近邻算法。对于自训练K最近邻算法，没有所谓的训练集。相反，特征空间用于划分不同的区域，然后逐步预测和分类数据类别。在此基础上，预测分类逐渐扩展，直到所有样本都被分类。通过上述方法实现自学习，我们就可以获得K近邻的半监督学习模型。基于发散的半监督学习方法从一种方法开始，协同训练的主要过程是首先利用训练集训练分类器，然后利用分类器对从未标记的测试样本中选取样本进行分类和标记。然后将这些分类后的测试样本添加到分类器的训练集中，以这样的方式持续进行分类，直至完成所有的标记。此外，这种简单有效的方法具有较为严格的理论基础，应用范围广泛。这种方法的优点是受到其他因素的干扰较小，例如不受模型假设、非凸损失函数和数据尺度的影响。此外，由于这种简单有效的方法具有相对严格的理论基础，因此具有广泛的应用范围。聚类方法大致可分为8类，即分区聚类、分层聚类、密度聚类、网络聚类、模型聚类、高维数据聚类、离群点分析和约束聚类。这是半监督学习中非常重要的一种学习方法。所谓的聚类是指将样本数据集分类为具有相似性类型的过程。目前，半监督聚类在图像分割、入侵检测等众多领域取得了巨大进展，已经成为未来值得研究和探索的机器学习方向之一。

4. 强化学习

强化学习是一种基于统计和动态规划的学习方法，使用环境反馈作为输入数据，而不是强化学习过程。它主要用于与机器人控制精度相关的问题，主流算法包括Q-Learning和时差学习算法。

11.1.3 模型验证

前面已经提到，机器学习的最终目的是构建模型以解决实际问题，因此构建模型的准确性至关重要。如何验证已有模型的准确性是机器学习中的一个基本问题。

我们知道，模型可以看作是对实际求解问题的一种数学抽象。那么无论怎样优化，模型的输出结果与实际问题的真实值之间一定会存在着差异，并且这种差异是不可避免的。通常，我们将模型的输出结果与真实值之间的差异称作误差，或者也叫作输出误差。如何尽可能减小输出误差是机器学习永恒的追求，而基于输出误差，不断优化模型使输出误差尽可能减小也是机器学习的一个重要研究方向。

为了达到减少输出误差的目的，首先需要实现对误差的度量，即判断误差大小的一个标准。机器学习一般通过定义一个损失函数来度量模型的预测值与真实值的不一致程度。具体说，给定一个独立同分布的学习样本 $[X, Y]$，对应模型的输出值为 $y = f(X)$，那么损失函数可以定义为以两者为自变量的某个函数，一般形式为 $L(Y, f(X))$。损失函数的形式并不是固定的，对于不同的问题可以根据实际需要采取合适的形式，以最有效地进行误差分析。

11.2　深度神经网络与深度学习

11.2.1　深度神经网络基本架构

理论上讲，参数越多的模型复杂程度越高、容量越大，这意味着它将能完成更复杂的学习任务。通常复杂模型的训练效率很低，容易导致过拟合；然而随着超算与大数据时代的到来，超算计算能力大大提升，缓解了复杂模型训练低效的问题，大数据时代为训练数据集提供了充足的来源，这降低了过拟合的风险。因此，具有复杂模型的"深度学习"(deep learning) 开始受到人们的青睐。

2006年，加拿大多伦多大学教授Hinton和他的学生Salakhutdinov在 *Science* 上发表了一篇名为 "Reducing the dimensionality of data with neural networks" 的文章，文中描述了主成分分析的一种非线性泛化，它使用自适应的多层"编码器"网络将高维数据转换为低维代码，并使用类似的"解码器"网络从代码中恢复数据，发现通过逐层学习的方式可以构建出具有很好效果的深层神经网络，解决了以往深层网络难以被训练的局面，开启了深度学习飞速发展的浪潮。深度学习属于机器学习的一种，是机器学习的一个分支及延伸，也是一类模式分析方法的统称，如图11.1所示。

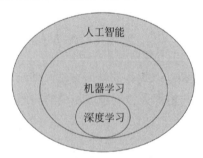

图 11.1　深度学习与机器学习的关系

深度学习的实质，是通过构建具有很多隐藏层的机器学习模型和海量的训练数据，来学习更有用的特征，从而最终提升分类或预测的准确性。就不同的研究内容，深度学习方法可分为三大类，即卷积神经网络、基于多层神经元的自编码神经网络，以及深度置信网

络 (DBN)。

11.2.2　深度神经网络训练方法

以最简单的前馈神经网络为例，我们简要介绍一下神经网络的工作步骤，如图11.2所示。

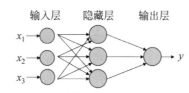

图 11.2　一个典型的神经网络训练流程

前馈神经网络 (FNN) 是一种单向多层结构，每一层可以包含若干个神经元。前馈神经网络中神经元为分层排列，每层神经元接收前一层的信号，并产生输出给下一层。整个网络中无反馈，信号从输入层向输出层单向传播。第 0 层及最后一层分别为输入层和输出层，其他中间层统一叫作隐藏层。隐藏层的数量没有限制，可以是单层，也可以是多层。

典型的深度学习模型实际上是很多隐藏层的神经网络模型。对于神经网络模型而言，提升容量常用的简单且可行方法是增加隐藏层的数量。隐藏层增多，意味着神经元连接权、阈值等参数增多。深度学习模型中，多隐藏层堆叠，每层对上一层的输出信号进行处理，均可看成是对输入信号进行逐层加工处理，从而把初始的、与输出目标关联不大的输入表示，转化为与输出目标紧密关联的表示，使得单层输出映射很难完成的任务变为可能。简言之，通过多隐藏层的处理，逐步将初始的"低层"特征表示转变为"高层"特征表示，用所谓简单模型即能实现复杂的分类等学习任务。从某种意义上讲，可把深度学习理解为"特征学习"或"表示学习"。

11.3　机器学习在计算材料学中的应用

对于计算材料学，不管是第一性原理还是分子动力学，主要任务都是通过给定的原子间相互作用势，得到计算材料体系的各种物理性质。第一性原理是指根据原子核和电子间相互作用基本运动规律，经过一些近似处理，运用量子力学原理直接求解薛定谔方程的方法，广义上包含一切基于量子力学原理的计算。由于第一性原理在计算过程中不依赖于任何经验参数，而是通过量子力学求解薛定谔方程解决实际问题，因此天然上就具有较那些半经验或经验方法不可比拟的优势，可以作为真实实验的补充，并为实验提供指导。但由于计算成本的限制，目前体系仍限制在数百个原子范围内。而分子动力学方法主要依靠牛顿力学模拟体系的运动，计算量相对较小，模拟体系内原子数可达上万个。分子动力学的核心是选取合适的力场模拟分子体系的运动，最常用的力场包括对势、嵌入原子势 (EAM) 等，选取的标准根据研究体系的不同而改变。然而，上述这些力场都是经验性的，尽管一些具有物理上的解释，但其具体的函数形式仍是经过大量近似给出的，因此只有在特定体系下才适用。如果想要换一种材料体系，可能就要开发出一种新的且行之有效的力场，这不仅相当费时费力，即使开发出来，它们的准确性和可移植性也常常受到质疑。但我们注意到，无论是第一性原理还是分子动力学，其原理都是通过给定的原子间相互作用势，来得到计算体系的各种物理性质。那么根据前面机器学习的介绍，我们自然而然就可以想到：如果使用第一性原理计算得到的结果作为训练集输入，借助深度神经网络，能否输出得到体系的相互作用势？

答案是：完全可行！深度势能桥接了第一性原理计算和分子动力学。我们这里以目前研究比较火热的深度势能 (deepmd) 方法为例：深度势能方法为每个原子分配了一个局部参考系和一个局部环境。每个环境包含有限数量的原子，其局部坐标按照一个深势方法的惯例保持对称性，这种方法设计用于训练仅具有势能的神经网络。以这种方式构建的神经网络势精确再现了广义和有限系统中的经典和量子(路径积分)体系的 AIMD 轨迹，成本随系统大小线性扩展，且始终比等效 AIMD 模拟低几个数量级。通过深度势能方法，当在原子构型和相应势能和力的大数据集上训练时，机器学习模型可以准确地再现原始数据。图11.3为深度势能方法的训练流程。

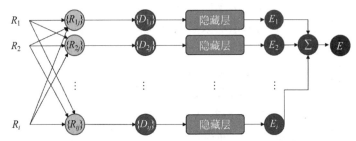

图 11.3　深度势分子动力学模型的示意图，其中红色框是指增强的深度神经网络，R_{ij} 是所有近邻原子相对原子 i 的位置

(请扫 VI 页二维码看彩图)

每个原子构型的势能 (E) 是原子能量的总和 ($E = \sum_i E_i$)，E_i 由截断半径 R_c 范围内的原子 i 的局域环境所决定。由于 E_i 包含了多体之间的相互作用，E_i 对环境的依赖关系是复杂的且非线性的。神经网络模型能够捕获到 E_i 对原子坐标的解析依赖性及各个隐藏层关联的映射序列。其中 D_{ij} 用作深度神经网络的输入，该网络在输出中返回 E_i。深度神经网络是一个前馈网络，其中数据从输入层流向输出层 (E_i)，通过多个由数个节点组成的隐藏层，这些节点从上一层接收输入数据 d_l^{in}，并将数据 d_k^{out} 输出到下一层的多个节点。对输入数据进行线性变换，即 $\tilde{d}_k = \sum_l \omega_{kl} d_l^{in} + b_k$，然后是非线性函数 φ 对 $\tilde{d}_k$ 的作用，$d_k^{out} = \varphi(\tilde{d}_k)$。在从最后一个隐藏层到 E_i 的最后一步中，仅应用线性变换。上述线性和非线性变换的组合提供了局部坐标下 E_i 的解析表达。

11.4　基于第一性原理的高通量计算

11.4.1　高通量计算架构

高通量计算材料设计是材料科学的一个新兴领域。通过将先进的热力学和电子结构方法与智能数据挖掘和数据库构建相结合，并利用当前超级计算机的强大算力，科学家们生成、管理和分析海量的数据集，以用于新材料的发现。

我们知道历史上的每项革命性技术都与特定的材料密切相关，18世纪推动工业革命的蒸汽机由钢制成，信息和通信技术由硅支撑。这意味着一旦某项技术选用了某种材料，由于对建立大规模生产线及相关产业的投资，这种材料就会被"锁定"。也就是说，改变现有技术中设置的材料是一件极为罕见的事情，必须视为一场革命。此外，材料的初始选择对于技术部门的长期成功也至关重要，而新发现的具有优异性质的材料体系越来越多，每一种又都可能得到不同的材料集合。因此，开发新材料的压力越来越大，并且这些材料还应根据使用技术的特性进行定制，通常应与其他技术兼容，比如不应含有有毒元素；如果需要大量使用，那就应采用廉价的原材料制备。因此，搜索到满足服役性能需求的材料是一个多维问题。

尽管对材料的需求不断增长，但受制于高成本和耗时的合成过程，纯实验研究是不现实的。还有别的方法吗？事实上，这正是计算材料科学的新兴领域，称为"高通量"(high throughput)计算材料设计。它基于计算量子力学——热力学方法与大量数据库构建和智能数据挖掘技术的结合。该概念简单而强大：创建一个包含现有和假设材料的计算热力学和电子性质的大型数据库，然后智能地查询数据库以搜索具有所需特性的材料。显然，整个结构应通过现实验证，即必须准确地预测现有材料，并最终做出假设材料。将现实检验的结果反馈给理论，以构建更好的数据库及提高预测能力。

如何实现高通量计算对于材料的设计非常重要。本节提出了高通量计算的三个严格的步骤：

(1) 针对虚拟材料生长：材料的热力学和电子结构计算；

(2) 合理的材料数据库：系统地将材料参数信息存储在材料数据库里；

(3) 材料表征和选择：数据分析，旨在选择新材料或获得新的物理见解。

显然，虽然这三个步骤都是非常必要的，但最后一步明显最具有挑战性，也最重要。因为正是这一步可以提取用以解决问题的信息，这就需要对问题有一个深刻的了解。数据库的智能搜索是通过"描述符"执行的。换句话说，描述符是研究人员与数据库对话的语言，因此它也是任何有效高通量计算实现的核心。需要注意的是，这些将计算得到的微观参数(例如缺陷形成能、原子环境、能带结构、态密度或磁矩)与材料的宏观性质(例如迁移率、磁化率或临界温度)联系起来的经验量，不一定是可观测的。

一旦确定了一个好的描述符，就可以从内部或外部搜索存储库中的更好材料，这取决于计算集中是否已包含了最佳的解决方案。本征的搜索只包括步骤(3)，只需要快速描述符(fast descriptors)，并且可以使用各种信息学技术。以前此类搜索的例子包括扫描更好的阴极材料，以及发现未知化合物、新型拓扑绝缘材料或热电材料等。非本征搜索涉及上述全部三个步骤，因为搜索最优解决方案一定会包括材料数据库扩展的迭代。非本征的高通量计算研究的一个重要内容是通过现有数据库条目的描述符进行评估来指导尚未包含在数据库中的新计算的方案。目前文献中公布的此类方案实例包括进化和遗传算法、频谱分解和贝叶斯概率的数据挖掘、通过聚类扩展进行的细化和优化，以及结构图分析。神经网络和支持向量机也已在少数情况下被使用。这些方法有时可用于绕过高通量计算分析的步骤

(3)，即制定物理上有意义的描述符，从而即使仅对物理问题有一个表层的理解，仍然可以实现搜索。

11.4.2 云计算与数据管理

随着现代社会信息技术的不断发展，各行各业的信息化程度也在不断提高，由此所提出的对存储、算力等的需求越来越庞大。对于一台服务器，一般来说都具有高额的建设成本，然而除此之外，维护及运营的成本(电费等)却要远高于此，这在大多数场景下是无法接受的。随着通信、存储等技术的飞速发展，云计算应运而生。

云计算(cloud computing)作为一种新近提出的计算模式，属于分布式计算的一种，也可说是作为分布式计算、并行计算和网格计算的发展。与其他新型技术类似，目前并没有一个统一的定义。云计算是随着计算、存储以及通信技术的快速发展而出现的一种崭新的共享基础资源的商业计算模型。云即指"网络云"，因此狭义上讲可以把云计算看作一种提供资源的网络，使用者只需要根据自己的实际需求购买，并且不限量。因此，与电力、煤气、水这些自然资源的流通类似，云计算是一种把"算力"作为商品售卖的方式。

作为目前可预期的新一代计算模式，云计算正受到越来越多来自学术界及企业界的广泛关注，并已经在科学计算领域发挥了重要作用。作为一种新型的超级计算方式，云计算是以数据为中心，也称作数据密集型的超级计算，在数据存储、数据管理、编程模式等多方面具有独特的技术。云计算环境的基础是数据中心。随着云计算的普及，在可以预见的将来，其上存储的数据量将达到一个"庞大的"规模(甚至达到EB级，$1EB=2^{20}TB$)。因此，如何保证这些数据存储的可靠性、避免数据异常失效，最好同时可以降低存储的功耗及增加数据的可扩展性，将直接影响云计算的成本，以至于将直接决定云计算的大规模应用及推广。

11.5 材料基因组

11.5.1 材料基因组的起源、现状和趋势

1. 起源

"材料基因组计划"(The Materials Genome Initiative，MGI)由美国前总统奥巴马于2011年6月24日提出，出自他当时签署的《促进全球竞争力的材料基因组倡议》(*Materials Genome Initiative for Global Competitiveness*)白皮书。生物学上基因组是指用DNA语言编码的一组信息，是生物体生长和发育的蓝图；而材料基因组则从"顶层设计"和原子、分子或介观尺度的角度，提倡"理论设计计算+实验验证"的材料开发新理念，借助计算机强大的计算能力来模拟研究材料行为，旨在减少新材料冗长的开发周期和巨大的成本。

自20世纪80年代以来，技术变革和经济进步越来越依赖于新材料的发展，然而新材料的发展却面临着巨大的挑战。挑战一是将新材料纳入应用的时间框架非常长，从最初研究到首次使用大约10到20年。例如，在当今便携式电子设备中无处不在的锂离子电池改变

了现代信息技术的格局，然而，从20世纪70年代中期提出概念到90年代末应用于市场花了近20年的时间。很显然，新材料的开发速度已远远落后于新产品的开发速度。材料从发现到市场的时间框架很长，部分原因是材料研究和开发项目继续依赖于科学直觉和试错实验。在"材料基因组计划"提出之前，许多材料的设计和测试都是通过耗时和重复的实验和表征循环进行的。挑战二是新材料在其研发过程中并非足够迅速与连贯。材料发展连续体包括从发现到应用等七个过程(图11.4)，尽管每个阶段都有优秀的团队进行研发和完善，但是阶段与阶段之间的反馈却不够频繁与迅速，以致整个材料发展的进程缓慢。

为了实现更快的材料发展，材料学科需进一步创新：

(1) 构建计算所需的模型；

(2) 开发更先进的材料行为建模算法，以补充实验；

(3) 建立一个实验和模拟的数据库系统，允许研究人员索引、搜索和比较数据，促进材料开发的协同与合作。

因此，MGI将开发新的研究范式所需的工具集，其中强大的计算分析将减少对实验的依赖，改进的数据库共享系统有利于材料研发的协同和高效。

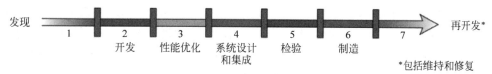

图 11.4　新材料研发周期示意图

(请扫VI页二维码看彩图)

2. 现状和趋势

在很多方面，材料基因组始于20世纪80年代，随着计算和"设计材料"的概念的加速进步，并通过不断综合发展，材料研发得以加速进行。接下来，我们将主要介绍美国、中国、欧洲、日本等国家和地区的材料基因组现状与趋势。

2011年美国启动"材料基因组计划"，2014年升级为《材料基因组计划战略规划》，其核心内容包括：

(1) 建立高通量材料计算方法；

(2) 建立高通量材料实验方法和材料数据库，注重在原子和分子层面上认识、设计和计算新材料，通过数据库建立已有材料结构与性能的关联性，指导新材料的设计和开发。

作为实现材料基因组计划的重要举措，美国建设了45个材料基因组创新平台，每个平台政府投资0.7~1.2亿美元，建设周期5~7年。2018年，美国国际咨询公司和华盛顿大学经济政策研究中心对建设材料基因组基础设施的经济性进行了分析：材料基因组是集基础研究、共性技术、工业技术和产品集成技术为一体的综合性技术，是对材料发现、开发、生产、应用等阶段的全过程加速，是打破新材料研究与市场化之间瓶颈、加速新材料产业化的有效手段；材料基因组关键技术和基础设施的应用，可以降低新材料研发风险一半以上，缩短新材料从发现到工程化应用时间1/3以上，降低研发成本1/3以上，产生的经济效益为1230~2700亿美元每年。2021年11月，美国国家科学技术委员会(NSTC)发布了2021版《材料基因组计划战略规划》(*The 2021 Materials Genome Initiative Strategic Plan*)，确立了未来5年材料基因组计划的战略目标,以指导研究团体继续拓展该计划。与之前的战略规划相比,新版规划围绕材料创新基础设施重点推进,注重其统一规范化后发挥的作用,更加强调材料基因组计划推动材料创新的潜力,尤其是在推动新材料投入使用方面。

美国宣布MGI后,中国、欧盟、日本和印度等也迅速启动了类似的研究计划,争取在新一轮材料革命性发展中占得先机。例如,中国工程院和中国科学院对材料基因组开展了广泛的咨询和深入的调研,科技部于2015年投资8.4亿元启动了"材料基因工程关键技术与支撑平台"重点专项,简称"材料基因工程"(The Materials Genome Engineering, MGE),开展材料基因工程基础理论、关键技术与装备、验证性示范应用的研究,布局了示范性创新平台的建设。中国制定了MGE的全面计划,以加快发展具有增强创新能力和国际竞争力的先进材料技术和产业,依靠尖端技术研发的一体化实施,创新平台建设,培养高素质创新人才,促进工程应用。该项目旨在构建三种类型(即计算、实验和数据库)的领先平台,以支持MGE研究和协同创新,以及四种关键技术(即高通量材料计算和设计,高通量材料加工和表征,高效材料服务和失效评估以及材料大数据技术)。为推动MGE方法和技术的发展与应用,将生物医用材料、能源材料、稀土功能材料、催化剂、特种合金等五类材料列为加速材料示范的重点。该项目的一个独特之处在于它强调材料加工技术的优化和材料服务性能的高效评估技术的发展,并且结合中国国情构建先进实验工具、模型计算手段和数据无缝衔接的新型材料创新技术框架体系,用高通量迭代替代传统试错法中的多次顺序迭代,逐步由"经验指导实验"向"理论预测、实验验证"的材料研究新模式转变,以加速中国新材料的"发现—开发—生产—应用"进程。这是新材料产业实现中国式跨越发展的必然选择。

欧盟以高性能合金材料需求为牵引,于2011年启动了第七框架计划"加速冶金学"(Accelerated Metallurgy, ACCMET)项目。项目组织了包括政府机构、大学、仪器设备商、材料需求企业等几十家单位,以共同开发适用于块体合金材料研发的高通量组合材料的制备与表征方法,旨在将合金配方研发周期由传统冶金学方法所需的5~6年缩短至1年以内。欧洲科学基金会又推出总投资超过20亿欧元的"2012—2022欧洲冶金复兴计划",将高通量合成与组合筛选技术列为其重要内容,以加速发现高性能合金及新一代其他材料。

日本作为材料技术研发强国,紧随美国的脚步,于2015年公布了被称为日本版的材料基因组计划的"信息集成型物质和材料研发计划"(Materials Research by Information Integration Initiative, MII)。该计划重视产学研联合,向产业界和社会广泛征集意见,集结材料、信息、数据三大领域的顶尖专家,组成"信息集成型材料科技"的技术和人才架构,并确立新型研究方法的标准体系,以"蓄电池材料""磁性材料""导热控制材料"三大方向为课题目标,通过导入人工智能等最新信息技术,构建更高效的材料数据平台,进一步扩展材料研究的组合可能,实现以信息集成引导新材料探索的新型材料研发体系。

11.5.2 材料基因组基本架构

MGI拟通过新材料研制周期内各个阶段的团队相互协作,加强"官产学研用"相结合,注重实验技术、计算技术和数据库之间的协作和共享,目标是把新材料研发周期减半,成本降低到现有的几分之一，以期加速各国在清洁能源、国家安全、人类健康与福祉以及下一代劳动力培养等方面的进步。

MGI的宣布向科学和工程界提出了挑战，即通过以紧密集成、高通量的方式协同结合实验，理论和计算来加快材料发现，设计和部署的步伐。其基本框架如图11.5所示，其主要目标包括：

- 创建一个新的材料创新基础设施；
- 用先进的材料实现国家目标；
- 提高下一代材料劳动力。

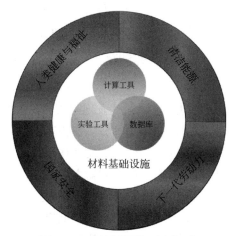

图 11.5　材料基因组计划概述
(请扫 Ⅵ 页二维码看彩图)

1. 开发材料创新基础设施 (The Materials Innovation Infrastructure, MII)

MII 提供了一个国际框架来生成、管理、集成和共享知识，以加速材料研发、制造和部署。这个框架包含了整个材料开发连续体，以及从新发现和基础研究进展到工程设计和制造的集成和迭代耦合。

(1) **计算工具**。建模和预测材料行为方面的重大进展为使用模拟软件解决材料挑战带来了一个显著的机会。新的计算工具有可能加速材料连续体所有阶段的发展。例如，模拟软件可以通过筛选大量化合物和分离具有预期特性的化合物来指导新材料的实验发现。材料科学家已经开发了强大的计算工具来预测材料的行为，但这些工具存在根本的缺陷——兼容性与通用性，限制了它们的实用性。主要的问题是，目前的算法不能在多个空间和时间尺度上模拟材料行为；算法软件工具缺乏用户友好的界面以及可扩展的能力。

(2) **实验 (合成、表征和加工) 工具**。材料基因组计划的重点是开发和改进计算工具，但需确保这些计算仿真工具充分利用现有材料的实验研究数据。需要实验数据来创建计算模型以及验证其模型。当基于理论框架的计算不足时，实验验证或将填补缺口。如前所述，大多数计算模型目前还不能进行多尺度建模。除了利用现有的实验工作，还需要实验和表征新技术，以实现实验和计算方法之间的协同。新的实验和表征工具必须植根于基础物理、化学和材料科学。

(3) **综合研究平台**。MGI致力于弥补计算和实验工具的差距，并扩展集成能力，以跨越更多的材料类别，因此需集成一种新型的平台。许多研究中心提供了坚实的材料研究平台，允许在现场进行快速分析并与实验的工具集成。然而，国家集成材料平台要完全打破材料发现和部署之间的障碍，需通过向材料发现者和创新者(科学家和工程师)提供工作空间(真实和虚拟)来实现。

(4) **数据基础设施**。数据——无论是来自计算还是实验——都是驱动材料发展连续体的信息的基础。数据展现和验证将简化开发过程的计算模型。这项计划不仅是为了让研究人员能够轻松地将他们自己的数据合并到模型中，还能使研究人员和工程师相互合并彼此的数据。数据的共享将为每项研究或工程提供更广泛的信息，将帮助建立更准确的模型，还将促进在材料开发连续体不同阶段的科学家和工程师之间的多学科交流。在材料发展连续体的后期阶段，数据的透明度也是至关重要的。

2. 利用先进的材料实现国家目标

MGI所建立的基础设施将促进先进材料的发现与发展，从而有利于科学探究和国民经济，例如国家安全、人类福祉和清洁能源等领域。在国家安全方面，先进材料不仅能保护和武装军队，同时也在国家安全的许多其他领域发挥作用，如稀土材料被广泛应用于航空航天和国防军工等领域。现代战争表明，稀土武器主导战局，拥有稀土资源即拥有战略优势，所以寻求稀土材料的替代既是保护环境的环保需求，也是提高国际影响力的战略需求，是大势所趋。材料基因组所创建的基础设施，可以帮助研究人员快速发现和研发能满足需求的替代品。在人类健康与福祉方面，先进材料应用广泛，如假体或人工器官等生物相容性材料等。在清洁能源方面，开发新能源和减少工业对石油的依赖是国家发展的关键，例如新型的高效太阳能光伏等。

3. 培养下一代材料工作者

新时代的材料工作者需要更具有多样性、创新性和包容性。鉴于人工智能已经对科学研究和发展产生了影响，数据科学方面的培训是至关重要的。大学和研究机构应鼓励和支持实验和数据驱动型的研究项目，为下一代MGI工作者提供必要的经验。

11.5.3　材料基因组应用

1. 将可预测的行为设计到氮化镓器件：一种加速设计和优化的方法

氮化镓(GaN)晶体管具有高的电子迁移率和高的效率，有望在雷达和电子通信系统等方面实现良好应用。美国国防部与工业部合作开发了一个项目，将建立一个涵盖优良工艺性能、设计和使用空间的GaN晶体管电路模型，如图11.6所示。本着MGI的思路，该项目旨在改进"点电路模型"，该模型是通过专有的测试数据集来预测狭窄电气、热和工艺范围内的性能特征。项目创建了一个完整的"计算工具集"，该程序通过将GaN故障物理作为优化GaN设备的一部分，已经成功地演示了初始设计工具集。在设计阶段的早期就涵盖了电路和系统设计部分，其主要目标是减少迭代设计、构建和测试周期的数量，同时降低开发成本和时间成本。

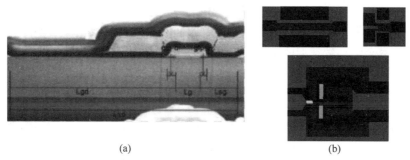

(a)　　　　　　　　　(b)

图 11.6　晶体管的电子显微横截面图 (a) 和三种晶体管类型 (b)

(请扫 VI 页二维码看彩图)

2. 有毒气体传感器的加速部署

一个来自康奈尔大学、肯特州立大学和威斯康星大学麦迪逊分校的合作团队，采用 MGI 理念加速化学响应液晶 (liquid crystals，LCs) 金属合金表面的设计和应用。尽管第一个 LC 化学传感器——硫化氢 (H_2S) 的设计花了近十年才完成，但是该团队通过迭代开发四代逐步复杂的计算化学模型，研究 LC 和目标化学物质与金属阳离子结合位点的竞争相互作用，成功将化学响应性 LC 的设计时间缩短到几个月。通过计算和实验之间的循环反馈，液晶可以响应氯气，能够在 15min 内感应到低至 200ppb($1ppb=10^{-3}ppm$，十亿分之一，10^{-9}) 相当纳克级的氯气浓度 (图11.7)，满足职业安全与健康管理局 (OSHA) 的个人接触限值。该团队与工业团队 ClearSense 合作，开发了可穿戴的液晶传感器，可用于监测人体暴露于有毒气体浓度时的情况。

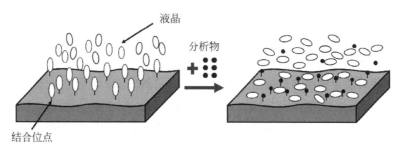

图 11.7　有毒气体氯气的监测，计算预测氯气将取代金属合金表面上的液晶，从而给出光学响应；实验证实了当暴露在氯气下时，系统的光输出发生了变化

(请扫 VI 页二维码看彩图)

3. 寻找高熔化温度和结构稳定性的材料

最高熔化温度的材料是什么，将如何制造它？这个看似简单的问题实际上复杂得难以想象。如果材料能够在极端环境的高温下保持其承重能力，这将使先进的制造工具和世界前沿的高超音速航天飞行器等技术成为可能。然而，理解影响原子间键合的因素，然后利用物理机制来调控这些材料一直比较困难。最近，由美国海军研究办公室支持的多学科大学研究计划 (MURI)，正采用集成计算材料工程 (ICME) 和 MGI 的方法来设计具有增强硬度的超高温陶瓷 (UTHCs)，以应对这一挑战。该项目专注于高熵陶瓷，通过将碳、氮和硼

与耐火金属(Hf、Mo、Nb、Ta、Ti、V、W和Zr)结合，产生复杂的原子结构，预计比已知的陶瓷更坚硬，具有更高的熔化温度。该团队利用自动流量(AFLOW)模块，快速生成不同的准随机单元配置，并筛选它们在高温下的合成性和稳定性，然后利用加速合成和分析技术。他们展示了几种合金成分的维氏硬度，比由简单的混合规则计算预测的硬度高出50%。

4. MGI推动了清洁能源材料的发现

发现、理解、调控和部署清洁能源是解决未来能源危机的方案之一。美国能源部通过在其能源创新中心——人工光合作用联合中心(JCAP)发现了一种有效的，仅利用阳光、水和二氧化碳生产燃料的新方法。JCAP的研究人员将该合成技术与高通量电化学相结合，发现了49个三元的氧化物光阳极，其中36个具有对氧演化的可见光响应，这相当于太阳能燃料电池50年的研究历史中发现具有可见光响应的光阳极的总量。高通量实验的计算指导显著拓宽了水分解与产氢的金属氧化物的光阳极种类，推动了光阳极材料的发展。

5. 一种针对缠绕膜电容器的新型介电聚合物的MGI方法

能量密集、易于制造、廉价的电容器是气候敏感的电力分布的重要组成部分。金属化的、聚合物缠绕的薄膜电容器是一种很好的选择，因为薄膜电容器中储存的能量与介电常数和介电击穿强度的平方的乘积成正比。双轴取向的聚丙烯(BOPP)是性能最佳的聚合物。由于晶体各向异性，它具有很高的击穿强度；但由于烷基链的非极性性质，它也具有很低的介电常数。

最近由康涅狄格大学领导的MURI项目中，采用了MGI方法，强调从实验(聚合物合成、化学、形态学和电子表征)中获得有效数据并进行计算。研究人员利用高通量密度泛函理论探测化学空间，识别具有高介电常数和高介电击穿的材料。通过对数百种材料的计算，他们注意到一个预期的趋势，即几乎所有的材料都落在一条线上，随着介电常数的增加，击穿强度下降。

研究工作成功的关键是在计算和实验之间平衡且迭代输入。来自合成专家的反馈确定了与可使用的、密切相关的材料范围，并以这些材料为中心进行了新的计算，以确定最有前途的材料。这些材料被合成和表征，这反过来实现了更多迭代的计算、合成和表征循环，并最终形成了很有前途的新型介电材料家族。

11.5.4 材料基因组数据挖掘

世界制造业的振兴和强盛离不开材料，各国基因组计划的背后蕴含着材料研究方式从"试错式"到"预测式"，材料研究也从"实验观测、理论推演、计算仿真"的范式进入"数据科学"的范式，四种范式的协同工作是实现新材料研发双减半战略目标的基础。

材料基因组计划倡导和推进高通量计算、高通量制备与表征、专用数据库三大技术及其平台建设。数据挖掘是数据分析和数据使用的基本过程和基础任务，兼具发现新知识和降低任务通量等功效。

仿真计算、实验观测和数据库等活动只是材料研究"器"的层面，侧重数据积累和管理；而数据挖掘可提供计算模型构建原则、设定合适的计算输入参数、提供判断计算结果合理性的依据、发现预测材料性能的量化构效关系，是材料研究"道"的层面。而道的认知是实现预测、达到新材料研发双减半战略目标的保障。

11.5.5　数据挖掘的方法概要

在解决材料科学与工程有关的建模问题时，"材料数据挖掘"与"材料机器学习"两者往往不加区分，其实两者的侧重点是不同的。

所谓材料机器学习，就是研究计算机怎样模拟或实现人类的学习行为，建立材料数据驱动的机器学习模型，用以获取新的材料知识或材料制备技术，并能重新组织获取的材料知识结构使机器学习模型的性能不断改善。机器学习模型是利用"黑箱方法"建立的输入与输出变量之间的函数(或映射)关系。由此可见，材料机器学习强调的是数据驱动的建模方法("黑箱方法")和智能的模型更新方法，用以探寻复杂材料体系的函数(或映射)关系。

而材料数据挖掘强调的是从材料数据到数据驱动的模型应用的完整过程，包括对复杂材料数据进行整理、分析、评估、筛选、建模、预测、优化和应用等研究工作，达到材料数据驱动的内秉规律发现、未知体系预测的目的。

第 12 章

多尺度材料模拟

在前面几章中，我们较为系统地介绍了不同的计算物理方法。这些方法各自适用于描述发生在特定时间和空间尺度的物理过程。但是电子材料的宏观性能通常取决于跨越多个时间和空间尺度的结构和过程之间的复杂相互作用。本章我们将以铁电材料为例，介绍多尺度材料模拟的基本方法和原理，即如何将第一性原理计算、分子动力学和相场法逐步桥接，从而模拟铁电材料的宏观性能。机器学习也逐渐运用于多尺度材料模拟，为最终实现复杂多组分铁电材料的计算材料设计提供了新的机遇。

12.1 为什么需要多尺度材料模拟

1972 年，菲利普·安德森在他的经典论文"More is different"中极具洞察力地指出，复杂物理系统具有呈展性质 (emergent properties)，而这些性质不是依据微观层面的规律加以简单推演而产生的。2021 年，诺贝尔物理学奖重点关注物理系统的复杂性以及为实现可预测性所做的努力。与地球的气候和自旋玻璃非常相似，铁电材料也可以被视为是一个复杂系统，其宏观性能往往具有呈展特性。即使对于理想的单晶铁电体，极化翻转过程也涉及跨越多个时间和空间尺度的本征物理过程：从晶胞内的偶极翻转到极化畴的形核和生长，再到畴壁的运动。进一步，在多晶铁电材料中往往在多个空间尺度均存在化学不均一性，如埃和纳米尺度的缺陷和位错、微米尺度的晶界等，这些非本征效应使极化翻转过程更加复杂。因此，与极化翻转动力学密切相关的宏观性质将取决于在空间和时间上跨越多个尺度的物理过程和它们之间的耦合。因此，理性设计和优化铁电材料的一个最核心的挑战是如何定量预测铁电材料在多种本征效应和非本征效应共同作用下的外场响应行为。解决这一核心挑战超出了单一理论或方法的适用范围。因此，将多种不同尺度的计算物理方法有机整合的多尺度材料模拟几乎是必然的选择。

目前，模拟铁电材料主要有三种方法：第一性原理密度泛函理论 (DFT)、分子动力学 (MD) 和相场法 (PhFM)。仅需要原子位置为输入信息，DFT 方法可以精确预测铁电材料的各种性质，如晶格常数、剩余极化、介电系数、压电系数和热释电系数等。然而，DFT 计算对算力要求相当高，一般只能处理几百个原子的小体系。因此，传统 DFT 方法很难直接模拟铁电材料的动力学行为。MD 方法是在更大的时间和空间尺度上研究动力学过程的理想手段，同时能够提供具有飞秒时间分辨率的原子细节。MD 较高的计算效率是由于使用了经典力场，一般是一组相对简单的解析函数，用于近似原子间的相互作用。因此，力场的准确性直接决定了MD模拟的准确性。开发力场通常是一个非常繁琐的过程，特别是对于过渡金属氧化物。经典力场的稀缺和精度差一直是MD应用的瓶颈。在介观长度尺度上模拟铁电体，相场法是最常用和最有效的方法。然而，相场法有三个众所周知的局限性：① 涉及自由能膨胀的材料系数难以确定，主要依赖于对已知实验数据的拟合；② 相场法的结果(如相图)可能对材料系数的微小变化很敏感；③ 这种现象学模型不能揭示原子机制。多尺度方法可以克服每种方法的局限性，在精度和效率之间取得平衡。例如，通过对DFT数据库的拟合，可以得到MD的经典力场，从而将MD的效率和DFT的精度结合起来。利用DFT和MD计算，可以进一步参数化相场法的金兹堡-朗道型自由能泛函。在这种多尺度方法中，有两个核心挑战：① 如何高效开发适用于MD的高精度经典力场？② 如何可信地将小尺度的微观变量与大尺度的控制方程联系起来？本章还将讨论机器学习(machine learning, ML)方法如何为解决这两个核心挑战提供了契机。

12.2 经典分子动力学模拟铁电氧化物

在经典分子动力学模拟中，所有原子都被视为无内部结构的经典粒子，通过经典力场相互作用，并遵循牛顿运动定律演化，从而可高效模拟大量原子随时间演化的行为。显然，获得能够精确描述原子间相互作用的力场是进行分子动力学模拟的前提。传统力场一般是用一组解析函数来近似原子间的相互作用。在实际应用中，能量函数往往包括两体项和多体项、长程项和近程项、静电项和非静电项等。一旦确定了能量函数的形式，就可以通过拟合实验数据或者高精度DFT数据获得力场参数。然而，原子间相互作用势本质是一个高维函数，很难保证一个仅包含有限数量参数的人为构造的能量函数能够准确地拟合复杂材料的高维势能面。因此，为铁电材料开发精确的力场通常是一个耗时数月甚至数年的繁琐过程。本章将重点介绍适用于铁电材料的两种代表性力场:壳层模型(shell model)和键价模型(bond-valence model)。在此之后，将介绍基于机器学习方法的力场开发的最新进展，该方法为开发可移植、易扩展和高精度的力场提供了新的思路。

12.2.1 壳层模型

在壳层模型中，每个原子由一个带正电的核和一个带负电的壳层表示，且核和壳之间通过简谐或非简谐弹簧连接。壳可以是无质量的，也可以是小质量的:前者会立即对核的运动做出反应，而后者则根据牛顿运动定律演化。在实践中，小质量的壳体已被证明具有更高的计算效率。通过拟合第一性原理计算的结果，几个典型铁电钙钛矿材料的壳层模型已经被开发，如 $PbTiO_3$、$BaTiO_3$、$KNbO_3$、$Ba(Ti,Sr)O_3$、$Pb(Zr,Ti)O_3$ 和 $(1-x)Pb(Mg_{1/3}Nb_{2/3})O_3$ 等。

图12.1图解了壳层模型中两个原子之间的相互作用，其中包含三种类型的相互作用。同一原子的核与壳之间的相互作用(V_{CS})被描述为各向同性的非线性弹簧，其形式为

$$V_{CS}(r) = \frac{1}{2}k_2 r^2 + \frac{1}{24}k_4 r^4 \tag{12.1}$$

其中，k_2 和 k_4 是弹簧常数，r 是核和壳层之间的距离。白金汉势 (Buckingham potential) 则用于近似壳间泡利斥力和范德瓦耳斯力的短程相互作用 (V_{SR})，

$$V_{SR}(r) = \left[A \exp\left(-\frac{r}{\rho} \right) - \frac{c}{r^6} \right] f_c(r) \tag{12.2}$$

其中，A、ρ、c 是力场参数 (通过拟合获得)，$f_c(r)$ 是一个保证势能从 R_{c1} 到 R_{c2} 光滑衰减为零的光滑函数，

$$f_c(r) = \begin{cases} 1, & r \leqslant R_{c1} \\ \dfrac{1}{2} \cos\left(\dfrac{r - r_{c1}}{r_{c2} - r_{c1}} \pi \right) + \dfrac{1}{2}, & R_{c1} < r \leqslant R_{c2} \\ 0, & R_{c2} < r \end{cases} \tag{12.3}$$

长程库仑势 (V_{LR}) 为

$$V_{LR} = \frac{1}{4\pi\varepsilon_0} \frac{q_i q_j}{r} \tag{12.4}$$

其中，q 是粒子电荷，ε_0 是真空介电常数。

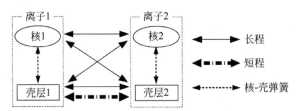

图 12.1　壳层模型框架中核与壳层相互作用的示意图

　　研究表明，壳层模型能够比较准确地预测晶格参数、声子色散关系等稳态性质和相变温度、畴形核和翻转过程等动力学性质。例如，壳层模型能够描述许多不同铁电材料由变温导致的铁电-顺电相变行为。如图12.2所示，早在2000年，Sepliarsky 等利用壳层模型研究了 $KNbO_3$ 的变温相图，预测了 225K、475K 和 675K 的三个相变温度，它们分别与 210K、488K 和 701K 的实验值非常接近。J. M. Vielma 和 G. Schneider 开发的 $BaTiO_3$ 壳层模型能够重复正确的相变序列：菱面体 (180K) $\rightarrow$ 正交体 (250K) $\rightarrow$ 四方体 (340K) $\rightarrow$ 立方体，与实验相变温度 183 K、278 K 和 393 K 吻合较好。适用于 $BiFeO_3$ 壳层模型也能模拟变温相变，其预测的自发极化 $P_s = 77\mu C/cm^2$ 与单晶在室温下的 $60{\sim}100\mu C/cm^2$ 的值相当。壳层模型也具有一定的可移植性，并在 $Pb(Zr, Ti)O_3$ 固溶体中得到成功应用。$PbTiO_3$、$PbZrO_3$ 和 $Pb(Zr_{0.5}Ti_{0.5})O_3$ 的晶格参数和自发极化可以用同一个壳层模型很好地预测 (图 12.2(d))。

12.2.2　键价模型

　　基于键价模型理论，原子 i 与原子 j 之间的化学键的键价 V_{ij} 可以通过键长 r_{ij} 计算得到

$$V_{ij} = \left(\frac{r_{0,ij}}{r_{ij}} \right)^{C_{ij}} \tag{12.5}$$

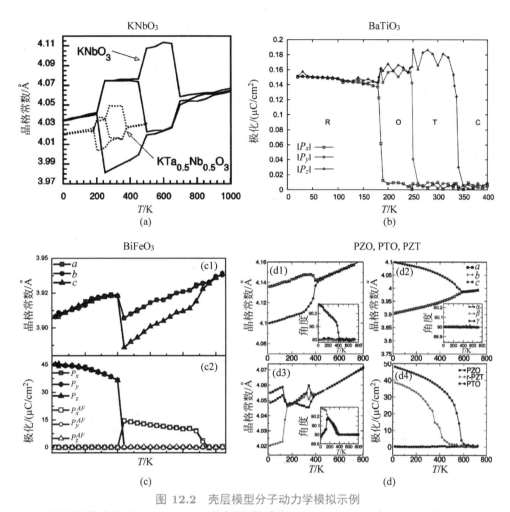

图 12.2 壳层模型分子动力学模拟示例

(a) KNbO$_3$ 的变温相图 (实线) 和 KTa$_{0.5}$Nb$_{0.5}$O$_3$ 的变温相图 (虚线)；(b) BaTiO$_3$ 沿三个方向的自发极化与温度的依赖关系；(c) BiFeO$_3$ 的晶格常数、自发极化和反铁电序随温度的变化；(d) Pb(Zr, Ti)O$_3$ 固溶体晶格常数和自发极化随温度的演化

(请扫 VI 页二维码看彩图)

其中，$r_{0,ij}$ 和 C_{ij} 是原子对 ij 的布朗经验参数，很容易通过查询相应的数据库获得。键价模型中系统的总能量可以表示为库仑能 (E_{Coulomb})、近程排斥能 (E_r)、键价能 (E_{BV})、键价矢量能 (E_{BVV}) 和角势能 (E_a) 的和：

$$E = E_{\text{Coulomb}} + E_r + E_{\text{BV}} + E_{\text{BVV}} + E_a \tag{12.6}$$

$$E_{\text{Coulomb}} = \sum_{i<j} \frac{q_i q_j}{r_{ij}} \tag{12.7}$$

$$E_r = \sum_{i<j} \left(\frac{B_{ij}}{r_{ij}} \right)^{12} \tag{12.8}$$

$$E_{\text{BV}} = \sum_i S_i \left(V_i - V_{0,i}\right)^2 \tag{12.9}$$

$$E_{\text{BVV}} = \sum_i D_i \left(\boldsymbol{W}_i^2 - \boldsymbol{W}_{0,i}^2\right)^2 \tag{12.10}$$

$$E_{\text{a}} = k \sum_i^{N_{\text{oxygen}}} \left(\theta_i - 180^\circ\right)^2 \tag{12.11}$$

其中，q_i 为原子 i 的离子电荷，B_{ij} 为近程斥力参数，$V_i = \sum\limits_{j \neq i} V_{ij}$ 是键价和 (BVS)，$\boldsymbol{W}_i = \sum\limits_{j \neq i} \boldsymbol{V}_{ij}$ 是原子 i 周围的键价矢量和 (BVVS)，如图12.3所示。S_i 和 D_i 是单位量纲为能量的力场参数。k 是弹簧常数，而 θ 代表沿着两个相邻氧八面体公轴的三个氧原子形成的角度。键价和能量代表了过成键 (overbonding) 和欠成键 (underbonding) 原子对总能量的影响，键价矢量和 (BVVS) 能量则反映了局域自发对称破缺的趋势。通过推导可以证明 BVS 能量和 BVVS 能量分别与局域态密度的第二矩和第四矩有关，表明广泛应用的键价守恒原理和键价矢量和守恒原理有坚实的量子力学基础。

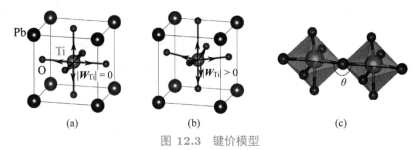

图 12.3 键价模型

(a) 立方和 (b) 四方 PbTiO₃ 中 Ti 原子的键价矢量和。灰色、蓝色和红色小球分别表示 Pb、Ti 和 O。黑色箭头表示单个键价矢量，蓝色箭头表示最终的键价矢量和 W_{Ti}。(c) 键价模型中的角势

(请扫 **VI** 页二维码看彩图)

许多重要的铁电材料的键价模型已经被成功开发，如 PbTiO₃、BiFeO₃ 和 BaTiO₃ 等。尽管只包含约 15 个力场参数，键价模型却具有很高的精度。图12.4以 PbTiO₃ 为例，基于键价模型的分子动力学模拟比较准确地预测了变温相变，相变温度 (830K) 与实验值 (765K) 相当。同时，键价模型计算得到的 180° 和 90° 的畴壁能分别为 208mJ/m² 和 90mJ/m²，与第一性原理计算的结果一致 (170mJ/m² 和 64mJ/m²)。BaTiO₃ 的键价模型准确地预测了菱面相、正交相、四方相和立方相的晶格常数，与 DFT 数值的误差小于 0.5%。键价模型也具有一定的可移植性，如 $Ba_xSr_{1-x}TiO_3$ 键价模型可以预测不同组分固溶体的温度相变。

12.2.3 深度势能

如上所述，开发力场的起点是先构造一个能量函数，然后通过拟合准确的数据如量子力学计算和/或实验测量得到的材料性质等，获得力场参数。然而，几乎无法保证适用于某

一类材料的力场模型能够描述另一类材料的原子间相互作用。具体到铁电材料，由于 p-d 杂化，过渡金属和氧原子之间的化学键往往具有混合离子共价性，这使力场开发更加困难。当然，使用具有大量参数的复杂能量函数，如反应经验键阶 (reactive empirical bond-order, REBO) 势，可以提高力场精度和可移植性，但代价是拟合过程更加耗时和繁琐。传统力场开发方法所面临的困难极大地阻碍了分子动力学模拟在新材料开发中的应用。

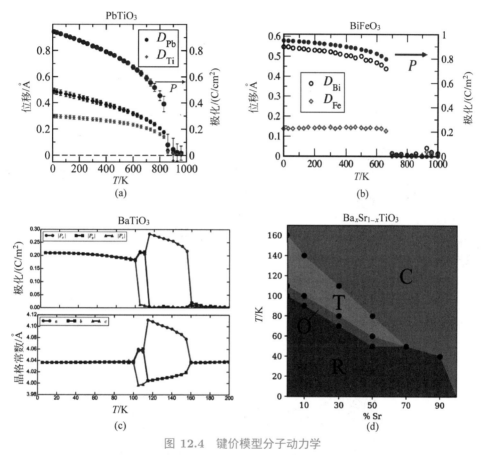

图 12.4 键价模型分子动力学

(a) $PbTiO_3$ 沿 c 轴的自发极化和原子位移随温度的变化；(b) $BiFeO_3$ 中沿 [111] 方向的自发极化和原子位移随温度的变化；(c) $BaTiO_3$ 中极化和晶格常数对温度的依赖关系；(d) $Ba_xSr_{1-x}TiO_3$ 固溶体的温度-组分相图。黑点对应模拟结果。红色、橙色、蓝色和绿色分别对应于菱方相、正交相、四方相和立方相的稳定区域

(请扫 VI 页二维码看彩图)

机器学习方法的发展为力场开发带来了新的思路。基于机器学习的力场已成功应用于各种材料体系，包括有机分子、分子和凝聚水、金属、合金、半导体如硅、GeTe 和无机卤化物钙钛矿。基于机器学习的力场中有两个关键要素：反映局域原子环境的描述符和将描述符与局域能量关联起来的非线性映射函数。早在 2007 年，Behler 和 Parrinello 使用神经网络 (NN) 实现了对于单晶硅的能量和力的精确预测，称为 Behler-Parrinello 神经网络 (BPNN)。在 BPNN 中，使用"对称函数"来描述原子的局域几何环境，并评估原子对总能量的贡献。另一个成功的例子是 GDML 方法，该方法通过库仑矩阵的特征值表征局域原子环境。

下面将以深度势能(deep potential, DP)为例，详细介绍机器学习力场开发的基本流程。如图12.5(a)、(b)所示，在深度势能模型中，总能量 E 定义为原子能量 E^i 之和，而原子能量则是通过参数化的深度神经网络计算，$E^i = E^{\omega_{\alpha_i}}(\mathcal{R}^i)$。这里 $\mathcal{R}^i$ 是原子 i 在截断半径 r_c 内的局域环境，α_i 表示第 i 原子的化学种类，ω_{α_i} 是深度神经网络计的参数。E_i 的每个子网络由一个编码神经网络和一个拟合神经网络组成，前者将 $\mathcal{R}^i$ 映射到保持对称的特征矩阵 $\mathcal{D}^i$，后者是一个标准的前馈神经网络。深度势能的训练过程是最小化损失函数 L,

$$L(p_\epsilon, p_f, p_\xi) = p_\epsilon \Delta\epsilon^2 + \frac{p_f}{3N}\sum_i |\Delta\boldsymbol{F}_i| + \frac{p_\xi}{9}\|\Delta\xi\|^2 \tag{12.12}$$

其中，Δ 是深度势能预测值和训练数据的差异，N 是原子数，ϵ 是每个原子的能量，$\boldsymbol{F}_i$ 是原子 i 的原子力，ξ 是位力张量除以 N。p_ϵ、p_ξ 和 p_f 是可调的前置因子，控制在训练中使用的能量、力和应力信息的权重，并且可以在学习过程中更改。

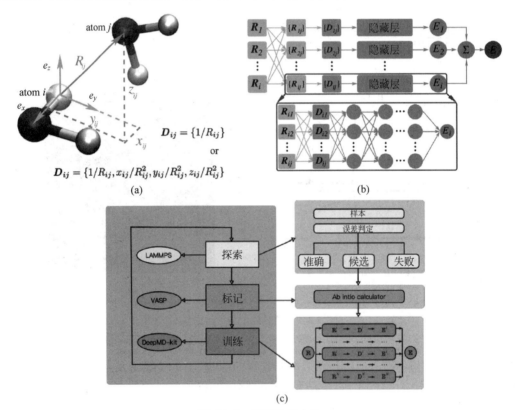

图 12.5　深度势能方法

(a) 描述水分子中的氢原子 i 的局域环境的输入神经网络示意图。(b) 深度势能分子动力学基本原理。(c) DP-GEN 工作流。DP-GEN 的一个周期包含三个步骤：探索、标记和训练。在探索步骤中使用 DP 模型进行分子动力学模拟，进行新构型采样，通过误差判定候选构型。标记步骤对所有探测步骤中获得的候选构型进行第一性原理计算。然后在训练步骤，使用更新的训练数据库重新训练获得新的 DP 模型集合

(请扫 VI 页二维码看彩图)

在常规力场开发中，构建用于拟合的数据库一直是一个棘手的问题，一般没有十分有效的手段来决定哪些构型的能量和原子力信息应该包含在数据库里。考虑到训练数据通常是通过昂贵的第一性原理计算得到的，构造一个最优和最小的训练数据集能有效降低开发

成本。深度势能生成器 (DP-GEN) 方案是一种并行学习过程，能够有效地更新训练数据库 (图12.5(c))。DP-GEN中的每个循环过程由三个步骤组成:探索、标记和训练。从一个初始数据库开始，对 ω_{α_i} 设置不同的初始值，同时训练多个DP模型。在探索步骤中，使用一个DP模型进行分子动力学模拟以探索构型空间。对于分子动力学模拟中探索到的新构型 $\mathcal{R}_t$，DP模型集合将生成一个预测集合 (例如能量和原子力)，其最大标准差将作为标记的标准:偏差较大的新构型将被标记并进行DFT计算，并在下一个周期中添加到训练数据库中用于训练。DP-GEN流程中循环将不断重复，直到所有通过MD采样获得的新构型都被DP模型集合很好地描述。深度势能方法也已经被用于开发铁电材料的经典力场，如 HfO_2 和 $\alpha\text{-}In_2Se_3$。如图12.6所示，这两个模型都显示出了与DFT相当的准确性，能够预测多种结构性质，如弹性常数、状态方程、声子色散关系以及诸如相变势垒和居里温度等动力学性质。

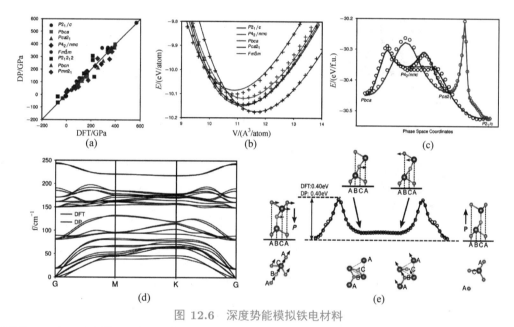

图 12.6 深度势能模拟铁电材料

(a) 比较 DFT 和 DP 预测的 HfO_2 不同晶相的弹性常数。(b) 不同 HfO_2 晶相的状态方程。实线和交叉点分别表示 DFT 和 DP 的结果。(c) 对比 DFT(实线) 和 DP(空心圆) 预测的相变势垒。(d) 对比 DFT 和 DP 计算的单层 $\alpha\text{-}In_2Se_3$ 的声子色散关系。(e) 对比 DFT 和 DP 预测的单层 $\alpha\text{-}In_2Se_3$ 极化翻转路径。

(请扫 VI 页二维码看彩图)

12.3 相场法模拟铁电材料

在相场法之前，通常是采用尖锐界面模型来模拟微结构。但是对于许多物理问题，相界的特征大多是未知的，且往往并不尖锐，可能具有复杂的结构。相场法的关键思想之一是利用序参量的梯度来描述界面。由于系统总是朝着总自由能最小化的方向演化，这使得相场法成为研究多场耦合的有效手段，即无论物理场的类型是什么，它的影响都可以通过在总自由能中加入相关的自由能项来研究。

在相变的热力学描述中，应选择合适的独立变量来构造热力学函数。例如，利用亥姆霍兹自由能 $F(\eta_{ij}P_i)$ 研究铁电相变的应变效应，其中独立变量为应变张量 η_{ij} 和极化 P_i。根据金兹堡-朗道理论，自由能可表示为序参量的连续函数。均匀相的热力学函数通常是独立变量的多项式，并且这一假设也可以扩展到非均匀相。序参量的空间分布描述了界面中的非均匀性质。自由能函数可以包含所有会影响到序参量的因素，然后基于含时金兹堡-朗道方程 (图12.7) 来描述序参量的随时演化行为。

$$\frac{\partial P_i}{\partial t} = -\mathcal{L}\frac{\delta F}{\delta P_i} \quad (i=1,3) \tag{12.13}$$

$$F_{\text{total}} = \int_V \left[f_{\text{Landau}}(P_i) + f_{\text{gradient}}(\nabla P_i) + f_{\text{electric}}(P_i, E_i) + f_{\text{elastic}}(P_i, \eta_{ij}) \right] \mathrm{d}V \tag{12.14}$$

其中，$\mathcal{L}$ 是与畴壁移动速度相关的系数，t 是演化时间。

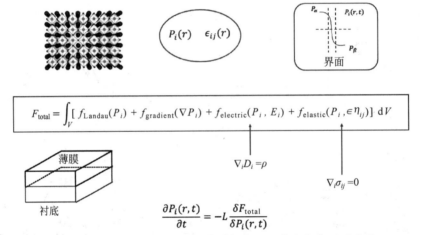

图 12.7　含时金兹堡-朗道方程。总自由能 (F_{total}) 通过极化 (P_i) 和应变 (η_{ij}) 来构造。f_{Landau}、f_{gradient}、f_{electric}、f_{elastic} 分别为无应力体自由能密度、梯度能密度、静电能密度、弹性能密度

(请扫 VI 页二维码看彩图)

相场法的基本原理已经在第9章进行了较为详尽的介绍，在此仅简单探讨相场法在模拟铁电材料极性拓扑结构中的应用，如 $PbTiO_3/SrTiO_3$ 所构成的铁电/顺电超晶格中的闭合畴、涡旋和极性斯格明子等。这些极性拓扑结构的出现是由于应变、退极化场和梯度能之间的微妙平衡。用相场法进行的模拟证明，涡旋阵列在一定的超晶格周期内处于低能态，这是由晶格失配引起的弹性能、与内部退极化场相关的静电能以及由极化旋转引起的梯度能之间的竞争所产生的结果。同样，通过改变不同能量项的量级，可以得到气泡状纳米畴和斯格明子形状的拓扑结构。这些极性拓扑结构可能具有新奇特性。例如，极性斯格明子气泡相可以有很高的电敏感性和负电容现象。对于极性涡旋和斯格明子等结构的深入理解有助于发展新的电子器件技术。例如，"斯格明子电子器件"可以利用单个涡旋/斯格明子的手性进行数据编码和存储。对于基于极性涡旋/斯格明子的新型器件，了解它们在外场驱动下的动力学响应行为对于最终实现外场切换拓扑结构的手性具有重要意义。

12.4 机器学习

本节简要介绍了三个运用机器学习方法指导铁电材料设计的代表性案例。改变组分是设计和优化多组分固溶体性质的重要手段。然而，随着组分数量的增加，组分空间也迅速增加，而通过传统的"试错"方式来确定最佳组分效率低下。Balachandran 等开发了"两步机器学习法"来指导实验，以寻找具有高铁电居里温度 (T_C) 的钙钛矿固溶体。所关注的体系是 $x\text{Bi}(\text{Me}'_y\text{Me}''_{1-y})\text{O}_3$-$(1-x)\text{PbTiO}_3$，其中 Me′ 和 Me″ 是二价、三价、四价或五价阳离子，它们可占据 ABO_3 钙钛矿结构的 B 位。显然，这类固溶体具有巨大的化学组分空间和构型空间 (约 61500 种)，而其中只有 167 种被实验研究过。此外，并不是任意一种组分都能被合成为钙钛矿相。为了解决这一挑战，他们利用文献中可用的数据，分别开发了两个独立的机器学习模型用于分类学习和回归。利用分类学习模型筛选出钙钛矿结构的组分，并用回归模型预测其 T_C 值。值得注意的是，通过机器学习方法预测的高 T_C 的候选对象随后在实验中进行了合成和表征，并将其信息添加到训练集中，从而进一步改进了机器学习模型。通过迭代"两步机器学习法"，Balachandran 等预测了一些具有较高 T_C 的新组分，其中一些也在实验中证实。例如，$0.2\text{Bi}(\text{Fe}_{0.12}\text{Co}_{0.88})\text{O}_3$-$0.8\text{PbTiO}_3$ 的 T_C 为 898K，与目前最好的固溶体体系 BiFeO_3-PbTiO_3 和 $\text{Bi}(\text{Zn},\text{Ti})\text{O}_3$-$\text{PbTiO}_3$ 的 T_C 值相当。在此研究中，机器学习方法将容差因子、价电子数和曼德拉捷夫数等易于获取的微观描述符映射到难以用第一性原理计算或在实验中测量的昂贵的宏观性质 (相稳定性和 T_C)，以方便材料筛选。这是机器学习桥接不同尺度的信息从而加速材料设计的一个典型例子。

在第二个案例中，Li 等将主成分分析用于数据挖掘压电弛豫测量中的集体动力学行为，使得可以在不需要测量或者知道序参量的前提下，能够快速确定弛豫晶体相变的起始温度。他们首先对二维数据集 $AS = AS([x, y, T] \ T)$ 进行主成分分析，其中 AS 是来自压电响应应力显微镜的振幅信号，t 是时间维度，T 是温度维度。采用奇异值分解 (singular value decomposition，SVD) 方法得到 AS 的特征向量和特征值，并根据特征值随温度的变化规律确定相变温度。此外，他们对在不同电压 (V) 和温度下测量的所有振幅数据集 $AS(V, T, T)$ 进行了 K-means 聚类，以绘制出温度-偏压相图。这项工作表明可以在不清楚物理机制的前提下，通过利用无监督机器学习方法处理原始实验数据，从而获得自动确立相图。

Yadav 等则在 2021 年开发了一个多层次模型 (multilevel model)，用于预测 PbTiO_3 铁电固溶体的 T_C、矫顽场 (E_c) 和剩余极化 (P)。由于 P 可以通过第一性原理计算直接得到，因此该工作将 T_C 和 E_c 作为目标特性，使用若干中间层次特征将它们与固溶组分联系起来。他们将电负性 (χ)、离子半径 (R) 和价态 (Va) 等基于电子结构的亚埃尺度的特征作为第一层特征；局域离子位移 (D_i) 等基于离子的埃尺度的特征作为第二层特征；P 则作为反映集体行为的第三层特征。图12.8显示了多层次模型的基本结构。他们的结果证明，要准确预测 T_C、A 位和 B 位的位移，以及 B 位阳离子的价态是重要的特征。

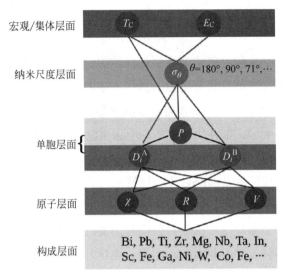

图 12.8　多层次模型预测铁电固溶体居里温度。多层次模型是将组分、电负性 (χ)、离子半径 (R)、价电子 (V)、极化 (P)、畴壁能量 (σ)、居里温度 (T_C)、矫顽场 (E_c) 等不同尺度的性质关联起来（请扫 VI 页二维码看彩图）

12.5　多尺度模拟铁电翻转

多尺度模拟的一个基本假设是相较于通过粗粒化的唯象模型获得的物理量，从更精细尺度计算获得的物理量会更准确。唯象模型的建模通常是经验性的，而更精细尺度的本构方程则更基本，但精细尺度和粗粒化尺度之间的关联关系则往往是比较微妙的。具体而言，对于简单的性质，很容易用统计力学将精细尺度和粗粒化尺度联系起来。然而，对于异质体系 (heterogeneous systems)，情况就不同了，特别是在描述材料变形和失效机制时，历史依赖机制则变得很重要。一般来说，多尺度方法可以分为两类，即尺度递升 (upscaling) 和尺度分解 (resolved-scale)。下面将以铁电翻转为例，重点讨论尺度递升法。

极化翻转动力学与铁电材料的矫顽场强 (极化翻转所需的电场强度) 密切相关。在大多数情况下，极化翻转是通过外加电场驱动的畴壁运动实现的，翻转速度与外加电场的强度和频率有很强的依赖关系。因此，从理论上精确预测矫顽场强需要定量理解畴壁的移动速度与温度和外场强度之间的关系。这也有助于建立对畴壁动力学特性的定量理论模型。

当电场强度较弱时，畴壁移动具有蠕变 (creep) 行为，畴壁运动速度与温度 (T) 和场强 (E_{field}) 的依赖关系为

$$v \propto \exp\left[-\frac{U}{k_B T}\left(\frac{E_{c0}}{E_{\text{field}}}\right)^{\mu}\right] \tag{12.15}$$

其中，U 为特征能垒，k_B 为玻尔兹曼常数，E_{c0} 为在 0K 处发生去钉扎的临界场强，μ 为动力学临界指数 (dynamical exponent)。一直以来，缺陷被认为是造成蠕变行为的根本原因。当电场大于临界场强 E_{c0} 时，畴壁发生去钉扎且速度变得与温度无关。

2007 年，基于键价模型，Shin 等运用分子动力学方法研究了无缺陷 $PbTiO_3$ 晶体中 180° 畴壁的动力学行为。研究结果表明，畴壁运动符合通过实验结果归纳获得的默茨 (Merz) 定

律，其速度可以表示为 $v = v_0 \exp(-E_a/E)$。与式 (12.15) 比较，默茨定律中 $\mu = 1$，E_a 则可表示为 $E_a = UE_{c0}/k_B T$。2016 年，Liu 等在改善了键价模型精度后，进一步运用分子动力学详细研究了 90° 畴壁运动速度与温度和场强的关联关系，揭示了如图 12.9 所示的两个区域。在低场区域，畴壁表现出符合默茨定律对于温度敏感的蠕变行为。在高场区域，温度对畴壁速度的影响变弱，显示出去钉扎的特征。结果还表明，缺陷并不是畴壁蠕变行为的必要条件，畴壁运动时的成核-生长机制则是本征蠕变行为的起源。在低场条件下，在畴壁处的成核过程是畴壁运动的决速步，且成核能垒具有很强的场强依赖。与化学反应的激活能类似，成核能垒的存在也使得畴壁运动依赖热激活，因此畴壁速度对温度敏感。而在高场条件下，成核能垒趋于零，从而使得畴壁速度对温度不敏感，而仅依赖电场强度。

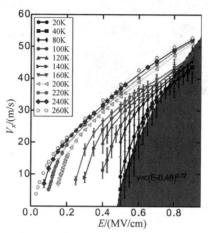

图 12.9　分子动力学模拟获得的畴壁速度与温度和场强的依赖关系。不同温度下畴壁迁移率随电场变化的关系揭示出本征的不依赖缺陷的蠕变-去钉扎转变行为。通过拟合 40K 时的畴壁速度可以获得 $\theta = 0.72$，$E_{c0} = 0.482\mathrm{MV/m}$

（请扫 VI 页二维码看彩图）

从分子动力学模拟中获得的另一个重要发现与成核的形状有关。早在 1960 年，Miller 和 Weinreich 就提出了一种成核-生长机制来解释畴壁速度与电场的依赖关系。他们假设畴壁内的二维成核的边界是尖锐的，因此退极化效应贡献的畴壁能远大于界面能。而分子动力学则在原子尺度提供了成核的精细图像，发现在 90° 畴壁内，成核具有类宝石形状，且边界处的极化是渐变的 (图 12.10)。与 Miller-Weinreich 的经典理论相反，由于形核边界处极化梯度并不大，导致退极化电荷很小，因此界面能起主导作用，支配着成核和生长的动力学行为。

基于朗道-金兹堡-德文希尔 (LGD) 理论，可以将分子动力学模拟揭示的成核-生长机制整合入一个唯象模型，用于快速估算形核活化能 (ΔU_{nuc})，进一步利用阿夫拉米 (Avrami) 理论将 ΔU_{nuc} 与默茨定律中的激活场强 E_a 联系起来。对于给定的畴壁，唯象模型的所有输入参数都可以通过第一性原理直接计算。Liu 等用这个唯象模型研究了 $PbTiO_3$ 的极化反转，并利用 DFT 计算的关于 90° 和 180° 畴壁的参数，准确预测了诸多铅基铁电材料的矫顽场强及其频率依赖。

在铁电极化翻转的多尺度模拟中，围绕典型铁电材料 $PbTiO_3$ 的分子动力学模拟发挥了非常重要的作用，最关键的是揭示了成核的形状。这对于进一步发展能够准确描述形核动力学的唯象模型至关重要，也是准确预测矫顽场强的基础。在尺度递升法中，分子动力学扮演着关键的桥接角色。由于力场开发较为困难，目前的多尺度模拟在很大程度上仍然是"个案分析"，只适用于对少数关键材料展开细致研究。机器学习在力场开发领域的研究正改变上述现状。随着算力的不断提高，机器学习辅助的高通量力场开发和多尺度模拟预期将变得更加容易。

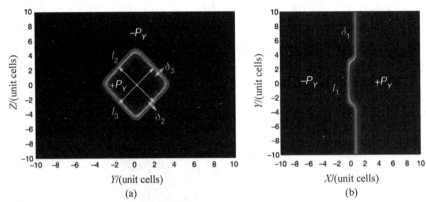

图 12.10　(a) 90° 畴壁在 $Z\text{-}Y$ 面内的形核过程。在电场作用下，$t=6.5\text{ps}$ 时形成一个宝石状的二维晶核。(b) 通过唯象模型获得的 $X\text{-}Y$ 面的极化分布图

(请扫 VI 页二维码看彩图)

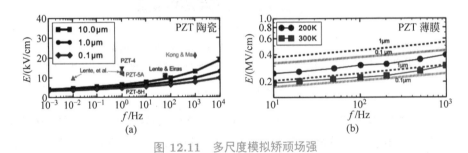

图 12.11　多尺度模拟矫顽场强

(a) 室温下不同畴尺寸的 PZT 陶瓷矫顽场 E_c 的频率依赖关系；(b) PZT 薄膜的矫顽场在不同温度下的频率依赖关系

(请扫 VI 页二维码看彩图)

第13章

电子材料计算实例

13.1 半导体材料

13.1.1   计算原理概述

为得到材料的能带结构,我们需要在感兴趣的 k 点处(一般是连接高对称点的路径上)进行连续采样,并计算这些 k 点处的能带能量。但是,必须注意到,每个 k 点处的能带能量是由科恩-沈吕九方程解出:如第5章所述,科恩-沈吕九方程中的 KS 算符 ($\hat{H}_{\mathrm{KS}}$) 和体系电子密度 $n(r)$ 相关,而 $n(r)$ 需要通过对整个第一布里渊区积分得到。也就是说,我们必须首先对整个第一布里渊区进行采样,完成一个自洽场计算,得到正确的 $n(r)$ 和 $\hat{H}_{\mathrm{KS}}$。然后,我们固定 $\hat{H}_{\mathrm{KS}}$,在我们感兴趣的 k 点路径上进行非自洽计算,得到连续的能带结构。整个过程如图13.1所示。

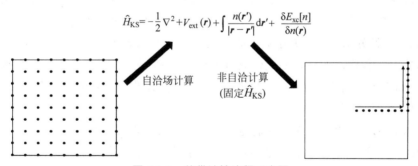

$$\hat{H}_{\mathrm{KS}} = -\frac{1}{2}\nabla^2 + V_{\mathrm{ext}}(r) + \int \frac{n(r')}{|r-r'|}\mathrm{d}r' + \frac{\delta E_{\mathrm{xc}}[n]}{\delta n(r)}$$

自洽场计算   非自洽计算
(固定 $\hat{H}_{\mathrm{KS}}$)

图 13.1   能带计算流程示意图

13.1.2   自洽场计算

我们首先进行自洽场计算,该计算的输入文件 (`si_bands_scf.in`) 如下:

```
&CONTROL
  calculation = 'scf',
  restart_mode = 'from_scratch',
  prefix = 'silicon',
```

```
    outdir = './tmp/'
    pseudo_dir = './'
    verbosity = 'high'
/
&SYSTEM
  ibrav = 2,
  celldm(1) = 10.2076,
  nat = 2,
  ntyp = 1,
  ecutwfc = 50,
  ecutrho = 400,
  nbnd = 8,
/
&ELECTRONS
  conv_thr = 1e-8,
  mixing_beta = 0.6
/
ATOMIC_SPECIES
  Si 28.086 Si.pz-vbc.UPF
ATOMIC_POSITIONS (alat)
  Si 0.0 0.0 0.0
  Si 0.25 0.25 0.25
K_POINTS (automatic)
  8 8 8 0 0 0
```

在 CONTROL 部分, 我们依次指定了计算的类型 (scf)、计算重启模式 (from_scratch)、产生文件的统一前缀 (silicon)、输出文件夹位置 (./tmp)、赝势存放位置 (./) 以及输出内容多少 (high)。

在 SYSTEM 部分, 我们定义所需要计算的系统: ibrav 和 celldm 两个变量定义了一个面心立方 (FCC) 原胞 (primitive cell) 的大小和形状, 其具体含义请参见 QE 用户手册 ibrav 部分。接下来, 我们分别定义了原子数和原子类型数, 以及波函数和密度计算时的截断能量。最后 nbnd 定义了我们需要求解的能带数目为 8。Si 的原胞中包含 2 个原子, 在我们所使用的赝势中, 每个原子有 4 个价电子, 总计 8 个电子。因此我们计算的 8 个能带包含 4 个价带 (满占据) 和 4 个导带 (无占据)。

接下来在 ELECTRONS 部分, 我们定义了收敛标准和自洽场计算时的混合因子。在 ATOMIC_SPECIES 和 ATOMIC_POSITIONS 部分, 分别定义了原子的赝势文件和原子位置。

最后, 在 K_POINTS 部分, 我们定义了一个 $8 \times 8 \times 8$ 的均匀三维格点, 对整个第一布里渊区进行采样。

我们运行 QE 完成自洽场计算:

```
    pw.x < si_bands_scf.in > si_bands_scf.out
```

13.1.3 非自洽计算

接下来进行非自洽计算, 其输入文件 (si_bands.in) 如下:

```
&control
  calculation = 'bands',
  restart_mode = 'from_scratch',
  prefix = 'silicon',
  outdir = './tmp/'
  pseudo_dir = './'
  verbosity = 'high'
/
&system
  ibrav = 2,
  celldm(1) = 10.2076,
  nat = 2,
  ntyp = 1,
  ecutwfc = 50,
  ecutrho = 400,
  nbnd = 8
 /
&electrons
  conv_thr = 1e-8,
  mixing_beta = 0.6
 /
ATOMIC_SPECIES
  Si 28.086 Si.pz-vbc.UPF
ATOMIC_POSITIONS (alat)
  Si 0.00 0.00 0.00
  Si 0.25 0.25 0.25
K_POINTS {crystal_b}
5
  0.0000 0.5000 0.0000 20 !L
  0.0000 0.0000 0.0000 30 !G
 -0.500 0.0000 -0.500 10 !X
 -0.375 0.2500 -0.375 30 !U
  0.0000 0.0000 0.0000 20 !G
```

可以看到，和自洽场计算相比，非自洽计算输入的主要区别是：

- 计算类型是 bands，而非 scf；
- 在 k 点的指定中，我们不再对整个第一布里渊区布置均匀格点，而是沿着我们感兴趣的路径 $(L \to G \to X \to U \to G)$ 进行采样。且为保证所得到的能带结构较为连续，我们沿路径布置的 k 点密度较自洽场计算时更高。

运行以下命令完成非自洽计算：

```
pw.x < si_bands.in > si_bands.out
```

完成后，我们可以直接打开 si_bands.out 文件，其中包含如下部分：

```
          k = 0.5000 0.5000 0.5000 ( 1568 PWs) bands (ev):

  -3.4448 -0.8423  4.9951  4.9951  7.7550  9.5379  9.5379 13.7957
```

```
         k = 0.4750 0.4750 0.4750 ( 1574 PWs) bands (ev):

  -3.4820 -0.7896  4.9997  4.9997  7.7601  9.5433  9.5433 13.8043

         k = 0.4500 0.4500 0.4500 ( 1580 PWs) bands (ev):

  -3.5851 -0.6396  5.0132  5.0132  7.7754  9.5592  9.5592 13.8293

         k = 0.4250 0.4250 0.4250 ( 1586 PWs) bands (ev):

  -3.7354 -0.4114  5.0358  5.0358  7.8009  9.5844  9.5844 13.8687
```

以上即路径上每一个 k 点处 8 个能带的能量值。计算至此已经完成，但 out 文件的格式对可视化较不友好，因此我们还需要进行一些后处理，以方便作图。

13.1.4 后处理与作图

QE 提供了能带结构后处理工具。为使用这一工具，我们创建 si_bands_pp.in 文件：

```
&BANDS
  prefix = 'silicon'
  outdir = './tmp/'
  filband = 'si_bands.dat'
/
```

然后使用 band.x 工具运行这一输入文件：

```
bands.x < si_bands_pp.in > si_bands_pp.out
```

完成后会产生 si_bands.dat.gnu 文件，该文件可以直接使用 gnuplot 或是 xmgrace 等工具进行作图。在这里，我们使用 matplotlib。首先创建作图代码 plot_band.py：

```python
#!/usr/bin/env python

import matplotlib.pyplot as plt
from matplotlib import rcParamsDefault
import numpy as np
plt.rcParams["figure.dpi"]=150
plt.rcParams["figure.facecolor"]="white"
plt.rcParams["figure.figsize"]=(8, 6)
# load data
data = np.loadtxt('si_bands.dat.gnu')
k = np.unique(data[:, 0])
bands = np.reshape(data[:, 1], (-1, len(k)))
for band in range(len(bands)):
    plt.plot(k, bands[band, :], linewidth=1, alpha=0.5, color='k')
plt.xlim(min(k), max(k))
# Fermi energy
plt.axhline(6.6416, linestyle=(0, (5, 5)), linewidth=0.75, color='k', alpha=0.5)
# High symmetry k-points (check bands_pp.out)
```

```
plt.axvline(0.8660, linewidth=0.75, color='k', alpha=0.5)
plt.axvline(1.8660, linewidth=0.75, color='k', alpha=0.5)
plt.axvline(2.2196, linewidth=0.75, color='k', alpha=0.5)
# text labels
plt.xticks(ticks= [0, 0.8660, 1.8660, 2.2196, 3.2802], \
        labels=['L', '$\Gamma$', 'X', 'U', '$\Gamma$'])
plt.ylabel("Energy (eV)")
plt.text(2.3, 5.6, 'Fermi energy', fontsize= 10)
plt.show()
```

运行:

```
./plot_band.py
```

即可得到图13.2。

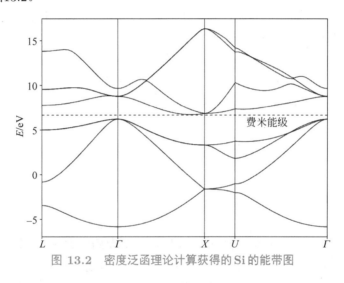

图 13.2　密度泛函理论计算获得的 Si 的能带图

13.2　铁电材料:贝里相方法计算自发极化

13.2.1　计算原理概述

　　铁电材料是一类具有自发电极化且极化外场可控的材料。对于一个给定的晶胞,我们根据对称性分析可以很容易判断晶格是否具有空间反演对称性,从而预测该材料是否具有宏观自发极化。但是根据现代极化理论,对于具有周期性晶格的固体材料,我们无法仅依据晶体结构判定自发极化的大小与方向。这是因为极化本质上是多值的(multi-valuedness),而极化数值之间的差值为极化量子(polarization quanta)的整数倍。图13.3展示了一维情况下,不同的晶胞选择对应着不同的极化值(单位长度电偶极子)。

　　虽然极化是多值的,但实验上真正能够测量的是极化翻转所产生的翻转电流,其本质是极化的改变(ΔP)。因此我们通常提到的单晶单畴铁电材料在零场下的自发极化 P_{s} 也被称作有效极化(effective polarization),其数值为 $\Delta P/2$,可以通过贝里相方法计算。利用

瓦尼尔函数 (Wannier function) 推导可得

$$P_s = \Delta P/2 = P^f - P^0$$
$$= \frac{1}{\Omega} \sum_i \left[q_i^f \boldsymbol{r}_i^f - q_i^0 \boldsymbol{r}_i^0 \right] -$$

$$\frac{2ie}{(2\pi)^3} \sum_n^{occ} \left[\underbrace{\int_{BZ} \mathrm{d}^3\boldsymbol{k} \mathrm{e}^{-i\boldsymbol{k}\cdot\boldsymbol{R}} \left\langle u_{n\boldsymbol{k}}^f \left| \frac{\partial u_{n\boldsymbol{k}}^f}{\partial \boldsymbol{k}} \right\rangle \right.}_{\text{贝里相位}} - \left\langle u_{n\boldsymbol{k}}^0 \left| \frac{\partial u_{n\boldsymbol{k}}^0}{\partial \boldsymbol{k}} \right\rangle \right] \quad (13.1)$$

其中，P^f 和 P^0 分别表示最终 (极化) 结构和初始 (高对称) 结构的极化，Ω 表示晶胞的体积，q_i 和 $\boldsymbol{r}_i$ 为原子核的电荷和坐标，e 为电子电荷，i 为虚数单位，求和上标 occ 表示对所有占据能带 n 求和，$u_{n\boldsymbol{k}}$ 为晶胞布洛赫波函数，其周期性与晶体相同。第二行等号右边的第一项为离子贡献，也是极化量子的起源，第二项则是电子贡献，其包含的积分项本质是波函数 $u_{n\boldsymbol{k}}$ 沿着路径 $\boldsymbol{k}$ 演化所对应的贝里相位。

图 13.3 阴阳离子间或排列的一维链。由于具有中心对称性，一维链并不具有自发极化。以左侧晶胞左边界为原点 ($x = 0$)，左边晶胞中的极化值 (单位长度电偶极子) 为 $\frac{1}{a}(-1 \times \frac{a}{4} + 1 \times \frac{3a}{4}) = \frac{1}{2}$。

同理，对于右侧晶胞，当以左边界为原点时，易得其极化值为 $\frac{1}{a}(+1 \times \frac{a}{4} - 1 \times \frac{3a}{4}) = -\frac{1}{2}$。该一维体系的极化量子为 1

(请扫 VI 页二维码看彩图)

利用式 (13.1) 计算铁电材料的自发极化时，我们需要确保 P^f 和 P^0 处于同一个分支，也即具有相同的极化量子数。因此在实际计算中，我们一般通过引入一个高对称相，将其定义为极化为 0，然后构建一个路径，让高对称相逐渐演化为我们需要研究的铁电相。通过计算该路径经历的中间构型的极化，我们可以比较容易保证所有结构的极化具有相同的极化量子数，从而确定铁电相自发极化的大小与方向。

13.2.2 铁电相结构优化

这里以 HfO_2 的铁电相 (空间群 $Pca2_1$) 为例，展示铁电材料自发极化计算的整个流程。首先我们需要对铁电相进行结构优化，该计算的输入文件 (HfO2_vc-relax.in) 如下：

```
&CONTROL
  calculation ='vc-relax'
  restart_mode ='from_scratch',
  prefix       ='HfO2',
  outdir='./temp'
  pseudo_dir='~/GBRV'
  disk_io='low'
  etot_conv_thr=1.D-5,
```

```
  forc_conv_thr=1.D-4,
  verbosity  ='high',
  tprnfor=.t.
  tstress=.t.
  nstep=200
/

&SYSTEM
  nosym = .true.,
  ibrav= 0,
  nat= 12,
  ntyp= 2,
  tot_charge = 0.0
  ecutwfc = 50,ecutrho = 250
  occupations='smearing', smearing='mv', degauss=0.001,
/

&ELECTRONS
    mixing_mode = 'plain'
    mixing_beta = 0.5,
    conv_thr = 1.0d-8
/

&IONS
  upscale          = 100.D0,
/

&CELL
  cell_dynamics  = 'bfgs'
  press_conv_thr = 0.5d0
  cell_dofree = 'all'
/

ATOMIC_SPECIES
Hf 178.49 hf.UPF
O 15.9994 o.UPF

CELL_PARAMETERS (angstrom)
5.267942 0.000000 0.000000
0.000000 5.048070 0.000000
0.000000 0.000000 5.078709

ATOMIC_POSITIONS (crystal)
Hf  0.000000 0.000000 0.000000
Hf  0.500000 0.466859 0.000000
Hf  0.434015 0.000000 0.500000
Hf -0.065985 0.466859 0.500000
O   0.236867 0.270911 0.249782
```

```
O  0.736867 0.195948 0.249782
O  0.197148 0.270911 0.749782
O  0.697148 0.195948 0.749782
O  0.332363 0.801331 0.856976
O  0.832363 0.665528 0.856976
O  0.101652 0.801331 0.356976
O  0.601652 0.665528 0.356976

K_POINTS {automatic}
4 4 4 0 0 0
```

在CONTROL部分，我们依次指定了计算类型(vc_relax)、重启模式(from_scratch)、产生文件的统一前缀(HfO2)、输出文件夹位置(./temp)、赝势存放位置(./GBRV)、硬盘读写活动的数量(low)、离子部能量收敛条件(10^{-5}Ryd)、离子部力收敛条件(10^{-4}Ryd/Bohr)、输出内容多少(high)、是否计算应力(.t.)、是否计算力(.t.)以及结构优化计算步数(200)等。

在SYSTEM部分，我们主要定义平面波计算的一些基本参数，如不考虑对称性(nosym = .true.)，ibrav=0意味着在后续CELL_PARAMETERS部分定义晶胞，原子数量(nat)为12个，原子种类(ntyp)为2种，系统总电荷(tot-charge)为0，平面波截断能(ecutwfc)为50Ryd，电荷密度的截断能(ecutrho)为250Ryd等。

在ELECTRONS部分，我们定义了电子自洽场计算参数如收敛标准；在IONS部分，我们定义了结构优化过程中收敛阈值的最大缩减系数；在CELL部分，我们定义了晶胞弛豫动力学种类、晶格的压强收敛阈值以及晶格可变化的自由度(cell_dofree)；ATOMIC_SPECIES和ATOMIC_POSITIONS部分，分别定义了原子的赝势文件和原子位置；最后，在K_POINTS部分，我们定义了一个$4 \times 4 \times 4$的三维k点网格，对布里渊区进行采样。

运行QE进行结构优化计算：

```
pw.x < HfO2_vcrelax.in > HfO2_vcrelax.out
```

计算完成后，在输出文件(HfO2_vcrelax.out)中我们可以找到优化结构的信息(图13.4)。

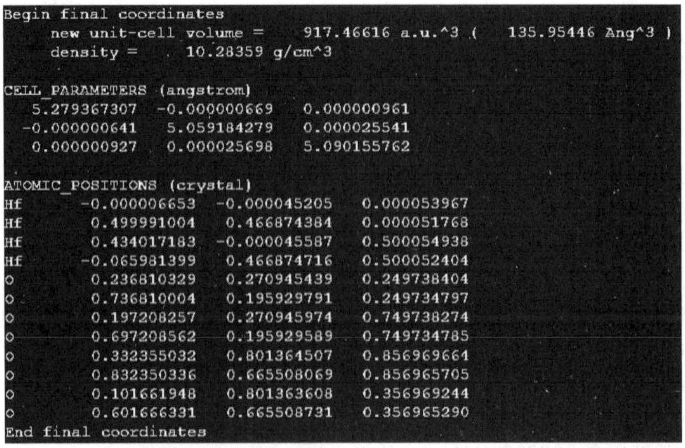

```
Begin final coordinates
     new unit-cell volume =     917.46616 a.u.^3 (   135.95446 Ang^3 )
     density =      10.28359 g/cm^3

CELL_PARAMETERS (angstrom)
   5.279367307  -0.000000669   0.000000961
  -0.000000641   5.059184279   0.000025541
   0.000000927   0.000025698   5.090155762

ATOMIC_POSITIONS (crystal)
Hf      -0.000006653  -0.000045205   0.000053967
Hf       0.499991004   0.466874384   0.000051768
Hf       0.434017183  -0.000045587   0.500054938
Hf      -0.065981399   0.466874716   0.500052404
O        0.236810329   0.270945439   0.249738404
O        0.736810004   0.195929791   0.249734797
O        0.197208257   0.270945974   0.749738274
O        0.697208562   0.195929589   0.749734785
O        0.332355032   0.801364507   0.856969664
O        0.832350336   0.665508069   0.856965705
O        0.101661948   0.801363608   0.356969244
O        0.601666331   0.665508731   0.356965290
End final coordinates
```

图 13.4　HfO2_vcrelax.out 中优化结构的信息

13.2.3 高对称无极化相的选取

接下来我们选取 $P4_2/nmc$ 相作为初始的无极化相。为了保证计算中极化量子数值的一致性，我们在优化高对称相时，将使用之前获得的铁电相优化结构的晶格常数，并将计算类型更改为relax，即只优化原子位置。在输入文件中只需将 calculation 一项改为 relax，然后删去 CELL 部分，修改 ATOMIC_POSITIONS 和 CELL_PARAMETERS 部分。准备的输入文件 (HfO2_relax.in) 如下：

```
&CONTROL
  calculation ='relax'
  restart_mode ='from_scratch',
  prefix       ='HfO2',
  outdir='./temp'
  pseudo_dir='~/GBRV'
  disk_io='low'
  etot_conv_thr=1.D-5,
  forc_conv_thr=1.D-4,
  verbosity    ='high',
  tprnfor=.t.
  tstress=.t.
  nstep=200
/

&SYSTEM
  nosym = .true.,
  ibrav= 0,
  nat= 12,
  ntyp= 2,
  tot_charge = 0.0
  ecutwfc = 50,ecutrho = 250
  occupations='smearing', smearing='mv', degauss=0.001,
/

&ELECTRONS
    mixing_mode = 'plain'
    mixing_beta = 0.5,
    conv_thr = 1.0d-8
/

&IONS
  upscale         = 100.D0,
/

ATOMIC_SPECIES
Hf 178.49 hf.UPF
O 15.9994 o.UPF

CELL_PARAMETERS (angstrom)
 5.279367 -0.000001 0.000001
```

```
 -0.000001 5.059184 0.000026
  0.000001 0.000026 5.090156

ATOMIC_POSITIONS (crystal)
Hf 0.000000 0.000000 0.000000
Hf 0.500000 0.500000 0.000000
Hf 0.500000 0.000000 0.500000
Hf 0.000000 0.500000 0.500000
O  0.305157 0.250000 0.250000
O  0.805157 0.250000 0.250000
O  0.194843 0.250000 0.750000
O  0.694843 0.250000 0.750000
O  0.305157 0.750000 0.750000
O  0.805157 0.750000 0.750000
O  0.194843 0.750000 0.250000
O  0.694843 0.750000 0.250000

K_POINTS {automatic}
4 4 4 0 0 0
```

我们运行 QE 完成结构优化计算:

```
pw.x < HfO2_relax.in > HfO2_relax.out
```

在输出文件 (HfO2_relax.out) 中我们可以找到优化后的高对称相结构的原子坐标 (图13.5)。值得一提的是, 最好检查优化后的结构的对称性, 确保其空间群仍为 $P4_2/nmc$。

```
Begin final coordinates

ATOMIC_POSITIONS (crystal)
Hf    -0.000000880   -0.000000000    0.000000000
Hf     0.500000885    0.500000000   -0.000000000
Hf     0.500000884    0.000000000    0.500000000
Hf    -0.000000869    0.500000000    0.500000000
O      0.306855302    0.249999999    0.249999994
O      0.806855846    0.250000015    0.249999998
O      0.193144658    0.250000008    0.750000008
O      0.693144183    0.249999990    0.750000006
O      0.306855302    0.750000002    0.750000005
O      0.806855846    0.749999986    0.750000000
O      0.193144658    0.749999991    0.249999993
O      0.693144183    0.750000009    0.249999996
End final coordinates
```

图 13.5　relax 计算得到的结果

13.2.4 利用贝里相计算自发极化

现在我们分别得到了非极化相与极化相的结构, 接着需要构造联结两个结构的相变路径。一个比较简单的方法是在保持晶格常数不变的情况下, 以非极化相的原子坐标作为起点, 极化相的原子坐标作为终点, 通过线性插值的方法获得中间构型。为保证插值的合理性, 建议利用可视化软件检查这些中间构型, 避免出现原子重叠等不合理构型。这些中间结构并不需要再进行结构优化。在本例中, 我们插值三个中间结构, 将它们分别称为 S1、

S2、S3(图13.6)。从相变路径可以初步判定，由于带负电的 O^{2-} 向 c 轴正方向移动，最终计算得到的自发极化应该要沿着c轴负方向。

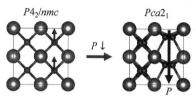

图 13.6 从非极化相 $P4_2/nmc$ 到极化相 $Pca2_1$ 的相变路径
(请扫 VI 页二维码看彩图)

现在我们一共有五个结构：设定为非极化相的初始结构 $P4_2/nmc$，需要计算极化的最终结构 $Pca2_1$ 以及三个插值得到的中间结构 S1、S2、S3。利用贝里相的方法计算它们的极化的方法都是类似的，这里仅展示 $P4_2/nmc$ 结构的计算过程。首先我们需要进行自洽场计算，其输入文件 (P42nmc_scf.in) 如下：

```
&CONTROL
  calculation ='scf'
  restart_mode ='from_scratch',
  prefix       ='HfO2',
  outdir='./temp'
  pseudo_dir='~/GBRV'
  disk_io='low'
  verbosity  ='high',
/

&SYSTEM
  ibrav= 0,
  nat= 12,
  ntyp= 2,
  tot_charge = 0.0
  ecutwfc = 50,ecutrho = 250
/

&ELECTRONS
    mixing_mode = 'plain'
    mixing_beta = 0.5,
    conv_thr = 1.0d-8
/

ATOMIC_SPECIES
Hf 178.49 hf.UPF
O 15.9994 o.UPF

CELL_PARAMETERS (angstrom)
 5.279367 -0.000001 0.000001
-0.000001 5.059184 0.000026
 0.000001 0.000026 5.090156
```

```
ATOMIC_POSITIONS (crystal)
Hf 0.000000 0.000000 0.000000
Hf 0.500000 0.500000 0.000000
Hf 0.500000 0.000000 0.500000
Hf 0.000000 0.500000 0.500000
O  0.305157 0.250000 0.250000
O  0.805157 0.250000 0.250000
O  0.194843 0.250000 0.750000
O  0.694843 0.250000 0.750000
O  0.305157 0.750000 0.750000
O  0.805157 0.750000 0.750000
O  0.194843 0.750000 0.250000
O  0.694843 0.750000 0.250000


K_POINTS {automatic}
4 4 4 0 0 0
```

可以看到，与之前的结构优化计算不同，自洽场计算的 `calculation` 选项为 scf，并且一些关于结构优化收敛的判定也不再需要，IONS 部分也已删去。运行 QE：

```
pw.x < P42nmc_scf.in > P42nmc_scf.out
```

接下来我们在自洽场计算完成的目录下新建目录 Berry，接着进入到 Berry 目录中，使用 `ln -s ../temp` 命令建立一个软链接。贝里相计算所需的输入文件 (P42nmc_Berry.in) 如下：

```
&CONTROL
  calculation ='nscf'
  restart_mode ='from_scratch',
  prefix      ='HfO2',
  outdir='./temp'
  pseudo_dir='~/GBRV'
  disk_io='low'
  verbosity  ='high',
  lberry=.true.
  gdir=3
  nppstr=8
/

&SYSTEM
  ibrav= 0,
  nat= 12,
  ntyp= 2,
  tot_charge = 0.0
  ecutwfc = 50,ecutrho = 250
/

&ELECTRONS
```

```
        mixing_mode = 'plain'
        mixing_beta = 0.5,
        conv_thr = 1.0d-8
/

ATOMIC_SPECIES
Hf 178.49 hf.UPF
O 15.9994 o.UPF

CELL_PARAMETERS (angstrom)
 5.279367 -0.000001 0.000001
-0.000001 5.059184 0.000026
 0.000001 0.000026 5.090156

ATOMIC_POSITIONS (crystal)
Hf 0.000000 0.000000 0.000000
Hf 0.500000 0.500000 0.000000
Hf 0.500000 0.000000 0.500000
Hf 0.000000 0.500000 0.500000
O  0.305157 0.250000 0.250000
O  0.805157 0.250000 0.250000
O  0.194843 0.250000 0.750000
O  0.694843 0.250000 0.750000
O  0.305157 0.750000 0.750000
O  0.805157 0.750000 0.750000
O  0.194843 0.750000 0.250000
O  0.694843 0.750000 0.250000

K_POINTS {automatic}
8 8 8 0 0 0
```

可以看到，计算类型 calculation 被改为 nscf，同时 CONTROL 部分多了三行指令：

- lberry=.true. 表示计算贝里相位；
- gdir=3 表示倒空间中 k 点串的方向沿着 k_z 方向；
- nppstr=8 表示沿着每条 k 点串的 k 点的数量为8。

并且我们将 K_POINTS 部分中的 k 点数量增加为 $8\times8\times8$。非常重要的一点，是CONTROL 部分中 nppstr 选项的数值应与 K_POINTS 部分的设置保持一致。

接下来运行 QE：

```
pw.x < P42nmc_Berry.in > P42nmc_Berry.out
```

在输出文件(P42nmc_Berry.out)中我们可以找到极化数值以及极化量子(图13.7)。可以看到，$P4_2/nmc$ 结构的极化为0，极化量子为1.20 C/m² 符合我们的预期。类似地，我们分别计算其他四个结构的极化值，再加上极化量子就可以作出类似于图13.8的极化晶格图。

```
SUMMARY OF PHASES
~~~~~~~~~~~~~~~~~

Ionic Phase: -0.00000 (mod 2)
Electronic Phase:  0.00000 (mod 2)
TOTAL PHASE:  0.00000 (mod 2)

VALUES OF POLARIZATION
~~~~~~~~~~~~~~~~~~~~~~

The calculation of phases done along the direction of vector 3
of the reciprocal lattice gives the following contribution to
the polarization vector (in different units, and being Omega
the volume of the unit cell):

   P =   0.0000000  (mod  19.2380007)  (e/Omega).bohr

   P =   0.0000000  (mod   0.0209686)  e/bohr^2

   P =   0.0000000  (mod   1.1988122)  C/m^2

The polarization direction is:  ( 0.00000 , 0.00001 , 1.00000 )
```

图 13.7 高对称 $P4_2/nmc$ 相的贝里相位计算结果

图 13.8 通过贝里相方法计算得到的极化晶格

13.3 多铁材料：铁电极化与磁性的关系

13.3.1 计算原理概述

多铁材料被定义为在同一相中表现出不止一种铁性序参量的功能材料，其中铁性序参量包括铁磁性、铁电性以及铁弹性。虽然铁电铁弹性体和铁磁铁弹性体在形式上也是多铁材料，但如今该术语通常用于描述同时具有铁磁性和铁电性的磁电多铁材料。由于材料中多序参量的相互耦合，尤其是磁电耦合，多铁材料具有作为制动器、开关、磁场传感器和新型电子存储设备的应用潜力。研究表明，在二维铁电材料单层 α 相 In_2Se_3 中，可以通过载流子 (空穴) 掺杂的方式引入斯托纳 (Stoner) 型巡游铁磁性，从而实现铁电序和铁磁序的

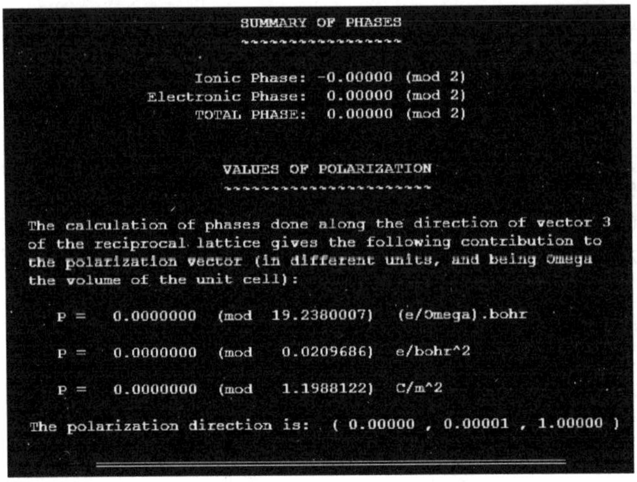

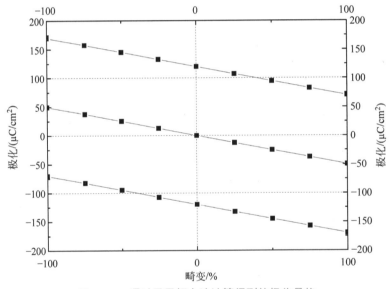

共存。在此，我们以空穴掺杂的 α-In_2Se_3 为例，通过第一性原理计算研究极化与磁性的关系 (图13.9)。

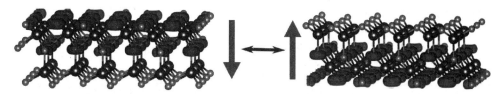

图 13.9　α-In_2Se_3 铁电极化与磁性的关系

(请扫 VI 页二维码看彩图)

13.3.2　自洽场计算

我们首先进行自洽场计算，以0.2个空穴掺杂的 α-In_2Se_3 单胞为例，该计算的输入文件 (in2se3_scf.in) 如下：

```
&control
  calculation ='scf'
  restart_mode ='from_scratch'
  prefix = 'in2se3'
  outdir = './temp'
  pseudo_dir = './GBRV'
  disk_io ='low'
  verbosity = 'high'
/
&system
  nosym = .false.
  nat = 5
  ntyp = 2
  ibrav = 4
  A = 4.077447
  C = 20.0
  tot_charge = 0.2
  ecutwfc = 50
  ecutrho = 250
  occupations ='smearing', smearing='mv', degauss=0.001,
  nspin = 2
  starting_magnetization(1) = 0.1
  starting_magnetization(2) = 0.1
/
&electrons
    mixing_mode = 'plain'
    mixing_beta = 0.9,
    conv_thr = 1.0d-9
/
ATOMIC_SPECIES
In 114.82 In.upf
Se 78.971 Se.upf
K_POINTS {automatic}
```

```
60 60 1 0 0 0
ATOMIC_POSITIONS (crystal)
In     0.333333300 0.666666700 0.578196228
In     0.666666700 0.333333300 0.791518422
Se     0.000000000 0.000000000 0.510380410
Se     0.666666700 0.333333300 0.662754163
Se     0.000000000 0.000000000 0.853071176
```

可以看到，在自洽场计算中，输入文件的主体部分与能带计算时的输入基本一致，区别主要在 SYSTEM 部分，具体表现为：

- tot-charge=0.2

由于有空穴掺杂，体系不再是电中性，总体的净电荷为 +0.2。相应地，在 SYSTEM 部分，体系的总电荷 (tot_charge) 应设为 0.2。

- nspin=2, starting_magnetization(1)=0.1, starting_magnetization(2)=0.1

由于需要模拟磁性，我们应考虑电子自旋 (nspin=2)，同时需要对给定元素赋予初始磁矩 (starting_magnetization(1) = 0.1)。

除此以外，对于掺杂诱导的巡游铁磁体系，总磁矩数值的收敛性对于 k 点的密度以及电子自洽场计算的收敛精度有着非常高的要求。因此这里我们使用了 $60 \times 60 \times 1$ 的 k 点以及 1.0×10^{-9}Ry 的电子步能量收敛判据。

我们运行 QE 完成自洽场计算：

```
pw.x < in2se3_scf.in > in2se3_scf.out
```

完成后，in2se3_scf.out 输出文件包含如下部分：

```
atom:    1    charge:  10.3655    magn:   0.0000   constr:   0.0000
atom:    2    charge:  10.4197    magn:  -0.0002   constr:   0.0000
atom:    3    charge:   3.8617    magn:   0.0263   constr:   0.0000
atom:    4    charge:   3.8979    magn:   0.0209   constr:   0.0000
atom:    5    charge:   3.8922    magn:   0.0003   constr:   0.0000
total magnetization     =   0.07244 Bohr mag/cell
absolute magnetization  =   0.07933 Bohr mag/cell
```

从这里我们可以看到体系总的净磁矩 (total magnetization) 与绝对磁矩 (absolute magnetization)，以及每个原子上磁矩的大小。不难发现，主要是原子 3 和原子 4 具有较大的局域磁矩。

13.3.3　可视化

QE 对于电荷密度提供了可视化的后处理工具。为了展示空穴掺杂 α-In$_2$Se$_3$ 中自旋极化的电荷分布，我们在完成自洽场计算后，可再继续进行非自洽计算，其输入文件 (in2se3_nscf.in) 如下：

```
&control
  calculation ='nscf'
  restart_mode ='from_scratch'
```

```
prefix = 'in2se3'
outdir = './temp'
pseudo_dir = './GBRV'
disk_io ='low'
verbosity = 'high'
/
&system
 nosym = .false.
 nat = 5
 ntyp = 2
 ibrav = 4
 A = 4.077447
 C = 20.0
 tot_charge = 0.2
 ecutwfc = 50
 ecutrho = 250
 occupations ='smearing', smearing='mv', degauss=0.001,
 nspin = 2
 starting_magnetization(1) = 0.1
 starting_magnetization(2) = 0.1
/
&electrons
   mixing_mode = 'plain'
   mixing_beta = 0.9,
   conv_thr = 1.0d-9
/
ATOMIC_SPECIES
In  114.82 In.upf
Se  78.971 Se.upf
K_POINTS {automatic}
60 60 1 0 0 0
ATOMIC_POSITIONS (crystal)
In      0.333333300 0.666666700 0.578196228
In      0.666666700 0.333333300 0.791518422
Se      0.000000000 0.000000000 0.510380410
Se      0.666666700 0.333333300 0.662754163
Se      0.000000000 0.000000000 0.853071176
```

这里只是将计算类型 scf 替换为 nscf，由于已经用了高密度的 k 点，这里的 k 点密度不再增加。

运行以下命令完成非自洽计算：

```
pw.x < in2se3_nscf.in > in2se3_nscf.out
```

计算完成后，我们在非自洽计算的目录下创建 pp.in 文件：

```
&inputPP
prefix = 'in2se3'
outdir = './temp',
filplot = 'spinPlot'
```

```
 plot_num = 6
/
&plot
iflag = 3
output_format = 6
fileout = 'spinPol.cube'
/
```

在 pp.in 文件中，在保持计算前缀 (prefix) 和输出文件夹 (outdir) 与非自洽计算保持一致的前提下，我们指定了画图类型 (plot_num)、呈现方式 (iflag)、输出文件格式 (output_format)、输出文件名 (fileout)。此处画图类型为自旋极化电荷密度 (plot_num=6)，其他选项请参见 QE 用户手册 plot_num 部分。

然后运行 pp.x：

```
pp.x < pp.in > pp.out
```

完成后会产生 spinPol.cube 文件，该文件可以直接使用 VESTA 等工具可视化。通过选择合适的等值面后，可以得到如图 13.10 所示的结果。

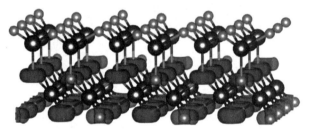

图 13.10 自旋极化电子密度的等值面
(请扫 VI 页二维码看彩图)

13.4 铁磁材料

13.4.1 计算原理概述

金属铁是典型的铁磁金属，我们将以金属铁为例，介绍如何获得考虑电子自旋的能带。首先进行自洽场计算，该计算的输入文件 (Fe_bands_scf.in) 如下：

```
&control
  calculation='scf'
  restart_mode='from_scratch',
  pseudo_dir = '.',
  outdir='./temp'
  prefix='Fe'
  verbosity  ='high',
/
&system
  ibrav = 3, celldm(1) =5.4235, nat= 1, ntyp= 1,
  ecutwfc = 80.0
```

```
  ecutrho = 400.0
  nspin = 2
  starting_magnetization(1) = -1
  occupations='smearing', smearing='mv', degauss=0.03
/
&electrons
  startingwfc='random'
  diagonalization='david'
  conv_thr=1.0e-8
/
ATOMIC_SPECIES
Fe 55.85 Fe.upf
ATOMIC_POSITIONS
Fe 0.0 0.0 0.0
K_POINTS (automatic)
16 16 16 0 0 0
```

CONTROL 部分和之前介绍的 Si_bands_scf.in 文件类似。但对于磁性体系,需要加上 nspin = 2 以及 starting_magnetization(1) = -1 这两行。其中,nspin = 2 表示考虑电子自旋极化(spin polarization),starting_magnetization(1) = -1 表示元素 1(即铁元素)的初始电子自旋向下。

我们运行 QE 完成自洽场计算:

```
  pw.x < Fe_bands_scf.in > Fe_bands_scf.out
```

13.4.2 非自洽计算

接下来进行非自洽计算,其输入文件(Fe_bands.in)如下:

```
&control
  calculation='bands'
  restart_mode='from_scratch',
  pseudo_dir = '.',
  outdir='./temp'
  prefix='Fe'
  verbosity   ='high',
/
&system
  ibrav = 3, celldm(1) =5.4235, nat= 1, ntyp= 1,
  ecutwfc =80.0
  ecutrho = 400.0
  nspin = 2
  starting_magnetization(1) = -1
  occupations='smearing', smearing='mv', degauss=0.03
  nbnd = 20
/
&electrons
  startingwfc='random'
  diagonalization='david'
```

```
   conv_thr=1.0e-8
/

ATOMIC_SPECIES
Fe 55.85 Fe.upf

ATOMIC_POSITIONS (crystal)
Fe 0.0 0.0 0.0

K_POINTS {crystal_b}
12
0.000 0.000 0.000 30 # Gamma
0.500 0.000 0.500 30 # X
0.500 0.250 0.750 30 # W
0.375 0.375 0.750 30 # K
0.000 0.000 0.000 30 # Gamma
0.500 0.500 0.500 30 # L
0.625 0.250 0.625 30 # U
0.500 0.250 0.750 30 # W
0.500 0.500 0.500 30 # L
0.375 0.375 0.750 0 # K
0.625 0.250 0.625 30 # U
0.500 0.000 0.500 30 # X
```

与前面 Si 的例子类似，这里我们准备 `fe_bands_pp_up.in` 和 `fe_bands_pp_down.in` 两个能带的后处理文件，分别处理自旋向上和自旋向下的情况。

`fe_bands_pp_up.in` 的输入文件如下：

```
&BANDS
prefix = 'Fe',
outdir = './temp',
filband = 'fe_bands.down'
spin_component = 1
/
```

`fe_bands_pp_down.in` 的输入文件如下：

```
&BANDS
prefix = 'Fe',
outdir = './temp',
filband = 'fe_bands.down'
spin_component = 2
/
```

运行：

```
   bands.x <fe_bands_pp_up.in>& fe_bands_pp_up.out
```

以及

```
   bands.x <fe_bands_pp_down.in>& fe_bands_pp_down.out
```

完成后使用产生的 fe_bands.up.gnu 和 fe_bands.down.gnu 来作图。作图脚本 plot_band_spin.py 如下:

```
#!/usr/bin/env python

import numpy as np
import matplotlib.pyplot as plt

data_up = np.loadtxt("fe_bands.up.gnu")
data_down = np.loadtxt("fe_bands.down.gnu")
k_up = data_up[:182, 0] # 182 is number of k points
k_down = data_down[:182, 0]
bands_up = np.reshape(data_up[:, 1]-17.2776, (-1, len(k_up)))
bands_down = np.reshape(data_down[:, 1]-17.2776, (-1, len(k_down)))
n = 0
for band in range(len(bands_up)):
    if n == 0:
        plt.plot(k_up, bands_up[band, :], linewidth = 1, alpha = 0.5, color = 'r',
            label = "spin up")
        n += 1
    else:
        plt.plot(k_up, bands_up[band, :], linewidth = 1, alpha = 0.5, color = 'r')
for band in range(len(bands_down)):
    if n == 1:
        plt.plot(k_down, bands_down[band, :], linewidth = 1, alpha = 0.5, color = 'b',
            label = "spin down")
        n += 1
    else:
        plt.plot(k_down, bands_down[band, :], linewidth = 1, alpha = 0.5, color = 'b')
plt.xlim(min(k_down), max(k_down))
# Fermi energy
plt.axhline(0, linestyle = (0, (5, 5)), linewidth = 0.75, color = 'k', alpha = 0.5)
# High symmetry k-points (check bands_pp.out)
plt.axvline(1.7321, linewidth = 0.75, color = 'k', alpha = 0.5)
plt.axvline(2.9568, linewidth = 0.75, color = 'k', alpha = 0.5)
plt.axvline(3.6639, linewidth = 0.75, color = 'k', alpha = 0.5)
plt.axvline(4.1639, linewidth = 0.75, color = 'k', alpha = 0.5)
plt.axvline(5.6639, linewidth = 0.75, color = 'k', alpha = 0.5)
plt.axvline(6.1639, linewidth = 0.75, color = 'k', alpha = 0.5)

# text labels
plt.xticks(ticks = [0, 1.7321, 2.9568, 3.6639, 4.1639, 5.6639, 6.1639], \
        labels = [r"$\Gamma$", "H", "N", r"$\Gamma$", "P", "H/P", "N"])
plt.ylabel(r"$E - E_f (eV)$")
plt.text(4, 1, "Fermi energy", fontsize = 10)
plt.ylim(-6, 10)
plt.legend()
plt.show()
```

由于金属铁的元胞为体心立方 (BCC),其第一布里渊区边界的高对称 **k** 点路径为 $\varGamma \rightarrow$

$H \to N \to G \to P \to H \to P \to N$。为保证所得到的能带结构较为连续，$k$ 点路径的 k 点密度较自洽场计算时更高。对于金属体系，自洽场计算会给出费米能。在作能带图的时候，一般会将能带能量减掉费米能后再作图 (图13.11)，这等价于将费米能定义为电子的能量零点。

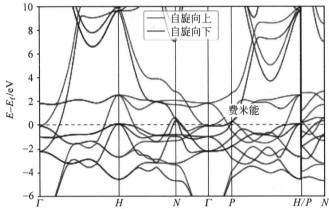

图 13.11　密度泛函理论计算获得的 Fe 的能带图。红色和蓝色能带分别代表自旋向上和自旋向下
(请扫 VI 页二维码看彩图)

13.4.3　投影轨道态密度计算

投影态密度是一种可视化不同轨道对态密度贡献的方法。与能带计算类似，在做完自洽计算之后进行非自洽计算。其输入文件 **fe_nscf.in** 如下：

```
&control
   calculation='nscf'
   restart_mode='from_scratch',
   pseudo_dir = '.',
   outdir='./temp'
   prefix='Fe'
   verbosity  ='high',
/
&system
   ibrav = 3, celldm(1) =5.4235, nat= 1, ntyp= 1,
   ecutwfc = 80.0
   ecutrho = 400.0
   nspin = 2
   starting_magnetization(1) = -1
   occupations='smearing', smearing='mv', degauss=0.03
/
&electrons
   startingwfc='random'
   diagonalization='david'
   conv_thr=1.0e-8
/

ATOMIC_SPECIES
```

```
 Fe 55.85 Fe.upf
ATOMIC_POSITIONS
 Fe 0.0 0.0 0.0
K_POINTS (automatic)
32 32 32 0 0 0
```

运行以下命令：

```
    pw.x <fe_nscf.in>& fe_nscf.out
```

需要注意，非自洽计算的 k 点密度，必须大于等于自洽计算的 k 点密度。

完成计算后，创建 fe_pdos.in 文件计算态密度：

```
&PROJWFC
prefix = 'Fe'
outdir = './temp'
DeltaE = 0.01    ! Energy Grid Step (eV)
ngauss = 0       ! Simple Gaussian
degauss = 0.01   ! Gaussian Broadening (Ry = 13.6 eV)
Emin = -2.0,
Emax = 20.0,     ! min & max energy (eV) for DOS plot
                 ! Make sure Fermi energy is between Emin and Emax
filpdos = 'pdos.dat' ! prefix for output files containing PDOS(E)
/
```

运行：

```
    projwfc.x <fe_pdos.in>& fe_pdos.out
```

将输出文件的文件名依次按照赝势文件改成轨道名："Fe_3d""Fe_3p""Fe_3s""Fe_4p" "Fe_4s""Total"，并创建画图脚本 pdos.py：

```
import numpy as np
import matplotlib.pyplot as plt

Fermi_E = 17.2776 # The Fermi Energy is from the previous calculation 'grep Fermi
    output'
filelist = ["Fe_3d", "Fe_3p", "Fe_3s", "Fe_4p", "Fe_4s", "Total"]
plt.figure()
for i in range(len(filelist)):
    x = []
    y = []
    filename = filelist[i]
    file = open(filename, 'r')
    file.readline()
    for line in file:
        x.append(float(line.split(" ")[1]))
        y.append(float(line.split(" ")[2]))
    X = np.array(x)
    Y = np.array(y)
```

```
    X = X-Fermi_E
    if i == len(filelist)-1:
        plt.fill_between(X, Y, 0, facecolor='gray', alpha=0.4)
        plt.plot(X, Y, label = filelist[i], color = "black")
    else:
        plt.plot(X, Y, label = filelist[i])
    file.close()


plt.xlim(-3, 2.2)
plt.ylim(0, 2.5)
plt.xlabel(r"$(E-E_f)$ /(eV)")
plt.ylabel('PDOS (States/eV)')
plt.legend(loc='best', ncol=2)
```

即可得到图13.12。

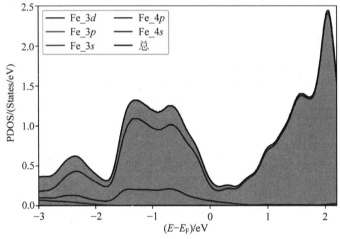

图 13.12　密度泛函理论计算获得的 Fe 的投影态密度图

(请扫 VI 页二维码看彩图)

13.5　自旋材料

13.5.1　计算原理概述

通常的霍尔效应需要外加磁场的存在，而反常霍尔效应不需要外磁场就能实现，这也是它被称为反常的原因。反常霍尔效应来源于材料本身的自发磁化，磁化造成的反常霍尔电导有多种情况，我们这里关注由贝利曲率导致的霍尔电导(intrinsic)。在此我们利用 wannier90 来计算反常霍尔效应(intrinsic)，wannier90 是一个用来计算最大局域化万尼尔函数(Wannier function)的程序包，并且可以利用得到的万尼尔函数进行后处理，计算诸如能带结构、费米面、介电性质等。

13.5.2　最大局域化万尼尔函数

以铁为例，首先介绍计算最大局域化万尼尔函数的一般流程，如前面的例子，我们需要进行自洽场与非自洽场计算。接下来进行 **wannier90** 所需的文件，输入文件 **Fe.win** 如下：

```
num_bands       =   28
num_wann        =   18

dis_win_min     = -8.0d0
dis_win_max     = 70.0d0
dis_froz_min    = -8.0d0
dis_froz_max    =  30.0d0
dis_num_iter    =  500

num_iter        =  200
dis_mix_ratio = 1.0

spinors = true
begin projections
Fe: sp3d2;dxy;dxz;dyz
end projections

begin kpoint_path
G 0.0000 0.0000 0.0000 H 0.500 -0.5000 -0.5000
H 0.500 -0.5000 -0.5000 P 0.7500 0.2500 -0.2500
P 0.7500 0.2500 -0.2500 N 0.5000 0.0000 -0.5000
N 0.5000 0.0000 -0.5000 G 0.0000 0.0000 0.000
G 0.0000 0.0000 0.000 H 0.5 0.5 0.5
H 0.5 0.5 0.5          N 0.5 0.0 0.0
N 0.5 0.0 0.0          G 0.0 0.0 0.0
G 0.0 0.0 0.0          P 0.75 0.25 -0.25
P 0.75 0.25 -0.25      N 0.5 0.0 0.0
end kpoint_path


begin unit_cell_cart
bohr
 2.71175 2.71175 2.71175
-2.71175 2.71175 2.71175
-2.71175 -2.71175 2.71175
end unit_cell_cart

begin atoms_frac
Fe 0.000 0.000 0.000
end atoms_frac

mp_grid         = 8 8 8

begin kpoints
 0.00000000 0.00000000 0.00000000 1.953125e-03
```

```
 0.00000000 0.00000000 0.12500000 1.953125e-03
 ...
 0.87500000 0.87500000 0.87500000 1.953125e-03
end kpoints
```

注意其中 `num_bands`、`kpoints` 要和非自洽场计算场中的数目一致，`num_wann` 的数目是要计算的万尼尔函数的数目，这是通过 `projections` 模块来确定的。在输入文件中，也同样包含了原子位置 (`atoms_frac`) 和晶格常数 (`unit_cell_cart`) 的信息。

我们需要通过执行

```
wannier90.x -pp Fe
```

来得到 `wannier90` 所需要的文件 (在这个例子中为 `Fe.nnkp` 文件)，然后需要用到 QE 与 `wannier90` 的接口程序 `pw2wannier90.x` 来计算布洛赫态与投影之间的重叠部分，其输入文件 `Fe.pw2wan` 为

```
&inputpp
outdir = 'temp/'
prefix = 'Fe'
seedname = 'Fe'
write_mmn = .true.
write_amn = .true.
write_spn = .true.
write_unk = .false.
/
```

其中的 `prefix` 注意与自洽场与非自洽场计算中保持一致，通过执行

```
pw2wannier90.x < Fe.pw2wan > pw2wan.out
```

得到所需文件。到此为止用来计算最大局域化万尼尔函数的文件都已经准备好了，执行

```
wannier90.x Fe
```

即可得到最大局域化万尼尔函数，输入文件 `Fe.win` 中

```
dis_win_min    = -8.0d0
dis_win_max    = 70.0d0
dis_froz_min   = -8.0d0
dis_froz_max   = 30.0d0
```

这部分可用来调节能量窗口以得到更好的万尼尔函数。

```
Final State
WF centre and spread 1 ( -0.709734, 0.000000, 0.000001 ) 1.08958725
WF centre and spread 2 ( -0.685478, -0.000000, -0.000000 ) 1.10295621
WF centre and spread 3 ( 0.709733, -0.000000, 0.000001 ) 1.08958696
WF centre and spread 4 ( 0.685478, -0.000000, -0.000000 ) 1.10295621
WF centre and spread 5 ( 0.000000, -0.709734, 0.000000 ) 1.08958710
WF centre and spread 6 ( -0.000000, -0.685478, -0.000000 ) 1.10295621
WF centre and spread 7 ( 0.000000, 0.709734, 0.000000 ) 1.08958707
```

```
WF centre and spread 8 ( -0.000000, 0.685478, 0.000000 ) 1.10295622
WF centre and spread 9 ( 0.000000, 0.000000, -0.709724 ) 1.08962850
WF centre and spread 10 ( -0.000000, -0.000000, -0.685499 ) 1.10312962
WF centre and spread 11 ( 0.000000, -0.000000, 0.709722 ) 1.08962737
WF centre and spread 12 ( -0.000000, -0.000000, 0.685499 ) 1.10312966
WF centre and spread 13 ( -0.000000, 0.000000, -0.000000 ) 0.43203719
WF centre and spread 14 ( 0.000000, -0.000000, 0.000000 ) 0.41126266
WF centre and spread 15 ( 0.000000, -0.000000, -0.000000 ) 0.43203717
WF centre and spread 16 ( 0.000000, 0.000000, 0.000000 ) 0.41126266
WF centre and spread 17 ( -0.000000, -0.000000, 0.000000 ) 0.43204142
WF centre and spread 18 ( 0.000000, 0.000000, -0.000000 ) 0.41127181
Sum of centres and spreads ( 0.000000, -0.000000, -0.000001 ) 15.68560130

        Spreads (Ang^2)    Omega I    =    11.897703560
        ================   Omega D    =     0.031560333
                           Omega OD   =     3.756337402
   Final Spread (Ang^2)    Omega Total =   15.685601296
```

得到的能带如图13.13所示。

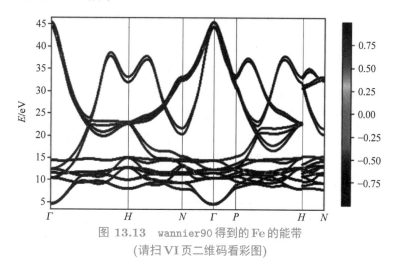

图 13.13 wannier90 得到的 Fe 的能带
(请扫 VI 页二维码看彩图)

13.5.3　计算反常霍尔效应

得到了较好的万尼尔函数，我们可以进行后处理计算。为计算反常霍尔效应，可以在输入文件 Fe.win 中添加如下几行：

```
berry = true
berry_task = ahc
berry_kmesh = 125 125 125
```

为加速收敛，也可以选择添加

```
berry_curv_adpt_kmesh = 5
berry_curv_adpt_kmesh_thresh = 100.0
```

最终在输出文件 Fe.wpout 可以查找到反常霍尔效应的结果。

```
 Properties calculated in module b e r r y
 -----------------------------------------


  * Anomalous Hall conductivity

Regular interpolation grid: 125 125 125
  Adaptive refinement grid: 5 5 5
      Refinement threshold: Berry curvature >100.00 Ang^2
 Points triggering refinement: 1764( 0.09%)


Fermi energy (ev): 12.6440


AHC (S/cm)      x          y         z
==========   -0.7286     0.8344   729.0516
```

13.6 拓扑材料

13.6.1 计算原理概述

材料的拓扑性质是近些年凝聚态领域的重要研究方向之一。由于体系对称性的不同，材料的拓扑性质可以由不同的拓扑数(即拓扑不变量)表征。对于时间反演对称性破缺的体系，如整数量子霍尔效应，可以用 TKNN 数(陈数 C)来定义体系的拓扑不变量。这类材料的电导率在强磁场下会出现整数平台，同时体系的表面会出现无能隙的边界态，受体态拓扑保护而不易被杂质散射；对于时间反演对称不变的体系，如量子自旋霍尔效应，可用 $\mathcal{Z}_2$ 作为体系的拓扑不变量。这类材料无需外磁场，体系的表面处会产生自旋和动量相反的螺旋边界态，在自旋电子学、低功耗电子器件领域有着广泛的应用前景。

本节以 MoS_2 为例，介绍使用 Wannier Tools 软件包进行 $\mathcal{Z}_2$ 拓扑不变量的计算过程。计算所需的输入文件为有效哈密顿量文件以及 Wannier Tools 相关的输入文件 WT.in。其中输入文件(WT.in)如下：

```
&TB_FILE
 Hrfile = 'wannier90_hr.dat'
 Package = 'VASP'
/
&CONTROL
Z2-3D_calc = T
/
&SYSTEM
NumOccupied = 36
SOC = 1
E_FERMI = -3.91
/
&PARAMETERS
NK1=101
```

```
NK2=41
/
LATTICE
Angstrom
3.17 0.00 0.00
0.00 5.72 0.00
0.00 0.37 30

ATOM_POSITIONS
6
Direct
Mo 0.500 0.418 0.587
Mo 0.000 0.023 0.592
S  0.500 0.135 0.647
S  0.000 0.640 0.633
S  0.000 0.306 0.532
S  0.500 0.801 0.546

PROJECTORS
6 6 4 4 4 4
Mo s dxy dyz dxz dx2-y2 dz2
Mo s dxy dyz dxz dx2-y2 dz2
S s px py pz
S s px py pz
S s px py pz
S s px py pz

SURFACE
0 1 0
0 0 1
```

其中，在 TB_FILE 部分，定义了有效哈密顿量文件的名称及所使用的 DFT 计算软件名称。

接下来在 CONTROL 部分，定义 Wannier Tools 软件的计算模块，这里设置为计算 $\mathcal{Z}_2$。

在 SYSTEM 部分，需要定义体系所考虑的占据态能级、是否考虑自旋轨道耦合效应以及费米能级等相关信息。

在 PARAMETERS 部分定义 k 点的网格密度。

在 LATTICE 和 ATOMIC_POSITIONS 部分，分别定义了晶格和原子坐标。

最后，在 PROJECTORS 部分，定义体系选择的投影轨道，和 wannier90 类似。SURFACE 为所选取的表面。以上参数详细设置可参考 Wannier Tools 官网。

计算完成后，我们可以直接打开 WT.OUT 文件，其中包含如下部分：

```
z2 number for 6 planes

k1=0.0, k2-k3 plane:  0
k1=0.5, k2-k3 plane:  0
k2=0.0, k1-k3 plane:  0
```

```
k2=0.5, k1-k3 plane:  0
k3=0.0, k1-k2 plane:  1
k3=0.5, k1-k2 plane:  1
```

该结果即6个时间反演不变平面上的 $\mathcal{Z}_2$ 数，对于3D体系，拓扑不变量可定义如下：

$$v; (v_x, v_y, v_z) \tag{13.2}$$

其中，

$$v = \Delta(k_i = 0) + \Delta(k_i = 0.5) \bmod 2 \tag{13.3}$$

$$v_{(i=x,y,z)} = \Delta(k_i = 0.5) \tag{13.4}$$

其中，k_i 为对应的倒格矢，Δ 为相应时间反演不变平面的 $\mathcal{Z}_2$ 数。如果 $v=0$ ，但任意 v_i 不为零，则体系称为弱拓扑绝缘体；如果 $v=1$ ，则体系称为强拓扑绝缘体。由上所述，算例给出的 $\mathcal{Z}_2$ 拓扑不变量应该为 0;(001)。

13.6.2　后处理与作图

Wannier Tools 在计算完成后，会生成六个 wanniercenter3D_Z2_*.dat 的文件，对应上述6个时间反演不变平面的 Wilson loop 的计算结果，可通过如下命令：

```
gnuplot wanniercenter3D_Z2.gnu
```

来得到可视化的结果。

参 考 文 献

[1] KOCH H E, ALFREDO M J S D M, PEDERSEN T B. Reduced scaling in electronic structure calculations using Cholesky decompositions[J]. J. Chem. Phys., 2003, 118: 9481-9484.

[2] POLLY R, WERNER H-J, MANBY F R, et al. Fast Hartree-Fock theory using local density fitting approximations[J]. Mol. Phys., 2004, 102: 2311-2321.

[3] PULAY P. Improved SCF convergence acceleration[J]. J. Comput. Chem., 1982, 3: 556-560.

[4] PULAY P. Convergence acceleration of iterative sequences. the case of scf iteration[J]. Chem. Phys. Lett., 1980, 73: 393-398.

[5] SAKURAI J J, NAPOLITANO J. Modern quantum mechanics[M]. Cambridge: Cambridge University Press, 2017.

[6] SZABÓ A, OSTLUND N S. Modern quantum chemistry: introduction to advanced electronic structure theory[M]. New York: Dover Publications, 1996.

[7] CEPERLEY D M, ALDER B J. Ground state of the electron gas by a stochastic method[J]. Phys. Rev. Lett., 1980, 45: 566.

[8] FERMI E. Statistical method to determine some properties of toms[J]. Rend. Accad. Naz. Lincei, 1927, 6: 602-607.

[9] GOEDECKER S. Linear scaling electronic structure methods[J]. Rev. Mod. Phys., 1999, 71: 1085.

[10] HOHENBERG P, KOHN W. Inhomogeneous electron gas[J]. Phys. Rev., 1964, 136: B864 - B871.

[11] KOHN W, SHAM L J. Self-consistent equations including exchange and correlation effects[J]. Phys. Rev., 1965, 140: A1133.

[12] LEVY M. Electron densities in search of Hamiltonians[J]. Phys. Rev. A, 1982, 26: 1200-1208.

[13] LEVY M. Universal variational functionals of electron densities, first-order density matrices, and natural spin orbitals and solution of the v-representability problem[J]. Proc. Natl. Acad. Sci., 1979, 76: 6062-6065.

[14] LEVY M, PERDEW J P. Hellmann-Feynman, virial, and scaling requisites for the exact universal density functionals. Shape of the correlation potential and diamagnetic susceptibility for atoms[J]. Phys. Rev. A, 1985, 32: 2010.

[15] LI P F, LIU X H, CHEN M H, et al. Large-scale ab initio simulations based on systematically improvable atomic basis[J]. Comput. Mater. Sci., 2016, 112: 503-517.

[16] LIEB E. Physics as natural philosophy: essays in honor of Laszlo Tisza on his 75th birthday[J]. American Journal of Physics, 1983, 51(9): 863-864.

[17] OZAKI T. Variationally optimized atomic orbitals for large-scale electronic structures[J]. Phys. Rev. B, 2003, 67: 155108.

[18] PERDEW J P, BURKE K, ERNZERHOF M. Generalized gradient approximation made simple[J]. Phys. Rev. Lett., 1996, 77: 3865.

[19] PERDEW J P, SCHMIDT K. Jacob's ladder of density functional approximations for the exchange-correlation energy[J]. AIP Conf. Proc. American Institute of Physics, 2001, 577(1): 1-20.

[20] PERDEW J P, ZUNGER A. Self-interaction correction to density-functional approximations for many-electron systems[J]. Phys. Rev. B, 1981, 23: 5048.

[21] THOMAS L H. The calculion of atomic fields, mathematical proceedings of the Cambridge philosophical society[M]. Cambridge: Cambridge University Press, 1927: 542-548.

[22] CHELIKOWSKY J R, COHEN M L. Nonlocal pseudopotential calculations for the electronic structure of eleven diamond and zinc-blende semiconductors[J]. Phys. Rev. B, 1976, 14(2): 556-582.

[23] ANTONIOS G. Green functions for ordered and disordered systems[M]. New York: Elsevier Science, 1992.

[24] HAMANN D R, SCHLÜTER M, CHIANG C. Norm-conserving pseudopotentials[J]. Phys. Rev. Lett., 1979, 43: 1494-1497.

[25] HERRING C. A new method for calculating wave functions in crystals[J]. Phys. Rev., 1940, 57: 1169-1177.

[26] KERKER G P. Non-singular atomic pseudopotentials for solid state applications[J]. J. Solid State Phys., 1980, 13: L189.

[27] KLEINMAN L, BYLANDER D M. Efficacious form for model pseudopotentials[J]. Phys. Rev. Lett., 1982, 48: 1425-1428.

[28] KOVAL S, KOHANOF J, LASAVE J, et al. First-principles study of ferroelectricity and isotope effects in H-bonded KH_2PO_4 crystals[J]. Phys. Rev. B, 2005, 71: 184102.

[29] KRESSE G, JOUBERT D. From ultrasoft pseudopotentials to the projector augmented-wave method[J]. Phys. Rev. B, 1999, 59: 758-1775.

[30] LINJ S, QTEISH A, PAYNE M C, et al. Optimized and transferable nonlocal separable ab initio pseudopotentials[J]. Phys. Rev. B, 1993, 47: 4174-4180.

[31] ASHCROFT N W, MERMIN N D. Solid state physics[M]. New Jersey: John Wiley & Sons, 1976.

[32] PHILLIPS J C, KLEINMAN L. New method for calculating wave functions in crystals and molecules[J]. Phys. Rev., 1959, 116(2): 287-294.

[33] RAPPE A M, RABE K M, KAXIRAS E, et al. Optimized pseudopotentials[J]. Phys. Rev. B, 1990, 41(2): 1227-1230.

[34] SLATER J C. Wave functions in a periodic potential[J]. Phys. Rev., 1937, 51(10): 846-851.

[35] TROULLIER N, MARTINS J L. Efficient pseudopotentials for plane-wave calculations[J]. Phys. Rev. B, 1991, 43(3): 1993-2006.

[36] VANDERBILT D. Soft self-consistent pseudopotentials in a generalized eigenvalue formalism[J]. Phys. Rev. B, 1990, 41(11): 7892-7895.

[37] VAN DE WALLE C G, BLÖCHL P E. First-principles calculations of hyperfne parameters[J]. Phys. Rev. B, 1993, 47(8): 4244-4255.

[38] WANG I S Y, KARPLUS M. Dyanmics of organic reactions[J]. J. Am. Chem. Soc., 1973, 95: 8160-8164.

[39] WATSON S C, CARTER E A. Spin-dependent pseudopotentials[J]. Phys. Rev. B, 1998, 58(20): R13309-R13313.

[40] ZUNGER A, COHEN M L. First-principles nonlocal-pseudopotential approach in the density-functional formalism: Development and application to atoms[J]. Phys. Rev. B, 1978, 18(10): 5449-5472.

[41] ABASCAL J L F, VEGA C. A general purpose model for the condensed phases of water: TIP4P/2005[J]. J. Chem. Phys., 2005, 123: 234505.

[42] ADURI R, PSCIUK B T, SARO P, et al. AMBER force field parameters for the naturally occurring modified nucleosides in RNA[J]. J. Chem. Theory. Comput., 2007, 3: 1464-1475.

[43] ANDERSEN H C. Molecular dynamics simulations at constant pressure and/or temperature[J]. J. Chem. Phys.,1980, 72: 2384-2393.

[44] BROOKS B R, BRUCCOLERI R E, OLAFSON B D, et al. CHARMM: a program for macro-molecular energy, minimization, and dynamics calculations[J]. J. Comput. Chem., 1983, 4: 187-217.

[45] CAR R, PARRINELLO M. Unified approach for molecular dynamics and density-functional theory[J]. Phys. Rev. Lett., 1985, 55: 2471.

[46] COLACIO E, VERA J M D, MORENO J M, et al. Synthesis, spectroscopic, magnetic proper-ties and MMX force field study of two imidazolate-bridged dinuclear copper(II) complexes[J]. Transit. Met. Chem.,1992, 17: 397-400.

[47] CORNELL W D, CIEPLAK P, BAYLY C I, et al. A second generation force field for the simulation of proteins, nucleic acids, and organic molecules[J]. J. Am. Chem. Soc., 1995, 117: 5179-5197.

[48] DAUBER-OSGUTHORPE P, ROBERTS V A, OSGUTHORPE D J, et al. Structure and en-ergetics of ligand binding to proteins: Escherichia coli dihydrofolate reductase-trimethoprim, a drug-receptor system[J]. Proteins, 1988, 4: 31-47.

[49] DHARMAWARDHANA C C, KANHAIYA K, LIN T-J, et al. Reliable computational design of biological inorganic materials to the large nanometer scale using Interface-FF[J]. Mol. Simul., 2017, 43: 1394-1405.

[50] ESPANOL P, WARREN P. Statistical mechanics of dissipative particle dynamics[J]. EPL, 1995, 30: 191.

[51] FRENKEL D, SMIT B. Understanding molecular simulation: from algorithms to applica-tions[M]. New York: Academic Press, 2001.

[52] GRABEN H W, RAY J R. Unified treatment of adiabatic ensembles[J]. Phys. Rev. A, 1991, 43: 4100.

[53] HALGREN T A. Merck molecular force field. I. Basis, form, scope, parameterization, and performance of MMFF94[J]. J. Comput. Chem., 1996, 17: 490-519.

[54] HEINZ H, LIN T-J, MISHRA R K, et al. Thermodynamically consistent force fields for the assembly of inorganic, organic, and biological nanostructures: the INTERFACE force field[J]. Langmuir, 2013, 29: 1754-1765.

[55] HOCKNEY RW, EASTWOOD J W. Computer simulation using particles[M]. Boca Raton: CRC Press, 2021.

[56] JÓNSDÓTTIR S Ó, RASMUSSEN K. The consistent force field. Part 6: an optimized set of potential energy functions for primary amines[J]. New J. Chem., 2000, 24: 243-247.

[57] KOŁSOS W. Adiabatic approximation and its accuracy[J]. Adv. Quantum Chem., 1970, 5: 99-133.

[58] MAYO S L, OLAFSON B D, GODDARD W A. DREIDING: a generic force field for molecular simulations[J]. J. Phys. Chem., 1990, 94: 8897-8909.

[59] MEYER M, PONTIKIS V. Computer simulation in materials science: Interatomic potentials, simulation techniques and applications[M]. Netherlands: Springer, 1991.

[60] PARRINELLO M, RAHMAN A. Crystal structure and pair potentials: A molecular-dynamics study[J]. Phys. Rev. Lett., 1980, 45: 1196.

[61] RAPPÉ ANTHONY K, CASEWIT C J, COLWELL K S, et al. UFF, a full periodic table force field for molecular mechanics and molecular dynamics simulations[J]. J. Am. Chem. Soc., 1992, 114: 10024-10035.

[62] SHI S H, YAN L S, YANG Y, et al. An extensible and systematic force field, ESFF, for molecular modeling of organic, inorganic, and organometallic systems[J]. J. Comput. Chem.,2003, 24: 1059-1076.

[63] SMITH J S, ISAYEV O, ROITBERG A E. ANI-1: an extensible neural network potential with DFT accuracy at force field computational cost[J]. Chem. Sci., 2017, 8: 3192.

[64] SUN H. COMPASS: an ab initio force-field optimized for condensed-phase applications overview with details on alkane and benzene compounds[J]. J. Phys. Chem. B, 1998, 102: 7338-7364.

[65] VERLET L. Computer "experiments" on classical fluids. I. Thermodynamical properties of Lennard-Jones molecules[J]. Phys. Rev., 1967, 159(1): 98-103.

[66] WARSHEL A, WEISS R M. An empirical valence bond approach for comparing reactions in solutions and in enzymes[J]. J. Am. Chem. Soc., 1980, 102: 6218-6226.

[67] YANG L J, TAN C-H, HSIEH M-J, et al. New-generation amber united-atom force field[J]. J. Phys. Chem. B, 2006, 110: 13166-13176.

[68] ABDOLLAHI A, ARIAS I. Phase-field modeling of crack propagation in piezoelectric and ferroelectric materials with different electromechanical crack conditions[J]. J. Mech. Phys. Solids., 2012, 60: 2100-2126.

[69] ABDOLLAHI A, ARIAS I. Phase-field modeling of fracture in ferroelectric materials[J]. Arch. Comput. Methods Eng., 2012, 22: 153-181.

[70] ABINANDANAN T A, HAIDER F. An extended Cahn-Hilliard model for interfaces with cubic anisotropy[J]. Philos. Mag. A, 2001, 81: 2457-2479.

[71] BHATE D, KUMAR A, BOWER A F. Diffuse interface model for electromigration and stress voiding[J]. J. Appl. Phys., 2000, 87: 1712-1721.

[72] BRAUN R J, CAHN J W, MCFADDEN G B, et al. Anisotropy of interfaces in an ordered alloy: a multiple-order-parameter model[J]. Philos. Trans. Royal Soc. A, 1997, 355: 1787 -1833.

[73] CAHN J W, HILLIARD J E. Free energy of a nonuniform system. I. Interfacial free energy[J]. J. Chem. Phys., 1958, 28: 258-267.

[74] CHEN L-Q. Phase-field method of phase transitions/domain structures in ferroelectric thin films: A review[J]. J. Am. Ceram. Soc., 2008, 91: 1835.

[75] CHEN L-Q. Phase-field models for microstructure evolution[J]. Annu. Rev. Mater. Res., 2002, 32: 113-140.

[76] CHEN L-Q, SHEN J. Applications of semi-implicit Fourier-spectral method to phase field equations[J]. Comput. Phys. Commun., 1998, 108: 147-158.

[77] CHEN L-Q, WANG Y Z. The continuum field approach to modeling microstructural evolution[J]. J. Met., 1996, 48: 13-18.

[78] CHOUDHURY S, LI Y L, KRILL C, et al. effect of grain orientation and grain size on ferroelectric domain switching and evolution: Phase field simulations[J]. Acta Mater., 2007, 55: 1415-1426.

[79] DAMODARAN A R, CLARKSON J D, HONG Z, et al. Phase coexistence and electric-field control of toroidal order in oxide superlattices[J]. Nat. Mater, 2017, 16: 1003-1009.

[80] HONG Z J, CHEN L-Q. Blowing polar skyrmion bubbles in oxide superlattices[J]. Acta Mater., 2018, 152: 155-161.

[81] HONG Z J, DAMODARAN A R, XUE F, et al. Stability of polar vortex lattice in ferroelectric superlattices[J]. Nano Lett., 2017, 17: 2246-2252.

[82] HU H, CHEN L-Q. Computer simulation of 90° ferroelectric domain formation in two-dimensions[J]. Mater. Sci. Eng. A, 1997, 238: 182-191.

[83] HU H, CHEN L-Q. Three-dimensional computer simulation of ferroelectric domain formation[J]. J. Am. Ceram., 2005, 81: 492-500.

[84] HU J M, YANG T N, WANG J J, et al. Purely electric-field-driven perpendicular magnetization reversal[J]. Nano. Lett., 2015, 15: 616-622.

[85] HU S Y, CHEN L Q. A phase-field model for evolving microstructures with strong elastic inhomogeneity[J]. Acta Mater., 2001, 49: 1879-1890.

[86] KHACHATURYAN A G. Theory of structural transformations in solids[M]. Dover Publications, 2008.

[87] KHACHATURYAN A G, SHATALOV G A. Theory of macroscopic periodicity for a phase transition in the solid state[J]. J. Exp. Theor. Phys., 1969, 29: 557.

[88] LANGER J. Models of pattern formation in first-order phase transitions[M]. Singapore: World Scientifc, 1986.

[89] LEO P H, LOWENGRUB J S, JOU H-J. A diffuse interface model for microstructural evolution in elastically stressed solids[J]. Acta Mater., 1998, 46: 2113-2130.

[90] LESAR R. Introduction to computational materials science: fundamentals to applications[M]. Cambridge: Cambridge University Press, 2013.

[91] LI Y L, CHEN L Q. Temperature-strain phase diagram for $BaTiO_3$ thin films[J]. Appl. Phys. Lett., 2006, 88: 072905.

[92] LI Y L, HU S Y, CHEN L Q. Ferroelectric domain morphologies of (001) $PbZr1-xTixO_3$ epitaxial thin films[J]. J. Appl. Phys., 2005, 9: 034112.

[93] LI Y L, HU S Y, LIU Z K, et al. effect of electrical boundary conditions on ferroelectric domain structures in thin films[J]. Appl. Phys. Lett., 2002, 81: 427-429.

[94] LI Y L, HU S Y, LIU Z K, et al. Phase-field model of domain structures in ferroelectric thin films[J]. Appl. Phys. Lett., 2001, 78: 3878-3880.

[95] LI Y L, HU S Y, LIU Z K, et al. effect of substrate constraint on the stability and evolution of ferroelectric domain structures in thin films[J]. Acta Mater. 2002, 50: 395-411.

[96] LIN S Z, WANG X Y, KAMIYA Y, et al. Topological deffects as relics of emergent continuous symmetry and Higgs condensation of disorder in ferroelectric[J]. Nat. Phys., 2014, 10: 970-977.

[97] MA J, MA J, ZHANG Q H, et al. Controllable conductive readout in self-assembled, topologi-cally confined ferroelectric domain walls[J]. Nat. Nanotechnol., 2018, 13: 947-952.

[98] NAMBU S, SAGALA D A. Domain formation and elastic long-range interaction in ferroelectric perovskites[J]. Phys. Rev. B, 1994, 50(9): 5838-5847.

[99] NISHIMORI H, ONUKI A. Pattern formation in phase-separating alloys with cubic symme-try[J]. Phys. Rev. B, 1990, 42(1): 980-983.

[100] ONUKI A. Ginzburg-Landau approach to elastic effects in the phase separation of solids[J]. J. Phys. Soc. Jpn., 1989, 58: 3065-3068.

[101] PENG R-C, CHEN L-Q, ZHOU Z Y, et al. Electric-field-driven deterministic and robust 120° magnetic rotation in a concave triangular nanomagnet[J]. Phys. Rev. Appl., 2020, 13(6): 064018.

[102] PENG R-C, CHENG X M, MA J, et al. Understanding and predicting geometrical constraint ferroelectric charged domain walls in a $BiFeO_3$ island via phase-field simulations[J]. Appl. Phys. Lett., 2018, 113: 222902.

[103] PENG R-C, HU J M, CHEN L-Q, et al. On the speed of piezostrain-mediated voltage-driven perpendicular magnetization reversal: A computational elastodynamics-micromagnetic phase-field study[J]. NPG Asia Mater., 2017, 9: e404.

[104] SCHLOM D G, CHEN L-Q, EOM C-B, et al. Strain tuning of ferroelectric thin films[J]. Annu. Rev. Mater. Res., 2007, 37: 589-626.

[105] SEMENOVSKAYA S V, KHACHATURYAN ARMEN G. Ferroelectric transition in a random field: Possible relation to relaxor ferroelectrics[J]. Ferroelectrics, 1998, 206: 157-180.

[106] SHU W L, WANG J, ZHANG T-Y. effect of grain boundary on the electromechanical response of ferroelectric polycrystals[J]. J. Appl. Phys., 2012, 112: 064108.

[107] SLUKA T, WEBBER K G, COLLA E, et al. Phase field simulations of ferroelastic toughening: The influence of phase boundaries and domain structures[J]. Acta Mater., 2012, 60: 5172-5181.

[108] STEINBACH I. Phase-field models in materials science[J]. Modell. Simul. Mater. Sci. Eng., 2009, 17: 073001.

[109] SU Y, LIU N, WENG G J. A phase field study of frequency dependence and grain-size effects in nanocrystalline ferroelectric polycrystals[J]. Acta Mater., 2015, 87: 293-308.

[110] TAYLOR JEAN E, CAHN JOHN W. Diffuse interfaces with sharp corners and facets: Phase field models with strongly anisotropic surfaces[J]. Physica D: Nonlinear Phenomena, 1998, 112: 381-411.

[111] WANG J-J, WANG B, CHEN L-Q. Understanding, predicting, and designing ferroelectric domain structures and switching guided by the phase-field method[J]. Annu. Rev. Mater. Res., 2019, 49: 127-152.

[112] WANG J, LI Y L, CHEN L-Q, et al. The effect of mechanical strains on the ferroelectric and dielectric properties of a model single crystal - Phase field simulation[J]. Acta Mater., 2005, 53: 2495-2507.

[113] WANG J, SHI S-Q, CHEN L-Q, et al. Phase-field simulations of ferroelectric/ferroelastic polarization switching[J]. Acta Mater., 2004, 52: 749-764.

[114] WANG J J, BHATTACHARYYA S, LI Q, et al. Elastic solutions with arbitrary elastic inhomogeneity and anisotropy[J]. Philos. Mag. Lett., 2012, 92: 327-335.

[115] WANG Q C, LI X, LIANG C-Y, et al. Strain-mediated 180° switching in CoFeB and Terfenol-D nanodots with perpendicular magnetic anisotropy[J]. Appl. Phys. Lett., 2017, 110: 102903.

[116] WANG Y, BANERJEE D, SU C C, et al. Field kinetic model and computer simulation of precipitation of L12 ordered intermetallics from f.c.c. solid solution[J]. Acta Mater., 1998, 46: 2983-3001.

[117] WANG Y, CHEN L-Q, KHACHATURYAN A G. Kinetics of strain-induced morphological transformation in cubic alloys with a miscibility gap[J]. Acta Mater., 1993, 41: 279-296.

[118] WANG Y U, JIN Y M, KHACHATURYAN ARMEN G. Phase field microelasticity theory and modeling of elastically and structurally inhomogeneous solid[J]. J. Appl. Phys., 2002, 92: 1351-1360.

[119] WANG Y U, JIN Y M, KHACHATURYAN ARMEN G. Three-dimensional phase field microelasticity theory of a complex elastically inhomogeneous solid[J]. Appl. Phys. Lett., 2002, 80: 4513-4515.

[120] WANG Y Z, CHEN L-Q, KHACHATURYAN A G. Three-dimensional dynamic calculation of the equilibrium shape of a coherent tetragonal precipitate in Mg-partially stabilized cubic ZrO_2[J]. J. Am. Ceram. Soc., 1996, 79: 987-991.

[121] XUE F, WANG N, WANG X Y, et al. Topological dynamics of vortex-line networks in hexagonal manganites[J]. Phys. Rev. B, 2018, 97(2): 020101.

[122] XUE F, WANG X Y, SHI Y, et al. Strain-induced incommensurate phases in hexagonal manganites[J]. Phys. Rev. B, 2017, 96(10): 104109.

[123] YADAV A K, NELSON C T, HSU S L, et al. Observation of polar vortices in oxide superlattices[J]. Nature, 2016, 530: 198-201.

[124] YI M, XU B-X, SHEN Z G. 180° magnetization switching in nanocylinders by a mechanical strain[J]. Extreme Mech. Lett., 2015, 3: 66-71.

[125] YU P, HU S Y, CHEN L-Q, et al. An iterative-perturbation scheme for treating inhomogeneous elasticity in phase-field models[J]. J. Comput. Phys., 2005, 208: 34-50.

[126] ZHANG J X, CHEN L-Q. Phase-field model for ferromagnetic shape-memory alloys[J]. Phil. Mag. Lett., 2005, 85: 533-541.

[127] ZHANG J X, CHEN L-Q. Phase-field microelasticity theory and micromagnetic simulations of domain structures in giant magnetostrictive materials[J]. Acta Mater., 2005, 53: 2845-2855.

[128] ZHU J Z, CHEN L-Q, SHEN J. Morphological evolution during phase separation and coarsening with strong inhomogeneous elasticity[J]. Modelling Simul. Mater. Sci. Eng., 2001, 9: 499.

[129] ZHU J Z, CHEN L-Q, SHEN J, et al. Coarsening kinetics from a variable-mobility Cahn-Hilliard equation: Application of a semi-implicit Fourier spectral method[J]. Phys. Rev. E, 1999, 60(4): 3564-3572.

[130] BELYTSCHKO T, LIU W K, MORAN B. Nonlinear finite elements for continua and structures[M]. New Jersey: John Wiley & Sons, 2000.

[131] FANG D, LIU J. Fracture mechanics of piezoelectric and ferroelectric solids[M]. Berlin: Springer Berlin Heidelberg, 2013.

[132] JIANG H Q, KHANG D-Y, SONG J Z, et al. Finite deformation mechanics in buckled thin films on compliant supports[J]. PNAS, 2007, 104: 15607-15612.

[133] KOH C T, LIU Z J, KHANG D-Y, et al. Edge effects in buckled thin films on elastomeric substrates[J]. Appl. Phys. Lett., 2007, 91: 133113.

[134] KOMI Y, SEKINO M, OHSAKI H. Three-dimensional numerical analysis of magnetic and thermal fields during pulsed field magnetization of bulk superconductors with inhomogeneous superconducting properties[J]. Physica C Supercond., 2009, 469: 1262-1265.

[135] SONG J, HUANG Y, XIAO J, et al. Mechanics of noncoplanar mesh design for stretchable electronic circuits[J]. J. Appl. Phys., 2009, 105: 123516.

[136] TIXADOR P, DAVID G, CHEVALIER T, et al. Thermal-electromagnetic modeling of superconductors[J]. Cryogenics, 2007, 47: 539-545.

[137] YONG H-D, JING Z, ZHOU Y-H. Crack problem for superconducting strip with finite thickness[J]. Int. J. Solids Struct., 2014, 51: 886-893.

[138] YONG H-D, ZHOU Y-H. Interface crack between superconducting film and substrate[J]. J. Appl. Phys., 2011, 110: 063924.

[139] ZHANG Y H, FU H R, XU S, et al. A hierarchical computational model for stretchable interconnects with fractal-inspired designs[J]. J. Mech. Phys. Solids, 2014, 72: 115-130.

[140] ZHANG Y H, XU S, FU H R, et al. Buckling in serpentine microstructures and applications in elastomersupported ultra-stretchable electronics with high areal coverage[J]. Soft Matter, 2013, 9(33): 8062-8070.

[141] 丁本杰, 陈剑斌, 黄斌, 等. 磁电复合材料 PMN-PT/Terfenol-D/PMN-PT 磁电耦合性能的有限元分析 [J]. 功能材料, 2018, 49: 10080-10084,10093.

[142] 余寿文. 铁电材料的在循环电载作用下的热效应与疲劳 [C]. 井冈山: 全国疲劳与断裂学术会议, 2008.

[143] 张阳军. 热力电耦合场下铁电薄膜非线性行为的畴变理论分析 [D]. 湘潭: 湘潭大学, 2013.

[144] 梁栋程, 王淑杰, 季航. 多层瓷介高压电容器空洞缺陷引起的畸变电场有限元分析 [J]. 电子元件与材料, 2022, 41: 1374-1379.

[145] AVERETT K L, HATCH J B, EYINK K G, et al. Real-time monitoring and control of nitride growth rates by metal modulated epitaxy[J]. J. Cryst. Growth, 2019, 517: 12-16.

[146] CURTAROLO S, HART G L W, NARDELLI M B, et al. The high-throughput highway to computational materials design[J]. Nat. Mater, 2013, 12: 191-201.

[147] HINTON G E, SALAKHUTDINOV R. Reducing the Dimensionality of Data with Neural Networks[J]. Science, 2006, 313: 504 -507.

[148] KAUFMANN K, MARYANOVSKY D, MELLOR W M, et al. Discovery of high-entropy ceramics via machine learning[J]. npj Comput. Mater., 2020, 6: 42.

[149] MANNODI-KANAKKITHODI A, TREICH G M, HUAN T D, et al. Rational co-design of polymer dielectrics for energy storage[J]. Adv. Mater., 2016, 28. 6277 6291.

[150] WARD C H.Materials genome initiative for global competitiveness [J].Materials Science Engineering, 2012: 168268131.

[151] MGI 2021 Strategic Plan [EB]. https://www.nist.gov/mgi.[2025-01-06].

[152] SCOTT T, WALSH A, ANDERSON B, et al. Economic analysis of national needs for technology infrastructure to support the materials genome initiative[R]. National Institute of Standards and Technology, 2018.

[153] WANG Y-J, SUN W-D, ZHOU S, et al. Key technologies of distributed storage for cloud computing[J]. J. Softw., 2012, 23: 962-986.

[154] WHITE A. The materials genome initiative: One year on[J]. MRS Bull., 2012, 37: 715-716.

[155] XIE J X, SU Y J, ZHANG D W, et al. A vision of materials genome engineering in China[J]. Engineering-PRC, 2022, 10: 10-12.

[156] XU P Y. Review on studies of machine learning algorithms[J]. J. Phys. Conf. Ser., 2019, 1187: 052103.

[157] ZHANG LF, HAN J Q, WANG H, et al. Deep potential molecular dynamics: A scalable model with the accuracy of quantum mechanics[J]. Phys. Rev. Lett., 2018, 120(14): 143001.

[158] 周志华. 机器学习 [M]. 北京：清华大学出版社, 2021.

[159] 宿彦京, 付华栋, 白洋, 等. 中国材料基因工程研究进展 [J]. 金属学报, 2020, 56: 1313.

[160] 汪荣贵, 杨娟, 薛丽霞. 机器学习及其应用 [M]. 北京：清华大学出版社, 2019.

[161] ALDER B J, WAINWRIGHT T E. Studies in molecular dynamics. I. General method[J]. J. Chem. Phys., 1959, 31: 459.

[162] ANDOLINA C M, WILLIAMSON P, SAIDI W A. Optimization and validation of a deep learning CuZr atomistic potential: Robust applications for crystalline and amorphous phases with near-DFT accuracy[J]. J. Chem. Phys., 2020, 152: 154701.

[163] BABAEI H, GUO R, HASHEMI A, et al. Machine-learning-based interatomic potential for phonon transport in perfect crystalline Si and crystalline Si with vacancies[J]. Phys. Rev. Mater., 2019, 3: 074603.

[164] BARTÓK ALBERT P, GILLAN M J, MANBY F R, et al. Machine-learning approach for one- and two-body corrections to density functional theory: Applications to molecular and condensed water[J]. Phys. Rev. B, 2013, 88: 054104.

[165] BARTÓK A P, KERMODE J, BERNSTEIN N, et al. Machine learning a general-purpose interatomic potential for silicon[J]. Phys. Rev. X, 2018, 8: 041048.

[166] BEARDSLEY R P. Deterministic control of magnetic vortex wall chirality by electric field[J]. Sci. Rep., 2017, 7:7613.

[167] BEHLER J, MARTONÁK R, DONADIO D, et al. Pressure-induced phase transitions in silicon studied by neural network-based metadynamics simulations[J]. Phys. Status Solidi B, 2008, 245: 2618.

[168] BEHLER J, PARRINELLO M. Generalized neural-network representation of high-dimensional potential energy surfaces[J]. Phys. Rev. Lett., 2007, 98: 146401.

[169] BOTU V, RAMPRASAD R. Learning scheme to predict atomic forces and accelerate materials simulations[J]. Phys. Rev. B, 2015, 92: 094306.

[170] BRENNER D W, SHENDEROVA O A, HARRISON J A, et al. A second-generation reactive empirical bond order (REBO) potential energy expression for hydrocarbons[J]. J. Phys. Condens. Matter, 2002, 14: 783.

[171] BRESE N E, OKEEFE M. Bond-valence parameters for solids[J]. Acta Crystallogr. B, 1991, 47: 192.

[172] BROWN I D, SHANNON R D. Empirical bond-strength-bond-length curves for oxides[J]. Acta Crystallogr. A, 1973, 29: 266.

[173] BROWN I D, WU K K. Empirical parameters for calculating cation-oxygen bond valences[J]. Acta Crystallogr. B, 1976, 32: 1957.

[174] CHMIELA S, TKATCHENKO A, SAUCEDA H E, et al. Machine learning of accurate energy-conserving molecular force fields[J]. Sci. Adv., 2017, 3: 1603015.

[175] COHEN R E. Origin of ferroelectricity in perovskite oxides[J]. Nature, 1992, 358: 136.

[176] DAS S. Observation of room-temperature polar skyrmions[J]. Nature, 2019, 568: 368.

[177] ESHET H, KHALIULLIN R Z, KÜHNE T D, et al. Ab initioquality neural-network potential for sodium[J]. Phys. Rev. B, 2010, 81: 184107.

[178] FERT A. Skyrmions on the track[J]. Nat. Nanotechnol., 2013, 8: 152.

[179] FISH J, WAGNER G J, KETEN S. Mesoscopic and multiscale modelling in materials[J]. Nat. Mater, 2021, 20: 774.

[180] FRENKEL D, SMIT B. Understanding molecular simulation: from algorithms to applications[M]. New York: Academic Press, 2001.

[181] GINDELE O, KIMMEL A, CAIN M G, et al. Shell model force field for lead zirconate titanate $Pb(Zr_{1-x}Ti_x)O_3$[J]. J. Phys. Chem. C, 2015, 119: 17784.

[182] GRAF M, SEPLIARSKY M, TINTE S, et al. Phase transitions and antiferroelectricity in $BiFeO_3$ from atomic-level simulations[J]. Phys. Rev. B, 2014, 90: 184108.

[183] JAAFAR M, YANES R, DE LARA D P, et al. Control of the chirality and polarity of magnetic vortices in triangular nanodots[J]. Phys. Rev. B, 2010, 81: 054439.

[184] JO J Y, YANG S M, KIM T H, et al. Nonlinear dynamics of domain-wall propagation in epitaxial ferroelectric thin film[J]. Phys. Rev. Lett., 2009, 102: 045701.

[185] LEBEUGLE D, COLSON D, FORGET A, et al. Very large spontaneous electric polarization in $BiFeO_3$ single crystals at room temperature and its evolution under cycling fields[J]. Appl. Phys. Lett., 2007, 91: 022907.

[186] LI L L, YANG Y D, ZHANG D W, et al. Machine learning-enabled identification of material phase transitions based on experimental data: Exploring collective dynamics in ferroelectric relaxors[J]. Sci. Adv. 2018, 4: eaap8672.

[187] LIU S, GRINBERG I, RAPPE A M. Development of a bond-valence based interatomic potential for $BiFeO_3$ for accurate molecular dynamics simulations[J]. J. Phys. Condens. Matter, 2013, 25: 102202.

[188] LIU S, GRINBERG I, RAPPE A M. Intrinsic ferroelectric switching from first principles[J]. Nature, 2016, 534: 360.

[189] LIU S, GRINBERG I, TAKENAKA H, et al. Reinterpretation of the bond-valence model with bond-order formalism: An improved bond-valence-based interatomic potential for $PbTiO_3$[J]. Phys. Rev. B, 2013, 88: 104102.

[190] METROPOLIS N, ROSENBLUTH A W, ROSENBLUTH M N, et al. Equation of state calculations by fast computing machines[J]. J. Chem. Phys.,1953, 21: 1087.

[191] MILLER R C, WEINREICH G. Mechanism for the sidewise motion of 180° domain walls in barium titanate[J]. Phys. Rev., 1960, 117: 1460.

[192] MITCHELL P J, FINCHAM D. Shell model simulations by adiabatic dynamics[J]. J. Phys. Condens. Matter, 1993, 5: 1031.

[193] MORAWIETZ T, SINGRABER A, DELLAGO C, et al. How van der Waals interactions determine the unique properties of water[J]. PNAS, 2016, 113: 8368.

[194] PARKIN S S P, HAYASHI M, THOMAS L. Magnetic domain-wall racetrack memory[J]. Science, 2008, 320: 190.

[195] PHILLPOT S R, SINNOTT S B, ASTHAGIRI A. Atomic-level simulation of ferroelectricity in oxides: Current status and opportunities[J]. Annu. Rev. Mater. Res., 2007, 37: 239.

[196] QI Y, LIU S, GRINBERG I, et al. Atomistic description for temperature-driven phase transitions in $BaTiO_3$[J]. Phys. Rev. B, 2016, 94: 134308.

[197] RAHMAN A. Correlations in the motion of atoms in liquid argon[J]. Phys. Rev., 1964, 136(2A): A405.

[198] SEPILARSKY M, PHILLPOT S R, WOLF D, et al. Atomic-level simulation of ferroelectricity in perovskite solid solutions[J]. Appl. Phys. Lett., 2000, 76: 3986.

[199] SEPLIARSKY M, ASTHAGIRI A, PHILLPOT S R, et al. Atomic-level simulation of ferroelectricity in oxide materials[J]. Curr. Opin. Solid State Mater. Sci., 2005, 9: 107.

[200] SEPLIARSKY M, COHEN R E. Development of shell model potential for molecular dynamics for $PbTiO_3$ by ftting first principles results[J]. AIP Conf. Proc., 2002, 626: 36.

[201] SEPLIARSKY M, COHEN R E. First-principles based atomistic modeling of phase stability in PMN-PT[J]. J. Phys. Condens. Matter, 2011, 23: 435902.

[202] SEPLIARSKY M, STACHIOTTI M G, MIGONI R L. Structural instabilities in $KTaO_3$ and $KNbO_3$ described by the nonlinear oxygen polarizability model[J]. Phys. Rev. B, 1995, 52(6): 4044.

[203] SHIMADA T, WAKAHARA K, ULMENO Y, et al. Shell model potential for $PbTiO_3$ and its applicability to surfaces and domain walls[J]. J. Phys. Condens. Matter, 2008, 20: 325225.

[204] SHIN Y-H, GRINBERG I, CHEN I-W, et al. Nucleation and growth mechanism of ferroelectric domain-wall motion[J]. Nature, 2007, 449: 881.

[205] SMITH J S, ISAYEV O, ROITBERG A E. ANI-1: an extensible neural network potential with DFT accuracy at force field computational cost[J]. Chem. Sci., 2017, 8: 3192.

[206] SOSSO G C, MICELI G, CARAVATI S, et al. Neural network interatomic potential for the phase change material GeTe[J]. Phys. Rev. B, 2012, 85: 174103.

[207] THOMAS J C, BECHTEL J S, NATARAJAN A R, et al. Machine learning the density functional theory potential energy surface for the inorganic halide perovskite $CsPbBr_3$[J]. Phys. Rev. B, 2019, 100: 134101.

[208] TINTE S, STACHIOTTI M G, PHILLPOT S R, et al. Ferroelectric properties of $Ba_xSr_{1-x}TiO_3$ solid solutions obtained by molecular dynamics simulation[J]. J. Phys. Condens. Matter, 2004, 16: 3495.

[209] TINTE S, STACHIOTTI M G, SEPLIARSKY M, et al. Atomistic modelling of $BaTiO_3$ based on first-principles calculations[J]. J. Phys. Condens. Matter, 1999, 11: 9679.

[210] VIELMA J M, SCHNEIDER G. Shell model of $BaTiO_3$ derived from ab-initio total energy calculations[J]. J. Appl. Phys., 2013, 114: 174108.

[211] WEXLER R B, QI Y, RAPPE A M. Sr-induced dipole scatter in $Ba_xSr_{1-x}TiO_3$: Insights from a transferable-bond valence-based interatomic potential[J]. Phys. Rev. B, 2019, 100(17): 174109.

[212] WU J, BAI L Y, HUANG J W, et al. Accurate force field of two-dimensional ferroelectrics from deep learning[J]. Phys. Rev. B, 2021, 104(17): 174107.